普通高等教育土木工程专业“十四五”规划教材

高层建筑结构

（第2版）

主　编　刘立平
副主编　田　砾　邹祖银　王　萱
参　编　郑妮娜　才增霞

武汉理工大学出版社
·武汉·

内 容 简 介

本书是为满足卓越工程师培养要求，根据《高等学校土木工程本科指导性专业规范》规定的知识点和技能点，结合我国最新的国家规范和标准编写的。全书共11章，分别为绪论，高层建筑结构体系与结构布置，高层建筑结构的荷载作用及其效应组合，高层建筑结构的计算分析与设计要求，钢筋混凝土框架结构设计，钢筋混凝土剪力墙结构设计，框架-剪力墙结构设计，筒体结构设计，复杂高层建筑结构设计，钢与混凝土混合结构设计，高层建筑钢结构设计。

本书可作为普通高等院校土木工程专业高层建筑结构课程的教材，也可以作为建筑结构专业的工程技术人员的参考用书。

图书在版编目(CIP)数据

高层建筑结构 / 刘立平主编. -- 2版. -- 武汉 : 武汉理工大学出版社, 2024. 12.
ISBN 978-7-5629-7215-0

Ⅰ. TU973

中国国家版本馆CIP数据核字第20249V9Z38号

项目负责人：高　英　汪浪涛　戴皓华
责 任 编 辑：丁　冲
责 任 校 对：张　晨
排 版 设 计：芳华时代
出 版 发 行：武汉理工大学出版社
地　　　址：武汉市洪山区珞狮路122号
邮　　　编：430070
网　　　址：http://www.wutp.com.cn
经　　　销：各地新华书店
印　　　刷：荆州市精彩印刷有限公司
开　　　本：787×1092　1/16
印　　　张：16.75
字　　　数：387千字
版　　　次：2024年12月第2版
印　　　次：2024年12月第1次印刷
印　　　数：3000册
定　　　价：45.00元

凡购本书，如有缺页、倒页、脱页等印装质量问题，请向出版社发行部调换。
本社购书热线电话027-87391631　87523148　87664138

第 2 版前言

本教材在全国多所高校的土木工程专业的教学中使用了近 10 年，获得了较好的评价，同时也收到了不少的合理化建议。近年来，我国高层建筑结构设计理念和方法有了进一步发展，对设计规范和标准进行了修订，在设计原则、设计方法和构造措施等方面进行了较大的调整。为此，我们对本教材进行了改版。

在第 1 版的基础上，本版教材进行了以下的修改：(1)补充了图片、视频、习题集等电子资料，提高了教材可读性和可操作性。(2)与现行的高层建筑结构设计规范和标准相协调，增强了教材的时效性和适用性。(3)精炼了文字，强化了知识点，提高了教材的可读性和实用性。

本教材改版后共 11 章，包括绪论、高层建筑结构体系与结构布置、高层建筑结构荷载作用及效应组合、高层建筑结构的计算分析与设计要求、钢筋混凝土框架结构设计、钢筋混凝土剪力墙结构设计、框架-剪力墙结构设计、筒体结构设计、复杂高层建筑结构设计、钢与混凝土混合结构设计、高层建筑钢结构设计。本书由刘立平担任主编，田砾、邹祖银、王萱担任副主编。第 1 章、第 2 章和第 11 章由重庆大学的刘立平教授编写，第 3 章和第 5 章由青岛理工大学的田砾教授编写，第 4 章和第 9 章由四川农业大学的邹祖银教授编写，第 6 章由重庆大学的郑妮娜副教授编写，第 7 章由山东农业大学的王萱副教授编写，第 8 章和第 10 章由新疆工程学院才增霞老师编写。全书由重庆大学的刘立平教授修改定稿。

本书得到了武汉理工大学出版社的大力支持，在此表示诚挚的感谢。

限于编者水平，书中缺点和错误在所难免，请读者批评指正。

编　者

2024 年 8 月

第 1 版前言

高层建筑结构是土木工程专业重要的专业课程之一，相比其他课程，更强调结构体系。近年来，我国的高层建筑发展迅猛，高层建筑的高度不断突破，新结构体系与新材料不断创新与应用，我国高层建筑的设计水平和施工技术发展迅速。为了适应我国高层建筑发展的需要，满足土木工程专业学生学习高层建筑结构设计的学习用书和建筑结构专业的工程技术人员的学习与参考用书的需求，十分有必要编写这本教材。

本书是为满足卓越工程师培养要求，根据《高等学校土木工程本科指导性专业规范》规定的知识点和技能点编写的。本书编写过程中参考了大量同类优秀教材，并结合国内外高层建筑的发展与应用现状，按照我国最新的国家规范和标准编写。学习本书时，读者应具备材料力学和结构力学等方面的基础知识，以及混凝土结构和钢结构等方面的专业基础知识。通过本书的学习可以帮助读者获得高层建筑结构设计方面的知识，加深对相关规范和标准的理解。

本书主要介绍钢筋混凝土结构，并简要介绍混合结构和高层钢结构设计。全书分为 11 章，包括绪论，高层建筑结构体系与结构布置，高层建筑结构的荷载作用及其效应组合，高层建筑结构的计算分析与设计要求，钢筋混凝土框架结构设计，钢筋混凝土剪力墙结构设计，框架-剪力墙结构设计，筒体结构设计，复杂高层建筑结构设计，钢与混凝土混合结构设计，高层建筑钢结构设计。本书由刘立平担任主编，田砾、邹祖银、王萱担任副主编，郑妮娜、赵果参加编写。第 1 章、第 2 章和第 11 章由重庆大学的刘立平教授编写，第 3 章和第 5 章由青岛理工大学的田砾副教授编写，第 4 章和第 9 章由四川农业大学的邹祖银副教授编写，第 6 章由重庆大学的郑妮娜副教授编写，第 7 章由山东农业大学的王萱副教授编写，第 8 章和第 10 章由河南科技大学的赵果老师编写。全书由刘立平教授修改定稿。

本书的出版得到了武汉理工大学出版社的大力支持，在此表示诚挚的感谢。重庆大学土木工程学院的硕士研究生向黎、吴代顶、廖东峰、蓝睿参与了资料收集、书稿的校对工作，在此一并致谢。

由于编者水平有限，书中难免有疏漏或错误之处，欢迎读者批评指正，以便下次修订。

编　者

2014.10

目　　录

1　绪论 ………………………………………………………………………………… (1)

1.1　高层建筑的定义 ……………………………………………………………… (1)

1.2　高层建筑的发展 ……………………………………………………………… (1)

1.3　高层建筑的特点 ……………………………………………………………… (5)

1.4　高层建筑结构设计特点 ……………………………………………………… (6)

1.5　本课程的教学内容和要求 …………………………………………………… (7)

本章小结 ………………………………………………………………………… (7)

思考题 …………………………………………………………………………… (7)

练习题 …………………………………………………………………………… (8)

2　高层建筑结构体系与结构布置 ……………………………………………… (9)

2.1　高层建筑结构的承重体系与抗侧力体系 ………………………………… (9)

2.2　结构体系 ……………………………………………………………………… (10)

2.2.1　框架结构 ………………………………………………………………… (10)

2.2.2　剪力墙结构 ……………………………………………………………… (10)

2.2.3　框架-剪力墙结构 ………………………………………………………… (11)

2.2.4　筒体结构 ………………………………………………………………… (12)

2.2.5　其他结构形式 …………………………………………………………… (13)

2.3　楼(屋)盖结构 ………………………………………………………………… (16)

2.3.1　现浇式楼盖、装配整体式楼盖和装配式楼盖 ………………………… (16)

2.3.2　梁板式楼盖、密肋楼盖和无梁楼盖 …………………………………… (16)

2.3.3　非预应力楼盖和预应力楼盖 …………………………………………… (17)

2.4　基础结构 ……………………………………………………………………… (17)

2.4.1　基础类型 ………………………………………………………………… (17)

2.4.2　基础布置原则 …………………………………………………………… (18)

2.5　结构布置原则 ………………………………………………………………… (18)

2.5.1　结构平面布置 …………………………………………………………… (18)

2.5.2　结构竖向布置 …………………………………………………………… (20)

2.5.3　房屋适用高度和高宽比 ………………………………………………… (22)

2.5.4　变形缝布置 ……………………………………………………………… (23)

本章小结 ………………………………………………………………………… (24)

思考题 …………………………………………………………………………… (25)

3 高层建筑结构的荷载作用及其效应组合 …… (26)
3.1 竖向荷载 …… (26)
3.1.1 恒荷载 …… (26)
3.1.2 活荷载 …… (26)
3.1.3 屋面雪荷载 …… (27)
3.2 风荷载 …… (28)
3.2.1 风荷载的特点 …… (28)
3.2.2 风荷载的计算 …… (28)
3.3 地震作用 …… (37)
3.3.1 基本概念与一般计算原则 …… (37)
3.3.2 水平地震作用计算 …… (42)
3.3.3 竖向地震作用计算 …… (47)
3.3.4 结构自振周期的近似计算 …… (48)
3.4 温度作用 …… (49)
3.4.1 温度作用的特点 …… (49)
3.4.2 温度作用的计算 …… (49)
3.5 荷载效应组合 …… (50)
3.5.1 非抗震设计时的荷载效应组合 …… (50)
3.5.2 抗震设计时的荷载效应组合 …… (51)
本章小结 …… (52)
思考题 …… (52)
练习题 …… (52)
4 高层建筑结构的计算分析与设计要求 …… (54)
4.1 高层建筑结构的计算分析 …… (54)
4.1.1 结构计算分析方法 …… (54)
4.1.2 结构计算模型 …… (54)
4.1.3 结构计算要求 …… (55)
4.2 高层建筑结构的设计要求 …… (56)
4.2.1 承载力计算 …… (56)
4.2.2 侧移限制 …… (57)
4.2.3 舒适度要求 …… (59)
4.2.4 稳定和抗倾覆 …… (60)
4.2.5 高层建筑结构的整体稳定性验算 …… (61)
4.3 高层建筑结构的抗震设计要求 …… (62)
4.3.1 抗震等级 …… (62)
4.3.2 轴压比 …… (63)
4.3.3 延性要求 …… (64)

4.3.4 多道抗震防线 …… (66)
本章小结 …… (68)
思考题 …… (69)
5 钢筋混凝土框架结构设计 …… (70)
5.1 框架结构的组成与布置 …… (70)
5.1.1 框架结构的组成 …… (70)
5.1.2 结构布置 …… (71)
5.2 框架结构的计算简图 …… (72)
5.2.1 框架结构的分析方法 …… (72)
5.2.2 框架结构的计算简图 …… (72)
5.3 竖向荷载作用下框架结构内力的简化计算 …… (74)
5.3.1 分层法 …… (74)
5.3.2 弯矩二次分配法 …… (75)
5.4 水平荷载作用下框架结构内力和侧移的简化计算 …… (75)
5.4.1 水平荷载作用下框架结构的受力及变形特点 …… (75)
5.4.2 反弯点法 …… (76)
5.4.3 D 值法 …… (77)
5.4.4 水平荷载作用下框架内力计算步骤 …… (78)
5.4.5 框架结构侧移的近似计算及侧移控制 …… (79)
5.5 框架结构内力调整及组合 …… (82)
5.5.1 框架结构控制截面及最不利内力 …… (83)
5.5.2 活荷载的不利布置 …… (83)
5.5.3 内力调整 …… (84)
5.6 框架结构的构件设计 …… (85)
5.6.1 框架梁 …… (85)
5.6.2 框架柱 …… (88)
5.6.3 梁柱节点 …… (91)
5.7 框架结构的构造要求 …… (93)
5.7.1 框架梁 …… (93)
5.7.2 框架柱 …… (95)
5.7.3 钢筋的连接和锚固及梁柱节点构造 …… (98)
本章小结 …… (100)
思考题 …… (100)
练习题 …… (101)
6 钢筋混凝土剪力墙结构设计 …… (102)
6.1 剪力墙结构的组成与结构布置 …… (102)
6.1.1 剪力墙构件 …… (102)

6.1.2 剪力墙结构的布置 …… (102)
6.2 剪力墙结构简化分析方法 …… (103)
6.2.1 剪力墙结构的平面简化分析模型 …… (103)
6.2.2 单片剪力墙分配的剪力 …… (105)
6.3 剪力墙的分类及判别 …… (105)
6.3.1 剪力墙的类型及受力特点 …… (105)
6.3.2 剪力墙类型的判别 …… (107)
6.4 整截面剪力墙及整体小开口剪力墙的内力与位移计算 …… (111)
6.4.1 整截面剪力墙 …… (111)
6.4.2 整体小开口剪力墙 …… (113)
6.5 双肢剪力墙的内力与位移计算 …… (115)
6.5.1 计算基本假定 …… (115)
6.5.2 基本微分方程 …… (116)
6.5.3 位移的计算 …… (119)
6.5.4 内力计算 …… (121)
6.5.5 双肢墙内力和位移分布特点 …… (125)
6.6 剪力墙结构的截面设计 …… (125)
6.6.1 概述 …… (125)
6.6.2 剪力墙正截面强度设计 …… (125)
6.6.3 剪力墙斜截面抗剪强度设计 …… (130)
6.6.4 剪力墙构造 …… (132)
6.6.5 剪力墙连梁截面设计 …… (138)
本章小结 …… (141)
思考题 …… (142)
练习题 …… (142)
7 框架-剪力墙结构设计 …… (144)
7.1 框架-剪力墙结构的组成与结构布置 …… (144)
7.1.1 结构组成与受力特点 …… (144)
7.1.2 框架-剪力墙结构的布置 …… (145)
7.1.3 板柱-剪力墙结构的布置 …… (147)
7.2 框架-剪力墙结构的简化计算 …… (148)
7.2.1 基本假定 …… (148)
7.2.2 计算简图 …… (148)
7.3 框架-剪力墙铰接体系的结构分析 …… (150)
7.3.1 总剪力墙的抗弯刚度和总框架剪切刚度 …… (150)
7.3.2 基本方程及其一般解 …… (151)
7.3.3 典型侧向荷载作用下的内力及侧移计算 …… (154)

7.4　框架-剪力墙刚接体系的结构分析 ……………………………… (159)
7.4.1　刚接连梁的约束弯矩 ……………………………… (159)
7.4.2　基本微分方程及其解 ……………………………… (161)
7.5　框架-剪力墙结构内力计算 ……………………………… (162)
7.5.1　剪力墙、框架和连梁的内力计算 ……………………………… (162)
7.5.2　综合框架总剪力修正 ……………………………… (164)
7.5.3　地震作用下的结构设计方法 ……………………………… (164)
7.6　框架-剪力墙结构受力特征 ……………………………… (165)
7.6.1　侧向位移特征 ……………………………… (165)
7.6.2　荷载及剪力分布特征 ……………………………… (165)
7.6.3　连梁刚接对侧移和内力的影响 ……………………………… (166)
7.7　框架-剪力墙结构的截面设计和构造 ……………………………… (167)
7.7.1　剪力墙的配筋构造要求 ……………………………… (167)
7.7.2　带边框剪力墙的构造要求 ……………………………… (167)
7.7.3　板柱-剪力墙结构中板的构造要求 ……………………………… (167)
本章小结 ……………………………… (177)
思考题 ……………………………… (177)
练习题 ……………………………… (178)
8　筒体结构设计 ……………………………… (179)
8.1　筒体结构类型及结构布置 ……………………………… (179)
8.2　在侧向力作用下的受力特点 ……………………………… (181)
8.3　计算方法 ……………………………… (182)
8.3.1　等效槽形截面法 ……………………………… (182)
8.3.2　平面展开矩阵位移法 ……………………………… (183)
8.3.3　空间杆系-薄壁柱矩阵位移法 ……………………………… (185)
8.4　截面设计及构造要求 ……………………………… (186)
8.4.1　筒体结构设计基本要求 ……………………………… (186)
8.4.2　框筒梁和连梁的设计 ……………………………… (186)
8.4.3　框架梁、柱 ……………………………… (187)
8.4.4　筒中筒结构的构造要求 ……………………………… (188)
8.4.5　框架-核心筒结构的构造要求 ……………………………… (188)
本章小结 ……………………………… (189)
思考题 ……………………………… (189)
9　复杂高层建筑结构设计 ……………………………… (190)
9.1　带转换层高层建筑结构 ……………………………… (190)
9.1.1　转换层的功能及主要结构形式 ……………………………… (191)
9.1.2　梁式转换层结构设计 ……………………………… (196)

9.1.3 桁架转换层结构设计 …………………………………………………… (200)
9.2 带加强层高层建筑结构 ……………………………………………………… (204)
9.2.1 加强层的作用及布置 …………………………………………………… (205)
9.2.2 结构分析 ………………………………………………………………… (206)
9.2.3 构造要求 ………………………………………………………………… (208)
9.3 错层结构 ……………………………………………………………………… (208)
9.3.1 错层结构的应用及适用范围 …………………………………………… (208)
9.3.2 结构分析 ………………………………………………………………… (209)
9.3.3 构造要求 ………………………………………………………………… (209)
9.4 连体结构 ……………………………………………………………………… (210)
9.4.1 连体结构的形式及适用范围 …………………………………………… (210)
9.4.2 结构分析 ………………………………………………………………… (210)
9.4.3 构造要求 ………………………………………………………………… (211)
9.5 多塔结构 ……………………………………………………………………… (211)
9.5.1 结构布置 ………………………………………………………………… (211)
9.5.2 结构分析 ………………………………………………………………… (212)
9.5.3 加强措施 ………………………………………………………………… (213)
本章小结 ……………………………………………………………………………… (214)
思考题 ………………………………………………………………………………… (214)
10 钢与混凝土混合结构设计 …………………………………………………… (216)
10.1 混合结构体系与结构布置 ………………………………………………… (216)
10.1.1 混合结构体系 ………………………………………………………… (216)
10.1.2 混合结构布置 ………………………………………………………… (217)
10.2 混合结构的计算分析 ……………………………………………………… (220)
10.3 型钢混凝土构件设计 ……………………………………………………… (220)
10.3.1 型钢混凝土构件 ……………………………………………………… (221)
10.3.2 型钢混凝土梁的设计 ………………………………………………… (221)
10.3.3 型钢混凝土柱的设计 ………………………………………………… (224)
10.3.4 构造要求 ……………………………………………………………… (228)
10.4 钢管混凝土构件设计 ……………………………………………………… (231)
本章小结 ……………………………………………………………………………… (234)
思考题 ………………………………………………………………………………… (234)
11 高层建筑钢结构设计 ………………………………………………………… (236)
11.1 一般规定 …………………………………………………………………… (236)
11.1.1 钢材的要求 …………………………………………………………… (236)
11.1.2 结构体系与结构布置原则 …………………………………………… (237)
11.1.3 抗震等级 ……………………………………………………………… (238)

11.1.4　构件长细比限值 …… (238)
11.1.5　板件的宽厚比限值 …… (239)
11.1.6　基础设计的基本要求 …… (239)
11.2　结构计算 …… (240)
11.2.1　框架结构 …… (240)
11.2.2　框架-支撑结构 …… (240)
11.2.3　框架-延性墙板结构 …… (241)
11.2.4　框筒结构 …… (241)
11.3　构件设计 …… (241)
11.3.1　梁 …… (241)
11.3.2　轴心受压柱 …… (242)
11.3.3　支撑 …… (242)
11.4　连接设计 …… (243)
11.4.1　梁与柱的连接 …… (244)
11.4.2　柱与柱的连接 …… (246)
11.4.3　梁与梁的连接 …… (247)
11.4.4　支撑连接 …… (248)
11.4.5　柱脚 …… (248)
本章小结 …… (249)
思考题 …… (249)
练习题 …… (249)
附录 …… (250)
参考文献 …… (255)

1 绪　论

【内容简介】

本章主要介绍高层建筑的定义、发展和特点，高层建筑结构设计的特点，及本课程的教学内容和要求。

【教学要求】

了解高层建筑发展概况和高层建筑结构设计特点；掌握高层建筑的定义和特点。

随着经济的发展、人口的聚集，城市中的建筑越来越高。高层建筑反映着社会的进步、经济的繁荣，同时也对科学技术提出了新的挑战。

1.1 高层建筑的定义

高层建筑是指建筑的高度或层数达到一定要求的建筑物。高层建筑的界定与一个国家的经济水平、建筑技术、电梯设备和消防能力等因素相关。

世界各个国家对高层建筑的定义并不统一。1972 年召开的国际建筑会议建议将 9 层及以上的建筑定为高层建筑，并按层数和建筑高度划分为四类：9～16 层，高度不超过 50m 的为第一类高层；17～25 层，高度不超过 75m 的为第二类高层；26～40 层，高度不超过 100m 的为第三类高层；40 层以上，高于 100m 的为第四类高层。在美国，把 7 层或建筑高度 24.6m 以上的建筑视为高层建筑；在日本，把 8 层或建筑高度 31m 以上的建筑视为高层建筑；在英国，把不小于 24.3m 的建筑视为高层建筑。

我国《民用建筑设计统一标准》(GB 50352—2019)规定建筑高度大于 27m 的住宅建筑和建筑高度大于 24m 的非单层公共建筑且高度不大于 100m 的为高层建筑，建筑高度大于 100m 的为超高层建筑；我国《建筑设计防火规范》[GB 50016—2014(2018 年版)]将建筑高度大于 27m 的住宅建筑和建筑高度大于 24m 的非单层厂房、仓库和其他民用建筑称为高层建筑；我国《高层建筑混凝土结构技术规程》(JGJ 3—2010)(以下简称《高规》)和《高层民用建筑钢结构技术规程》(JGJ 99—2015)规定的高层建筑为 10 层及 10 层以上或房屋高度大于 28m 的住宅建筑和房屋高度大于 24m 的其他高层民用建筑。

1.2 高层建筑的发展

广义的高层建筑出现的时间较早。如河南省登封市的嵩岳寺塔(图 1.1)，是我国现存最早的古塔，建于公元 520 年，塔内 9 层，塔基以上高度约 37m，青砖砌筑。山西的应县木塔(图 1.2)，是世界上最老、最高的木塔，建于公元 1056 年，明五暗四共 9 层，塔高

67.31m。西藏拉萨的布达拉宫(图 1.3),建于公元 7 世纪,17 世纪后陆续重建扩建,扩建后主楼高 117m,外观 13 层,内为 9 层,石木结构。

图 1.1 嵩岳寺塔(来源:百度)

图 1.2 应县木塔(来源:百度)

图 1.3 西藏布达拉宫(来源:百度)

作为城市现代化象征的现代高层建筑的发展只有一百多年的历史。世界上第一幢现代高层建筑是美国芝加哥家庭保险公司大楼[图 1.4(a)],建于 1883—1885 年,10 层,高 42m,1890 年又加建 2 层,增高至 55m。该建筑下部 6 层采用生铁柱和熟铁梁框架,上面 6 层为钢框架,后于 1931 年被拆毁。此后,随着电梯技术的发展和钢结构的应用,高层建筑迅速发展。20 世纪 30 年代出现了高层建筑发展的第一个高潮,其中 1931 年建成的高 381m、102 层的纽约帝国大厦[图 1.4(b)],保持了世界最高建筑纪录长达 41 年之久。第二次世界大战之后经济得到恢复和发展,随着焊接技术、高强螺栓在钢结构中的应用和框筒结构体系的提出,高层建筑的发展又进入一个新的高潮。美国在 20 世纪 60 年代末和

图 1.4 世界著名的高层建筑(图片来源:百度)

(a)芝加哥家庭保险公司大楼;(b)纽约帝国大厦;(c)芝加哥汉考克大厦;(d)纽约世界贸易中心双塔楼;(e)芝加哥西尔斯大厦;(f)马来西亚吉隆坡石油大厦;(g)台北 101 大楼;(h)哈利法迪拜塔

70 年代初建成了 344m 高的芝加哥汉考克大厦[图 1.4(c)]、415m 和 417m 高的纽约世界贸易中心双塔楼[图 1.4(d)]、443m 高的芝加哥西尔斯大厦[图 1.4(e)]等一批 100 层以上的超高层建筑。随着亚洲经济的腾飞，1996 年在马来西亚的吉隆坡建成的高 452m、88 层的石油大厦[图 1.4(f)]为当时的世界第一高楼，随后被 2004 年建成的高 508m、101 层的台北 101 大楼[图 1.4(g)]所取代。随着高强材料的应用、强抗侧力结构体系的发展、施工工艺的提高、运行设施的完善，超高层建筑结构得到了进一步的发展。表 1.1 为目前世界上最高的十大建筑，世界最高建筑是 2010 年建成的位于迪拜的高 828m、162 层的哈利法迪拜塔[图 1.4(h)]，世界第二高建筑是 2016 年建成高 632m、126 层的上海中心大厦。由表 1.1 可见，世界上最高的十大建筑中有六栋在我国，表明我国高层建筑技术位于世界前列。

表 1.1 世界最高的十大建筑(截止至 2024 年 3 月)

排名	名称	城市	建成年份	层数	高度(m)	材料	用途
1	哈利法迪拜塔	迪拜	2010	162	828	混合	综合
2	上海中心大厦	上海	2016	126	632	混合	综合
3	麦加皇家钟楼饭店	麦加	2012	120	601	混合	综合
4	平安金融中心	深圳	2016	118	599	混合	综合
5	乐天世界大厦	首尔	2017	123	555	混合	综合
6	新世界贸易中心	纽约	2013	82	541	混合	综合
7	周大福金融中心	广州	2016	111	530	混合	综合
8	中信大厦(中国尊)	北京	2018	108	528	混合	综合
9	台北 101 大厦	台北	2004	101	508	混合	综合
10	上海环球金融中心	上海	2008	101	492	混合	综合

我国现代高层建筑建设始于 20 世纪 50 年代末，1959 年建成的高 47.7m、12 层的北京民族饭店，高 60.8m、15 层的民航大楼标志着我国自行设计和建造高层建筑的开端。由于受当时经济条件的限制，高层建筑规模小，发展速度慢。1975 年，广州建成的高 114.05m、33 层的白云宾馆[图 1.5(a)]标志着我国高层建筑开始突破 100m。80 年代是我国高层建筑的兴盛时期，北京、广州、上海、深圳等城市建造了一批高层建筑，各种新型结构体系在高层建筑中得到广泛应用。1998 年高 420.5m、88 层的上海金茂大厦[图 1.5(b)]建成，曾经是我国最高的建筑，当时的世界第四，标志着我国高层建筑的建设水平已经达到了世界先进水平。21 世纪后，随着我国经济实力的增强和城市建设的快速发展，我国高层建筑发展迅猛。2008 年建成的上海环球金融中心[图 1.5(c)]，高 492m、101 层。2016 年建成的上海中心大厦[图 1.5(d)]，高 632m，126 层，是我国目前最高建筑，世界第二高建筑。表 1.2 所示是目前我国最高的十大建筑，均是 450m 以上的超高层建筑，体现了我国高层建筑技术的先进性。

(a) (b) (c) (d)

图 1.5 我国著名的高层建筑(图片来源:百度)

(a)广州白云宾馆;(b)金茂大厦;(c)上海环球金融中心;(d)上海中心大厦

表 1.2 我国最高的十大建筑(截止至 2024 年 3 月)

排名	名称	城市	建成年份	地上层数	高度(m)	材料	用途
1	上海中心大厦	上海	2016	121	632	混合	综合
2	平安金融中心	深圳	2016	118	599	混合	综合
3	高银金融 117 大厦	天津	2015(封顶)	117	597	混合	综合
4	周大福金融中心	广州	2016	111	530	混合	综合
5	中信大厦(中国尊)	北京	2018	108	528	混合	综合
6	台北 101 大厦	台北	2004	101	508	混合	综合
7	上海环球金融中心	上海	2008	101	492	混合	综合
8	香港环球贸易广场	香港	2011	108	484	混合	综合
9	武汉绿地中心	武汉	2019(封顶)	100	475	混合	综合
10	陆海国际中心	重庆	2022(封顶)	100	458	混合	综合

随着社会的发展、经济的繁荣、技术的提升,高层建筑将具有广阔的发展前景,它具有如下的发展趋势。

(1)新材料的开发与应用

混凝土和钢材的应用促进了高层建筑结构的发展。世界上第一幢现代高层建筑——美国芝加哥家庭保险公司大楼采用的就是铁-钢框架结构。美国、日本等国家的早期高层建筑主要为钢结构。目前世界最高的钢结构建筑是 1974 年在芝加哥建成的高 443m 的西尔斯大厦。1824 年英国人发明的硅酸盐水泥为建筑提供了一种新型材料;1849 年法国人发明了钢筋混凝土;1872 年在美国纽约建成了第一座钢筋混凝土结构,从此钢筋混凝土结构得到广泛的应用。我国多数高层建筑采用的是钢筋混凝土结构,目前最高的钢筋混凝土结构是 1996 年在广州建成的高 391m 的中信广场大厦。

近年来,混凝土的强度和韧性得到不断提高,混凝土强度等级可以达到 C100 以上,这些高性能混凝土材料的出现,将进一步促进高层建筑的发展。随着冶金技术的发展,钢材性能的不断提高,具有高强度、高延性的高性能钢材将在高层建筑中广泛应用。

纤维增强复合塑料(简称 FRP)具有强度高、质量轻、不导电、耐腐蚀的特点,已在土木工程中得到一定程度的应用。随着材料性能的进一步改善,纤维增强复合塑料将会逐步应用于高层建筑中,成为未来高层建筑的新材料。

(2)新结构体系的开发与应用

随着建筑高度的增加,对结构抗侧向力提出了更高的要求,出现了框架结构、剪力墙结构、框架-剪力墙结构、筒体结构。具有更高抗侧向作用刚度的桁架筒体结构、多束筒体系将应用于更高的高层建筑中。

钢和混凝土的组合,可以充分利用不同材料的优势,形成如钢管混凝土、钢骨混凝土、钢板剪力墙、钢骨剪力墙等钢-混凝土组合构件,也可形成如钢框架-钢筋混凝土筒体结构、钢管混凝土-钢板剪力墙等组合结构。组合结构可建造更高的建筑,目前世界和我国的最高的十大建筑绝大部分采用的是组合结构。目前世界第一高层建筑——哈利法迪拜塔(高 828m、162 层)采用的就是组合结构。

隔震减震技术的应用是提高高层建筑抗震能力和抗风能力的关键。隔震减震技术包括隔震技术、被动减震技术和主动减震技术。隔震技术是在基础与结构之间,或结构中间楼层采用隔震层来减少地震作用。被动减震技术是利用阻尼器、耗能支撑等被动耗能装置来减少主体结构的振动。主动减震技术是通过控制技术在结构上施加与风或地震作用相反的作用来减小结构反应。目前日本采用隔震减震技术的高层建筑较多。台北 101 大楼在第 88 到第 92 楼层间安装了重达 660t 的被动调谐质量阻尼器;上海环球金融中心在第 90 层安装了 2 台各重 150t 的风阻尼器。隔震减震技术的应用将促进高层建筑的发展。

1.3 高层建筑的特点

高层建筑向空中延伸,减小了占地面积,极大地提高了土地的利用率,可以节约用地。但随着建筑高度的增加,施工难度提高,对施工技术提出了更高的要求;同时竖向交通的组织更复杂,对防火、防灾的要求更严格。相对多层建筑而言,高层建筑单位面积的工程造价和运行成本会增加,但从城市总体规划的角度来看,却是经济的。

从结构受力角度,高层建筑结构受侧向力(风或水平地震作用)影响明显。侧向力成为影响高层建筑结构内力、结构变形和土建造价的主要因素。另一方面,随着层数的增加,柱子轴向变形和构件截面剪切变形对结构内力与位移的影响不可忽略。如图 1.6 所示,在高层建筑结构中,柱的轴力随建筑高度和层数的增加而增加,可近似为高度的一次方关系;侧向力作用下,高层建筑的弯矩和侧向位移随结构高度的增加而急剧增加,将风或水平地震作用近似为倒三角形侧向分布荷载作用时,高层建筑结构底部所产生的弯矩与结构高度成二次方;结构顶点的侧向位移与结构高度成四次方。因此,侧向力对高层建筑结构的影响比竖向荷载作用更显著。高层建筑结构除满足承载力要求外,还应满足一定的刚度要求,从而使结构侧向位移限制在一定的范围内。

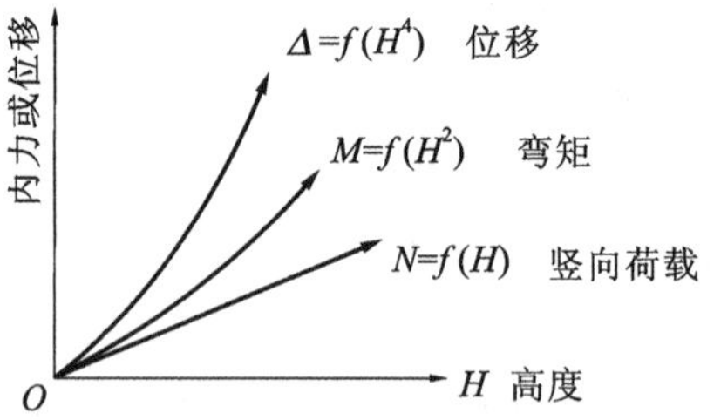

图 1.6 高层建筑结构效应和高度的关系

1.4 高层建筑结构设计特点

高层建筑的建设包括选址、规划、方案设计、初步设计、施工图设计和施工等内容。设计涉及规划、建筑、结构、设备(水、电、暖通)等内容。高层建筑结构设计过程与一般建筑结构设计相同,包括基础形式选择、结构体系选择、结构布置、荷载确定、结构计算、构件设计和构造措施等。与一般建筑结构相比,高层建筑结构设计有其特殊性,主要体现在以下几个方面:

(1)结构体系除满足竖向承载力要求外,还应有足够的刚度来抵抗侧向力

合理的结构体系是保证高层建筑结构受力性能的关键。高层建筑结构体系应能满足竖向承载力和水平承载力的要求。结构高度越高,其所需的抗侧向作用的能力也就越大。不同结构体系的抗侧能力不同,一般而言,筒体结构强于剪力墙结构,剪力墙结构强于框架结构。通常可根据建筑物的用途、高度和抗震设防烈度等要求结合各种结构体系的特点选择合适的结构体系。

(2)高层建筑结构更复杂,应采用符合实际结构受力特点的合理计算模型

高层建筑结构是十分复杂的空间结构体系,结构设计时应采用符合实际的合理的计算模型。对复杂高层建筑结构应采用三维空间结构模型进行设计,对较简单的高层建筑结构可采用简化的分析模型进行计算,如结构力学中的分层法、D 值法等。为了使计算模型更接近实际结构,要求设计人员掌握计算的基本假定、计算简图和计算要求,并对计算结果的合理性和有效性进行判定。

(3)相对于合理结构计算,概念设计对保证高层建筑的受力性能同等重要

概念设计是指根据理论和试验研究结果及工程经验等所形成的基本设计原则和设计思路,进行建筑和结构的总体布置并确定细部构造的过程。概念设计包括场地的选择、合理结构体系的选择、结构布置要求等。从抗震角度,高层建筑的场地的选取应遵循“选择有利地段、避开不利地段、不选危险地段”的原则。应选择满足竖向和水平承载力要求的结构体系,在抗震设计时应选择具有多道抗震防线的结构体系。结构平面形状宜简单、规则、对称,质量和刚度分布宜均匀;竖向宜规则、均匀,避免有过大的外挑和收进,结构的侧向刚度宜下大上小,均匀变化。

1.5 本课程的教学内容和要求

本课程是土木工程专业的专业课程，要求先修的课程主要有结构力学、建筑材料、混凝土结构、钢结构、土力学与地基基础等。在本课程的学习中还会涉及《高层建筑混凝土结构技术规程》、《建筑结构荷载规范》、《建筑地基基础设计规范》、《混凝土结构设计规范》、《钢结构设计标准》和《建筑抗震设计规范》等标准。

本课程主要讲授钢筋混凝土和钢-混凝土组合结构的高层建筑结构设计的基本方法，包括：高层建筑结构体系与结构布置、荷载作用及其效应组合、计算分析与设计要求、钢筋混凝土框架结构设计、钢筋混凝土剪力墙结构设计、框架-剪力墙结构设计、筒体结构设计、复杂高层建筑结构设计、钢与混凝土混合结构设计高层建筑钢结构设计等内容。

本课程的要求是：了解高层建筑结构的常用结构体系、特点和应用范围；熟悉掌握地震作用和风荷载的计算方法；掌握框架结构、剪力墙结构、框架-剪力墙结构的内力和位移计算方法，构件的配筋计算和构造要求；了解筒体结构、混合结构和复杂结构的内力特征、计算特点和结构设计方法；掌握高层钢筋混凝土结构的抗震设计原则和抗震设计方法等。

通过本课程的学习，为以后从事高层建筑的设计、施工和技术管理打下基础。

本章小结

本章主要介绍了高层建筑的界定、发展和特点，高层建筑结构设计的特点，及本课程的教学内容和要求。

高层建筑的定义与一个国家的经济水平、建筑技术、电梯设备和消防能力等因素相关。世界各个国家对高层建筑的定义并不统一。我国《高规》规定 10 层及 10 层以上或高度超过 28m 的钢筋混凝土结构称为高层建筑结构。

作为城市现代化象征的现代高层建筑的发展只有一百多年的历史。目前世界最高建筑是 2010 年建成的位于阿联酋迪拜的高 828m、162 层的哈利法迪拜塔，我国最高建筑是 2015 年建成的高 632m、126 层的上海中心大厦。新材料和新结构体系的开发与应用，将促进高层建筑进一步的发展。

高层建筑减小了占地面积，提高了土地的利用率。但施工难度提高，竖向交通的组织更复杂，对防火、防灾的要求更严格。从结构受力角度，高层建筑结构受侧向力（风或水平地震作用）影响明显。

高层建筑结构设计的特殊性体现在：(1)结构体系除满足竖向承载力要求外，还应有足够的刚度来抵抗侧向力；(2)高层建筑结构更复杂，应采用符合实际结构受力特点的合理计算模型；(3)相对于合理结构计算，概念设计对保证高层建筑的受力性能同等重要。

思考题

1-1 简述我国高层建筑的界定方法。

1-2 简述高层建筑的发展趋势。

1-3 简述高层建筑结构的设计要求。

练习题

1-1 某住宅建筑，共8层，每层层高3.6m，请按《高规》判定该住宅建筑是否为高层建筑。

思考题练习题答案

第1章课件

2 高层建筑结构体系与结构布置

【内容简介】

本章主要介绍高层建筑结构体系的组成；结构体系的分类、特点和适用范围；楼盖体系的分类、特点和适用范围；基础类型、选择原则和基础埋深要求；结构平面、立面布置原则，变形缝布置原则。

【教学要求】

了解高层建筑结构体系的组成；了解楼盖体系的分类、特点和适用范围；了解基础类型、选择原则和基础埋深要求；了解结构平面、立面布置原则，变形缝布置原则；掌握高层建筑结构体系的分类、特点和适用范围。

高层建筑结构体系是指用于承受水平作用和竖向荷载的结构受力体系。根据所承受的作用和荷载不同，结构体系包括承重体系和抗侧力体系。根据构件类型不同，结构体系包括楼盖、竖向构件（柱、墙）和基础。合理的结构体系必须满足高层建筑结构的承载力要求、刚度要求和延性要求，且能有效降低高层建筑结构的造价。

结构布置是指高层建筑结构受力构件的布置，包括竖向构件的平面布置和竖向布置，以及水平构件（梁、板）的布置等。合理的结构布置是保证高层建筑结构良好受力性能的根本。

2.1 高层建筑结构的承重体系与抗侧力体系

由于作用或荷载作用方向不同，高层建筑结构体系分为承重体系和抗侧力体系。承重体系是指建筑结构中承载竖向荷载的结构构件所组成的体系。抗侧力体系是指建筑结构中承载水平作用（如风荷载、地震作用等）的结构构件所组成的体系。通常情况下，高层建筑结构的竖向承重体系也是抗侧力体系。

高层建筑结构通过水平构件（如梁、板）和竖向构件（如柱、墙、支撑）协同工作来抵抗竖向荷载和水平荷载。一般来说，竖向荷载通过楼盖传给柱、墙，再通过柱、墙传递给基础；水平作用通过楼盖协调作用，分配给楼层的柱、墙，再通过柱、墙传递给基础。

由于水平作用（如风荷载、地震作用）引起的结构的位移随结构高度的增加而增加，高层建筑结构抗侧力体系的合理选择尤为重要。有效的抗侧力体系会将结构承受的水平荷载有效地传递至基础，才会将结构的侧向变形控制在合理范围内。因此抗侧力体系的选取和设计决策，是高层建筑结构设计中的重点。

2.2 结构体系

高层建筑常见的结构体系有框架结构、剪力墙结构、框架-剪力墙结构和筒体结构等基本结构体系，以及由基本结构体系所组成的其他结构体系。

2.2.1 框架结构

框架结构是由梁、柱和节点组成的框架承受竖向和水平作用的结构体系，见图 2.1。框架结构中的梁和柱通常采用钢筋混凝土构件，节点为刚接。

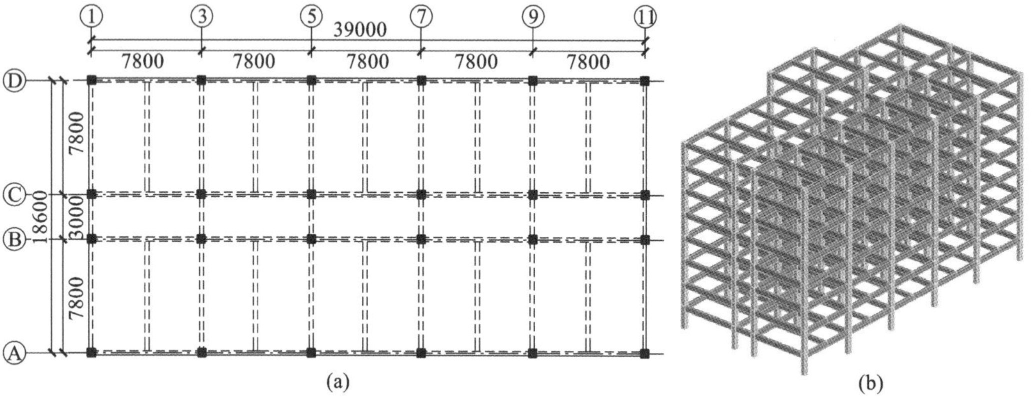

图 2.1 框架结构

(a)平面布置；(b)三维结构

框架结构空间分隔灵活，既能形成较大空间，也可分隔成小空间，易于满足多功能的要求；结构自重轻，节省材料，减小地震作用；梁、柱构件易于标准化和定型化，可采用装配整体式以缩短工期；采用现浇框架时，结构的整体性和刚度较好；经合理的设计，框架结构具有较好的延性和抗震能力。

但框架结构侧向刚度小，使得水平作用下结构的侧移较大，影响房屋建筑的使用，在地震作用下若侧移过大，还将导致结构和非结构构件的损坏。因此，设计中必须控制结构的适用高度和高宽比限值。

水平作用下的框架结构侧向变形由两部分组成，一是水平作用产生的楼层剪力使得梁、柱产生弯曲变形，在结构上表现为剪切变形；二是水平作用在框架中产生的倾覆力矩，使得一侧框架柱受拉，另一侧框架柱受压，柱的轴向变形使结构上表现为弯曲变形。当框架结构的层数较少，结构整体弯曲变形较小，结构的侧移主要表现为整体剪切变形。框架结构的侧移曲线如图 2.2 所示。

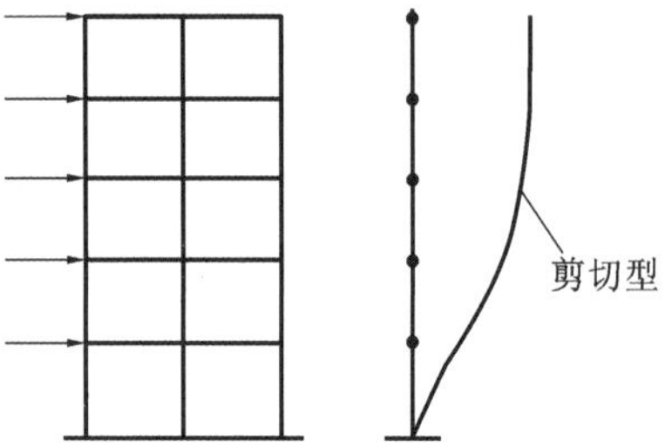

图 2.2 框架结构侧移曲线

2.2.2 剪力墙结构

剪力墙结构是由剪力墙承受竖向荷载和水平荷载的结构体系，如图 2.3 所示。剪力墙是在建筑外墙和内隔墙位置布置的结构墙，通常采用钢筋混凝土结构。当轴压比较大时，也可采用钢板混凝土、内藏钢板混凝土、型钢混凝土等结构。在竖向荷载作用下，剪力墙可视为受压的薄壁柱；在水平荷载作用下，剪力墙可视为下端固定上端自由的悬臂板。该类墙体由于能承受较大的水平剪力而被称为剪力墙。在地震区，剪力墙体内的水平剪力主要由地震作用引起，因此在抗震结构中又称之为抗震墙。

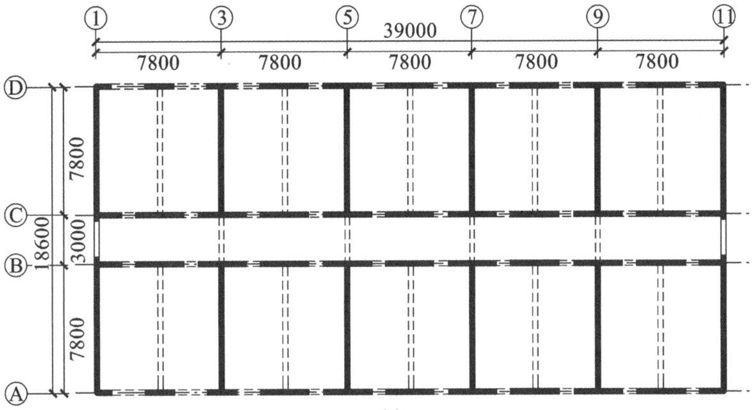

(a)

(b)

图 2.3 剪力墙结构

(a)平面布置；(b)三维结构

剪力墙在墙体平面内的刚度很大，使得剪力墙结构的抗侧刚度大，侧向变形小；剪力墙结构集承重、抗风、抗震、围护与分隔为一体，经济合理地利用了结构材料，同时增强了结构的整体性；剪力墙结构有良好的抗震性能，历次地震中剪力墙结构的震害较轻。

然而剪力墙结构墙体较密，使建筑的平面布置和空间利用受到限制，较难满足大空间建筑功能的要求；剪力墙自身重量大，且抗侧刚度大，使得剪力墙结构自振周期短，地震作用较大。

在侧向力作用下，剪力墙结构的侧向变形曲线呈弯曲型，楼层越高层间侧移越大。剪力墙结构的侧移曲线如图 2.4 所示。

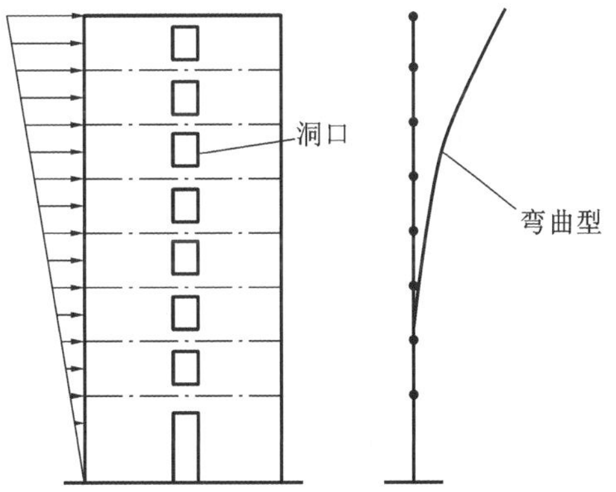

图 2.4 剪力墙结构侧移曲线

2.2.3 框架-剪力墙结构

框架-剪力墙结构是由框架和剪力墙共同承受竖向和水平作用的结构体系，如图 2.5 所示。框架-剪力墙结构结合了框架结构和剪力墙结构的优点，取长补短，既保留了框架结构建筑布置灵活、使用方便的优点，又具有剪力墙结构侧向刚度大、抗震性能好的优点。同时还使结构侧向变形均匀，可采用较小截面的框架柱，提高使用舒适度，节约材料，扩大使用空间。

框架-剪力墙结构的侧移结合了框架结构和剪力墙结构的特征。框架结构的侧移曲

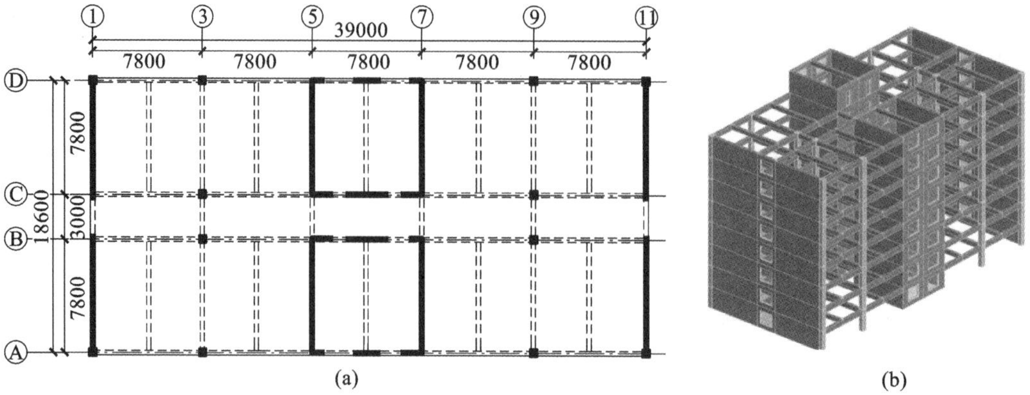

图 2.5 框架-剪力墙结构

(a)平面布置;(b)三维结构

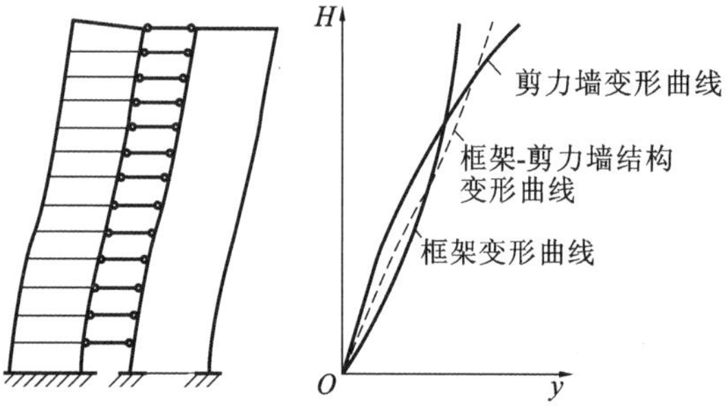

图 2.6 框架-剪力墙结构侧移曲线

线为剪切型,楼层越高层间侧移越小;剪力墙结构的侧移曲线为弯曲型,楼层越高层间侧移越大。框架-剪力墙结构由于有足够刚度的楼盖将二者相连,使得二者变形协调,侧移曲线为弯剪型,各层的层间侧移趋于均匀,有效地改善了抗震性能,有利于减少地震中非结构构件的破坏。框架-剪力墙结构的侧移曲线如图 2.6 所示。

2.2.4 筒体结构

筒体结构是由筒体主要承受竖向和水平作用的结构体系。筒体分为薄壁筒和框筒两大类(图 2.7)。薄壁筒是指由钢筋混凝土剪力墙所围成的筒体。一般利用布置在电梯间、楼梯和设备管道井四周的剪力墙围合而成,可视为底端固定、顶端自由、竖向放置的薄壁筒状结构,其水平截面为单孔或多孔的箱形截面,如图 2.7(a)所示。由于薄壁筒上仅开有少量洞口,又称之为实腹筒。框筒是由密柱框架或壁式框架围成的筒体。通常利用房屋四周的密集立柱和高跨比很大的窗间梁形成一个多孔筒体,如图 2.7(b)所示。由于立面上开有很多窗洞,又称之为空腹筒。

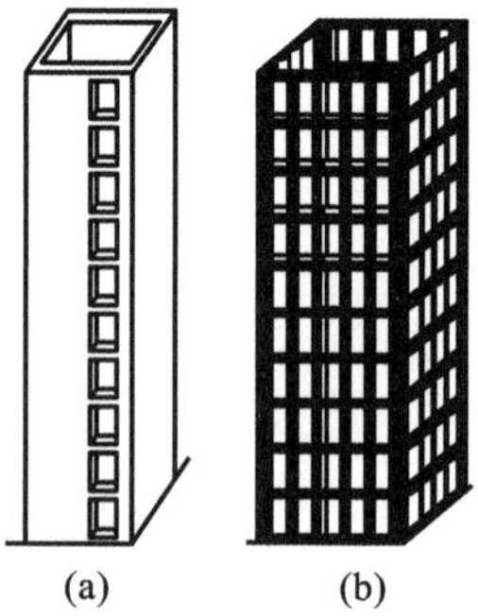

图 2.7 筒体类型

(a)薄壁筒;(b)框筒

筒体的组合可形成不同的筒体结构,如框筒结构、框筒-内柱结构、筒中筒结构、框架-筒体结构、束筒结构、多重筒结构等(图 2.8)。框筒作为筒体的基本形式可以作为抗侧力结构体系单独使用[图 2.8(a)]。如果楼板跨度较大,还可以在筒内部设置若干柱子,以减小梁、板的跨度,这些柱子只考虑承受竖向荷载,不参与抗侧力[图 2.8(b)]。筒中筒结构是以实腹筒为内筒,以框筒为外筒,以有效的刚性楼盖连接内外筒所形成的结构体系。在水平力作用下,内外筒协同工作,内筒以弯曲变形为主,外筒以剪切变形为主,通过楼盖的连接使二者协调变形,形成较中和、均匀的弯剪变形，其协同工作的原理类似于框架-剪力墙结构。由于内外筒的协同工作，筒中筒结构的抗侧刚度较大，侧移很小[图 2.8(c)]。框架-筒体结构是由中间实腹筒和周边框架所组成的结构体系，周边框架的梁和柱的截面较小，不能形成框筒，但容易形成较大的使用空间[图 2.8(d)]。束筒结构是由多个单筒排列到一起，共同承受竖向荷载和水平荷载的结构体系。由于多个筒体共同工作，束筒结构具有极大的抗侧刚度[图 2.8(e)]。多重筒是由多个不同大小的筒体同心排列形成的空间结构，具有较大的抗侧刚度[图 2.8(f)]。

筒体结构为空间受力体系，具有较大的抗侧刚度和较大的抗扭刚度，适用于修建更高的高层建筑。

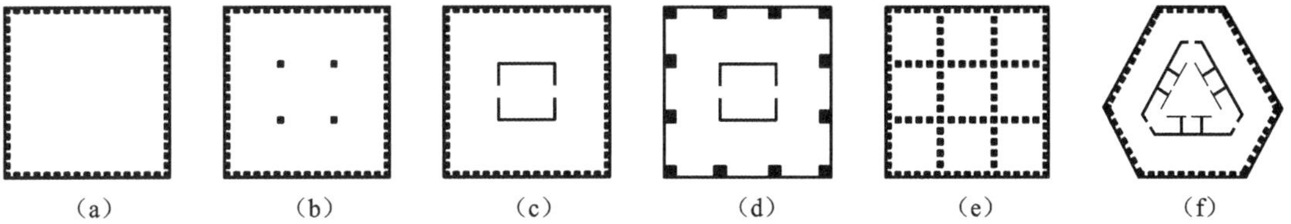

图 2.8 筒体结构形式

(a)框筒结构；(b)框筒-内柱结构；(c)筒中筒结构；(d)框架-筒体结构；(e)束筒结构；(f)多重筒结构

2.2.5 其他结构形式

在以上各种基本结构形式的基础上进行组合，可以形成新的抗侧力体系，如悬挂式结构、巨型框架结构、巨型空间桁架结构、巨型柱-核心筒结构等。

(1)悬挂式结构

悬挂式结构是以核心筒、刚架、拱等作为竖向承力结构，全部楼面均通过钢丝束、吊索悬挂在上述承重结构上而形成的一种新型结构体系(图 2.9)。该类结构具有两大特点，一是占地少，底部可以形成较大的开放自由空间；二是构件分工明确，发挥各自长处，如核心筒、刚架或拱作为主要受力构件，其他构件只承受局部范围内的作用。

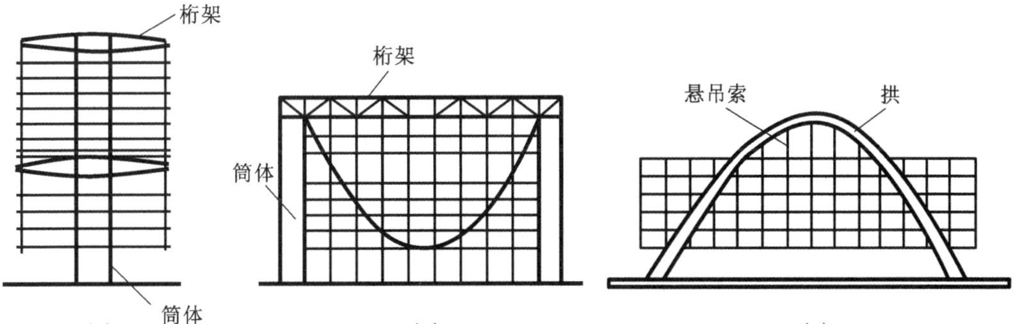

图 2.9 悬挂式结构形式

(a)核心筒悬挂结构；(b)桁架悬挂结构；(c)拱悬挂结构

如南非约翰内斯堡标准银行大厦，以中央核心筒为主要承重结构，外挑三道预应力混凝土井字梁，由预应力混凝土吊杆悬挂 33 个楼层(图 2.10)。

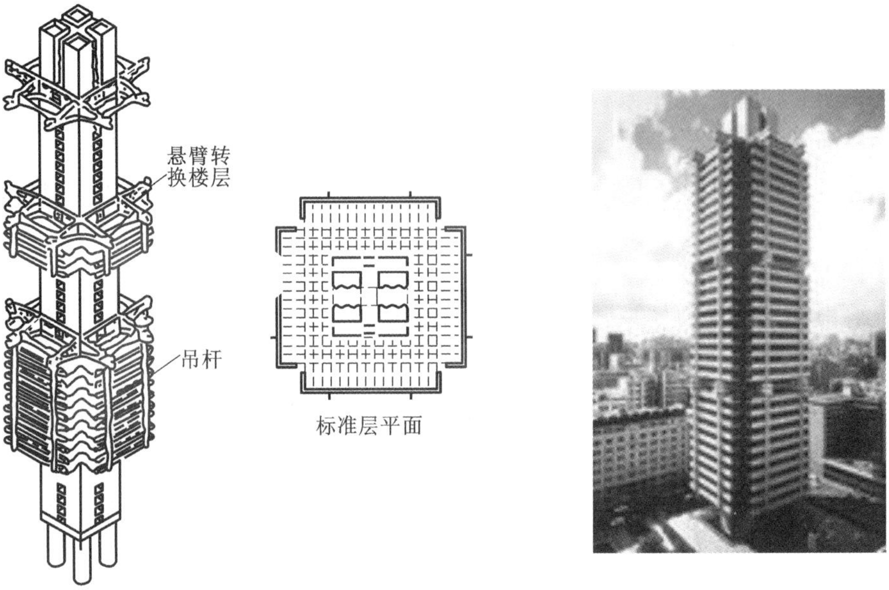

(a)　　(b)

图 2.10　南非约翰内斯堡标准银行大厦

(a)结构布置;(b)效果图(图片来源:百度)

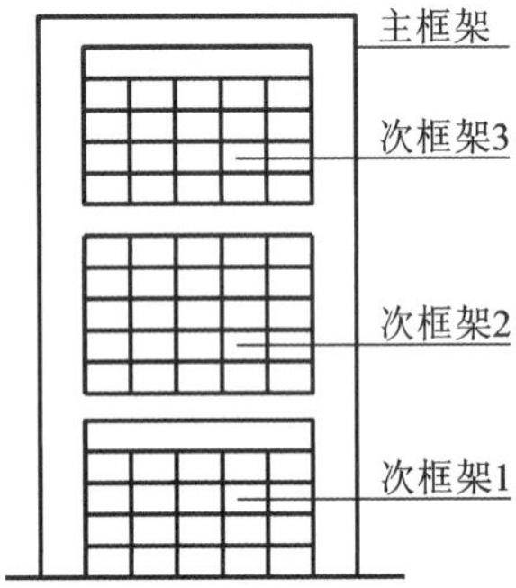

图 2.11　巨型框架结构

(2)巨型框架结构

巨型框架结构由两级结构组成,第一级为巨型框架,是主要承重结构;第二级为楼层框架,只承受各楼面荷载并传到巨型框架上(图 2.11)。巨型框架通常是利用位于设备层的大梁或大型桁架为水平构件,将布置在建筑周边的大型柱或钢筋混凝土井筒作为柱。该类体系可以体现结构的骨感,可方便在建筑上布置大空间;同时大框架施工结束后,各次级框架可以同时施工,加快施工进度。

如东京 NEC 大厦,由刚度很大的桁架组成巨型的梁柱,形成单跨四层大框架。大框架上再修建多层框架结构(图 2.12)。

(3)巨型空间桁架结构

巨型空间桁架结构由巨梁、巨柱、巨型支撑等杆件组成,水平剪力由支撑斜杆的轴力来抵抗,是既经济又高效的抗侧力结构体系。香港的中银大厦就是最具代表性的巨型空间桁架结构(图 2.13)。中银大厦高 315m、70 层,沿平面的四边和对角布置支撑,每 12 层设置一道巨梁,组成巨梁的水平桁架有一层楼高,由总共 8 片桁架组成巨型空间桁架。

(4)巨型柱-核心筒结构

巨型柱-核心筒结构是由核心筒加外围复合巨型柱组成的结构体系。上海金茂大厦主楼结构采用了该结构(图 2.14)。其核心筒为八角形,外围尺寸约为 27m×27m,筒体高 333.7m,采用现浇钢筋混凝土结构。建筑物四个立面中间成对布置 8 根复合巨型柱,由 H 型钢和高强钢筋混凝土组成;建筑物角部成对布置 8 根巨型钢板,由 H 型钢和钢板组成箱体。在建筑高度上设置了三道外伸桁架,分别位于 24～26 层、51～53 层、85～87 层,

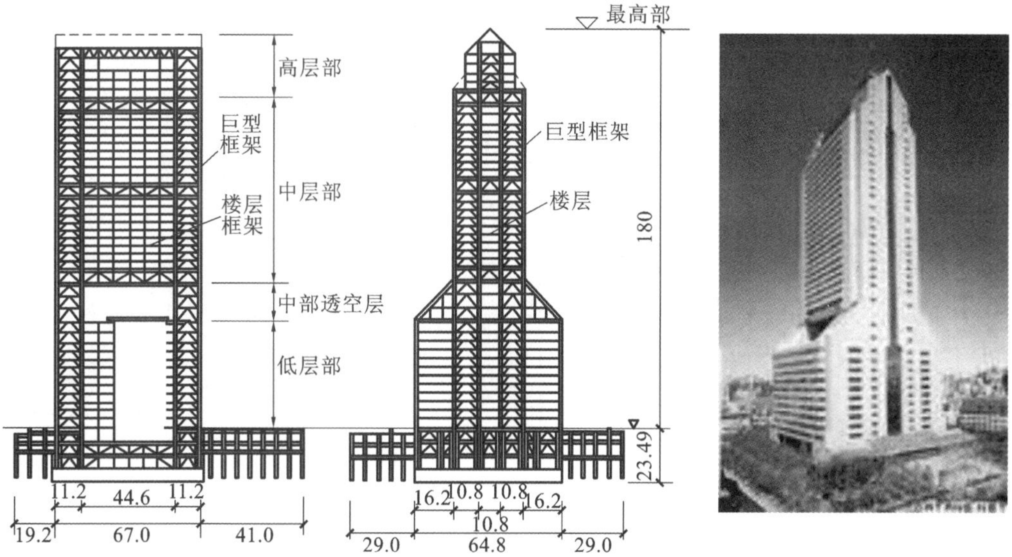

(a) (b)

图 2.12 东京 NEC 大厦

(a)结构布置;(b)效果图(图片来源:百度)

图 2.13 香港中银大厦(图片来源:百度)

每道外伸桁架为两层楼高,由大截面的钢柱、水平钢梁、垂直斜撑和连接板组成。复合巨型柱、核心筒由外伸桁架协同工作形成主要的受力构件。

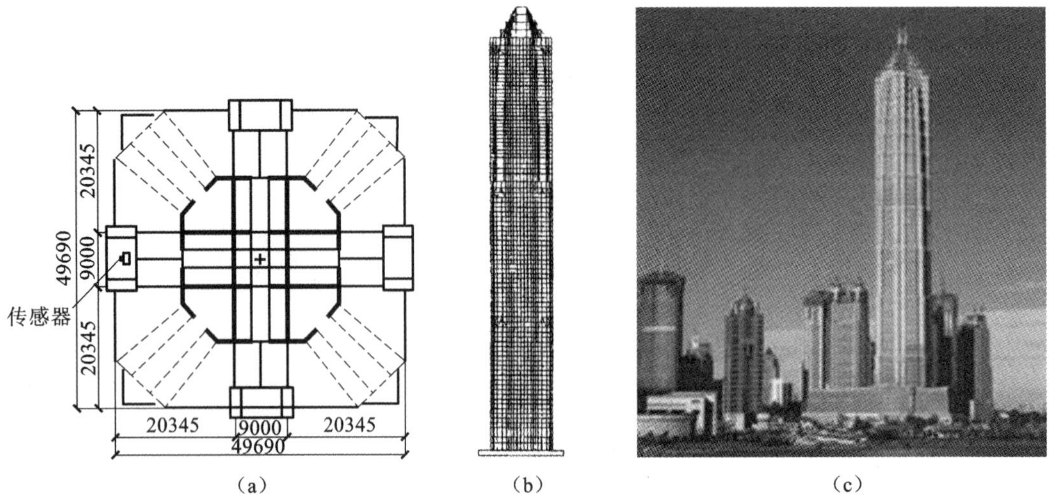

图 2.14 上海金茂大厦

(a)标准层平面图;(b)剖面图;(c)效果图(图片来源:百度)

2.3 楼(屋)盖结构

楼(屋)盖结构是由设置在楼层或屋面位置的板或梁-板所组成的受力体系。高层建筑的楼(屋)盖除要承受楼面或屋面上的竖向荷载外,还将各竖向承重构件整合起来,并将水平作用传递或分配给各竖向承重构件。同时,楼盖还是竖向承重构件的支承,使各榀框架或各片剪力墙不致产生平面外失稳。

高层建筑由竖向抗侧力构件(柱、剪力墙或筒体)和楼盖组成空间受力体系,水平作用通过楼盖进行传递和分配,因此楼盖应具有较好的整体性和刚度。

根据不同的分类指标,高层建筑结构中的钢筋混凝土楼盖可以分为不同的类型。

2.3.1 现浇式楼盖、装配整体式楼盖和装配式楼盖

根据施工工艺,楼盖可分为现浇式楼盖、装配整体式楼盖和装配式楼盖。装配式楼盖由预制构件组成,在现场进行安装,可节约劳动力,加快施工速度,具有工业化生产和机械化操作等优点,但是其整体性和刚度较差。装配整体式楼盖是在装配式楼盖上再现浇钢筋混凝土层所形成的体系,它在减少现场施工量的同时保证了楼盖的整体性。现浇式楼盖具有整体性好、抗震性能强、防水性能好的优点,但具有模板用料多、施工湿作业量大、施工速度慢等缺点。对于楼盖刚度要求较高的高层建筑应优先采用现浇式楼盖。

2.3.2 梁板式楼盖、密肋楼盖和无梁楼盖

根据结构形式,楼盖可分为梁板式楼盖、密肋楼盖和无梁楼盖。梁板式楼盖是由板和梁组成,通常在板下设置梁,以减少板跨和板厚,荷载通过板均匀传递给主梁和次梁,再传递给竖向受力构件。为减小梁高和梁的自重,可以采用预应力混凝土梁、钢骨混凝土梁或

型钢梁。梁板式楼盖应用广泛，有较好的技术经济指标。当梁的截面较高时会降低楼层净高；由于楼板有梁，不便于布置管线。

密肋楼盖是由薄板和间距较小的肋梁组成的结构体系，分为单向密肋楼盖和双向密肋楼盖，多用于跨度大而梁高受限制的情况。当建筑的柱网尺寸为正方形或接近方形时，常采用双向密肋楼盖形式。肋距一般为1.0～1.5m，采用1.2m较为经济。与一般楼盖体系相比，密肋楼盖因具有材料省、造价低、刚度大、抗震好、梁高小等优点，一般适用于跨度和荷载较大的、大空间的多高层建筑，如商业楼、图书馆、办公楼、车站等大中型公用建筑。

无梁楼盖又称为板柱结构体系，由厚板和竖向支撑构件组成。当框架结构的荷载较大而层高受到较大限制的时候，应当采用无梁楼盖。无梁楼盖采用厚板直接传力给柱，具有结构简单、传力路径简捷的特点，提高了楼层的净高，节约模板，提高施工速度，管道铺设方便，天花板平整美观。但是从结构性能看，无梁楼盖的延性较差，板与柱的连接处易发生冲切破坏，一般在柱顶处设置柱帽以提高无梁楼盖的抗水平力性能和防止板的冲切破坏。无梁楼盖在仓库、书库、商场、车库中使用可以取得较好的效果。

2.3.3 非预应力楼盖和预应力楼盖

根据楼盖内是否采用预应力钢筋，楼盖可以分为非预应力楼盖和预应力楼盖。非预应力平板分为实心板和空心板，是在高层建筑结构中应用较多的一种楼盖形式。预应力楼板是指在生产过程中对受力钢筋预先施加张拉应力，以防止此板在工作时受拉部位的混凝土出现裂缝，同时也充分发挥钢筋强度的作用，节约钢筋。预应力楼板可以分为预应力空心板、预应力大楼板、预应力叠合板和无黏结预应力现浇平板等。

2.4 基础结构

高层建筑的基础设计，应综合考虑建筑场地的工程地质和水文地质状况、上部结构的类型和房屋高度、施工技术和经济条件等因素。高层建筑的基础除应满足承载力要求外，也应使建筑物不致发生过量沉降或倾斜，满足建筑物正常使用要求，还应减少对邻近地下构筑物、地下设施和相邻建筑的影响。

2.4.1 基础类型

高层建筑应采用整体性好、能满足地基承载力和建筑物容许变形要求并能调节不均匀沉降的基础形式。一般采用筏形基础或带桩基的筏形基础，必要时可以采用箱形基础。当地质条件好时，也可以采用交叉梁式基础或其他形式基础。当地基承载力或变形难以满足设计要求时，可采用桩基或复合地基。

(1)筏形基础

筏形基础是柱下或墙下连续的平板式或梁板式钢筋混凝土基础。筏形基础底面积大、刚度大，可减小基底压力，同时能增强基础的整体性，有效调整不均匀沉降。筏形基础适用于层数不多、地基土质良好、上部结构轴线间距较小且荷载不大的高层建筑结构。

(2)箱形基础

箱形基础是由钢筋混凝土底板、顶板、外墙和内隔墙组成的有一定高度的空间结构，适用于软弱地基上的高层、重型或对不均匀沉降有严格要求的建筑物。箱形基础具有较大的刚度和底面积，能够减小建筑物沉降及调整不均匀沉降。

(3)桩基础

桩基础是由设置在岩土中的桩和连接于桩顶端的承台组成的基础。桩基础具有承载力高、稳定性好、沉降量小的特点，适用于地基持力层较深的地质条件，是土质不良地区修建各种建筑物所普遍采用的基础形式。

2.4.2 基础布置原则

高层建筑除应合理选择基础形式，在基础布置时还应遵守以下原则：

(1)基础应放置在坚硬或较均匀的地基持力层上，避免在同一建筑结构中使用不同类型基础。

(2)应保证基础的整体性。当基础由单独基础组成时，应设置纵、横向的拉梁以增加基础的整体性。

(3)高层建筑宜设地下室，有抗震设防要求的高层建筑的基础埋深宜一致，不宜采用局部地下室。

(4)基础应有一定的埋置深度。基础埋置深度是指基础底面至天然地面的距离。确定基础埋置深度应综合考虑建筑物高度、体型、地基土质、抗震设防等因素的影响。天然地基或复合地基的埋置深度可取房屋高度的1/15；桩基础的埋置深度(不计桩长)可取房屋高度的1/18。当建筑物采用岩石地基或采取有效措施时，基础埋深可适当减小。

(5)高层建筑的基础和与其相连的裙房的基础，设置沉降缝时，应考虑高层建筑的基础有可靠的侧向约束及有效埋深；不设沉降缝时，应采取有效措施减少差异沉降及其影响。

2.5 结构布置原则

2.5.1 结构平面布置

建筑平面宜简单、规则、对称，宜采用矩形、方形、圆形、Y形、L形、十字形、井字形等。圆形、椭圆形建筑有利于抗风；平面对称、长宽比接近于1的建筑有利于抗震。

结构平面布置宜对称、均匀；尽量使结构抗侧向刚度中心、建筑平面形心、建筑物质量中心三心重合，以减少扭转的影响。布置结构平面时应注意结构的不规则性。高层建筑平面不规则分为扭转不规则、凹凸不规则和楼板局部不连续三类。

(1)扭转不规则

结构平面布置应减少扭转的影响。可以采用扭转位移比和周期比两个参数来控制结构扭转不规则性。

扭转位移比包括水平位移比和层间位移比，是指在考虑偶然偏心影响的规定水平地震力作用下,楼层竖向构件的最大水平位移或层间位移与该楼层相应的平均值之比。这一比值,A 级高度高层建筑不宜大于 1.2,不应大于该楼层平均值的 1.5 倍;B 级高度高层建筑、超过 A 级高度的混合结构高层建筑及复杂高层建筑不宜大于 1.2,不应大于 1.4。各楼层质量的偶然偏心距可取 $0.05L$,其中 L 为垂直于水平作用力方向的建筑物总长度。规定水平地震力一般可采用考虑偶然偏心的振型组合后的楼层地震剪力换算的水平地震作用力,即每一楼面处的水平作用力取该楼面上、下两个楼层的地震剪力差的绝对值。

周期比是指结构扭转为主的第一自振周期 T_t 与平动为主的第一自振周期 T_1 之比。这一比值,A 级高度高层建筑不应大于 0.9,B 级高度高层建筑、超过 A 级高度的混合结构高层建筑及复杂高层建筑不应大于 0.85。

(2)凹凸不规则

结构平面凹凸不规则不利于结构的抗震和抗风,宜从三个方面加以控制:①平面不宜狭长;②平面突出部分的长度不宜长而窄;③不宜采用角部重叠或细腰形平面布置。

平面过于狭长的建筑物(图 2.15)在地震时由于两端地震波输入有相位差而容易产生不规则振动,产生较大震害。因此应限制结构平面的长宽比 L/B,如表 2.1 所示。

结构平面有较长的外伸时(图 2.15),外伸段容易产生局部振动而引起凹角处应力集中或破坏,因此应控制外伸部分的 l/B_{max} 和 l/b,如表 2.1 所示。

表 2.1 平面尺寸及突出部位尺寸的比值限值

设防烈度	L/B	l/B_{max}	l/b
6 度、7 度	≤6.0	≤0.35	≤2.0
8 度、9 度	≤5.0	≤0.30	≤1.5

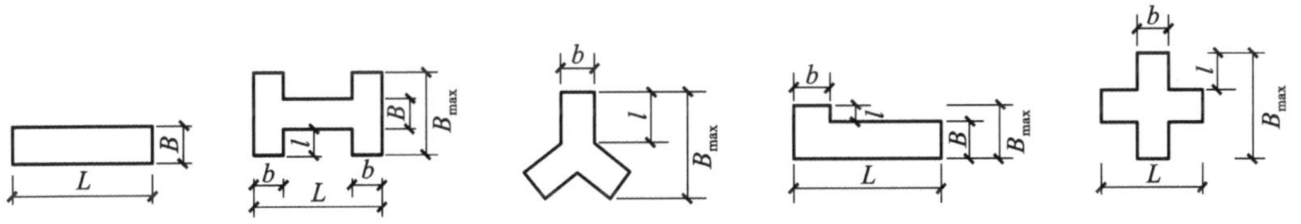

(a) (b) (c) (d) (e)

图 2.15 结构平面布置

角部重叠或细腰形平面(图 2.16),在中央部位形成狭窄部分,在地震中容易产生震害,尤其在凹角部分,容易使楼板开裂、破坏,因此不宜采用此类平面布置。若采用,则这些部位应采取加厚楼板、增加板内配筋、设置集中配筋的边梁、配置 45°斜向钢筋等方法予以加强。

(3)楼板局部不连续

楼板有较大平面凹入或开有大面积洞口时,被凹口或洞口划分开的各部分之间的连接较为薄弱,在地震中容易相对振动而使该部分产生震害,因此应对凹入或洞口的大小加以限制。即有效楼板宽度不宜小于该层楼面宽度的 50%;楼板开洞总面积不宜超过楼面面积的 30%;在扣除凹入或开洞后,楼板在任一方向的最小净宽度不宜小于 5m,且开洞后每一边的楼板净宽度不应小于 2m。以如图 2.17 所示平面为例,L_2 不宜小于 $0.5L_1$,a_1 与 a_2 之和不宜小于 $0.5L_2$ 且不宜小于 5m,a_1 和 a_2 均不应小于 2m,开洞面积不宜大于楼面面积的 30%。

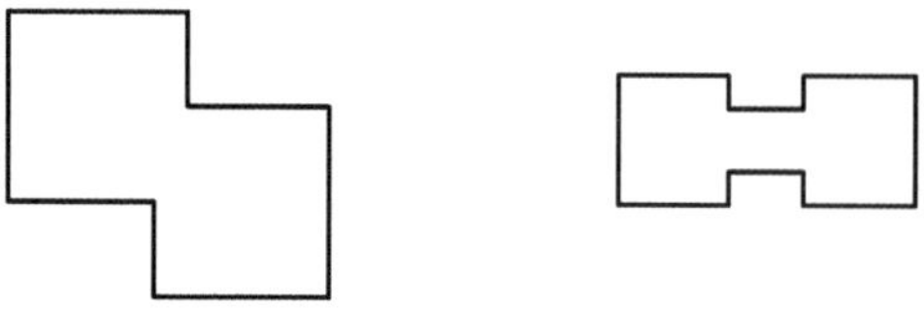

图 2.16 角部重叠或细腰形平面

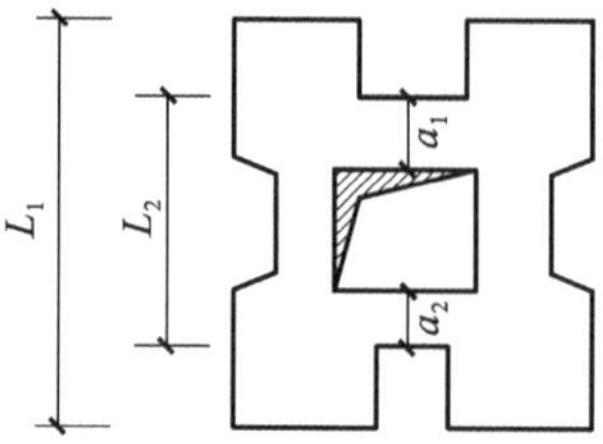

图 2.17 楼板净宽度要求示意

楼板开大洞削弱后，宜采取以下构造措施：①加厚洞口附近楼板，提高楼板的配筋率，采用双层双向配筋；②洞口边缘设置边梁、暗梁；③在楼板洞口角部集中配置斜向钢筋。

当采用卄字形、井字形等外伸长度较大的建筑时，若中央部分楼板有较大削弱时，应加强楼板以及连接部位墙体的构造措施，必要时还可以在外伸段的凹槽处设置连接梁或连接板。

2.5.2 结构竖向布置

历次地震震害表明，结构刚度沿竖向突变、外形外挑或收进等，都会造成某些楼层的变形过分集中，出现严重的震害甚至倒塌。因此高层建筑的竖向体型宜规则、均匀，避免有过大的外挑或收进；结构的侧向刚度宜下大上小，逐渐均匀变化。高层建筑结构竖向布置宜控制不规则性。结构竖向不规则分为侧向刚度不规则、楼层承载力突变和竖向抗侧力构件不连续三类。

(1)侧向刚度不规则

高层建筑下部楼层的侧向刚度宜大于上部楼层的侧向刚度，否则水平作用下的结构侧向变形会集中于刚度小的下部楼层而形成薄弱层。因此应对楼层与相邻上层的侧向刚度比 γ 加以限制。

对框架结构，楼层与相邻上层的侧向刚度比 γ_1 按式(2.1)计算。楼层与相邻上层的侧向刚度比 γ_1 不宜小于 0.7，与相邻上部三层刚度平均值的比值不宜小于 0.8。

$$\gamma_1=\frac{V_i\Delta_{i+1}}{V_{i+1}\Delta_i} \tag{2.1}$$

式中 γ_1——楼层侧向刚度比；

V_i，V_{i+1}——第 i 层和第 $i+1$ 层的地震剪力标准值(kN)；

Δ_i，Δ_{i+1}——第 i 层和第 $i+1$ 层在地震作用标准值作用下的层间位移(m)。

对框架-剪力墙结构、板柱-剪力墙结构、剪力墙结构、框架-核心筒结构、筒中筒结构，楼层与相邻上层的侧向刚度比 γ_2 按式(2.2)计算。楼层与相邻上层的侧向刚度比 γ_2 不宜小于 0.9；当本层层高大于相邻上层层高的 1.5 倍时，该比值不宜小于 1.1；对于结构底部嵌固层，该比值不宜小于 1.5。

$$\gamma_2=\frac{V_i\Delta_{i+1}}{V_{i+1}\Delta_i}\frac{h_i}{h_{i+1}} \tag{2.2}$$

式中　γ_2——考虑层高修正的楼层侧向刚度比；

h_i, h_{i+1}——第 i 层和第 $i+1$ 层的楼层层高(m)。

(2)楼层承载力突变

楼层抗侧力结构的承载力突变将导致薄弱层破坏，因此应限定楼层承载力突变程度。A 级高度高层建筑的楼层层间抗侧力结构的受剪承载力不宜小于其相邻上一层受剪承载力的 80%，不应小于其相邻上一层受剪承载力的 65%；B 级高度高层建筑的楼层层间抗侧力结构的受剪承载力不应小于其相邻上一层受剪承载力的 75%。

柱的受剪承载力可根据柱两端实配的受弯承载力按两端同时屈服的假定失效模式反算；剪力墙可根据实配钢筋按抗剪设计公式反算；斜撑的受剪承载力可计入轴力的贡献，并考虑受压屈服的影响。

(3)竖向抗侧力构件不连续

抗震设计时，若结构竖向抗侧力构件上、下不连续，则对结构抗震不利，属于竖向不规则结构，宜避免。

研究和震害表明，当上部楼层相对于下部楼层收进时，收进的部位越高，收进后的平面尺寸越小，结构的高振型反应越明显，因此对收进后的平面尺寸应加以限制。当上部楼层相对于下部楼层有外挑时，结构的扭转效应和竖向地震作用效应明显，对结构抗震不利，因此对其外挑尺寸应加以限制。抗震设计时，当结构上部楼层收进部位到室外地面的高度 H_1 与房屋高度 H 之比大于 0.2 时，上部楼层收进后的水平尺寸 B_1 不宜小于下部楼层水平尺寸 B 的 75%[图 2.18(a)、图 2.18(b)]；当上部结构楼层相对于下部楼层外挑时，上部楼层的水平尺寸 B_1 不宜大于下部楼层水平尺寸 B 的 1.1 倍，且水平外挑尺寸 a 不宜大于 4m[图 2.18(c)、图 2.18(d)]。

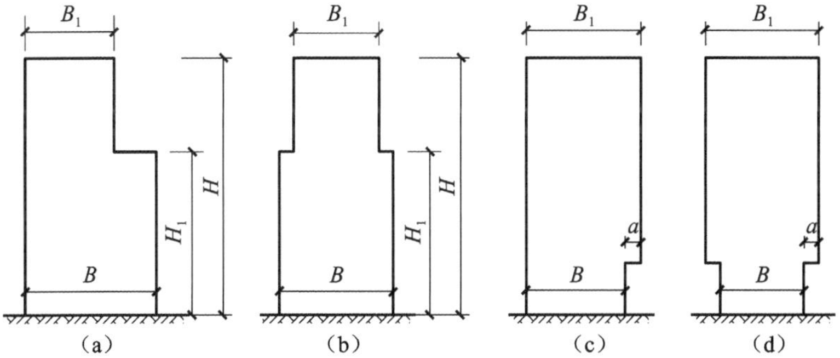

图 2.18　结构竖向收进和外挑示意

高层建筑抗震设计时应明确建筑是否不规则。不规则建筑应按相关规范采取加强措施；特别不规则建筑应进行专门研究和论证，采取特别的加强措施；严重不规则建筑不应采用。不规则建筑是指存在某项平面不规则类型或某项竖向不规则类型的建筑。当存在多项不规则或某项不规则超过规定的参考指标较多时，应属于特别不规则建筑。体型复杂，多项不规则指标超过规定的参考指标上限值或某一项大大超过规定值，具有现有技术和经济条件不能克服的严重的抗震薄弱环节，可能导致地震破坏的严重后果，应属于严重不规则建筑。

2.5.3 房屋适用高度和高宽比

(1)房屋适用高度

房屋高度对建筑的受力性能和工程造价影响较大,因此宜限定房屋的适用高度。钢筋混凝土高层建筑结构的最大适用高度应区分为A级和B级。A级高度钢筋混凝土乙类和丙类高层建筑的最大适用高度应符合表2.2的规定,B级高度钢筋混凝土乙类和丙类高层建筑的最大适用高度应符合表2.3的规定。平面和竖向不规则的高层建筑结构,其最大适用高度宜适当降低。

表2.2 A级高度钢筋混凝土高层建筑的最大适用高度(m)

结构体系		非抗震设计	抗震设防烈度				
			6度	7度	8度		9度
					0.20g	0.30g	
框架		70	60	50	40	35	—
框架-剪力墙		150	130	120	100	80	50
剪力墙	全部落地剪力墙	150	140	120	100	80	60
	部分框支剪力墙	130	120	100	80	50	不应采用
筒体	框架-核心筒	160	150	130	100	90	70
	筒中筒	200	180	150	120	100	80
板柱-剪力墙		110	80	70	55	40	不应采用

注:1.表中框架不含异形柱框架;
2.部分框支剪力墙结构指地面以上有部分框支剪力墙的剪力墙结构;
3.甲类建筑,6度、7度、8度时宜按本地区抗震设防烈度提高1度后符合本表的要求,9度时应专门研究;
4.框架结构、板柱-剪力墙结构以及9度抗震设防的表列其他结构,当房屋高度超过本表数值时,结构设计应有可靠依据,并采取有效的加强措施。

表2.3 B级高度钢筋混凝土高层建筑的最大适用高度(m)

结构体系		非抗震设计	抗震设防烈度			
			6度	7度	8度	
					0.20g	0.30g
框架-剪力墙		170	160	140	120	100
剪力墙	全部落地剪力墙	180	170	150	130	110
	部分框支剪力墙	150	140	120	100	80
筒体	框架-核心筒	220	210	180	140	120
	筒中筒	300	280	230	170	150

注:1.部分框支剪力墙结构指地面以上有部分框支剪力墙的剪力墙结构;
2.甲类建筑,6度、7度时宜按本地区抗震设防烈度提高1度后符合本表的要求,8度时应专门研究;
3.当房屋高度超过表中数值时,结构设计应有可靠依据,并采取有效加强措施。

(2)房屋适用高宽比

高层建筑结构可近似为固定于基础上的竖向悬臂结构,增加建筑平面尺寸对减小侧向位移十分有效。控制高层建筑的高宽比,可以从宏观上控制结构的侧向刚度、整体稳定性、承载能力和经济合理性。钢筋混凝土高层建筑结构高宽比限值不宜超过表2.4的限值。

表 2.4　钢筋混凝土高层建筑结构适用的最大高宽比

结构体系	非抗震设计	抗震设防烈度		
		6 度、7 度	8 度	9 度
框架	5	4	3	—
板柱-剪力墙	6	5	4	—
框架-剪力墙、剪力墙	7	6	5	4
框架-核心筒	8	7	6	4
筒中筒	8	8	7	5

2.5.4　变形缝布置

为了减小混凝土收缩变形和温度应力、防止基础不均匀沉降、降低地震作用影响，常在高层建筑中设置变形缝，将其划分为若干个相对简单的结构计算单元。根据设置目的不同，变形缝分为伸缩缝、沉降缝和防震缝。

变形缝的设置会带来建筑立面处理困难、建筑平面使用不便、防水处理不易等问题，因此设置变形缝时应尽量做到少设缝，并做到一缝多用。

(1)伸缩缝

伸缩缝又称为温度缝，是指为防止建筑物构件由于气候温度变化(热胀、冷缩)而产生裂缝或破坏，或防止混凝土在凝结硬化过程中产生较大的收缩开裂，在房屋长度方向的适当部位竖向设置的一条构造缝。伸缩缝用于消除由于温度变化和混凝土收缩引起的结构内力，必须贯通基础以上的整个结构，宽度不宜小于 50mm。

伸缩缝的设置，主要与结构的长度有关。在未采取措施的情况下，钢筋混凝土结构的伸缩缝间距不宜超过表 2.5 的限值。

表 2.5　伸缩缝的最大间距

结构体系	施工方法	最大间距(m)
框架结构	现浇	55
剪力墙结构	现浇	45

注：1. 框架-剪力墙的伸缩缝间距可根据结构的具体布置情况取表中框架结构与剪力墙结构之间的数值；
2. 当屋面无保温或隔热措施、混凝土的收缩较大或室内结构因施工外露时间较长时，伸缩缝间距应适当减小；
3. 位于气候干燥地区、夏季炎热且暴雨频繁地区的结构，伸缩缝的间距宜适当减小。

当采用有效的构造措施和施工措施减小温度变化和混凝土收缩对结构的影响时，可适当放宽钢筋混凝土结构的伸缩缝间距。根据实际情况，可采用以下措施：

①顶层、底层、山墙和纵墙端开间等受温度变化影响较大的部位提高配筋率；

②顶层加强保温隔热措施、外墙设置外保温层，从而避免结构产生较大温差；

③每 30～40m 间距留出施工后浇带，带宽 800～1000mm，钢筋采用搭接接头，后浇带混凝土宜在 45d 后浇筑；

④采用收缩小的水泥、减少水泥用量、在混凝土中加入适宜的外加剂，从而降低水泥水化热量和减缓产热速度，进而减小混凝土内外温差，避免产生收缩和温度裂缝；

⑤提高每层楼板的构造配筋率或采用部分预应力结构。

(2)沉降缝

为了满足建筑功能需要，通常高层建筑除了主楼外还有配套的裙房，主楼和裙房的层数和重量往往相差很大，这将使两者间的地基沉降出现明显的差异，使得主楼和裙房相交部位出现应力集中，可能出现裂缝甚至破坏。另一方面，场地地质条件的差异也会导致高层建筑地基沉降不均匀。设置沉降缝可以将结构切分为地基沉降量差异不大的几个独立结构单元，消除不均匀沉降的影响。通常在以下部位设置沉降缝：

①结构高差较大或结构荷载差异较大处；

②地基土的物理力学差异较大处；

③基础底面标高相差较大或基础类型不一致处。

沉降缝应贯通基础和上部结构。可以在沉降缝两侧采用双竖向构件形式，也可以利用挑梁或挑板形式以实现其两侧构件完全断开的目的。沉降缝间距一般不宜小于 50mm。

(3)防震缝

抗震设计如果结构平面或竖向布置不规则且不能调整时，宜设置防震缝将其划分为较简单的几个结构单元。建筑物各部分之间的关系应明确，如分开则彻底分开；如相连，则连接应牢固。不宜采用似分不分、似连不连的结构方案。防震缝宜沿房屋全高设置，地下室、基础可不设防震缝，但在与上部防震缝对应处应加强构造和连接。

为避免建筑物在地震中碰撞，防震缝必须留有足够宽度。防震缝净宽度原则上应大于两侧结构允许的地震水平位移之和。钢筋混凝土结构的防震缝宽度应符合下列规定：

①框架结构房屋，高度不超过 15m 时不应小于 100mm；高度超过 15m 时，6 度、7 度、8 度和 9 度分别为每增加高度 5m、4m、3m 和 2m，宜加宽 20mm；

②框架-剪力墙结构房屋不应小于上述①条规定数值的 70%，剪力墙结构房屋不应小于上述①条规定数值的 50%，且二者均不宜小于 100mm。

防震缝两侧结构体系不同时，防震缝宽度应按不利的结构类型确定；防震缝两侧的房屋高度不同时，防震缝宽度可按较低的房屋高度确定。

本章小结

本章主要介绍高层建筑结构体系的组成、结构体系类型、楼盖体系类型、基础设计要求、结构布置原则等内容。

高层建筑结构体系是指用于承受水平作用和竖向荷载的结构受力体系。根据所承受的作用和荷载不同，结构体系包括承重体系和抗侧力体系。承重体系是指建筑结构中承载竖向荷载的结构构件所组成的体系。抗侧力体系是指建筑结构中承载水平作用(如风荷载、地震作用等)的结构构件所组成的体系。通常高层建筑结构的竖向承重体系也是抗侧力体系。

高层建筑常见的结构体系有框架结构、剪力墙结构、框架-剪力墙结构和筒体结构等基本结构体系，以及由基本结构体系所组成的其他结构体系。一般情况下，这些结构体系的侧向刚度由小到大为框架结构、框架-剪力墙结构、剪力墙结构、筒体结构。通常情况下，在水平作用下框架结构的侧移曲线表现为剪切型，水平作用下剪力墙结构的侧移曲线表现为弯曲型，水平作用下框架-剪力墙结构和筒体结构的侧移曲线表现为弯剪型。

楼（屋）盖结构是由设置在楼层或屋面位置的板或梁-板所组成的受力体系。楼盖应具有较好的整体性和刚度。钢筋混凝土楼盖可以分为不同的类型。根据施工工艺，楼盖可分为现浇式楼盖、装配整体式楼盖和装配式楼盖。根据结构形式，楼盖可分为梁板式楼盖、密肋楼盖和无梁楼盖。根据楼盖内是否采用预应力钢筋可以分为非预应力楼盖和预应力楼盖。

高层建筑应采用整体性好、能满足地基承载力和建筑物容许变形要求并能调节不均匀沉降的基础形式。一般采用筏形基础或带桩基的筏形基础，必要时可以采用箱形基础。

高层建筑的结构布置包括房屋适用高度、高宽比、结构平面布置、结构竖向布置和变形缝布置等方面。房屋高度对高层建筑的受力性能和工程造价影响较大，而房屋高宽比影响结构的整体稳定性，因此宜限定高层建筑的适用高度和高宽比。结构平面布置时应注意结构的不规则性，高层建筑平面不规则分为扭转不规则、凹凸不规则和楼板局部不连续三类。高层建筑结构竖向布置宜控制不规则性，结构竖向不规则分为侧向刚度不规则、楼层承载力突变和竖向抗侧力构件不连续三类。为了减小混凝土收缩变形和温度应力、防止基础不均匀沉降、降低地震作用影响，常在高层建筑中设置伸缩缝、沉降缝或抗震缝等变形缝。

思考题

2-1 高层建筑中常用的结构体系有哪些？试对每种结构体系列举 1～2 个应用场景。

2-2 简述侧向作用下框架结构、剪力墙结构和框架-剪力墙结构的变形特点及结构的适用性。

2-3 简述高层建筑楼盖体系的组成、作用和分类。

2-4 简述高层建筑的基础类型和适用范围。

2-5 简述高层建筑平面布置原则和竖向布置原则。

2-6 简述高层建筑的变形缝类型和作用。

思考题答案

第 2 章课件

3　高层建筑结构的荷载作用及其效应组合

【内容简介】

本章主要介绍高层建筑结构承受的竖向荷载、风荷载和地震作用等。竖向荷载包括恒荷载、楼面活荷载、屋面雪荷载等。与多层建筑结构有所不同，高层结构的水平荷载效应远大于多层建筑结构，水平荷载作用下的侧移显著增加，成为控制设计的主要因素；同时，对高层建筑结构尚应考虑竖向地震的作用。高层建筑结构还应考虑温度变化、材料的收缩和徐变、地基不均匀沉降等间接作用在结构中产生的效应。

【教学要求】

理解高层建筑的荷载与作用类型；掌握恒荷载、风荷载、地震作用的计算方法以及荷载效应组合方式。

3.1　竖向荷载

3.1.1　恒荷载

恒荷载是指各种结构构件、围护构件、面层(包括找平层、保温层、防水层、隔热层等)及装饰、固定设备、长期储物的自重，结构自重的标准值可按结构构件的设计尺寸与材料单位体积的自重计算确定。常用材料和构件的容重可从《建筑结构荷载规范》(GB 50009—2012，以下简称《荷载规范》)附录A中查得。

对于屋顶运动场、种植土屋面等，其恒荷载包括所有构造层自重，如种植层、过滤层、排水层、保温层、防水层等，还要考虑这些构造层所用材料在饱和水状态下的密度。

对某些自重变异较大的材料和构件(如现场制作的保温材料、混凝土薄壁构件等)，考虑到结构的可靠度，在设计时应根据该荷载对结构不利或有利状态，取其自重上限值或下限值。固定隔墙的自重可以按恒荷载考虑，位置可灵活布置的隔墙的自重应按活荷载考虑。固定设备(如旋转餐厅轨道和驱动设备)的自重应按实际情况确定或由有关专业设计人员提供。

3.1.2　活荷载

高层建筑楼(屋)面均布活荷载的标准值及其组合值、频遇值和准永久值系数，可按《荷载规范》的规定取用。在设计楼面梁、墙、柱及基础时，楼面活荷载标准值应乘以规定的折减系数，其值可按《荷载规范》的规定取用。

现行《荷载规范》中给出的民用建筑楼面均布活荷载表格中数据适用于一般使用条件，当使用荷载较大、情况特殊或有专门要求时，应按实际情况采用；表格中数据不包括隔墙自重和二次装修荷载。对固定隔墙的自重应按永久荷载考虑，当隔墙位置可灵活自由布置时，非固定隔墙的自重应取不小于1/3的每延米长墙重(kN/m)作为楼面活荷载的附加值(kN/m^2)计入，且附加值不应小于1.0kN/m^2。

在荷载汇集及内力计算中，应按未经折减的活荷载标准值进行计算，楼面活荷载的折减可在构件内力组合时，针对具体设计构件所处的位置选用相应的活荷载折减系数，对活荷载引起的内力进行折减，然后再将经过折减的活荷载引起的构件内力进行组合。

施工活荷载一般取1.0～1.5kN/m^2，施工中采用附墙塔、爬塔等对结构受力有影响的起重机械或其他施工设备时，应根据具体情况确定对结构产生的施工荷载。擦窗机等清洗设备应按其实际情况确定其自重的大小和作用位置。地下室顶板施工活荷载标准值不应小于5.0 kN/m^2，当有临时堆积荷载以及有重型车辆通过时，施工组织设计中应按实际荷载验算并采取相应措施。

直升机平台的活荷载应采用下列两种中能使平台产生最大内力的荷载：①直升机总重量引起的局部荷载，按由实际最大起飞重量决定的局部荷载标准值乘以动力系数确定。②等效均布活荷载为5kN/m^2。

对于因屋面排水不畅、堵塞等引起的积水荷载，应采取构造措施加以防止；必要时可根据屋面边界条件可能形成的静态水深、排水形成的动态水深和屋面变形造成的最大形变水深综合确定。外形复杂的屋面，可针对极限降雨情况下屋面排水情况开展专项研究确定积水荷载。当积水荷载小于屋面均布活荷载时，可不考虑。

对高层建筑结构，在计算活荷载产生的内力时，可不考虑活荷载的最不利布置。这是因为目前我国钢筋混凝土高层建筑单位面积的重量为12～14kN/m^2(框架、框架-剪力墙结构体系)和13～16kN/m^2(剪力墙、筒体结构体系)，而其中活荷载平均为2.0～3.0kN/m^2，仅占全部竖向荷载的15%～20%，所以楼面活荷载的最不利布置对内力产生的影响较小；另一方面，高层建筑的层数和跨数都很多，不利布置方式繁多，难以一一计算。为简化计算，可按活荷载满布进行计算，然后将这样求得的梁跨中截面和支座截面弯矩乘以1.1～1.3的放大系数。

如果活荷载较大，其不利分布对梁弯矩的影响会比较明显，计算时应予考虑。当楼面活荷载大于4.0kN/m^2时(如图书室、档案室等)，各截面内力应考虑活荷载的不利布置。

3.1.3　屋面雪荷载

屋面水平投影面上的雪荷载标准值，应按式(3.1)计算：

$$s_k=\mu_r s_0 \tag{3.1}$$

式中　s_0——基本雪压，以当地空旷平坦地面上统计所得50年一遇最大积雪的自重确定，按《荷载规范》中全国基本雪压分布图及有关的数据取用；

　　　μ_r——屋面积雪分布系数，屋面坡度$\alpha\leqslant25°$时，μ_r取1.0；其他情况可按《荷载规范》取用。

雪荷载的组合值系数可取0.7；频遇值系数可取0.6；当雪荷载分区Ⅰ、Ⅱ和Ⅲ时，准永久值系数分别取0.5、0.2和0。

对雪荷载敏感的结构，基本雪压应按照100年重现期雪压和基本雪压的比值，提高其雪荷载取值。对外形复杂且无可靠的雪荷载设计取值依据的屋面结构，应进行风雪试验或专门研究。当考虑周边环境对屋面积雪分布的有利影响而对积雪分布系数进行调整时，调整系数不应低于0.90。

此外，寒冷地区尚应考虑覆冰荷载。当下方可能有行人经过时，应对覆冰坠落风险进行评价并采取相应措施。计算结构覆冰荷载时，应根据覆冰厚度及覆冰的物理特性确定其荷载值。计算有覆冰结构的风荷载时，应考虑覆冰造成的挡风面积增加和阻力系数变化的不利影响，并应评估覆冰造成的动力效应。

3.2 风 荷 载

图3.1 高层结构风致变形

风荷载是高层结构设计中起主要控制作用的水平荷载之一。最早记录的高层结构风致变形是在1926年9月，美国迈阿密市Meyer-Kiser大楼(17层钢框架)遭遇飓风袭击后发生的塑性变形，顶部水平残余位移竟达0.61m，如图3.1所示。

3.2.1 风荷载的特点

空气从气压高的地方向气压低的地方流动就形成了风，当风遇到建筑物时在其表面上所产生的压力或吸力即为建筑物的风荷载。风荷载的作用是不稳定的，随着风向、风速的变化而变化。风荷载的大小及其分布非常复杂，除与风速、风向有关外，还与建筑物的高度、形状、表面状况、周围环境等因素有关，一般可通过实测或风洞试验来确定。结构设计中通常将风荷载简化为静荷载，但其本质上是一种动荷载。对于大多数高层建筑而言，建筑物表面上除了受到比较稳定的基本的风压外，风还使建筑物产生风力振动，因此，高层建筑不仅要考虑风的静力作用，还要考虑风的动力作用。

3.2.2 风荷载的计算

1)风荷载标准值

主体结构计算时，风荷载作用面积应取垂直于风向的最大投影面积，垂直于建筑物表面的单位面积上的风荷载标准值w_k(kN/m^2)可按式(3.2)计算：

$$w_k = k_d \eta \beta_z \mu_z \mu_s w_0 \tag{3.2}$$

式中 k_d——风向影响系数；

η——地形修正系数；

w_0——高层建筑基本风压值，按《荷载规范》取用，对风荷载敏感的高层建筑可取基本风压的1.1倍；

μ_z——风压高度变化系数；

μ_s——风荷载体型系数；

β_z——高度 z 处的风振系数。

围护结构计算时，风荷载标准值应按式(3.3)计算：

$$w_k = k_d \eta \beta_{gz} \mu_z \mu_{s1} w_0 \tag{3.3}$$

式中　β_{gz}——高度 z 处的阵风系数；

μ_{s1}——风荷载局部体型系数。

风向影响系数应按下列规定采用：采用现行《荷载规范》规定的方法和参数确定风荷载标准值时，风向影响系数应取1.0；采用风洞试验方法进行风荷载及结构风致响应分析时，对于主要受力结构而言，当有15年以上符合观测要求且可靠的风气象资料时，应按照极值理论的统计方法计算不同风向的风向影响系数。所有风向影响系数的最大值不应小于1.0，最小值不应小于0.8；当气象资料不满足上述条件时，风向影响系数应取1.0。对于围护结构风向影响系数应取1.0。

对于山间盆地、谷地等闭塞地形，地形修正系数 η 可在0.75～0.85选取；对于与风向一致的谷口、山口，η 可在1.20～1.50选取；对于山峰、山坡、远海海面、海岛等可按现行《荷载规范》给出的公式或表格确定。

我国《玻璃幕墙工程技术规范》(JGJ 102—2003)则规定玻璃幕墙的风荷载标准值应按式(3.4)计算，并且不应小于1.0kN/m²。

$$w_k = \beta_{gz} \mu_z \mu_s w_0 \tag{3.4}$$

有文献表明，按上式计算的玻璃幕墙风荷载标准值偏低，这主要是由于该公式中基本风压值是基于10min最大平均风速计算的，但风压记录表明，作用于高层围护结构上的最强烈风压是在瞬时极大风速下产生的，对于幕墙结构，按3s平均风速计算的风荷载标准值更接近试验结果。因此玻璃幕墙高度大于200m或体型、风荷载环境复杂时，宜进行风洞试验确定风荷载或者计算时考虑瞬时风速的影响。式(3.4)中阵风系数应按表3.1确定。

表3.1　阵风系数

离地面高度(m)	地面粗糙度类别				离地面高度(m)	地面粗糙度类别			
	A	B	C	D		A	B	C	D
5	1.67	1.70	2.05	2.40	100	1.47	1.50	1.69	1.98
10	1.62	1.70	2.05	2.40	150	1.45	1.47	1.63	1.87
15	1.59	1.66	2.05	2.40	200	1.43	1.45	1.59	1.79
20	1.57	1.63	1.99	2.40	250	1.42	1.43	1.57	1.74
30	1.54	1.59	1.90	2.40	300	1.41	1.42	1.54	1.70
40	1.52	1.57	1.85	2.29	350	1.41	1.41	1.53	1.67
50	1.51	1.55	1.81	2.20	400	1.41	1.41	1.51	1.64
60	1.50	1.54	1.78	2.14	450	1.41	1.41	1.50	1.62
70	1.49	1.52	1.75	2.09	500	1.41	1.41	1.50	1.60
80	1.48	1.51	1.73	2.04	550	1.41	1.41	1.50	1.59
90	1.47	1.50	1.71	2.01					

我国《金属与石材幕墙工程技术规范》(JGJ 133—2001)规定作用于幕墙上的风荷载同样可按式(3.4)计算，且不应低于 $1.0kN/m^2$。阵风系数可取 2.25，对于竖直幕墙外表面的体型系数可按±1.5 采用，斜幕墙风荷载体型系数可根据实际情况，按《荷载规范》的规定采用，也可以根据风洞试验结果确定。

(1)基本风压值 w_0

当气流以一定的速度向前运动，遇到建筑物的阻碍时，就形成高压气幕，从而对建筑物表面产生风压。由流体力学中的伯努利方程可知风压与风速关系如式(3.5)所示：

$$w_0 = \frac{1}{2}\rho v_0^2 = \frac{1}{2}\frac{\gamma}{g}v_0^2 \approx \frac{1}{1600}v_0^2 \tag{3.5}$$

式中 ρ——空气质点密度(kg/m^3)；

γ——空气单位体积重力(kN/m^3)；

v_0——风速(m/s)；

w_0——基本风压值(kN/m^2)。

由于风速随高度、周围地貌的不同而不同，为了比较不同地区风速或风压的大小，必须针对不同地区的地貌，对测量风速的高度有所规定。按规定地貌和高度等条件所确定的风压称为基本风压，我国《荷载规范》规定，基本风压是以当地比较空旷平坦地面上离地 10m 高度处统计所得的，50 年一遇 10min 平均最大风速为标准计算所得。各地基本风压值可查《荷载规范》中附录 E 确定，但不得小于 $0.3kN/m^2$。

(2)风压高度变化系数 μ_z

风速大小与高度有关，一般越靠近地面风速越小，越向上风速越大；还与地面粗糙度有关，地面越粗糙，风速变化越慢，反之，地表越平坦，风速变化越快。通常认为在离地面高度为 300～550m 时，风速不再受地面粗糙度的影响，即达到所谓“梯度风速”，该高度为梯度风高度 H_G。因此，《荷载规范》规定地面粗糙度可分为 A、B、C、D 四类。其中 A 类指近海海面和海岛、海岸、湖岸及沙漠地区；B 类指田野、乡村、丛林、丘陵以及房屋比较稀疏的乡镇；C 类指有密集建筑群的城市市区；D 类指有密集建筑群且房屋较高的城市市区。可按下述原则近似确定某地区的地面粗糙度类别：

应根据拟建房屋迎风向 1/4 圆影响范围内的地面植被特征和房屋高度、密集程度等确定粗糙度类别，需考虑的距离不应小于建筑高度的 20 倍且不应小于 2000m；风向应以该地区最大风速的风向为准，当最大风速来自不同风向或者无法确定最大风速的风向时，应取各风向中最不利的粗糙度类别；在需要考虑的影响范围内，当高于 30m 建筑物的地面投影面积占比小于 20%时，地面粗糙度不应确定为 D 类。

风压高度变化系数 μ_z 反映了不同高度处和不同地面情况下的风速情况，具体见表 3.2。

(3)风荷载体型系数 μ_s

当风流经建筑物时，气流会以不同的方式从房屋表面绕过，从而风对建筑物不同的部位会产生不同的效果。一般迎风面产生压力，背风面及侧风面产生吸力，空气流动还会产生旋涡，对建筑物局部产生较大的压力或吸力。风压实测表明，即使在同样的风速条件下，建筑物表面上的风压分布也是很不均匀的，一般取决于房屋的体型、尺寸等几何性质。

表 3.2 风压高度变化系数

离地面或海平面高度(m)		5	10	15	20	30	40	50	60	70	80	90
地面粗糙度类别	A	1.09	1.28	1.42	1.52	1.67	1.79	1.89	1.97	2.05	2.12	2.18
	B	1.00	1.00	1.13	1.23	1.39	1.52	1.62	1.71	1.79	1.87	1.93
	C	0.65	0.65	0.65	0.74	0.88	1.00	1.10	1.20	1.28	1.36	1.43
	D	0.51	0.51	0.51	0.51	0.51	0.60	0.69	0.77	0.84	0.91	0.98
离地面或海平面高度(m)		100	150	200	250	300	350	400	450	500	≥550	
地面粗糙度类别	A	2.23	2.46	2.64	2.78	2.91	2.91	2.91	2.91	2.91	2.91	
	B	2.00	2.25	2.46	2.63	2.77	2.91	2.91	2.91	2.91	2.91	
	C	1.50	1.79	2.03	2.24	2.43	2.60	2.76	2.91	2.91	2.91	
	D	1.04	1.33	1.58	1.81	2.02	2.22	2.40	2.58	2.74	2.91	

图 3.2 为一矩形建筑物的实测结果，图中风压分布系数是指建筑物表面所受实际风压与基本风压的比值，正值为压力，负值为吸力。

图 3.2(a)为矩形房屋平面风压分布系数，表明当风流经建筑物时，在迎风面上产生压力，中部最大，两侧变小；在侧风面及背风面均产生吸力，而且各面风压分布并不均匀，一般角隅处较大。图 3.2(b)为矩形结构立面上(左为迎风面，右为背风面)的风压分布系数等值线图，即风等压线，表明迎风面的风压力在建筑物的中间偏上最大，两边及底下最小；侧风面一般近侧大，远侧小，分布也极不均匀；背风面一般两边略大，中间小。

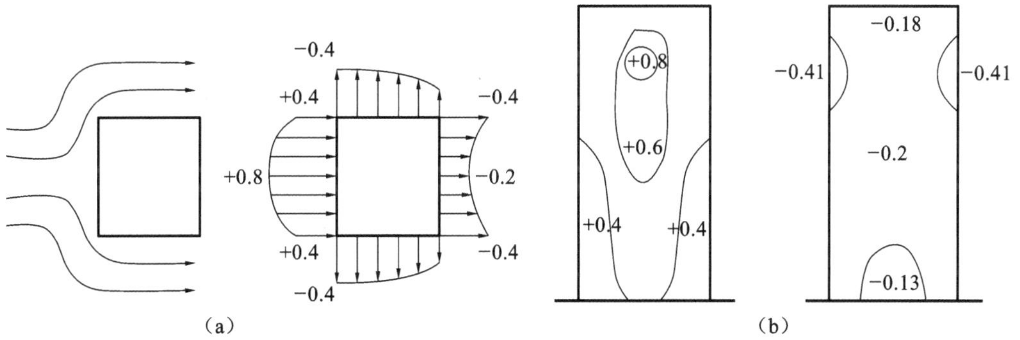

图 3.2 风压分布系数

风荷载体型系数是指风作用在建筑物表面所引起的压力(吸力)与原始风速算得的理论风压的比值。风荷载体型系数一般通过实测或风洞试验的方法确定，它表示建筑物表面在稳定风压作用下的静态压力分布规律，主要与建筑物的体型和尺度有关。在计算风荷载体型系数时，为简化起见，一般将建筑物各个表面的风压看成是均匀分布的，即采用各个表面的平均风荷载体型系数计算。根据多年设计经验及风洞试验，高层建筑单体的风荷载体型系数可按下列规定采用：

①圆形平面建筑取 0.8。

②正多边形及截角三角形平面建筑，按下式计算：

$$\mu_s = 0.8 + 1.2/\sqrt{n} \tag{3.6}$$

式中 n——多边形的边数。

③高宽比 $H/B \leqslant 4$ 的矩形、方形、十字形平面建筑取 1.3。

④下列建筑取 1.4：

V 形、Y 形、弧形、双十字形、井字形平面建筑；

L 形、槽形和高宽比 $H/B>4$ 的十字形平面建筑；

高宽比 $H/B>4$，长宽比 $L/B \leqslant 1.5$ 的矩形、鼓形平面建筑。

⑤迎风面积取垂直于风向的最大投影面积。

⑥需要更细致地进行风荷载计算时，可按《高规》附录 B 采用，或由风洞试验确定。

当房屋高度大于 200m 时，或者建筑平面形状不规则，立面形状复杂；立面开洞或连体建筑；周围地形和环境较复杂的高层建筑，宜采用风洞试验来确定建筑物的风荷载。

在对体型复杂的高层建筑结构进行内力和位移计算时，正反两个方向风荷载的绝对值可按两个中的较大值采用。

当多个建筑物相互间距较近时，特别是群集的高层建筑，由于气流旋涡的相互干扰，房屋某些部位的局部风压会显著增大。因此群集的高层建筑宜考虑风力相互干扰的群体效应；一般可将单独建筑物的体型系数 μ_s 乘以相互干扰系数。相互干扰系数可按下列规定确定：

对矩形平面高层建筑，当单个施扰建筑与受扰建筑高度相近时，根据施扰建筑的位置，对顺风向风荷载可在 1.00～1.10 范围内选取，对横风向风荷载可在 1.00～1.20 范围内选取，其他情况可比照类似条件的风洞试验资料确定，必要时宜通过风洞试验确定。

在计算风荷载对建筑物某个局部表面的作用时，要采用局部风荷载体型系数，用于验算表面围护结构及玻璃等强度和构件连接强度。檐口、雨篷、遮阳板、阳台等水平构件计算局部上浮风荷载时，风荷载局部体型系数 μ_{s1} 不宜小于 2.0。封闭式矩形平面房屋的墙面及屋面可按《荷载规范》的规定取用，其他房屋和构筑物可按《荷载规范》中给出的体型系数的 1.25 倍取值。设计建筑幕墙时，应按有关的标准规定采用。

(4)风振系数 β_z

风是一种动荷载，对建筑物的作用是不规则的，随风速、风向的变化而不停地改变。如图 3.3(a)所示的实测风速时程曲线可以看出，风速的变化可分为两部分：一种是长周期成分，一般在 10min 以上；另一种是短周期成分，一般只有几秒。因此，为便于分析，通常把实际风分解为平均风(稳定风)和脉动风两部分。由于平均风的长周期远大于一般结构的自振周期，因此这部分风对结构的动力影响很小，可以忽略，可将其等效为静力作用，使建筑物产生一定的侧移。而脉动风周期较短，与一些工程结构的自振周期较接近，且其强度随时间随机变化，其作用性质是动力的，使建筑物在平均风压产生的侧移附近左右振动，如图 3.3(b)所示。对于高度较大、刚度较小的高层建筑，脉动风压会产生不可忽略的动力效应，在设计中必须考虑。目前采用将风压值乘以风振系数的办法来考虑动力效应。

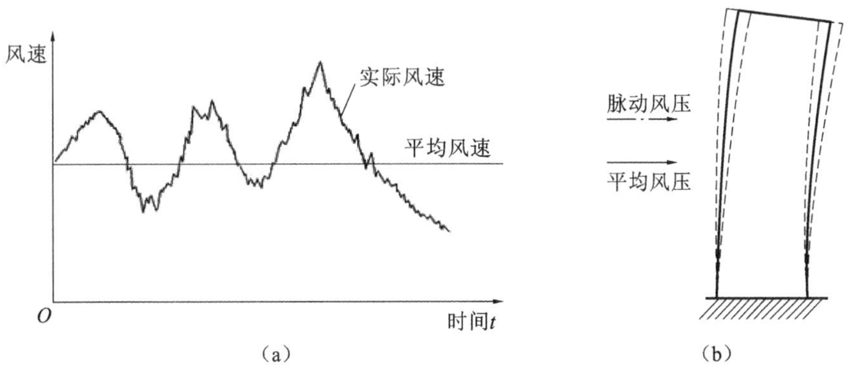

图 3.3　平均风压和脉动风压

多高层建筑和高耸结构，其主体结构设计时的风荷载可分为顺风向风荷载、横风向风振等效风荷载和扭转风振等效风荷载。

现行《荷载规范》增加了对屋盖风振问题的要求。当屋盖结构第 1 阶自振周期大于 0.8s 时，其风振响应和等效风荷载宜依据风洞试验结果按随机振动理论计算确定。当其第 1 阶自振周期不大于 0.8s 时，其主要受力结构的风荷载可按公式(3.2)计算，风振系数 β_z 可取 $0.85\beta_{gz}$。

①顺风向风振和风振系数

对于可以只考虑 1 阶振型影响的一般竖向悬臂型结构，结构的顺风向风荷载可按公式(3.2)计算。z 高度处的风振系数 β_z 可按式(3.7)计算且其取值不应小于 1.20：

$$\beta_z = 1 + 2gI_{10}B_z\sqrt{1+R^2} \tag{3.7}$$

式中　g——峰值因子，可取 2.5；

I_{10}——10m 高度名义湍流强度，对应 A、B、C 和 D 类地面粗糙度，可分别取 0.12、0.14、0.23 和 0.39；

R——脉动风荷载的共振分量因子；

B_z——脉动风荷载的背景分量因子。

脉动风荷载的共振分量因子 R 可按式(3.8)计算：

$$R = \sqrt{\frac{\pi}{6\zeta_1} \cdot \frac{x_1^2}{(1+x_1^2)^{\frac{4}{3}}}} \tag{3.8}$$

$$x_1 = \frac{30f_1}{T_1\sqrt{k_w w_0}}, x_1 > 5$$

式中　T_1——结构第 1 阶自振周期(s)，应按结构动力学计算，近似的基本自振周期可按《荷载规范》附录 F 计算；

f_1——结构第 1 阶自振频率(Hz)；

k_w——地面粗糙度修正系数，对 A、B、C 和 D 四类地面粗糙度分别取 1.28、1.00、0.54 和 0.26；

ζ_1——结构阻尼比，钢结构可取 0.01，有填充墙的钢结构房屋可取 0.02，钢筋混凝土及砌体结构可取 0.05，其他结构可根据工程经验确定。

对体型和质量沿高度均匀分布的高层建筑和高耸结构，其脉动风荷载的背景分量因子 B_z 可按式(3.9)确定：

$$B_z = kH^{\alpha_1}\rho_x\rho_z \frac{\varphi_1(z)}{\mu_z} \tag{3.9}$$

式中 $\varphi_1(z)$——结构第1阶振型系数，应根据结构动力计算确定，对外形、质量、刚度沿高度按连续规律变化的竖向悬臂型高耸结构及沿高度较均匀的高层建筑，振型系数可根据相对高度 z/H 按《荷载规范》附录G确定；

H——建筑总高度(m)，对A、B、C和D类地面粗糙度，H 的取值应分别不大于300m、350m、450m和550m；

ρ_x，ρ_z——脉动风荷载水平和竖直方向相关系数，按《荷载规范》给出的公式计算；

k，α_1——系数，按表3.3取值。

表3.3 系数 k，α_1

粗糙度类别			A	B	C	D
高层建筑	框架结构	k	0.799	0.571	0.252	0.096
		α_1	0.157	0.188	0.261	0.344
	框剪结构	k	0.865	0.621	0.275	0.106
		α_1	0.174	0.205	0.278	0.361
	剪力墙结构	k	0.887	0.637	0.283	0.109
		α_1	0.184	0.216	0.288	0.371
高耸结构		k	1.276	0.910	0.404	0.155
		α_1	0.186	0.218	0.292	0.376

对迎风面和侧风面的宽度沿高度按直线或接近直线变化，而质量沿高度按连续规律变化的高耸结构，式(3.9)计算的背景分量因子 B_z 应乘以修正系数 θ_B 和 θ_V。θ_B 为构筑物在 z 高度处的迎风面宽度 $B(z)$ 与底部宽度 $B(0)$ 的比值，θ_V 可按表3.4确定。

表3.4 修正系数 θ_V

$B(z)/B(0)$	1	0.9	0.8	0.7	0.6	0.5	0.4	0.3	0.2	≤0.1
θ_V	1.00	1.10	1.20	1.32	1.50	1.75	2.08	2.53	3.30	5.60

②横风向风振和扭转风振

除了顺风向的风振效应外，超高层、烟囱、高耸塔架等由于气流绕过截面时产生旋涡又不断脱落，可能会引起横风向的共振。此时可能出现横风向风振效应大于顺风向风振效应的情况。因此，对于横风向风振效应明显的高层建筑以及细长圆形截面构筑物，宜考虑横风向风振的影响。一般而言，建筑高度超过150m或高宽比大于5的高层建筑可出现较为明显的横风向风振效应，并且效应随着建筑高度或建筑高宽比的增加而增加。细长圆形截面构筑物一般指高度超过30m且高宽比大于4的构筑物。圆形截面的结构是否会产生横风共振可用雷诺数 Re 判断。横风向风振的等效风荷载可按《荷载规范》的要求来确定。

当建筑物各个立面风压非对称作用时，会产生扭转风荷载。扭转风荷载受截面形状和湍流度等因素的影响较大。当建筑高度超过150m，同时满足 $\frac{H}{\sqrt{BD}} \geqslant 3$、$\frac{D}{B} \geqslant 1.5$、$\frac{T_{T1} v_H}{\sqrt{BD}} \geqslant 0.4$ 的高层建筑扭转风振效应明显，宜考虑扭转风振的影响。式中 B 为结构迎风面宽度；D 为结构平面进深（顺风向尺寸）或直径；H 为结构高度；T_{T1} 为结构扭转第1阶自振周期；v_H 为结构顶部风速。

截面尺寸和质量沿高度基本相同的矩形截面高层建筑，当其刚度或质量的偏心率（偏心距/回转半径）不大于0.2，且满足 $\frac{H}{\sqrt{BD}} \leqslant 6$，$1.5 < \frac{D}{B} < 5$，$\frac{T_{T1} v_H}{\sqrt{BD}} \leqslant 10$ 时，可按《荷载规范》附录H.3计算扭转风振等效风荷载。当偏心率大于0.2时，高层建筑的弯扭耦合风振效应显著，建议在风洞试验基础上，有针对性地进行专门研究。

高层建筑结构在脉动风荷载作用下，其顺风向风荷载、横风向风振等效风荷载和扭转风振等效风荷载一般是同时存在的，但三种风荷载的最大值并不一定同时出现，因此在设计中应当按表3.5考虑三种风荷载的组合工况。

表3.5　风荷载组合工况

工况	顺风向风荷载	横风向风振等效风荷载	扭转风振等效风荷载
1	F_{Dk}	—	—
2	$0.6F_{Dk}$	F_{Lk}	—
3	—	—	T_{Tk}

注：F_{Dk}——顺风向单位高度风力标准值(kN/m)；
F_{Lk}——横风向单位高度风力标准值(kN/m)；
T_{Tk}——单位高度风致扭矩标准值(kN·m/m)。

2）总风荷载

在结构设计时，应计算在总风荷载作用下结构产生的内力和位移。总风荷载是指建筑物各个表面上承受风力的合力，是沿建筑物高度变化的线荷载。通常按建筑物的主轴方向进行计算。z 高度处的总风荷载标准值按式(3.10)计算：

$$W_z = \beta_z \mu_z w_0 (\mu_{s1} B_1 \cos\alpha_1 + \mu_{s2} B_2 \cos\alpha_2 + \cdots + \mu_{sn} B_n \cos\alpha_n) \tag{3.10}$$

式中　n——建筑物外围表面数（每一个平面作为一个表面）；
B_i——每个表面的宽度；
μ_{si}——每个表面的风荷载体型系数；
α_i——每个表面法线与风作用方向的夹角。

如果需要计算某一高度如楼层标高处的总风荷载，则将式(3.10)中 W_z 乘以计算标高处上下层高和的一半，即可得到该点处的风荷载集中力。

【例3.1】　某高层建筑剪力墙结构，上部结构为38层，底部1～3层层高为4m，其他各层层高为3m，室外地面至檐口的高度为120m，平面尺寸为30m×40m，地下室采用筏形基础，埋置深度为12m，如图3.4(a)、图3.4(b)所示。已知基本风压 $w_0 = 0.45\text{kN/m}^2$，建筑场地位于大城市郊区。已计算求得作用于突出屋面小塔楼上的风荷载标准值的总值为 800kN。为简化计算，将建筑物沿高度划分为六个区段，每个区段为 20m，近似取其中点位置的风荷载作为该区段的平均值，计算在风荷载作用下结构底部（一层）的剪力和筏形基础底面的弯矩。

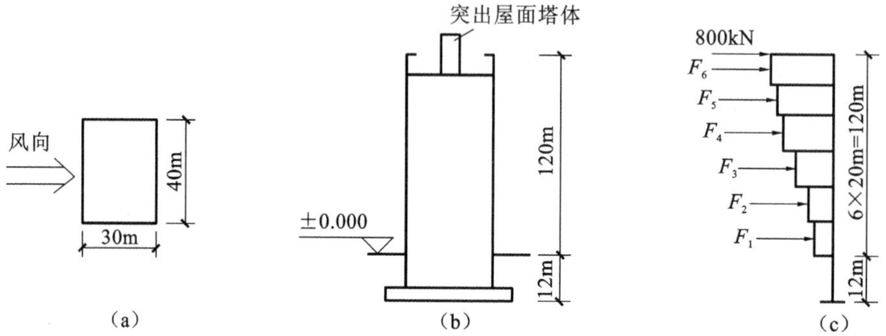

图 3.4　高层结构外形尺寸及计算简图

【解】 (1)风荷载体型系数 μ_s

因为结构的高宽比 $H/B=120/40=3<4$，所以 $\mu_s=1.3$（B 为迎风面宽度，迎风面体型系数为 +0.8，为风压力，背风面体型系数为 −0.5，为风吸力，所以合力方向为 1.3，两个侧风面与计算方向垂直，$\cos\alpha=0$，所以不必计算两个侧风面）。

(2)风压高度变化系数 μ_z

按照 B 类地区，每 20m 为一计算区段查表可得，具体见表 3.6。

表 3.6　总风荷载计算表

各区段中点高度(m)	10	30	50	70	90	110
μ_z	1.00	1.39	1.62	1.79	1.93	2.05
z/H	0.08	0.25	0.42	0.58	0.75	0.92
$\varphi_1(z)$	0.016	0.125	0.292	0.436	0.705	0.888
$B_z=1.088\dfrac{\varphi_1(z)}{\mu_z}$	0.017	0.098	0.196	0.265	0.397	0.471
$\beta_z=1+0.7B_z\sqrt{1+R^2}=1+1.055B_z$	1.018	1.103	1.207	1.280	1.419	1.497
$w_k=k_d\eta\beta_z\mu_z\mu_s w_0=0.585\beta_z\mu_z(\mathrm{kN/m^2})$	0.596	0.897	1.144	1.340	1.602	1.795
$W_i=w_k\times20\times40=800w_k(\mathrm{kN})$	476.8	717.6	915.2	1072.0	1281.6	1436.0

(3)钢筋混凝土剪力墙结构的基本自振周期按《荷载规范》附录 F 给出的经验公式计算：

$$T_1=0.05n=0.05\times38=1.9\mathrm{s}$$

(4)顺风向风振系数

$$\beta_z=1+2gI_{10}B_z\sqrt{1+R^2}=1+2\times2.5\times0.14\times B_z\sqrt{1+R^2}=1+0.7B_z\sqrt{1+R^2}$$

$$x_1=\frac{30f_1}{T_1\sqrt{k_w w_0}}=\frac{30}{1.9\sqrt{1.0\times0.45}}=23.54$$

$$R=\sqrt{\frac{\pi}{6\zeta_1}\cdot\frac{x_1^2}{(1+x_1^2)^{\frac{4}{3}}}}=\sqrt{\frac{3.14}{6\times0.05}\cdot\frac{23.54^2}{(1+23.54^2)^{\frac{4}{3}}}}=1.128$$

$$\rho_x=\frac{10\sqrt{B+50e^{\frac{-B}{50}}-50}}{B}=0.8827$$

$$\rho_z=\frac{10\sqrt{H+60e^{\frac{-H}{60}}-60}}{H}=0.6878$$

$$B_z=kH^{a_1}\rho_x\rho_z\frac{\varphi_1(z)}{\mu_z}=0.637\times120^{0.216}\times0.8827\times0.6878\frac{\varphi_1(z)}{\mu_z}=1.088\frac{\varphi_1(z)}{\mu_z}$$

在风荷载作用下结构底部一层的剪力为：

$$V_1=476.8+717.6+915.2+1072.0+1281.6+1436.0+800=6699.2(\text{kN})$$

筏形基础底面的弯矩为：

$$\begin{aligned}M_1&=800\times132+1436.0\times122+1281.6\times102+1072.0\times82+915.2\times62+\\&\quad717.6\times42+476.8\times22\\&=596790.4(\text{kN}\cdot\text{m})\end{aligned}$$

3.3　地震作用

地震是一种自然现象。全球平均每年发生5级地震2000次，6级地震200次，7级地震20次，8级及以上地震3次。当前地球处于地震活跃期，大震不断，如2008年我国汶川8.0级地震，2010年智利8.8级地震，2011年日本9.0级地震，2013年我国芦山县7.0级地震。地震中大量建筑物的破坏和倒塌是造成财产损失和人员伤亡的主要原因。结构抗震设计是提高建筑物抗震能力的主要方法之一。

3.3.1　基本概念与一般计算原则

(1)基本概念

地震作用是指地震波从震源通过基岩传播引起地面运动，从而引起地表及其上的建筑物、构筑物、桥梁隧道等的强烈振动。通常用震级来表明地震释放能量的大小，用烈度来表示某地区地面及建筑物受地震影响的强烈程度。地震作用具有随机性大(时间、大小)、作用时间短、破坏性强、重现期不同等特点，难于精确计算和准确预测。地震反应除了造成地表塌陷、山体滑坡、径流改道、砂土液化等地质灾害外，主要是指地震在结构中引起的振动，包括内力、变形和位移等。

影响地震反应的因素主要包括地面运动特性以及建筑结构动力特性。前者包括：①地震动强度：地面运动加速度峰值大小；②地震动频谱特征：地震波主要周期；③地震动持续时间。后者则主要与结构的自振周期(质量、刚度)和阻尼有关。因此，现行《建筑抗震设计规范》(GB 50011—2010，2016年版)(以下简称《抗震规范》)提倡以结构抗震性能目标为基准的结构抗震设计。结构抗震性能目标是针对不同的地震地面运动水准设定的结构抗震性能水准。而结构抗震性能水准是对结构震后损坏状况及继续使用可能性等抗震性能的界定。

(2)“三水准”抗震设防目标与“两阶段”抗震设计方法

现行《抗震规范》规定，抗震设防烈度为6度及以上地区的建筑，必须进行抗震设计。

抗震设防的三个水准目标即“小震不坏、中震可修、大震不倒”。根据我国地震发生概率的统计分析，50年内超越概率约为63%的地震烈度为对应于统计“众值”的烈度，比基本烈度约低一度半，称为“多遇地震”，即小震；50年内超越概率约为10%的地震烈度，即“地震基本烈度”，也称为“设防地震”，即中震；50年内超越概率为2%～3%的地震烈度，称为“罕遇地震”，当基本烈度6度时为7度强，7度时为8度强，8度时为9度弱，9度时为9度强。

与三个地震烈度水准相应的抗震设防目标是：一般情况下（不是所有情况下），遭遇第一水准烈度——众值烈度（多遇地震）影响时，建筑处于正常使用状态，从结构抗震分析角度，可以视为弹性体系，采用弹性反应谱进行弹性分析；遭遇第二水准烈度——基本烈度（设防地震）影响时，结构进入非弹性工作阶段，但非弹性变形或结构体系的损坏控制在可修复的范围；遭遇第三水准烈度——最大预估烈度（罕遇地震）影响时，结构有较大的非弹性变形，但应控制在规定的范围内，以免倒塌。

目前采用两阶段设计实现上述三个水准的设防目标：第一阶段设计是承载力验算，取第一水准的地震动参数计算结构的弹性地震作用标准值和相应的地震作用效应，既满足在第一水准下具有必要的承载力可靠度，又满足第二水准的损坏可修的目标。对大多数的结构，可只进行第一阶段设计，而通过概念设计和抗震构造措施来满足第三水准的设计要求。第二阶段设计是弹塑性变形验算，对地震时易倒塌的结构、有明显薄弱层的不规则结构以及有专门要求的建筑，除进行第一阶段设计外，还要进行结构薄弱部位的弹塑性层间变形验算并采取相应的抗震构造措施，实现第三水准的设防要求。

(3)地震作用的计算方法

地震作用常见的计算方法有底部剪力法、振型分解反应谱法和时程分析法。《高规》建议，高度不超过40m、以剪切变形为主且质量和刚度沿高度分布比较均匀的结构，以及近似于单质点体系的结构，可采用底部剪力法等简化方法计算地震作用。其他建筑结构，宜采用振型分解反应谱法计算地震作用。

特别不规则的建筑、甲类建筑和表3.7所列高度范围的高层建筑，应采用时程分析法进行多遇地震下的补充计算；当取三组加速度时程曲线输入时，计算结果宜取时程法的包络值和振型分解反应谱法的较大值；当取七组及七组以上的时程曲线时，计算结果可取时程法的平均值和振型分解反应谱法的较大值。

表3.7 采用时程分析的房屋高度范围

烈度、场地类别	建筑高度范围(m)
8度Ⅰ、Ⅱ类场地和7度	＞100m
8度Ⅲ、Ⅳ类场地	＞80m
9度	＞60m

采用时程分析法时，应按建筑场地类别和设计地震分组选用实际强震记录和人工模拟的加速度时程曲线，其中实际强震记录的数量不应少于总数的 2/3，多组时程曲线的平均地震影响系数曲线应与振型分解反应谱法所采用的地震影响系数曲线在统计意义上相符，其加速度时程的最大值可按表 3.8 采用。弹性时程分析时，每条时程曲线计算所得结构底部剪力不应小于振型分解反应谱法计算结果的 65%，多条时程曲线计算所得结构底部剪力的平均值不应小于振型分解反应谱法计算结果的 80%。

表 3.8　弹性时程分析时输入地震加速度的最大值(cm/s^2)

地震影响	6 度	7 度	8 度	9 度
多遇地震	18	35(55)	70(110)	140
罕遇地震	125	220(310)	400(510)	620

注：括号内数值分别用于设计基本地震加速度为 $0.15g$ 和 $0.30g$ 的地震区。

(4)反应谱理论

根据大量的强震记录，求出不同自振周期的单自由度弹性体系地震最大反应，取这些反应的包线，称为反应谱。目前我国主要采用加速度反应谱计算地震作用。取加速度反应绝对最大值计算惯性力作为等效地震荷载。

给定阻尼比时，取不同的结构自振周期，求出任意给定的地震波下的最大地震加速度反应，由此绘出的曲线族即为加速度反应谱，即 S_a-T 反应谱，如图 3.5 所示。

对大量地震加速度反应谱曲线进行分析、统计求出的具有代表性的平均反应谱曲线，即地震影响系数曲线，如图 3.6 所示，是抗震设计的主要依据。

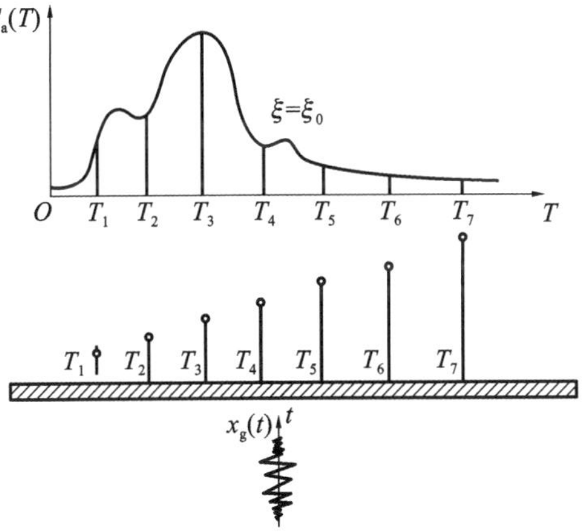

图 3.5　加速度反应谱计算示意图

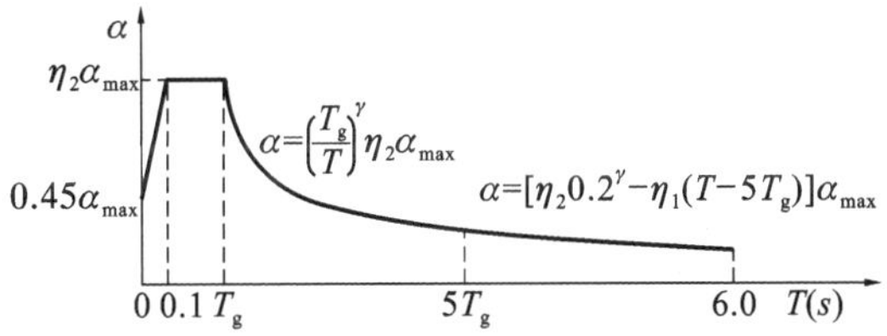

图 3.6　地震影响系数曲线

α—地震影响系数；α_{max}—地震影响系数最大值；

η_1—下降斜率调整系数；η_2—阻尼调整系数；

γ—衰减指数；T—结构自振周期；T_g—场地特征周期

地震影响系数 α 是单质点弹性体系的绝对最大加速度与重力加速度的比值，它除与结构自振周期有关外，还与地震烈度、场地类别、设计地震分组、结构的阻尼比等有关。

水平地震影响系数曲线中各段的表达式如下：

①$0<T<0.1s$，直线上升段：

$$\alpha=[0.45+(10\eta_2-4.5)T]\alpha_{max} \tag{3.11}$$

②$0.1s\leqslant T\leqslant T_g$，水平直线段：

$$\alpha=\eta_2\alpha_{max} \tag{3.12}$$

③$T_g < T < 5T_g$，下降曲线段：

$$\alpha = \left(\frac{T_g}{T}\right)^{\gamma} \eta_2 \alpha_{max} \tag{3.13}$$

④$5T_g < T < 6.0s$，下降直线段：

$$\alpha = [\eta_2 0.2^{\gamma} - \eta_1 (T - 5T_g)] \alpha_{max} \tag{3.14}$$

水平地震影响系数最大值 α_{max} 应按表 3.9 采用；特征周期应根据场地类别和设计地震分组按表 3.10 采用，计算罕遇地震作用时，特征周期应增加 0.05s。对于周期大于 6.0s 的高层建筑结构所采用的地震影响系数应做专门研究。

表 3.9　水平地震影响系数最大值 α_{max}

地震影响	6 度	7 度		8 度		9 度
	0.05g	0.10g	0.15g	0.20g	0.30g	0.40g
多遇地震	0.04	0.08	0.12	0.16	0.24	0.32
设防地震	0.12	0.23	0.34	0.45	0.68	0.90
罕遇地震	0.28	0.50	0.72	0.90	1.20	1.40

表 3.10　特征周期值 T_g(s)

设计地震分组	场地类别				
	Ⅰ$_0$	Ⅰ$_1$	Ⅱ	Ⅲ	Ⅳ
第一组	0.20	0.25	0.35	0.45	0.65
第二组	0.25	0.30	0.40	0.55	0.75
第三组	0.30	0.35	0.45	0.65	0.90

除有专门规定外，钢筋混凝土高层建筑结构的阻尼比应取 0.05，阻尼调整系数 η_2 应取 1.0，曲线下降段的衰减指数 γ 应取 0.9；直线下降段的下降斜率调整系数 η_1 应取 0.02。当阻尼比不等于 0.05 时，地震影响系数曲线中形状参数和阻尼调整系数 η_2 应符合下列规定：

曲线下降段的衰减指数 γ 应按式(3.15)确定：

$$\gamma = 0.9 + \frac{0.05 - \zeta}{0.3 + 6\zeta} \tag{3.15}$$

式中　ζ——阻尼比。

直线下降段的下降斜率调整系数 η_1 应按式(3.16)确定，η_1 小于 0 时取 0。

$$\eta_1 = 0.02 + \frac{0.05 - \zeta}{4 + 32\zeta} \tag{3.16}$$

阻尼调整系数 η_2 应按式(3.17)确定，η_2 小于 0.55 时取 0.55。

$$\eta_2 = 1 + \frac{0.05 - \zeta}{0.08 + 1.6\zeta} \tag{3.17}$$

(5)概念设计方法

结构设计计算主要包括两方面的内容：结构效应分析和结构抗力分析，即要求：$\gamma_0 S \leqslant R$。传统的方法比较重视这两方面的精确的数学和力学分析，对于多层结构，竖向荷载起控制作用，计算的可靠度较高；而对于高层结构，风荷载和地震作用起控制作用，风荷载的大小及分布非常复杂，与风向、风速、建筑物高度和体型、环境状况等许多因素有关，地震作用更是作用时间短、破坏性大、影响因素多、偶然性大，人类对其认识还很肤浅，所以追求计算的精确性很难实现。因此，我们不得不换一种思路来解决问题，即概念设计。

所谓概念设计就是在对结构的地震作用、风作用、温度作用及其他偶然因素，结构的真实荷载效应、结构所处环境、场地土特性、结构自振周期等一些基本概念深刻理解的基础上，运用正确的思维方法去指导设计。也就是说，不仅要做一定的结构计算，还要对引起结构不安全的各种因素做综合的、全面的、宏观的、定性的分析，并采取相应的对策，以求降低结构破坏的概率。比如合理地进行结构整体布置，采取构造措施、延性设计、多道设防等。

首先要从整体上了解地震给房屋建筑造成灾害的一般现象，震害的严重程度往往与房屋的轮廓、体型、结构体系有直接关系。一幢房屋的长轴与地震荷载作用方向垂直时，更易遭受震害[图 3.7(a)]；房屋两个不同部分连在一起时，可能在连接处断裂[图 3.7(b)]；房屋高低悬殊部分连接的部位，可能断裂[图 3.7(c)]；房屋的底部支承“软”时，易受震害[图 3.7(d)]；房屋的自振周期与地震时地面运动周期相近时，会使房屋发生很大的晃动而破坏[图 3.7(e)]；两幢房屋靠得太近时会因地震互撞而破坏[图 3.7(f)]。

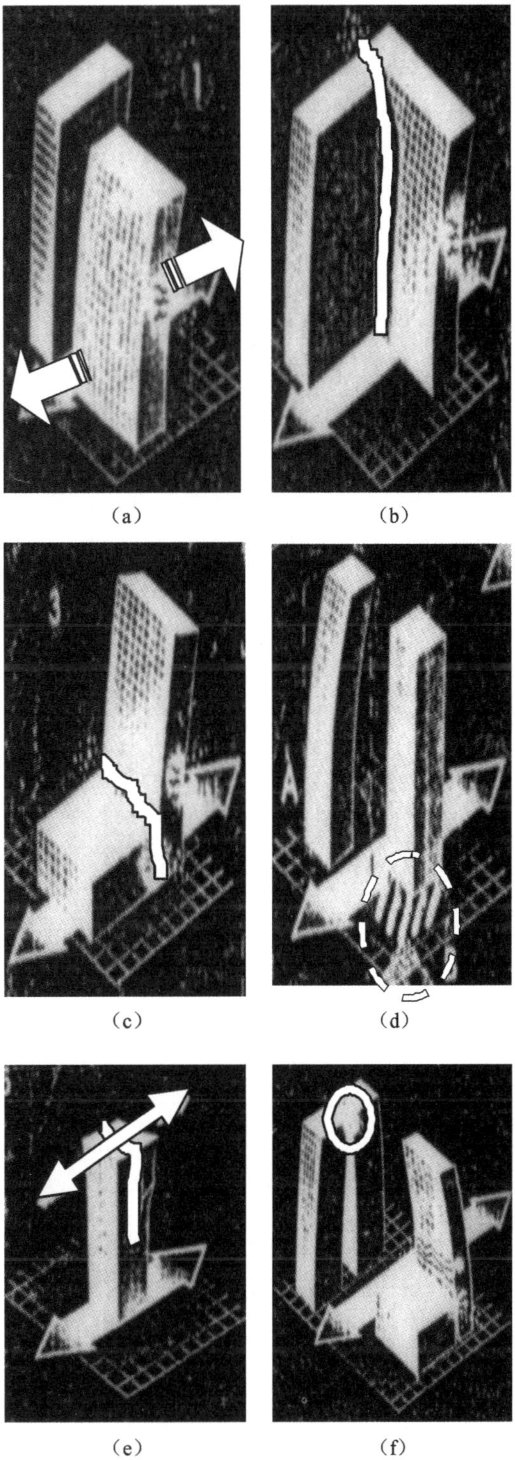

图 3.7 地震作用下，不同结构体系的破坏趋势

概念设计具体体现如下：

①结构布置　结构的平面和立面设计，尽量遵循受力明确、传力直接、保证协同工作的原则进行。

②地震作用　地震作用的计算力争定性上正确，定量上合理。

③震害原因　地基失效和结构地震反应应区别对待，正确设计。

④震中距影响　减小共振因素，提高结构吸能、耗能能力，多道设防。

⑤竖向地震作用　对大跨、悬挑结构、高烈度区结构而言，竖向地震作用的影响不容忽视；普通的隔震支座、用于减震的阻尼器等一般对减小竖向地震作用无能为力。

⑥节点　节点是震害最严重的部位，必须有可靠的计算和构造措施。

⑦结构的延性　综合考虑结构强度、变形及破坏过程，既要避免延性过大导致次生灾害，也要避免延性太小耗能能力不足。

⑧震害特征　地震震害具有选择性、累积性和重复性，应避免余震的不利影响。

⑨次生灾害　地震引发的火灾、触电事故、水灾、煤气泄漏，甚至核泄漏等次生灾害往往比主体结构损害更严重，要有整体抗灾意识。

真正要做好结构的概念设计，不仅仅要注意上面罗列的这些简单道理，还需要在实践中慢慢积累和总结经验，本着对生命和自然的敬畏，认真去做，无论大局还是细节。

(6)高层结构抗震计算一般规定

一般情况下，应至少在建筑结构的两个主轴方向分别计算水平地震作用，各方向的水平地震作用应由该方向抗侧力构件承担。有斜交抗侧力构件的结构，当相交角度大于15°时，应分别计算各抗侧力构件方向的水平地震作用。计算单向地震作用时尚应考虑偶然偏心的影响。质量和刚度分布明显不对称的结构，应计入双向水平地震作用下的扭转影响；其他情况下应允许采用调整地震作用效应的方法计入扭转影响。

7度(0.15g)、8度、9度时的大跨度和长悬臂结构及9度时的高层建筑，应计算竖向地震作用。8度、9度时采用隔震设计的建筑结构，应按有关规定计算竖向地震作用。

计算地震作用时，建筑结构的重力荷载代表值应取永久荷载标准值和可变荷载组合值之和。雪荷载的组合值系数取0.5；楼面活荷载按实际情况计算时组合值系数取1.0；按等效均布活荷载计算时，藏书库、档案库、库房取0.8，一般民用建筑取0.5。

3.3.2　水平地震作用计算

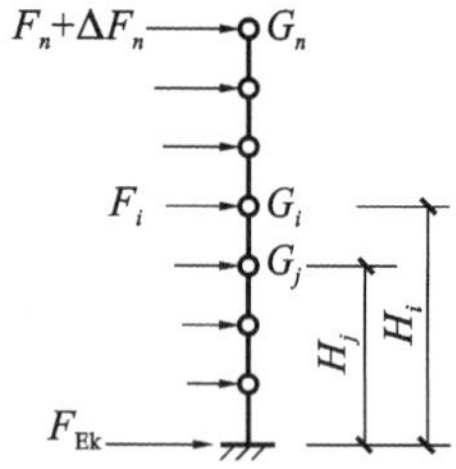

图3.8　底部剪力法计算简图

(1)底部剪力法

底部剪力法实际上是简化的振型分解反应谱法，计算各质点的地震作用时，仅考虑接近倒三角形分布的基本振型。各楼层在计算方向上可仅考虑一个自由度，计算简图如图3.8所示，结构总水平地震作用标准值即底部剪力 F_{Ek} 按式(3.18)计算：

$$F_{Ek}=\alpha_1 G_{eq} \tag{3.18}$$

式中　α_1——相应于结构基本自振周期 T_1 的水平地震影响系数；

G_{eq}——结构等效总重力荷载；

F_{Ek}——结构的底部总剪力，也就是结构总水平地震作用的标准值。

其中，$G_{eq}=0.85G_E$，$G_E=\sum_{i=1}^{n}G_i$，G_i 为集中于质点 i 的重力荷载代表值。

地震力沿高度分布具有一定的规律性。假定加速度沿高度变化为底部为零的倒三角形，则可得到质点 i 的水平地震作用 F_i 为：

$$F_i = \frac{G_i H_i}{\sum_{j=1}^{n} G_j H_j} F_{\text{Ek}}(1-\delta_n) \tag{3.19}$$

式中　F_i——质点 i 的水平地震作用标准值；

G_i, G_j——集中于质点 i、j 的重力荷载代表值；

H_i, H_j——质点 i、j 的计算高度；

δ_n——顶部附加地震作用系数，该系数用于反映结构高振型的影响，可按表 3.11 采用。

表 3.11　顶部附加地震作用系数 δ_n

T_g(s)	$T_1 > 1.4T_g$	$T_1 \leqslant 1.4T_g$
<0.35	$\delta_n = 0.08T_1 + 0.07$	
0.35～0.55	$\delta_n = 0.08T_1 + 0.01$	$\delta_n = 0$
>0.55	$\delta_n = 0.08T_1 - 0.02$	

采用底部剪力法计算高层建筑结构水平地震作用时，突出屋面房屋(楼梯间、电梯间、水箱间等)宜作为一个质点参加计算，计算求得的水平地震作用应考虑“鞭端效应”乘以增大系数，增大系数 β_n 可按表 3.12 采用。此增大部分不应往下传递，仅用于突出屋面房屋自身以及与其直接连接的主体结构构件的设计。

表 3.12　突出屋面房屋地震作用增大系数 β_n

结构基本自振周期 T_1(s)	G_n/G	K_n/K			
		0.001	0.010	0.050	0.100
0.25	0.01	2.0	1.6	1.5	1.5
	0.05	1.9	1.8	1.6	1.6
	0.10	1.9	1.8	1.6	1.5
0.50	0.01	2.6	1.9	1.7	1.7
	0.05	2.1	2.4	1.8	1.8
	0.10	2.2	2.4	2.0	1.8
0.75	0.01	3.6	2.3	2.2	2.2
	0.05	2.7	3.4	2.5	2.3
	0.10	2.2	3.3	2.5	2.3
1.00	0.01	4.8	2.9	2.7	2.7
	0.05	3.6	4.3	2.9	2.7
	0.10	2.4	4.1	3.2	3.0
1.50	0.01	6.6	3.9	3.5	3.5
	0.05	3.7	5.8	3.8	3.6
	0.10	2.4	5.6	4.2	3.7

注：1. K_n、G_n 分别为突出屋面房屋的侧向刚度和重力荷载代表值；K、G 分别为主体结构层侧向刚度和重力荷载代表值，可取各层的平均值；

2. 楼层侧向刚度可由楼层剪力除以楼层层间位移计算。

需要注意的是，对于结构基本自振周期 $T_1 \geqslant 1.4T_g$ 的房屋并有小塔楼的情况，顶层附加水平地震作用标准值 $\Delta F_n = \delta_n F_{\text{Ek}}$ 应作用于主体结构的顶层，而不应置于小塔楼的顶层处。

(2)不考虑扭转影响的振型分解反应谱法

较高的结构，除基本振型外，高振型的影响较大，因此一般高层建筑都要用振型分解反应谱法考虑多个振型的组合。一般可将质量集中在楼层的位置，n 个楼层为 n 个质点，有 n 个振型。当结构的平面形状和立面体型比较简单、规则时，沿结构两个主轴方向的地震作用可分别计算，其与扭转耦联振动的影响可以不考虑。图 3.9 为平面结构的振型。要分别计算每个振型的水平地震作用及其效应(M,V,N,Δ 等)，然后进行内力与位移的振型组合。

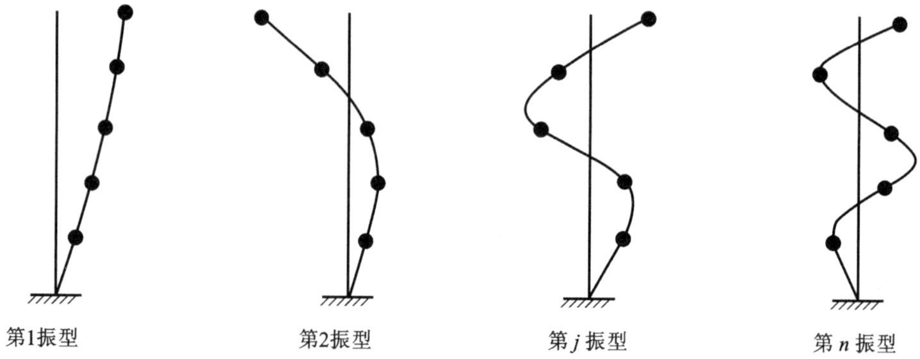

图 3.9　振型分解反应谱法示意图

采用振型分解反应谱法，沿结构的主轴方向，结构第 j 振型 i 质点的水平地震作用的标准值应按式(3.20)确定：

$$F_{ji}=\alpha_j\gamma_jX_{ji}G_i \tag{3.20}$$

式中　F_{ji}——第 j 振型 i 质点水平地震作用的标准值；

α_j——相应于第 j 振型自振周期的地震影响系数；

X_{ji}——第 j 振型 i 质点的水平相对位移；

γ_j——第 j 振型的参与系数，可按式(3.21)计算：

$$\gamma_j=\frac{\sum_{i=1}^{n}X_{ji}G_i}{\sum_{i=1}^{n}X_{ji}^2G_i}(i=1,2,\cdots,n;j=1,2,\cdots,m) \tag{3.21}$$

n——结构计算总质点数，小塔楼宜每层作为一个质点参与计算；

m——结构计算振型数，规则结构可取 3，当结构较高，竖向刚度不均匀时可取 5～6，当质量和刚度分布很不均匀时，一般可取为振型参与质量达到总质量的 90%时所需的振型数；

G_i——第 i 层的重力荷载代表值。

由各振型的水平地震作用可分别计算各振型的水平地震作用效应(内力和位移)。当相邻振型的周期比小于 0.85 时，总水平地震作用效应可采用平方和开平方法(SRSS 法)求得，采用此方法进行组合主要是因为两个方向的地震反应最大值不一定发生在同一时刻，可表示为：

$$S=\sqrt{\sum_{j=1}^{m}S_j^2} \tag{3.22}$$

式中　S——水平地震作用标准值的效应；

S_j——第 j 振型的水平地震作用标准值的效应(弯矩、剪力、轴力和位移等)。

(3)考虑扭转耦联振动影响的振型分解反应谱法

结构在地震作用下,除了发生平移外,还会产生扭转振动。引起扭转的原因,一是地面运动存在转动分量,或地震时地面各点的运动存在着相位差;二是结构的质量中心与刚度中心不相重合。震害表明,扭转作用会加重结构的破坏,在某些情况下将成为导致结构破坏的主要因素。

《高规》规定,对质量和刚度明显不均匀的结构,应考虑水平地震作用的扭转影响。考虑扭转影响的结构,各楼层可取两个正交的水平位移和一个转角位移共三个自由度,按扭转耦联振型分解法计算地震作用和作用效应时,结构第 j 振型第 i 层的水平地震作用的标准值应按下列公式确定:

$$\left.\begin{aligned} F_{xji} &= \alpha_j \gamma_{tj} X_{ji} G_i \\ F_{yji} &= \alpha_j \gamma_{tj} Y_{ji} G_i \\ F_{tji} &= \alpha_j \gamma_{tj} r_i^2 \varphi_{ji} Y_{ji} G_i \end{aligned}\right\} \tag{3.23}$$

式中　$F_{xji}, F_{yji}, F_{tji}$——分别为第 j 振型第 i 层的 x、y 和转角方向的地震作用标准值;

α_j——相应于第 j 振型自振周期 T_j 的地震影响系数;

X_{ji}, Y_{ji}——分别为第 j 振型第 i 层质心在 x、y 方向的水平相对位移;

φ_{ji}——第 j 振型第 i 层的相对扭转角;

r_i——第 i 层的转动半径,可取第 i 层绕质心的转动惯量除以该层质量的商的正二次方根;

γ_{tj}——考虑扭转的第 j 振型的参与系数,可按式(3.24)~式(3.26)计算:

当仅考虑 x 方向地震作用时:

$$\gamma_{tj} = \sum_{i=1}^{n} X_{ji} G_i \Big/ \sum_{i=1}^{n} (X_{ji}^2 + Y_{ji}^2 + \varphi_{ji}^2 r_i^2) G_i \tag{3.24}$$

当仅考虑 y 方向地震作用时:

$$\gamma_{tj} = \sum_{i=1}^{n} Y_{ji} G_i \Big/ \sum_{i=1}^{n} (X_{ji}^2 + Y_{ji}^2 + \varphi_{ji}^2 r_i^2) G_i \tag{3.25}$$

当考虑与 x 方向夹角为 θ 的地震作用时:

$$\gamma_{tj} = \gamma_{xj} \cos\theta + \gamma_{yj} \sin\theta \tag{3.26}$$

式中　γ_{xj}, γ_{yj}——分别为按式(3.24)和式(3.25)求得的振型参与系数;

n——结构计算总质点数,小塔楼宜每层作为一个质点参与计算。

在单向水平地震作用下,考虑扭转耦联的地震作用效应采用完全二次方根法(CQC法)进行组合,应按式(3.27)、式(3.28)计算:

$$S = \sqrt{\sum_{j=1}^{m} \sum_{k=1}^{m} \rho_{jk} S_j S_k} \tag{3.27}$$

$$\rho_{jk} = \frac{8\sqrt{\zeta_j \zeta_k}(\zeta_j + \lambda_{\mathrm{T}} \zeta_k)\lambda_{\mathrm{T}}^{1.5}}{(1+\lambda_{\mathrm{T}}^2)^2 + 4\zeta_j \zeta_k (1+\lambda_{\mathrm{T}}^2)\lambda_{\mathrm{T}} + 4(\zeta_j^2 + \zeta_k^2)\lambda_{\mathrm{T}}^2} \tag{3.28}$$

式中　S——考虑扭转的地震作用标准值的效应;

S_j, S_k——分别为第 j、k 振型地震作用标准值的效应;

ρ_{jk}——j 振型与 k 振型的耦联系数；

λ_T——k 振型与 j 振型的自振周期比；

ζ_j，ζ_k——分别为 j、k 振型的阻尼比；

m——结构计算振型数，一般情况下可取 9～15，多塔楼建筑每个塔楼的振型数不宜小于 9。

考虑双向水平地震作用下的扭转作用效应，应按式(3.29)、式(3.30)中的较大值确定：

$$S=\sqrt{S_x^2+(0.85S_y)^2} \tag{3.29}$$

$$S=\sqrt{S_y^2+(0.85S_x)^2} \tag{3.30}$$

式中 S_x——仅考虑 x 方向水平地震作用时的地震作用效应，按式(3.27)计算；

S_y——仅考虑 y 方向水平地震作用时的地震作用效应，按式(3.27)计算。

(4)楼层水平地震剪力最小值要求法

由于地震影响系数在长周期段下降较快，对于基本周期大于 3s 的结构，由此计算所得的水平地震作用下的结构效应可能偏小。而对于长周期结构，地震地面运动速度和位移可能对结构的破坏具有更大影响，但振型分解反应谱法或底部剪力法尚无法对此作出估计。出于结构安全的考虑，《高规》规定了结构各楼层水平地震剪力最小值的要求，给出了不同烈度下的楼层地震剪力系数(即剪重比)，结构的水平地震作用效应应据此进行相应的调整。

水平地震作用计算时，结构各楼层对应于地震作用标准值的剪力应符合式(3.31)要求：

$$V_{\mathrm{Ek}i}\geqslant\lambda\sum_{j=1}^{n}G_j \tag{3.31}$$

式中 $V_{\mathrm{Ek}i}$——第 i 层对应于水平地震作用标准值的剪力；

λ——水平地震剪力系数，不应小于表 3.13 中规定的数值，对于竖向不规则结构的薄弱层，尚应乘以 1.15 的增大系数；

G_j——第 j 层的重力荷载代表值；

n——结构计算总层数。

表 3.13 楼层最小地震剪力系数值

类别	6 度	7 度	8 度	9 度
扭转效应明显或基本周期小于 3.5s 的结构	0.008	0.016(0.024)	0.032(0.048)	0.064
基本周期大于 5.0s 的结构	0.006	0.012(0.018)	0.024(0.036)	0.048

注：1. 基本周期介于 3.5s 和 5.0s 之间的结构，应允许线性插入取值；

2. 7 度、8 度时括号内数值分别用于设计基本地震加速度为 0.15g 和 0.30g 的地区。

(5)动力时程分析法

动力时程分析法是将地震动记录或人工地震波作用在结构上，直接对结构运动方程进行积分，求得结构任意时刻地震反应的分析方法。根据是否考虑结构的非线性行为，该法又可分为线性动力时程分析和非线性动力时程分析两种。该方法是借助于强震台网收集到的地震记录和电子计算机，于20世纪50年代末由美国的G. W. Housner提出的。随着计算手段的不断发展和对结构地震反应认识的不断深入，该方法越来越受到重视，特别是对体系复杂结构的非线性地震反应，时程分析方法是理论上唯一可行的分析方法，目前很多国家都将此方法列为规范采用的分析方法之一。虽然非线性时程分析方法是一种十分有效的方法，且到目前为止也是工程人员所能使用的十分精确的方法，但由于方法的复杂性等原因，其在实际工程抗震设计中的应用还受到许多的限制，同时，有很多问题有待进一步研究，如地震动的输入的选择，在进行动力弹塑性分析时构件恢复力模型的确定等。

3.3.3 竖向地震作用计算

震害表明，竖向地震作用对高层建筑结构有很大影响，尤其是在高烈度地震区。《高规》规定，在7度(0.15g)、8度及9度区的长悬臂及大跨度结构，9度设防区的高层建筑物均应考虑竖向地震作用。

大跨度指跨度大于24m的楼盖结构、跨度大于8m的转换结构、悬挑长度大于2m的悬挑结构。大跨度、长悬臂结构不仅应验算其自身还应验算其支承部位结构的竖向地震效应。

结构竖向地震作用如图3.10所示。高层建筑结构的竖向地震作用可采用时程分析法或振型分解反应谱法计算，也可以采用类似于水平地震作用时的底部剪力法进行计算，也就是先求出结构的总竖向地震作用，再在各质点上进行分配。总竖向地震作用标准值可按式(3.32)～式(3.34)计算：

$$F_{\mathrm{Evk}}=\alpha_{\mathrm{vmax}}G_{\mathrm{eq}} \tag{3.32}$$

$$G_{\mathrm{eq}}=0.75G_{\mathrm{E}} \tag{3.33}$$

$$\alpha_{\mathrm{vmax}}=0.65\alpha_{\mathrm{max}} \tag{3.34}$$

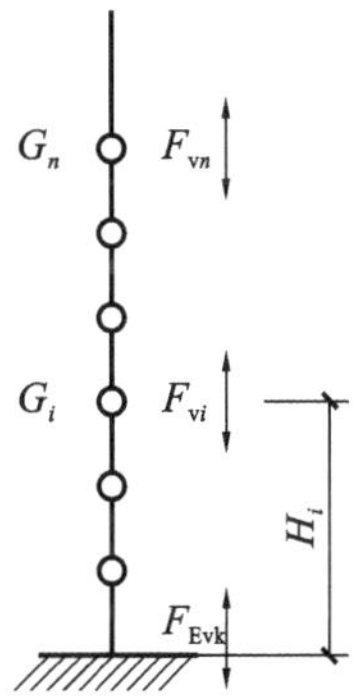

图3.10 结构竖向地震作用计算示意图

式中 F_{Evk}——结构总竖向地震作用标准值；

α_{vmax}——结构竖向地震影响系数最大值；

G_{eq}——结构总等效重力荷载代表值；

G_{E}——结构总重力荷载代表值，应取各质点重力荷载代表值之和。

结构质点i的竖向地震作用标准值可按式(3.35)计算：

$$F_{\mathrm{v}i}=\frac{G_iH_i}{\sum_{j=1}^{n}G_jH_j}F_{\mathrm{Evk}} \tag{3.35}$$

式中 $F_{\mathrm{v}i}$——质点i的竖向地震作用标准值；

G_i，G_j——分别为集中于质点i、j的重力荷载代表值；

H_i，H_j——分别为质点i、j的计算高度。

楼层各构件的竖向地震作用效应可依据各构件承受的重力荷载代表值按比例分配，并宜乘以增大系数1.5。

跨度大于24m的楼盖结构、跨度大于12m的转换结构和连体结构、悬挑长度大于5m的悬挑结构，结构竖向地震作用效应标准值宜采用时程分析方法或振型分解反应谱方法进行计算。时程分析计算时输入的地震加速度最大值可按规定的水平输入最大值的65%采用，反应谱分析时结构竖向地震影响系数最大值可按水平地震影响系数最大值的65%采用，但设计地震分组可按第一组采用。

高层建筑中，大跨度结构、悬挑结构、转换结构、连体结构连接体的竖向地震作用标准值，不宜小于结构或构件承受的重力荷载代表值与表3.14所列竖向地震作用系数的乘积。

表3.14 竖向地震作用系数

设防烈度	7度	8度		9度
设计基本地震加速度	$0.15g$	$0.20g$	$0.30g$	$0.40g$
竖向地震作用系数	0.08	0.10	0.15	0.20

3.3.4 结构自振周期的近似计算

采用振型分解反应谱法计算时，结构的自振周期一般通过计算程序确定；在采用底部剪力法计算时，只需要基本自振周期，常常可以采用近似计算方法。不论采用何种方法，由于在结构计算时只考虑了主要承重结构的刚度，而刚度很大的砌体填充墙的刚度在计算中未予以反映，因此计算所得的周期较实际周期长，如果按计算周期直接计算地震作用，将偏于不安全。因此计算各振型地震影响系数所采用的结构自振周期应考虑非承重墙体的刚度影响予以折减，乘以周期折减系数 ψ_T。

ψ_T 取决于结构形式和砌体填充墙的多少。框架结构主体刚度较小，刚度影响较大，实测周期一般只是计算周期的50%～60%；相反，剪力墙结构具有很大的刚度，少数甚至没有砌体填充墙，因此实测周期接近计算周期。当非承重墙体为填充砖墙时，高层建筑结构各振型的计算自振周期折减系数 ψ_T 可按下列规定取值：框架结构可取0.6～0.7；框架-剪力墙结构可取0.7～0.8；框架-核心筒结构可取0.8～0.9；剪力墙结构可取0.8～1.0。对于其他结构体系或采用其他非承重墙体时，可根据工程情况确定周期折减系数。

对于质量与刚度沿高度分布比较均匀的框架结构、框架-剪力墙结构和剪力墙结构，其基本自振周期可按式(3.36)计算：

$$T_1 = 1.7\psi_T \sqrt{u_T} \tag{3.36}$$

式中 T_1——结构基本自振周期(s)；

u_T——假想的结构顶点水平位移(m)，即假想把集中在各楼层处的重力荷载代表值作为该楼层水平荷载按照弹性方法计算的结构顶点水平位移；

ψ_T——考虑非承重墙体刚度对结构自振周期影响的折减系数。

结构初步设计时，其基本自振周期也可采用根据实测资料并考虑地震作用影响的经验公式确定。一般情况下，高层建筑的基本自振周期可根据建筑总层数 n 近似地按下列规定采用：钢结构的基本自振周期 $T_1=(0.10\sim0.15)n$，钢筋混凝土结构的基本自振周期 $T_1=(0.05\sim0.10)n$。钢筋混凝土框架结构、框架-剪力墙结构和剪力墙结构的基本自振周期也可按式(3.37)计算：

$$T_1 = 0.25 + 0.53\times10^{-3}\times\frac{H^2}{\sqrt[3]{B}} \tag{3.37}$$

钢筋混凝土剪力墙结构的基本自振周期按式(3.38)计算：

$$T_1 = 0.03 + 0.03 \times \frac{H}{\sqrt[3]{B}} \tag{3.38}$$

式中　H——房屋总高度(m)；

B——房屋宽度(m)。

3.4 温度作用

3.4.1　温度作用的特点

温度作用是指温度变化时建筑物由于受到外部或内部的约束，其体积不能自由胀缩而产生的约束应力。温度作用应考虑气温变化、太阳辐射及使用热源等因素。有热源的情况其温度作用应由专门规范规定，或根据建设方和设备供应商提供的指标确定温度作用。

温度应力是混凝土结构产生裂缝的主要原因之一，温度裂缝会对结构造成严重的危害，对结构的安全性与耐久性产生严重影响。高层建筑结构的基础、梁、柱、墙、板等构件尺寸大，除了外部温度作用的变化外，在施工阶段还可能因水化热而引起温度应力，在使用阶段也会因日照辐射、气流、温差、气温骤降等的影响而产生温度应力。

高层建筑在日照的直接辐射下，外墙随层高的变化温度不同。在高层建筑楼群附近，由于受到太阳直接照射的时间和部位不同，局部气温也有明显差异。一般情况下，贴近地面的外墙附近的空气温度往往比高处空气温度增长得更快。结果可以使上下层的空气温差达到1℃以上。目前的世界第一高楼，高828m的哈利法迪拜塔，跨越了数个气候区，底层和顶层的温差可达10℃。另外，当环境风速较大时，即为混合对流时，由于不同高度处的风速不同，在外墙与空气温差较大时(比如在建筑西墙，在太阳辐射较强的时段内，二者温差可达10℃以上)，将直接导致外墙和周围大气的对流换热效果不同，结果底层温度高于上层，环境风速越大，高层与底层(特别是一二层)之间的温差越大。

3.4.2　温度作用的计算

人们早已熟知温度作用对建筑结构使用带来的影响，并为此采取了一些措施来控制或减少它的影响，例如设置温度缝进行结构分区，使区域内的温度变形控制在允许范围内，用保温、隔热措施来提高传导过程中的热阻，尽量减小环境温度的影响等。但随着结构高度的增加，为确保建筑物的正常使用，对温度作用仅由定性的构造措施来保证已经远远不够，进行定量的计算分析，由单纯的结构设计转向从导热计算开始的结构全过程设计是必然的趋势。

作用在结构或构件上的温度作用应采用其温度的变化来表示。为了确定弹性体内的温度应力，需进行两方面的计算：(1)按照热传导理论，根据弹性体的热学性质、内部热源、初始条件和边界条件，计算弹性体内各点在各瞬时的温度，即确定温度场，前后两个时刻的温度场之差就是弹性体的温度改变。(2)按照“热弹性力学”，根据弹性体的温度改变来求出体内各点的温度应力，即确定应力场。

计算结构或构件的温度作用效应时，应采用材料的线膨胀系数 α_T。常用材料的线膨胀系数可按表 3.15 采用。

表 3.15 常用材料的线膨胀系数 $\alpha_T(\times 10^{-6}/℃)$

材料	轻骨料混凝土	普通混凝土	砌体	钢、锻铁、铸铁	不锈钢	铝、铝合金
线膨胀系数 α_T	7	10	6～10	12	16	24

温度作用的组合值系数、频遇值系数和准永久值系数可分别取 0.6、0.5 和 0.4。结构的温度作用效应要考虑温升和温降两种工况。这两种工况产生的效应和可能出现的控制应力或位移是不同的，温升工况会使构件产生膨胀，而温降工况则会使构件产生收缩，两者都应校核。

3.5 荷载效应组合

结构或结构构件在使用期间，可能遇到同时承受永久荷载和两种以上可变荷载的情况。但这些荷载同时都达到它们在设计基准期内的最大值的概率较小，且对某些控制截面来说，并非全部可变荷载同时作用时其内力最大。按照概率统计和可靠度理论把各种荷载效应按一定规律加以组合，就是荷载效应组合。

各种荷载标准值单独作用产生的内力及位移称为荷载效应标准值，结构计算时，应首先分别计算各种荷载作用下产生的荷载效应，然后将各项荷载效应乘以分项系数和组合系数进行组合得到结构或构件的内力设计值。分项系数是考虑各种荷载可能出现超过标准值的情况而确定的荷载效应增大系数，而组合系数则是考虑到某些荷载同时作用的概率较小，故荷载组合时要乘以小于 1 的系数。

荷载效应组合实际上是指将各种荷载单独作用时所产生的内力，按照不利与可能的原则进行挑选与叠加，得到控制截面的最不利内力。内力组合时，既要分别考虑各种荷载单独作用时的不利分布情况，又要综合考虑它们同时作用的可能性。

3.5.1 非抗震设计时的荷载效应组合

荷载基本组合的效应设计值 S_d 应按式(3.39)计算(无地震作用组合)，并从下列荷载组合值中取用最不利的效应设计值确定：

$$S_d=\sum_{j=1}^{m}\gamma_{Gj}S_{Gjk}+\gamma_P S_P+\gamma_{Q1}\gamma_{L1}S_{Q1k}+\sum_{i>1}\gamma_{Qi}\psi_{ci}\gamma_{Li}S_{Qik} \tag{3-39}$$

式中 γ_{Gj}——第 j 个永久荷载的分项系数，当永久荷载效应对结构不利时不应小于 1.3，当永久荷载效应对结构有利时不应大于 1.0；

γ_P——预应力分项系数，当预应力效应对结构不利时不应小于 1.3，当预应力效应对结构有利时不应大于 1.0；

γ_{Qi}——第 i 个可变荷载的分项系数，其中 γ_{Q1} 为主导可变荷载 Q_1 的分项系数，对标准值大于 4kN/m^2 的工业房屋楼面结构的活荷载，当对结构不利时不应小于 1.4，当对结构有利时不应考虑该荷载，其他情况，当对结构不利时不应小于 1.5，当对结构有利时，不应考虑该荷载；

γ_{Li}——第 i 个可变荷载考虑设计工作年限的调整系数，其中 γ_{L1} 为主导可变荷载 Q_1 考虑设计工作年限的调整系数；

S_{Gjk}——按第 j 个永久荷载标准值 G_{jk} 计算的荷载效应值；

S_P——预应力有关代表值的效应；

S_{Qik}——按第 i 个可变荷载标准值 Q_{ik} 计算的荷载效应值，其中 S_{Q1k} 为诸可变荷载效应中起控制作用者；

ψ_{ci}——第 i 个可变荷载 Q_i 的组合值系数；

m——参与组合的永久荷载数；

n——参与组合的可变荷载数。

基本组合中的效应设计值仅适用于荷载与荷载效应为线性的情况。当对 S_{Q1k} 无法明显判断时，应轮次以各可变荷载效应作为 S_{Q1k}，并选取其中最不利的荷载组合的效应设计值。

3.5.2 抗震设计时的荷载效应组合

地震设计状况下，当作用与作用效应按线性关系考虑时，荷载和地震作用基本组合的效应设计值应按式(3.40)确定：

$$S=\gamma_G S_{GE}+\gamma_{Eh}S_{Ehk}+\gamma_{Ev}S_{Evk}+\sum\gamma_{Di}S_{Dik}+\sum\psi_i\gamma_i S_{ik} \tag{3.40}$$

式中 S——结构构件地震组合内力设计值，包括组合的弯矩、轴向力、剪力设计值等；

γ_G——重力荷载分项系数，当对承载力不利时取≥1.3，当对承载力有利时取≤1.0；

γ_{Eh}，γ_{Ev}——分别为水平及竖向地震作用的分项系数，其取值不应低于表 3.16 的规定；

γ_{Di}——不包括在重力荷载内的第 i 个永久荷载的分项系数，如预应力、土压力、水压力，当对承载力不利时取≥1.3，当对承载力有利时取≤1.0；

γ_i——不包括在重力荷载内的第 i 个可变荷载的分项系数，不应小于 1.5；

S_{GE}——重力荷载代表值的效应；

S_{Ehk}——水平地震作用标准值的效应；

S_{Evk}——竖向地震作用标准值的效应；

S_{Dik}——不包括在重力荷载内的第 i 个永久荷载标准值的效应；

S_{ik}——不包括在重力荷载内的第 i 个可变荷载标准值的效应；

ψ_i——不包括在重力荷载内的第 i 个可变荷载的组合值系数，如风荷载起控制作用，则取 $\psi_w=0.2$，一般的建筑结构可取 $\psi_w=0$。

现行《高规》里对偶然作用组合、标准组合不再做强制性规定，主要增加了对“水平长悬臂结构和大跨度结构 7 度(0.15g)”时也要考虑水平地震、竖向地震作用同时参与组合的要求。跨度大于 24m 的楼盖结构、大于 12m 的转换结构和连体结构、悬挑长度大于 5m

的悬挑结构，结构竖向地震作用效应标准值宜采用时程分析法或振型分解反应谱法进行计算。

表 3.16 地震作用分项系数

地震作用	γ_{Eh}	γ_{Ev}
仅计算水平地震作用	1.4	0.0
仅计算竖向地震作用	0.0	1.4
同时计算水平与竖向地震作用(水平地震为主)	1.4	0.5
同时计算水平与竖向地震作用(竖向地震为主)	0.5	1.4

本章小结

作用于高层建筑结构上的荷载可分为两类：竖向荷载，包括恒荷载和楼面活荷载、屋面雪荷载等；水平荷载，包括风荷载和水平地震作用，水平荷载往往起主要控制作用。

高层建筑结构主要承重结构和围护结构的风荷载应分别计算。对高度大于 30m 且高宽比大于 1.5 的高层建筑结构，应采用风振系数考虑脉动风压对主要承重结构的不利影响。

计算高层建筑结构水平地震作用的基本方法是振型分解反应谱法，此法适用于任意体型、平面和高度的高层建筑结构。当建筑物高度不大且体型比较简单时，可采用底部剪力法计算。对于重要或复杂的高层建筑结构，宜采用弹性时程分析法进行多遇地震下的补充计算。

思考题

3-1 高层建筑结构的竖向荷载如何取值？进行竖向荷载作用下的内力计算时，是否要考虑活荷载的不利布置？为什么？设计楼面梁、墙、柱及基础时，活荷载如何折减？

3-2 结构承受的风荷载与哪些因素有关？高层风荷载计算时如何考虑群集建筑的影响？

3-3 高层建筑结构计算时，基本风压、风荷载体型系数和风压高度变化系数分别如何取值？

3-4 何谓风振系数？何谓阵风系数？在什么情况下需要考虑风振系数？如何取值？

3-5 何时需要考虑横风向风振和扭转风振？

3-6 高层建筑地震作用计算的原则、方法有哪些？如何选用？地震作用与哪些因素有关？

3-7 高层建筑结构自振周期的计算方法有哪些？

3-8 底部剪力法和振型分解反应谱法在计算地震作用时有什么异同？

3-9 在计算地震作用时，什么情况下应采用动力时程分析法？计算时有哪些要求？

3-10 在什么情况下需要考虑竖向地震作用效应？

3-11 突出屋面小塔楼的地震作用影响如何考虑？

3-12 高层建筑如何进行竖向和水平向温差效应分析？

练习题

3-1 质量和刚度沿高度分布比较均匀的筒体结构，建筑平面尺寸为 40m×40m 的方形，地面以上高度为 150m，地下埋置深度为 13m。已知基本风压为 0.50kN/m^2，建筑场地位于大城市市区，已计算求得作用于突出屋面塔楼上的风荷载标准值为 1150kN，结构的基本自振周期 $T_1=2.50\text{s}$。为简化计算，将建筑物沿高度按 30m 划分为五个区段，并近似取其中点位置的风荷载作为该区段的平均值，计算在风荷载作用下结构底部剪力和基础底面弯矩值。见图 3.11。

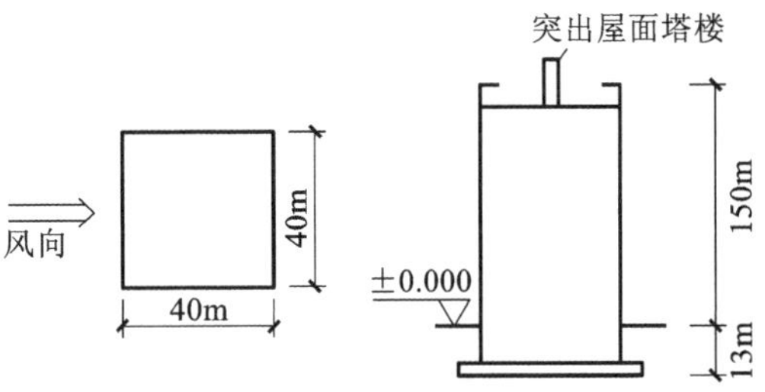

图 3.11　习题 3-1 图

3-2　某 24 层 85m 高层框架-剪力墙结构，8 度设防，Ⅱ类场地，设计地震分组为第二组，总重力荷载代表值 $\sum G_i=288000\text{kN}$，基本自振周期 $T_1=1.35\text{s}$，采用底部剪力法计算底部剪力值。

3-3　某高层建筑结构，地震设防烈度为 8 度，Ⅱ类场地，设计地震分组为第一组，结构基本自振周期为 1.38s。求底部剪力法计算水平地震作用时顶部附加水平地震作用系数 δ_n。

3-4　非地震区有一高 42m、3 跨、10 层的钢筋混凝土框架结构，经计算得到第 3 层横梁边跨跨端弯矩标准值分别为 $M_{\text{Gk}}=-25\text{kN}\cdot\text{m}$，$M_{\text{Qk}}=-14\text{kN}\cdot\text{m}$，$M_{\text{Wk}}=\pm45\text{kN}\cdot\text{m}$。取楼面可变活荷载组合值系数为 0.7，试问第 3 层横梁边跨跨端弯矩设计值应为多少？

思考题练习题答案

单自由度体系振动

第 3 章课件　地震作用

地震实录

第 3 章课件　风荷载

风致大楼摇摆

第 3 章课件　内力组合

河北某小区地库坍塌

南昌机场雨篷吹坏

齐齐哈尔体育馆垮塌

4 高层建筑结构的计算分析与设计要求

【内容简介】

本章将阐述高层建筑结构计算分析的基本方法和要求，主要包括：①高层建筑结构分析模型及简化、计算分析方法；②承载力计算、水平位移限值及舒适度要求；③高层建筑的抗震等级及抗震设计要求。

【教学要求】

了解高层建筑结构计算分析方法及参数确定；了解结构简化计算原则；理解无地震组合及有地震组合时承载力验算与位移验算的区别；掌握弹塑性变形验算方法；理解重力二阶效应及结构稳定要求；掌握结构抗震设计要求。

4.1 高层建筑结构的计算分析

4.1.1 结构计算分析方法

高层建筑结构的计算分析方法与结构材料性能、结构受力状态、结构分析精度要求等有关。一般应根据不同的结构类型、不同的受力形式和受力阶段，分别采用相应的线弹性分析方法、弹塑性分析方法、非线性分析方法或模型试验分析方法等计算分析方法。

线弹性分析方法是最基本的结构分析方法，也是目前国内规范体系主要采用的计算方法。对于高层建筑结构的内力与变形可按线弹性分析方法计算，在截面设计时考虑材料的弹塑性性质，框架梁及连梁等构件可考虑局部塑性变形引起的内力重分布，对内力予以适当调整。如高层建筑结构地震作用效应计算时，可对剪力墙连梁刚度予以折减，折减系数不宜小于0.5；在竖向荷载作用下，可对框架梁端负弯矩乘以调幅系数进行调幅，装配整体式框架梁端负弯矩调幅系数取0.7～0.8，现浇式框架梁端负弯矩调幅系数取0.8～0.9；框架梁端负弯矩调幅后，梁跨中弯矩应按平衡条件相应增大。

工程实践经验表明，对高层建筑结构的承载能力极限状态和正常使用极限状态，线弹性分析计算结果可以满足工程精度要求。

4.1.2 结构计算模型

高层建筑结构是复杂的三维空间受力体系，计算分析时应根据结构实际情况，选取能较准确地反映结构中各构件的实际受力状况的力学模型。高层建筑结构分析，可选择平面结构空间协同、空间杆系、空间杆-薄壁杆系、空间杆-墙板元及其他组合有限元等计算模型。如对于平面和立面布置简单规则的框架结构、框架-剪力墙结构宜采用空间分析模型，可采用平面框架空间协同模型。对剪力墙结构、筒体结构和布置复杂的框架结构、框架-剪力墙结构应采用空间分析模型。目前,国内计算机和结构分析软件应用十分普及,以上的这些力学模型,均有相应的结构分析软件可供选用。

4.1.3 结构计算要求

高层建筑内力与位移计算时,可假定楼板在其自身平面内为无限刚性,设计时应采取措施保证楼板平面内的整体刚度。如结构平面宜简单、规则、对称,平面长度不宜过长,突出部分长度不宜过大;宜采用现浇钢筋混凝土楼板和有现浇面层的装配整体式楼板;局部削弱的楼面,可采取楼板局部加厚、设置边梁、加大楼板配筋等措施。

对下列情况,如楼板有效宽度较窄的环形楼面或有其他大开洞楼面、有狭长外伸段楼面、局部变窄产生薄弱连接的楼面、连体结构的狭长连接体楼面等,楼板面内刚度有较大的削弱且不均匀,楼板会产生较明显的平面内变形,与刚性楼板假定的情况相比较,使楼层内抗侧刚度较小的构件的位移和内力加大,计算时应考虑楼板平面内变形的影响。根据楼面结构的实际情况,楼板平面内变形可全楼考虑、仅部分楼层考虑或仅部分楼层的部分区域考虑。考虑楼板平面内的实际刚度可采用将楼板等效为剪弯水平深梁的简化方法,也可采用有限单元进行计算。当需要考虑楼板平面内变形而计算中采用了楼板平面内刚度无限刚性的假定时,应对所得的计算结果进行适当调整,一般可对楼板削弱部位的抗侧刚度相对较小的结构构件,适当增大计算内力,加强配筋和构造措施。

高层建筑结构按空间整体工作计算时,应考虑下列变形:梁的弯曲、剪切、扭转变形,必要时考虑轴向变形;柱和墙的弯曲、剪切、轴向变形和扭转变形。

高层建筑结构在进行重力荷载作用效应分析时,柱、墙、斜撑等构件的轴向变形宜考虑施工过程的影响;复杂结构及150m以上的高层建筑应考虑施工过程的影响。由于结构是逐层施工完成的,其竖向刚度和竖向荷载也是逐层形成的,这与结构刚度一次形成、竖向荷载一次施加的计算方法存在较大的差异。施工过程的模拟可根据需要采用适当的方法,如结构刚度和竖向荷载逐层形成、逐层计算的方法等。

高层建筑结构进行风作用效应计算时,正反两个方向的风作用效应宜按两个方向计算的较大值采用;体型复杂的高层建筑,应考虑风向角的不利影响。

结构整体内力与位移计算中,型钢混凝土和钢管混凝土构件宜按实际情况直接参与计算。

带加强层或转换层的高层建筑结构、错层结构、连体和立面开洞结构、多塔楼结构、立面较大收进结构等均属复杂高层建筑结构,其竖向刚度和承载力变化大、受力复杂、易形成薄弱部位;对混合结构以及B级高度的高层建筑结构的房屋,工程经验不多,其整体计算分析应从严要求。体型复杂、结构布置复杂以及B级高度高层建筑结构,应采用至少两个不同力学模型的结构分析软件进行整体计算。抗震设计时,B级高度的高层建筑结构、混合结构和复杂高层建筑结构的计算分析,应符合下列要求:

(1)宜考虑平扭耦联计算结构的扭转效应,振型数不应少于15,对多塔楼结构的振型数不应少于塔楼数的9倍,且计算振型数应使各振型参与质量之和不小于总质量的90%。

(2)应采用弹性时程分析法进行补充计算。

(3)宜采用弹塑性静力或弹塑性动力分析方法补充计算。

(4)对多塔楼结构，宜按整体模型和各塔楼分开的模型分别计算，并采用较不利的结果进行结构设计。当塔楼周边的裙楼超过两跨时，分塔楼模型宜至少附带两跨的裙楼结构。

(5)对受力复杂的结构构件，如竖向分布复杂的剪力墙、加强层构件、转换层构件、错层构件、连接体及其相关构件等，由于采用杆系模型整体分析不能较准确地获取其内力分布，对这些构件，除整体分析外，尚应按有限元等方法进行局部应力分析，并据此进行截面配筋设计。

(6)计算机和结构分析软件应用已十分普及，结构设计时，除了选用可靠的结构分析软件外，还应对软件的计算结果从力学概念和工程经验等方面加以分析判断，确认其合理、有效后方可作为工程设计的依据。如对结构整体位移、楼层剪力、振型和位移形态、自振周期、超筋情况等计算结果利用工程经验进行判断。

4.2 高层建筑结构的设计要求

4.2.1 承载力计算

(1)无地震作用效应组合时，对于承载能力极限状态，按荷载效应的基本组合进行效应组合，并应采用下列设计表达式进行设计：

$$\gamma_0 S_d \leqslant R_d \tag{4.1}$$

式中 γ_0——结构重要性系数，对安全等级为一、二级的结构构件分别不应小于1.1、1.0；

S_d——荷载效应组合的设计值，由荷载效应组合得到；

R_d——结构构件承载力的设计值，按各有关建筑结构设计规范的规定确定。

(2)有地震作用效应组合时，除按照式(4.1)进行设计外，还应采用下列设计表达式进行设计：

$$S_d \leqslant R_d/\gamma_{RE} \tag{4.2}$$

式中 S_d——荷载和地震作用组合的效应设计值；

γ_{RE}——承载力抗震调整系数，一般按表4.1取值。

表4.1 高层建筑结构构件承载力抗震调整系数

材料	结构构件	受力状态	γ_{RE}
混凝土	梁	受弯	0.75
	轴压比小于0.15的柱	偏压	0.75
	轴压比不小于0.15的柱	偏压	0.80
	剪力墙	偏压	0.85
		局部承压	1.0
	各类构件	受剪、偏拉	0.85

续表 4.1

材料	结构构件	受力状态	γ_{RE}
型钢(钢管)混凝土	型钢混凝土梁	受弯	0.75
	型钢(钢管)混凝土柱	受弯	0.85
	剪力墙	受弯	0.85
	支撑	受弯	0.80
	各类构件及节点	受剪	0.85
钢	柱,梁,支撑,节点板件,螺栓,焊缝	强度	0.75
	柱,支撑	稳定	0.80

注:当仅计算竖向地震作用时,各类结构构件承载力抗震调整系数均取 1.0。

4.2.2　侧移限制

在正常使用条件下,高层建筑结构应具有足够的刚度,来避免产生过大的位移而影响结构的承载力、稳定性和使用要求。

(1)按弹性方法计算的风荷载或多遇地震标准值作用下的变形验算

正常使用条件下,结构的水平位移应按弹性方法计算,应满足下式要求:

$$\Delta_{ue} \leqslant [\theta_e]h \tag{4.3}$$

式中　Δ_{ue}——风荷载或多遇地震作用标准值产生的楼层内最大的弹性层间位移;计算时,除以弯曲变形为主的高层建筑外,可不扣除结构整体弯曲变形;应计入扭转变形;各作用分项系数均应采用 1.0;钢筋混凝土结构构件的截面刚度可采用弹性刚度。

h——计算楼层层高。

$[\theta_e]$——弹性层间位移角限值,按表 4.2 的规定取值。

表 4.2　楼层层间最大弹性位移与层高之比的限值

结构体系	$[\theta_e]$
框架结构	1/550
框架-剪力墙结构、框架-核心筒结构、板柱-剪力墙结构	1/800
筒中筒结构、剪力墙结构	1/1000
除框架结构外的转换层	1/1000

注:1. 上表为高度不大于 150m 的高层建筑的规定;
2. 高度不小于 250m 的高层建筑,其楼层层间最大位移与层高之比 Δ_u/h 不宜大于 1/500;
3. 高度在 150～250m 之间的高层建筑,其楼层层间最大位移与层高之比 Δ_u/h 的限值可按表 4.2 和 1/500 线性插值取用;
4. 楼层层间最大位移 Δ_u 以楼层竖向构件最大的水平位移差计算,不扣除整体弯曲变形;
5. 抗震设计时,楼层位移计算可不考虑偶然偏心的影响。

(2)高层建筑结构在罕遇地震作用下的薄弱层弹塑性变形验算

下列结构应进行弹塑性变形验算:7～9 度时楼层屈服强度系数小于 0.5 的框架结构;甲类建筑和 9 度抗震设防的乙类建筑结构;采用隔震和消能减震设计的建筑结构;房屋高

度大于 150m 的结构。

注：楼层屈服强度系数为按钢筋混凝土构件实际配筋和材料强度标准值计算的楼层受剪承载力和按罕遇地震作用标准值计算的楼层弹性地震剪力的比值。

下列结构宜进行弹塑性变形验算：需要采用时程分析法计算的乙、丙类高层建筑结构和竖向不规则类型的高层建筑结构；7 度Ⅲ、Ⅳ类场地和 8 度时乙类建筑中的钢筋混凝土结构和钢结构；板柱-抗震墙结构和底部框架砌体房屋；高度不大于 150m 的其他高层钢结构；不规则的地下建筑结构及地下空间综合体。

结构薄弱层（部位）层间弹塑性位移应符合下式的规定：

$$\Delta_{up} \leqslant [\theta_p]h \tag{4.4}$$

式中 Δ_{up}——层间弹塑性位移，可按式(4.5)计算；

h——计算楼层层高；

$[\theta_p]$——层间弹塑性位移角限值，可按表 4.3 采用，对框架结构，当轴压比小于 0.40 时，可提高 10%，当柱子全高的箍筋构造采用比规程中框架柱箍筋最小配箍特征值大 30%时，可提高 20%，但累计提高不宜超过 25%。

表 4.3 层间弹塑性位移角限值

结构体系	$[\theta_p]$
框架结构	1/50
框架-剪力墙结构、框架-核心筒结构、板柱-剪力墙结构	1/100
剪力墙结构、筒中筒结构	1/120
除框架结构外的转换层	1/120

在预估的罕遇地震作用下，高层建筑结构薄弱层（部位）弹塑性变形计算可采用简化计算法或弹塑性静力（或动力）分析法。

①弹塑性变形计算的简化方法

此方法适用于不超过 12 层且楼层侧向刚度无突变的框架结构。结构的薄弱层或薄弱部位，对楼层屈服强度系数沿高度分布均匀的结构，可取底层；对楼层屈服强度系数沿高度分布不均匀的结构，可取该系数最小的楼层（部位）和相对较小的楼层，一般不超过 2～3 处。

弹塑性层间位移可按下列公式计算：

$$\Delta_{up} = \eta_p \Delta_{ue} \tag{4.5}$$

或

$$\Delta_{up} = \mu \Delta_{uy} = \frac{\eta_p}{\xi_y} \Delta_{uy} \tag{4.6}$$

式中 Δ_{up}——弹塑性层间位移；

Δ_{uy}——层间屈服位移；

μ——楼层延性系数；

Δ_{ue}——罕遇地震作用下按弹性分析的层间位移；

η_p——弹塑性层间位移增大系数，当薄弱层（部位）的屈服强度系数不小于相邻层

(部位)该系数平均值的0.8时可按表4.4采用,当不大于该平均值的0.5时可按表内相应数值的1.5倍采用,其他情况可采用内插法取值;

ξ_y——楼层屈服强度系数。

表4.4 弹塑性层间位移增大系数 η_p

ξ_y	0.5	0.4	0.3
η_p	1.8	2.0	2.2

②弹塑性变形计算的弹塑性分析方法

高层建筑混凝土结构进行弹塑性计算分析时,可根据实际工程情况采用静力或动力时程分析方法。弹塑性分析方法的基本原理是以结构构件、材料的实际力学性能为依据,导出相应的弹塑性本构关系,建立变形协调方程和力学平衡方程后,求解结构在各个阶段的变形和受力变化,必要时应考虑结构和构件几何非线性的影响。目前,一般可采用的方法有静力弹塑性分析方法(Push-over 方法)和弹塑性动力时程分析方法。随着结构有限元分析理论和计算机技术的日益进步,结构弹塑性分析已开始逐渐应用于建筑结构的分析和设计,尤其对于体型复杂的不规则结构。

采用弹塑性动力分析方法进行弹塑性变形计算时,应按建筑场地类别和设计地震分组选取实际地震记录和人工模拟的加速度时程曲线,其中实际地震记录的数量不应少于总数量的2/3,多组时程曲线的平均地震影响系数曲线应与振型分解反应谱法所采用的地震影响系数曲线在统计意义上相符。地震波的持续时间不宜小于12s,一般可取建筑结构基本自震周期的5~10倍,地震波的时间间隔可取0.01s或0.02s;输入地震波的最大加速度,可按表4.5采用。弹性时程分析时,每条时程曲线计算所得结果底部剪力不应小于振型分解反应谱法计算结果的65%,多余时程曲线计算所得结果底部剪力的平均值不应小于振型分解反应谱法计算结果的80%。

表4.5 弹塑性动力时程分析时输入地震加速度的最大值 a_{max}

抗震设防烈度	6度	7度	8度	9度
a_{max}(cm/s^2)	125	220(310)	400(510)	620

注:7度、8度时括号内数值分别对应于设计基本加速度为0.15g和0.30g的地区。

与弹性静力分析计算相比,结构的弹塑性分析具有更大的不确定性,不仅与上述因素有关,还与分析软件的计算模型以及结构阻尼选取、构件破损程度的衡量、有限元的划分等有关,存在较多的人为因素和经验因素。因此,弹塑性计算分析首先要了解分析软件的适用性,选用合适于所设计工程的软件,然后对计算机结果的合理性进行分析判断。工程设计中有时会遇到计算结果出现不合理或怪异现象,这就需要结构工程师对计算结果的合理性进行分析和判断。

4.2.3 舒适度要求

高层建筑在风荷载作用下将产生振动,过大的振动加速度会使在高层建筑内居住的人们感觉不舒服,甚至不能忍受,表4.6所列为两者之间的关系。

表 4.6 舒适度与风振加速度的关系

不舒适的程度	建筑物的加速度
无感觉	$<0.005g$
有感觉	$0.005g\sim0.015g$
扰人	$0.015g\sim0.05g$
十分扰人	$0.05g\sim0.15g$
不能忍受	$>0.15g$

参照国外研究成果和有关标准,《高规》规定,高度不小于 150m 的高层建筑结构应具有良好的使用条件,以满足风振舒适度要求,按 10 年一遇的风荷载取值计算的顺风向与横风向结构顶点最大加速度不应超过表 4.7 的限值。计算时结构阻尼比宜取 0.01～0.02。必要时,可通过专门风洞试验结果计算确定顺风向与横风向结构顶点最大加速度 a_{max}。

表 4.7 结构顶点最大加速度限值 a_{max}

使用功能	a_{max}(m/s^2)
住宅、公寓	0.15
办公、旅馆	0.25

此外,楼盖结构也应具有适宜的舒适度。楼盖结构的竖向振动频率不宜小于 3Hz,竖向振动加速度峰值不应超过表 4.8 的限值,当楼盖结构竖向自振频率为 2～4Hz 时,峰值加速度限值可按线性插值选取。楼盖结构的竖向振动加速度宜采用时程分析方法计算,也可采用简化近似计算方法计算。

表 4.8 楼盖竖向振动加速度限值

人员活动环境	峰值加速度限值(m/s^2)	
	竖向自振频率不大于 2Hz	竖向自振频率不小于 4Hz
住宅、办公	0.07	0.05
商场及室内连廊	0.22	0.15

4.2.4 稳定和抗倾覆

(1)重力二阶效应

当高层建筑结构满足下列规定时,弹性计算分析时可不考虑重力二阶效应的不利影响。

①剪力墙结构、框架-剪力墙结构、板柱-剪力墙结构、筒体结构

$$EJ_d \geqslant 2.7H^2\sum_{i=1}^{n}G_i \tag{4.7}$$

②框架结构

$$D_i \geqslant 20\sum_{j=i}^{n}G_j/h_i(i=1,2,\cdots,n) \tag{4.8}$$

式中 EJ_d——结构一个主轴方向的弹性等效侧向刚度,可按倒三角形分布荷载作用下

结构顶点位移相等的原则，将结构的侧向刚度折算为竖向悬臂受弯构件的等效侧向刚度；

H——房屋高度；

G_i，G_j——分别为第 i、j 楼层重力荷载设计值，取 1.2 倍的永久荷载标准值与 1.4 倍的楼面可变荷载标准值的组合值；

h_i——第 i 楼层层高；

D_i——第 i 楼层的弹性等效侧向刚度，可取该层剪力与层间位移的比值；

n——结构计算总层数。

当高层建筑结构不满足式(4.7)和式(4.8)的规定时，结构弹性计算时应考虑重力二阶效应对水平力作用下结构内力和位移的不利影响。

高层建筑结构的重力二阶效应可采用有限元方法进行计算，也可采用对未考虑重力二阶效应的计算结果乘以增大系数的方法近似考虑。近似考虑时，结构位移增大系数 F_1、F_{1i} 以及结构构件弯矩和剪力增大系数 F_2、F_{2i} 可分别按下列规定计算，位移计算结果仍应满足弹性变形的规定。

①对框架结构，可按下列公式计算：

$$F_{1i}=\frac{1}{1-\sum_{j=i}^{n}G_j/(D_ih_i)}\quad(i=1,2,\cdots,n) \tag{4.9}$$

$$F_{2i}=\frac{1}{1-2\sum_{j=i}^{n}G_j/(D_ih_i)}\quad(i=1,2,\cdots,n) \tag{4.10}$$

②对剪力墙结构、框架-剪力墙结构、筒体结构，可按下列公式计算：

$$F_1=\frac{1}{1-0.14\sum_{i=1}^{n}G_i/(EJ_d)} \tag{4.11}$$

$$F_2=\frac{1}{1-0.28\sum_{i=1}^{n}G_i/(EJ_d)} \tag{4.12}$$

(2)高层建筑结构的整体倾覆问题

当高层建筑的高宽比较大、风荷载或水平地震作用较大、地基刚度较弱时，则可能出现倾覆问题。

在设计高层建筑结构时，一般都要控制高宽比。在设计基础时，对于高宽比大于 4 的高层建筑，基础底面不宜出现零应力区；对于高宽比不大于 4 的高层建筑，基础底面与地基之间零应力区面积不应超过基础底面面积的 15%。当满足上述条件时，高层建筑结构的抗倾覆能力具有足够的安全储备，不需要进行专门的抗倾覆验算。

4.2.5 高层建筑结构的整体稳定性验算

高层建筑结构的整体稳定性应符合下列规定：

(1)剪力墙结构、框架-剪力墙结构、筒体结构应符合下式要求：

$$EJ_{\mathrm{d}} \geqslant 1.4H^2 \sum_{i=1}^{n} G_i \tag{4.13}$$

(2)框架结构应符合下式要求：

$$D_i \geqslant 10 \sum_{j=i}^{n} G_j / h_i \quad (i=1,2,\cdots,n) \tag{4.14}$$

4.3 高层建筑结构的抗震设计要求

4.3.1 抗震等级

抗震设计时，高层建筑结构构件应根据设防烈度、结构类型和房屋高度采用不同的抗震等级，并应符合相应的计算和构造措施要求。抗震等级的高低，体现了对结构抗震性能要求的严格程度。特殊要求时则提升至特一级，其计算和构造措施比一级更严格。A级高度丙类建筑钢筋混凝土结构的抗震等级应按表4.9确定，B级高度丙类建筑钢筋混凝土结构的抗震等级应按表4.10确定。当本地区抗震设防烈度为9度时，A级高度一类建筑的抗震等级应按表4.10规定的特一级采用，甲类建筑应采取更有效的抗震措施。

需要注意，表4.9和表4.10中的烈度不完全等于房屋所在地区的设防烈度，此时应根据建筑物的重要性确定。甲类、乙类建筑，当本地区抗震设防烈度为6～8度时，应符合本地区抗震设防烈度提高1度的要求；当本地区抗震设防烈度为9度时，应符合比9度抗震设防更高的要求。当建筑场地为Ⅰ类时，应允许仍按本地区抗震设防烈度的要求采取抗震构造措施。丙类建筑，应符合本地区抗震设防烈度的要求；当建筑场地为Ⅰ类时，除6度外，应允许按本地区抗震设防烈度降低1度的要求采取抗震构造措施。

表4.9 A级高度的高层建筑结构抗震等级

结构类型			烈度						
			6度		7度		8度		9度
框架结构			三		二		一		一
框架-剪力墙	高度(m)		≤60	>60	≤60	>60	≤60	>60	≤50
	框架		四	三	三	二	二	一	一
	剪力墙		三		二		一		一
剪力墙	高度(m)		≤80	>80	≤80	>80	≤80	>80	≤60
	剪力墙		四	三	三	二	二	一	一
部分框支剪力墙	非底部加强部位剪力墙		四	三	三	二	二	不应采用	
	底部加强部位剪力墙		三	二	二	一	一		
	框支框架		二	二	一	一	一		
筒体	框架-核心筒	框架	三		二		一		一
		核心筒	二		二		一		一
	筒中筒	内筒	三		二		一		一
		外筒							

续表 4.9

结构类型		烈度						
		6 度		7 度		8 度		9 度
板柱-剪力墙	高度(m)	≤35	>35	≤35	>35	≤35	>35	不应采用
	框架、板柱及柱上板带	三	二	二	二	一	一	
	剪力墙	二	二	二	一	二	一	

注:1. 接近或等于高度分界时,应结合房屋不规则程度及场地、地基条件适当确定抗震等级;

2. 底部带转换层的筒体结构,其转换框架的抗震等级应按表中部分框支剪力墙结构的规定采用;

3. 当框架-核心筒结构的高度不超过 60m 时,其抗震等级应允许按框架-剪力墙结构采用。

表 4.10　B 级高度的高层建筑结构抗震等级

结构类型		烈度		
		6 度	7 度	8 度
框架-剪力墙结构	框架	二	一	一
	剪力墙	二	一	特一
剪力墙结构	剪力墙	二	一	一
部分框支剪力墙结构	非底部加强部位剪力墙	二	一	一
	底部加强部位剪力墙	一	一	特一
	框支框架	一	特一	特一
框架-筒体结构	框架	二	一	一
	筒体	二	一	特一
筒中筒结构	内筒	二	一	特一
	外筒	二	一	特一

注:底部带转换层的筒体结构,其转换框架和底部加强部位筒体的抗震等级应按表中部分框支剪力墙结构的规定采用。

4.3.2　轴压比

轴压比指柱(墙)的轴压力设计值与柱(墙)的全截面面积和混凝土轴心抗压强度设计值乘积之比值。它反映了柱(墙)的受压情况,是影响柱(墙)破坏形态和延性的主要因素之一。试验表明,柱的位移延性随轴压比增大而急剧下降,尤其在高轴压比条件下,箍筋对柱的变形能力的影响越来越不明显。随轴压比的大小,柱将呈现两种破坏形态,即混凝土压碎而受拉钢筋并未屈服的小偏心受压破坏和受拉钢筋首先屈服具有较好延性的大偏心受压破坏。框架柱的抗震设计一般应控制在大偏心受压破坏范围。因此,必须控制柱轴压比。在高层剪力墙结构中,钢筋混凝土剪力墙的高度较大,竖向荷载也较大,作用在剪力墙上的轴压力也随之加大。当偏心受压剪力墙所受轴压力较大时,压区高度增大,与偏心受压的钢筋混凝土柱类似,延性就会降低,对抗震不利。因此,与钢筋混凝土框架柱类似,为保证在地震作用下剪力墙具有良好的延性,就需要限制剪力墙轴压比的大小。限制轴压比主要是为了控制结构的延性,柱和墙肢轴压比限值见表 4.11 和表 4.12。

表 4.11 柱轴压比限值

类别	抗震等级			
	一	二	三	四
框架结构	0.65	0.75	0.85	—
框架-剪力墙、板柱-剪力墙、框架-核心筒、筒中筒	0.75	0.85	0.90	0.95
部分框支剪力墙	0.6	0.7	—	—

注:1.轴压比指柱组合的轴向压力设计值与柱全截面面积和混凝土轴心抗压强度设计值乘积之比值;对不进行地震作用计算的结构,取无地震作用组合的轴力设计值计算。
2.表内限值适用于剪跨比大于 2、混凝土强度等级不高于 C60 的柱。剪跨比不大于 2 的柱,轴压比限值应降低 0.05;剪跨比不大于 1.5 的柱,轴压比应按专门研究并采取特殊构造措施。
3.沿柱全高采用井字复合箍,且箍筋间距不大于 100mm、肢距不大于 200mm、直径不小于 12mm,或沿柱全高采用复合螺旋箍,且螺距不大于 100mm、肢距不大于 200mm、直径不小于 12mm,或沿柱全高采用连续复合矩形螺旋箍,且螺距不大于 80mm、肢距不大于 200mm、直径不小于 10mm 时,柱轴压比限值均可按表中数值增加 0.10。
4.在柱的截面中部附加芯柱,其中另加的纵向钢筋的总截面面积不少于柱截面面积的 0.8%,轴压比限值可增加 0.05,此项措施与注 3 的措施共同采用时,轴压比限值可增加 0.15,但箍筋的体积配箍率仍可按轴压比增加 0.10 的要求确定。
5.柱经采用上述加强措施后,其最终的轴压比限值不应大于 1.05。

表 4.12 剪力墙轴压比限值

抗震等级	一级(9 度)	一级(6 度、7 度、8 度)	二、三级
轴压比限值	0.4	0.5	0.6

注:墙肢轴压比是指重力荷载代表值作用于下墙肢承受的轴压力设计值与墙肢的全截面面积和混凝土轴心抗压强度设计值乘积的比值。

4.3.3 延性要求

(1)结构不同部位的延性要求

在地震区,除了要求结构具有足够的承载力和合适的刚度外,还要求它具有良好的延性。从概念上讲,结构的延性定义为:在结构承载能力无明显降低的前提下,结构发生非弹性变形的能力。这里“无明显降低”比较认同的指标是,不低于其极限承载力的 85%。对于地震区的建筑来说,提高结构延性是增强结构抗倒塌能力并使抗震设计做到经济合理的重要途径之一。在结构抗震设计中,“结构延性”这个术语实际上有以下四层含义:

①结构总体延性:一般用结构的“顶点侧移比”或结构的“平均层间侧移比”来表达;

②结构楼层延性:以一个楼层的层间侧移比来表达;

③构件延性:指整个结构中某一构件(一榀框架或一片墙体)的延性;

④杆件延性:指一个构件中某一杆件(框架中的梁或柱,墙片中的连梁或墙肢)的延性。

一般而言,在结构抗震设计中,对结构中重要构件的延性要求,高于对结构总体的延性要求;对构件中关键杆件或部位的延性要求,又高于对整个构件的延性要求。

要使建筑物在遭遇强烈地震时具有很强的抗倒塌能力,最理想的是使结构中的所有构件及构件中的所有杆件均具有较高的延性,然而,实际工程中很难完全做到这一点。比较经济有效的办法是,有选择地重点提高结构中重要构件中关键杆件或关键部位的延性。其原则是:

①在结构的竖向,应该重点提高楼房中可能出现塑性变形集中的相对柔弱楼层的构

件的延性。例如，对于刚度沿高度均匀分布的简单体型建筑，应着重提高底层的构件的延性；对于带大底盘的高层建筑，应该着重提高主楼与裙房顶面相衔接的楼层中构件的延性[图 4.1(a)]。对于其他不规则立面高层建筑，应该着重加强体型突变处楼层的构件的延性。对于框托墙体系，应着重提高底层或底部几层的框架的延性[图 4.1(b)]。

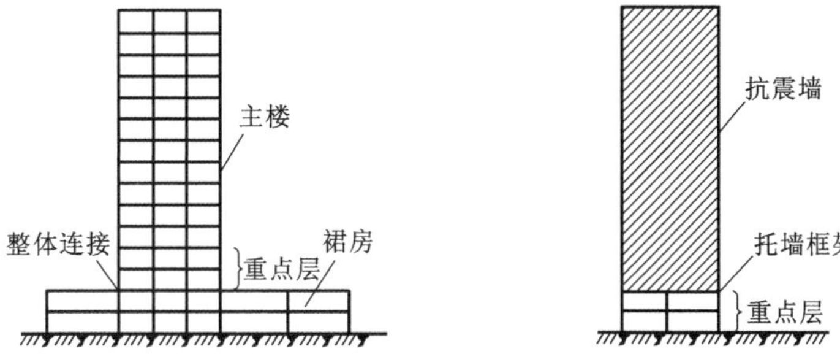

图 4.1 提高延性的重点楼层

(a)大底盘建筑；(b)框托墙结构体系

②在平面位置上，应该着重提高房屋周边转角处、平面突变处以及复杂平面各翼相接处的构件的延性。对于偏心结构，应加大房屋周边特别是刚度较弱一端构件的延性。

③对于具有多道抗震防线的抗侧力体系，应着重提高第一道防线中构件的延性。例如在框架-剪力墙体系中，应重点提高剪力墙的延性；在筒中筒体系中，应重点提高实墙内筒的延性。

④在同一构件中，应着重提高关键杆件的延性。例如，对于框架和框架-筒体，应优先提高柱的延性；对于墙肢，应特别注意加大各层窗裙梁的延性；对于全墙体系中满布窗洞的外墙(壁式框架)，应着重提高窗间墙的延性。

⑤在同一杆件中，重点提高延性的部位应该是预期该构件地震时首先屈服的部位。例如梁的两端、柱的上下端、剪力墙墙肢的根部等。

(2)改善构件延性的途径

①控制构件的破坏形态

低周往复水平荷载下的构件破坏试验结果表明，结构延性和耗能的大小，取决于构件的破坏形态及其塑化过程。弯曲构件的延性远远大于剪切构件的延性；构件弯曲屈服直至破坏所消耗的地震输入能量，也远远高于构件剪切破坏所消耗的能量。所以，进行工程抗震设计时，应在计算和构造方面采取措施，力争避免构件的剪切破坏，争取更多的构件实现弯曲破坏。例如，对于剪力墙，可以对其墙肢和连梁某些控制截面的设计地震力，乘以大于 1.0 的增大系数，以及在构造上加密腹板网状钢筋或设置斜向钢筋等措施，以提高剪力墙的抗震“屈服强度系数”，迫使剪力墙先于剪切出现弯曲屈服。

②减少构件轴压比

就框架体系而论，柱的延性对于耗散输入的地震能量，防止框架的倒塌，起着十分重要的作用，而轴压比又是影响钢筋混凝土柱延性的一个关键性因素。试验研究结果表明，柱的侧移延性比随着轴压比的增大而急剧下降；而且在高轴压比的情况下，增加箍筋用量对提高柱的侧移延性比不再发挥作用。所以，在结构设计中，确定柱、墙肢等轴压和压弯构件的截面尺寸时，应该控制其轴压比值。

③高强混凝土的应用

高层建筑超过40层，框架柱的轴向压力将达到很大的数值，若仍采用普通混凝土，由于使用功能的制约，柱的截面尺寸又不能随意放大，因而柱的轴压比值很大。为了保证框架柱具有良好的延性，降低轴压比，宜采用高强混凝土。不过设计中应该注意，采用高强混凝土时，还应适当降低剪压比。试验数据表明，与强度等级为C40的混凝土比较，对于强度等级为C70的混凝土，要获得同等的延性，其剪压比控制值应降低20%。

④钢纤维混凝土的应用

钢纤维混凝土就是在普通混凝土中掺入少量(体积掺入率为1%～2%)短钢纤维而形成的可浇筑、可喷射成型的一种新型复合材料。其中所掺的钢纤维按材质分，有普通碳钢钢纤维和不锈钢钢纤维，其中普通碳钢钢纤维用量较多；按外形分有长直形、压痕形、波浪形、弯钩形、大头形、扭曲形；按截面形状分有圆形、矩形、月牙形及不规则形；按生产工艺分有切断型、剪切型、铣削型及熔抽型；按施工用途分有浇筑用钢纤维和喷射用钢纤维。钢纤维在混凝土中主要是限制混凝土裂缝的扩展，从而使其抗拉、抗弯、抗剪强度较普通混凝土有显著提高，并使其抗冲击、抗疲劳、裂后韧性和耐久性有较大改善。影响钢纤维混凝土性能的主要因素是钢纤维的直径、长径比和外形。

⑤型钢混凝土的应用

型钢混凝土结构是把型钢置入钢筋混凝土中，使型钢、钢筋(纵筋和箍筋)、混凝土3种材料元件协同工作以抵抗各种外部作用效应的一种结构。它是钢-混凝土组合结构的一种形式，其截面组成特征是型钢混凝土的钢材全部被包在混凝土内部，型钢与钢筋骨架的外面有一层混凝土外壳(外包钢筋混凝土结构和钢管混凝土结构的型钢是外露的)。同传统的钢结构相比，这种结构具有更大的强度和刚度，更好的局部和整体稳定性，防腐蚀和防火性能好，节约钢材。同钢筋混凝土结构相比，这种结构承载能力强、刚度大、抗震性能好，尤其在大跨、超高层、重载的建筑结构中，较单独采用钢筋混凝土结构有更好的适用性，可以减少构件截面面积，增大使用空间。

4.3.4 多道抗震防线

(1)多道抗震防线的必要性

多道抗震防线指的是一个抗震结构体系，应由若干个延性较好的分体系组成，并由延性较好的结构构件连接起来协同工作，如框架-剪力墙体系是由延性框架和剪力墙两个系统组成；双肢或多肢剪力墙体系由若干个单肢墙分系统组成。抗震结构体系应有最大可能数量的内部、外部赘余度，有意识地建立起一系列分布的屈服区，以使结构能够吸收和耗散大量的地震能量，一旦破坏也易于修复。

多道抗震防线对抗震结构是必要的。一次大地震，某场地产生的地震动，能造成建筑物破坏的强震持续时间，少则几秒，多则十几秒，甚至更长。这样长的地震动，一个接一个的强脉冲对建筑物产生多次往复式冲击，造成积累式破坏。如果建筑物采用的是单一结构体系，仅有一道抗震防线，该防线一旦被破坏，接踵而来的持续地震动，就会促使建筑物倒塌。如果建筑物采用的是多重抗侧力体系，第一道防线的抗侧力构件在强烈地震袭击下遭到破坏后，后备的第二道乃至第三道防线的抗侧力构件立即接替，抵挡住后续的地震动的冲击，可保证建筑物最低限度的安全，免于倒塌。

(2)第一道防线的构件选择

在框架-剪力墙、框架-支撑、框架-筒体、筒中筒等双重抗侧力体系中，框架、筒体、剪力墙、竖向支撑以及砌体填充墙等承载力构件，都可以充当第一道防线主力构件，率先抵御水平地震作用的冲击。然而，由于它们各自在结构中的受力条件不同，地震后果也就不一样。原则上说，应优先选择不负担或少负担重力荷载的竖向支撑或填充墙，或者选用轴压比值较小的剪力墙、实墙筒体之类的构件作为第一道抗震防线的抗侧力构件。一般情况下，不宜采用轴压比很大的框架柱兼做第一道防线的抗侧力构件。

地震引起的建筑物的倒塌，重力在其中起了关键性的作用。地震倒塌的宏观现象表明，一般情况下，倒塌物很少远离原来的平面位置。据此可以认为，地震的往复作用使结构遭到严重破坏，而最后倒塌则是结构因破坏而丧失了承受重力荷载的能力。所以，可以说房屋倒塌的最直接原因是承重构件竖向承载力下降到低于有效重力荷载的水平。按照上述原则处理，充当第一道防线的构件即使有损坏，也不会对整个结构的竖向构件承载力有太大的影响。如果利用轴压比较大的框架柱充当第一道防线，框架柱在侧力作用下损坏后，竖向承载能力就会大幅度下降，当下降到低于所负担的重力荷载时，就会危及整个结构的安全。

如因条件所限，只能采用单一的框架体系，框架就成为整个体系中唯一的抗侧力构件，那就应该采用“强柱弱梁”型延性框架，因为单就重力荷载而言，梁仅承担一层的楼面荷载，而且宏观经验还指出，梁破坏后，只要钢筋端部锚固未失效，悬索作用也能维持楼面不立即倒塌。柱的情况就严峻得多，因为它承担着上面各楼层的总负荷，它的破坏将危及整个上部楼层的安全。强柱型框架在水平地震作用下，梁的屈服先于柱的屈服，这样就可以做到利用梁的变形来消耗输入的地震能量，使框架柱退居到第二道防线的位置。

(3)利用赘余构件增多抗震防线

高层建筑采用的框架-剪力墙、框架-支撑、核心筒-框架、内墙筒-外框筒等双重抗侧力体系，在水平地震等侧力作用下，其中属于弯曲型构件的剪力墙、竖向支撑或实墙筒体，与属于剪切型构件的框架，通过各层楼盖进行协同工作(图4.2)，这种体系在抵御地震时，具有两道防线，一道是支撑或墙体，一道是框架。

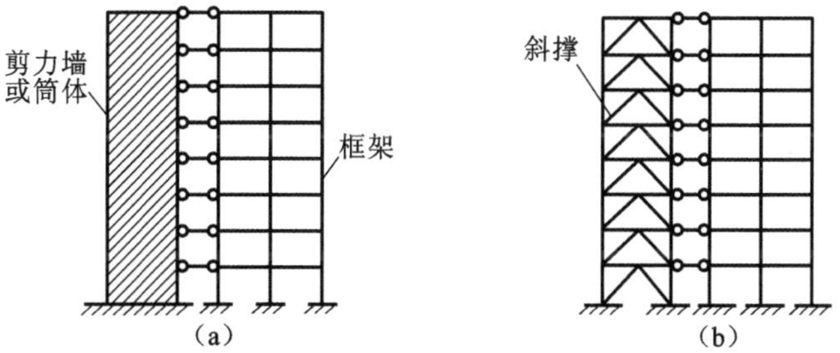

图4.2 双重体系的结构并联体

(a)框架-剪力墙体系；(b)框架-支撑体系

为了进一步增加这种双重体系的抗震防线，可以在位于同一轴线上的两片单肢剪力墙[图 4.3(a)]、剪力墙与框架[图 4.3(b)]、两列竖向支撑[图 4.3(c)]或在核心筒与外框架之间[图 4.3(d)]，于每层楼盖处设置一根两端刚接的抗弯梁，并使这些梁的线刚度与主体结构线刚度的比值，大于两者屈服强度的比值；再通过恰当的配筋，使它具有较好的延性，而且属于弯曲型破坏机制。如此处理后，当结构遭受地震时，可以利用这些连系梁首先承担地震前期脉冲的冲击，以达到保护主体结构的目的。

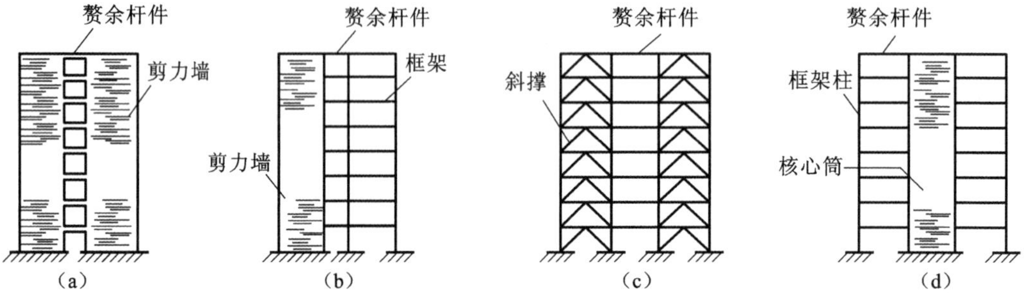

图 4.3 带赘余杆件的耗能结构

(a)两片单肢剪力墙；(b)墙和框架；(c)并列斜撑；(d)核心筒和框架柱

当建筑物受到强烈地震动主脉冲卓越周期的作用时，一方面利用结构中增设的赘余杆件的屈服和变形，来耗散输入的地震能量；另一方面利用赘余杆件的破坏和退出工作，使整个结构从一种稳定体系过渡到另一种稳定体系，实现结构周期的变化，以避开地震动卓越周期长时间持续作用所引起的共振效应。这种通过对结构动力特性的适当控制，来减轻建筑物的破坏程度，是对付高烈度地震的一种经济、有效的方法。

本 章 小 结

高层建筑结构可采用线弹性分析方法、考虑塑性内力重分布的分析方法、非线性分析方法等进行分析，必要时也可采用模型试验分析方法。目前，一般采用线弹性分析方法计算高层建筑结构的内力和位移，作为构件截面承载力计算和弹性变形验算的依据。

高层建筑结构可选取平面或空间协同工作、空间杆系、空间杆-薄壁杆系、空间杆-墙板元及其他组合有限元等计算模型，一般情况下可假定楼盖在平面内的刚度为无限大，对于楼板开大洞或平面布置复杂的结构，可采用楼板分块平面内无限刚性或弹性楼板假定。

高层建筑结构应满足承载力、刚度和舒适度、稳定和抗倾覆以及延性等要求，其刚度通过使弹性层间位移小于规定的限值来保证；必要时，为了保证在强震下结构构件不产生严重破坏甚至房屋倒塌，应进行结构弹塑性位移的计算和验算。刚重比是影响高层建筑结构整体稳定的主要因素，因此结构整体稳定验算表现为结构刚重比的验算；延性是结构抗震性能的一个重要指标，为方便设计，对不同的情况根据结构延性要求的严格程度，引入了抗震等级的概念，抗震设计时，应根据不同的抗震等级对结构和构件采取相应的计算和构造措施。

多道抗震防线对抗震结构是必要的，当第一道防线的抗侧力构件在强烈地震袭击下遭到破坏后，后备的第二道乃至第三道防线的抗侧力构件立即接替，抵挡住后续的地震动的冲击，可保证建筑物最低限度的安全，免于倒塌。

近年来，全国各地出现了很多的超限高层建筑工程，其抗震设计时，除遵守国家现有技术标准的要求外，还主要包括超限程度的控制和结构抗震概念设计、结构抗震计算分析和抗震构造措施、地基基础抗震设计以及必要时须进行结构抗震试验等内容。

思考题

4-1　结构分析方法主要有哪些？高层建筑结构一般采用哪种分析方法计算其内力和位移？

4-2　高层建筑结构的计算模型有哪些？楼板的计算假定有哪些？

4-3　高层建筑结构设计应满足哪些要求？

4-4　什么是楼层屈服强度系数？

4-5　何谓刚重比？如刚重比不满足规范要求时，结构应如何进行调整？

4-6　什么是重力二阶效应？如何计算高层建筑结构的重力二阶效应？

4-7　什么是轴压比？为什么要限制结构的轴压比？

4-8　什么是多道防震防线？为什么多道抗震防线对抗震结构是必要的？

思考题答案

第 4 章课件

补充习题

5 钢筋混凝土框架结构设计

【内容简介】

本章主要介绍钢筋混凝土框架结构的布置原则；着重介绍了概念清晰、计算简单、能反映结构受力和变形基本特点的手算方法；详细介绍了具有强柱弱梁、强剪弱弯、节点更强的延性框架的设计方法及构造要求。

【教学要求】

掌握框架结构布置原则、计算简图确定、竖向荷载下的内力计算方法、水平荷载下的计算方法、延性框架结构的构件设计及构造要求。

5.1 框架结构的组成与布置

5.1.1 框架结构的组成

由梁和柱为主要构件组成的承受竖向和水平作用的结构称为框架结构。框架结构房屋主要由框架结构、楼屋盖及围护结构构成。图 5.1 是框架结构房屋几种典型的结构平面布置和其中一个剖面示意图。

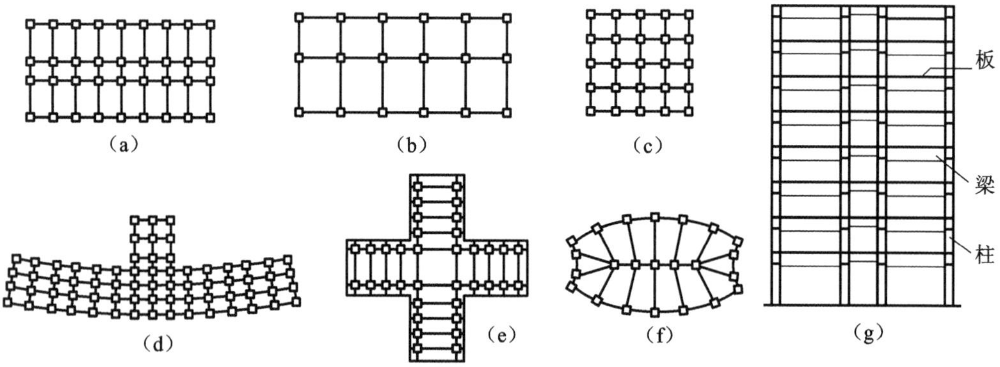

图 5.1 框架结构平面及剖面示意图

该结构体系的优点是平面布置灵活，可形成大空间，外墙非承重，立面设计灵活，轻质隔墙可降低自重。缺点是地震作用下侧移较大，易使填充墙开裂，并引起非结构构件损坏，地震下大变形还将在建筑内引起 $P\text{-}\Delta$ 效应，严重时会引起整个结构构件的损坏。层数较多或荷载较大时，底层梁、柱截面尺寸较大，减小了使用面积，不利于装修。

由于普通框架的柱截面一般大于墙厚，室内出现棱角，影响房间的使用功能及观瞻，所以近年来，由 L 形、T 形、Z 形或十字形截面柱构成的异形柱框架结构被不断采用，这种结构的柱截面宽度与填充墙厚度相同，使用功能良好。本章主要内容是针对普通框架结构的，异形柱框架结构的相关要求可以查阅《混凝土异形柱结构技术规程》(JGJ 149—2017)。

框架结构按施工方法不同可分为现浇式、装配式和装配整体式三种。在地震区，多采用梁、柱、板全现浇或梁柱现浇、板预制的方案；非地震区，可采用梁、柱、板均预制的方案。

5.1.2　结构布置

框架结构布置主要是确定柱在平面上的排列方式（柱网布置）和选择结构承重方案，这些均必须满足建筑平面及使用要求，同时也须使结构受力合理，施工简单。

(1)柱网和层高

工业建筑柱网尺寸和层高根据生产工艺要求确定。常用的柱网有内廊式和等跨式两种。内廊式的边跨跨度一般为6～8m，中间跨跨度为2～4m；等跨式的跨度一般为6～12m。柱距通常为6m，层高为3.6～5.4m。

民用建筑柱网和层高根据建筑使用功能确定。住宅、宾馆和办公楼可划分为小柱网和大柱网两类。小柱网指一个开间为一个柱距，柱距一般为3.3m、3.6m、4.0m等；大柱网指两个开间为一个柱距，柱距通常为6.0m、6.6m、7.2m、7.5m等。常用的跨度（房屋进深）有：4.8m、5.4m、6.0m、6.6m、7.2m、7.5m等。

(2)框架结构的承重方案

根据竖向承重结构中楼板与主次梁的布置方式，可将框架结构分成横向承重、纵向承重和纵横向混合承重三种方式。

①横向框架承重　如图5.2(a)所示，主梁沿房屋横向布置，板和连系梁沿房屋纵向布置。由于竖向荷载主要由横向框架承受，横梁截面高度较大，因而有利于增加房屋的横向刚度。这种承重方案在实际结构中应用较多。

②纵向框架承重　主梁沿房屋纵向布置，板和连系梁沿房屋横向布置[图5.2(b)]。这种方案对于地基较差的狭长房屋较为有利，且因横向只设置截面高度较小的连系梁，有利于楼层净高的有效利用。但房屋横向刚度较差，实际结构中应用较少。

③纵、横向框架承重　房屋的纵、横向都布置承重框架[图5.2(c)]，楼盖常采用现浇双向板或井字梁楼盖。当柱网平面为正方形或接近正方形，或当楼盖上有较大活荷载时，多采用这种承重方案。

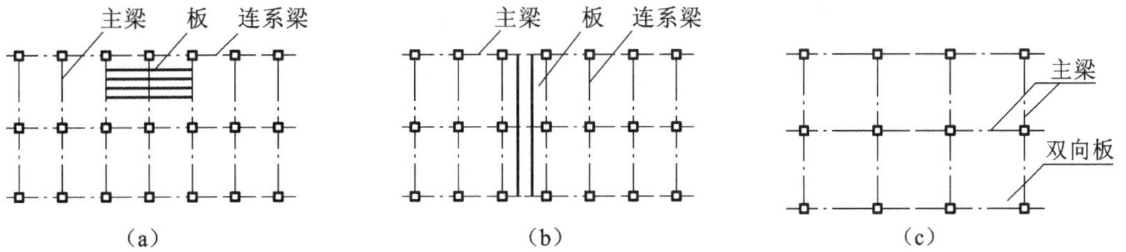

图5.2　框架结构承重方案

(a)横向框架承重；(b)纵向框架承重；(c)纵、横向框架承重

为了保证框架结构在纵横两个方向上抵抗水平荷载的能力比较均衡，《高规》规定，框架结构应设计成双向梁柱抗侧力体系，主体结构除个别部位外，不应采用铰接。地震震害表明，单跨框架的抗震能力薄弱，因此《高规》规定不宜采用单跨框架，框架结构的平面和立面布置尽量对称、均匀，减小扭转效应、避免刚度突变，不应采用部分框架、部分砌体承

重的混合承重方式，楼(电)梯间、水箱间等应采用框架承重。

5.2 框架结构的计算简图

5.2.1 框架结构的分析方法

想要对钢筋混凝土高层建筑结构进行精确的计算十分困难。首先钢筋混凝土材料本身就不是均质弹性材料；其次，风荷载、地震作用等各种作用均有极强的随机性，难以准确计算；再次，结构构件受力复杂、性能不一，结构体系不同等给计算带来极大难度。但结构设计过程中，对结构进行合理的分析和计算又十分必要。尽管现在有诸多成熟的计算软件，可以更精确、更便捷地辅助设计，但在初步设计阶段、概念设计或者对软件计算结果进行判断和校核时，近似的手算方法因为计算简便、概念清晰、易于掌握，受到工程师们的欢迎。

为简化计算、同时又能充分反映结构的实际受力状况，近似计算时常采用如下基本假定：

(1)弹性变形假定

高层建筑结构的内力和位移采用弹性方法计算。但框架梁及连梁等构件可考虑塑性变形引起的内力重分布，并且对梁端负弯矩进行适当调幅。

现浇楼面和装配整体式楼面的楼板作为梁的有效翼缘形成T形截面，提高了楼面梁的刚度，结构计算时应予考虑。当近似考虑其影响时，应根据梁翼缘尺寸与梁截面尺寸的比例关系确定增大系数的取值。通常现浇楼面的边框架梁可取1.5，中框架梁可取2.0；有现浇面层的装配式楼面梁的刚度增大系数可适当减小。当框架梁截面较小而楼板较厚或者梁截面较大而楼板较薄时，梁刚度增大系数可能会超出1.5～2.0的范围，因此规定增大系数可取1.3～2.0。

(2)刚性楼板假定

高层建筑各抗侧力结构之间能协同工作的原因是，平面内刚度大和整体性好的楼盖结构将各片抗侧力结构连在一起，而楼板在其自身平面内不发生相对变形，只做刚体运动——平动和转动，这样参与抵抗水平荷载的各片抗侧力结构，按楼板水平位移线性分布的条件进行水平荷载的分配，从而简化了计算。因此，高层结构内力和位移计算时，假定楼板在其自身平面内刚度无限大，平面外刚度很小，忽略不计。

(3)平面抗侧力结构假定

抗侧力结构平面外刚度较小，可忽略不计，只承受平面内的侧向力。

根据以上假定，原本是空间工作的高层建筑结构可以简化为若干片平面结构，只承受主轴方向的荷载，与之垂直方向的平面抗侧力结构不参与工作。但对于平、立面不规则的结构，则不能用此方法简化计算。

5.2.2 框架结构的计算简图

(1)计算单元

框架结构是由梁、柱、楼板、基础等构件组成的空间结构体系，一般应按三维空间结构进行分析。但对于平面布置较规则的框架结构房屋(如图 5.3 所示)，如果满足前述基本假定，可将实际的空间结构简化为若干个横向或纵向平面框架进行分析，每榀平面框架为一计算单元，如图 5.3(a)阴影部分所示。

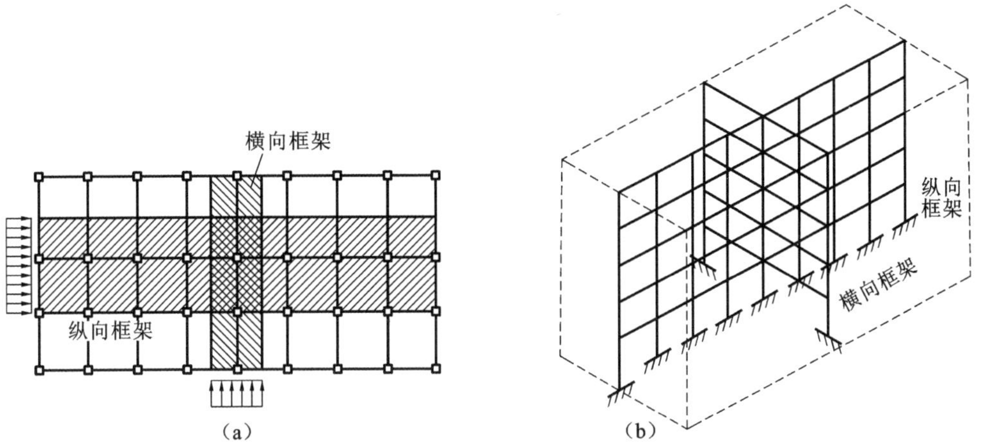

图 5.3　平面框架的计算单元及计算模型

(2)计算简图

计算简图是由计算模型及作用于其上的荷载组成。框架结构的计算简图是由梁柱截面尺寸的轴线定义的杆系(图 5.4)。对于现浇钢筋混凝土框架结构，计算跨度一般取柱子轴线距离，如上下柱尺寸不同，则取小柱形心线间距为计算跨度，底层层高从基础顶面或地下室结构的顶板处算起，至一层梁顶面，其他层取层高。下端取为固定端。但当结构为装配整体式时，要考虑刚度的变化，实际计算的梁跨中弯矩一般偏小，需要调整。柱脚的约束状况也要考虑，如对柱脚的转动约束不足时，应改为铰支端。当框架梁坡度小于 1/8 时可简化为直梁；各跨跨度相差不超过 10%时，可简化为等跨框架，跨度取平均值。

计算简图确定后，即可按照结构力学中求解超静定刚架的方法计算结构的内力和位移。较常用的两种方法是分层法和弯矩二次分配法。

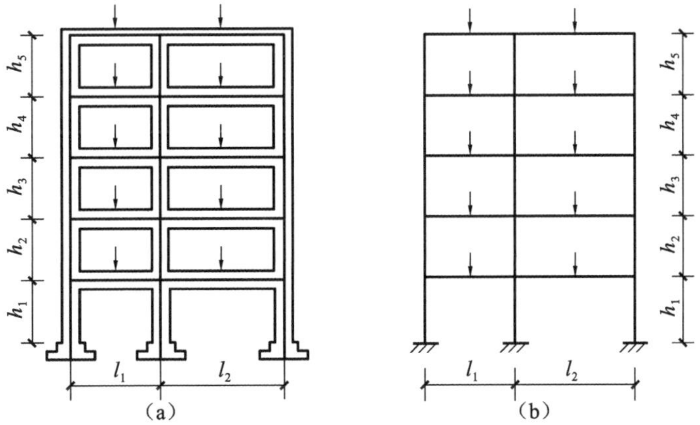

图 5.4　框架结构计算简图

5.3 竖向荷载作用下框架结构内力的简化计算

5.3.1 分层法

(1)竖向荷载作用下框架结构的受力特点及分层法计算假定

力学计算结果表明，在梁线刚度大于柱线刚度的情况下，只要结构和荷载不是非常不对称，则竖向荷载作用下框架结构的侧移较小，对杆端弯矩的影响也较小。此外，框架各层横梁上的竖向荷载只对本层横梁及与之相连的上、下层柱的弯矩影响较大，对其他各层梁、柱的弯矩影响较小。因此，计算竖向荷载作用下框架结构内力时，可采用以下两个简化假定：

①不考虑框架结构的侧移对其内力的影响；

②每层梁上的荷载仅对本层梁及其上、下柱的内力产生影响，对其他各层梁、柱内力的影响可忽略不计。

上述假定中所指的内力不包括柱轴力，因为某层梁上的荷载对下部各层柱的轴力均有较大影响，不能忽略。

(2)计算要点及步骤

①将多层框架沿高度分成若干单层无侧移的敞口框架，每个敞口框架包括本层梁和与之相连的上、下层柱。梁上作用的荷载、各层柱高及梁跨度均与原结构相同。

②除底层柱的下端外，其他各柱的柱端应为弹性约束。为便于计算，均将其处理为固定端(图 5.5)。这样将使柱的弯曲变形有所减小。为消除这种影响，可把除底层柱以外的其他各层柱的线刚度均乘以修正系数 0.9。

③用无侧移框架的计算方法(如弯矩分配法)计算各敞口框架。计算杆端分配系数、计算固端弯矩、由节点不平衡力矩求分配弯矩、由传递系数求传递弯矩，叠加后求出杆端弯矩。此时底层柱和各层梁的传递系数均取 1/2，其他各层柱的传递系数改用 1/3。

④因每一柱属于上、下两层，所以每一柱端的最终弯矩值需将上、下层计算所得的弯矩值相加。在上、下层柱端弯矩值相加后，将引起新的节点不平衡弯矩，如欲进一步修正，可对这些不平衡弯矩再做一次弯矩分配。

⑤在杆端弯矩求出后，可用静力平衡条件计算梁端剪力及梁跨中弯矩；由逐层叠加柱上的竖向压力(包括节点集中力、柱自重等)和与之相连的梁端剪力，即得柱的轴力。

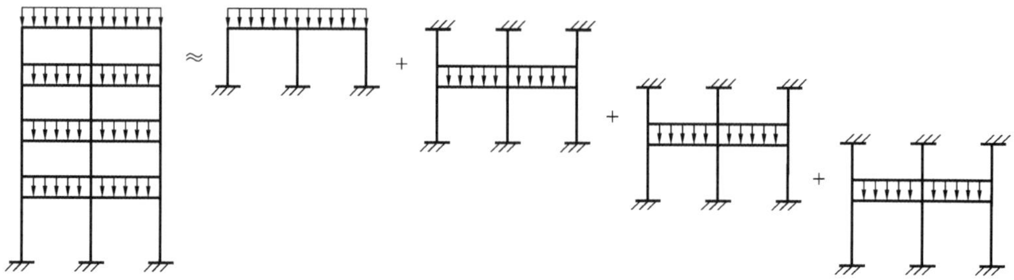

图 5.5 竖向荷载作用下分层法计算示意图

5.3.2　弯矩二次分配法

计算竖向荷载作用下多层多跨框架结构的杆端弯矩时，如用无侧移框架的弯矩分配法，由于该法要考虑任一节点的不平衡弯矩对框架结构所有杆件的影响，因而计算相当繁复。根据在分层法中所做的分析可知，多层框架中某节点的不平衡弯矩对与其相邻的节点影响较大，对其他节点的影响较小，因而可假定某一节点的不平衡弯矩只对与该节点相交的各杆件的远端有影响，这样可将弯矩分配法的循环次数简化到弯矩二次分配和其间的一次传递，此即弯矩二次分配法。下面说明这种方法的具体计算步骤：

(1)根据各杆件的线刚度计算各节点的杆端弯矩分配系数，并计算竖向荷载作用下各跨梁的固端弯矩。

(2)计算框架各节点的不平衡弯矩，并对所有节点的不平衡弯矩反号后进行第一次分配(其间不进行弯矩传递)。

(3)将所有杆端的分配弯矩同时向其远端传递(对于刚接框架，传递系数均取 1/2)。

(4)将各节点因传递弯矩而产生的新的不平衡弯矩反号后进行第二次分配，使各节点处于平衡状态。至此，整个弯矩分配和传递过程即告结束。

(5)将各杆端的固端弯矩、分配弯矩和传递弯矩叠加，即得各杆端弯矩。

5.4　水平荷载作用下框架结构内力和侧移的简化计算

5.4.1　水平荷载作用下框架结构的受力及变形特点

框架结构在水平荷载(如风荷载、水平地震作用等)作用下，一般都可归结为受节点水平力的作用，这时梁柱杆件的变形图和弯矩图如图 5.6 所示。由弯矩图可见，框架梁柱的弯矩均为斜直线，都有反弯点。如果能够求出各柱的剪力及其反弯点位置，则梁、柱内力均可方便地求得。因此，水平荷载作用下框架结构内力近似计算的关键，一是确定层间剪力在各柱间的分配，二是确定各柱的反弯点位置。

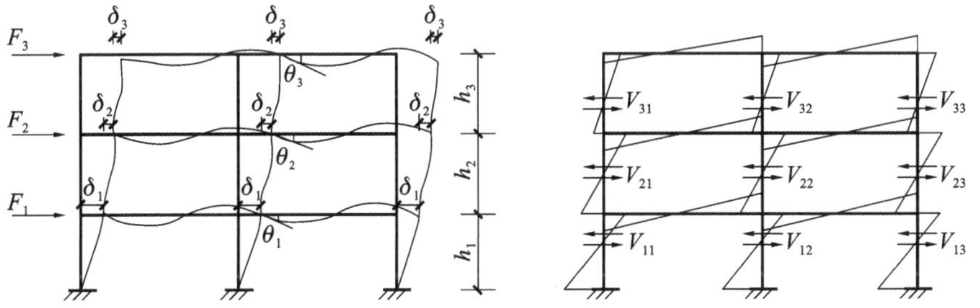

图 5.6　水平荷载作用下框架结构的变形图及弯矩图

如果在柱子反弯点处切开，如图 5.7 所示，根据隔离体水平方向力的平衡条件可知：楼层剪力 V_2 等于本层各柱剪力的和，同时等于本层之上全部外荷载的和。

一般地，框架结构第 i 层的层间剪力 V_i 可表示为：

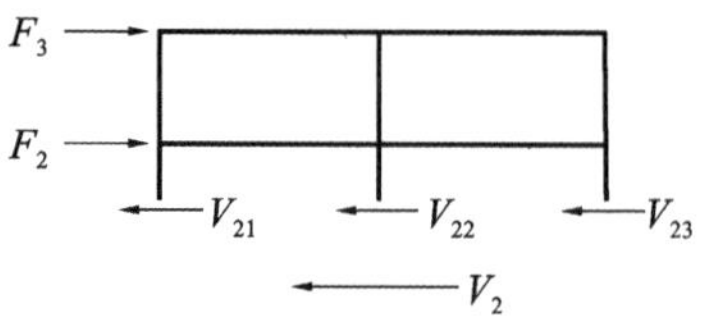

图 5.7 反弯点切开后隔离体平衡

$$V_i = \sum_{k=i}^{m} F_k \tag{5.1}$$

式中 F_k——作用于第 k 层楼面处的水平荷载；

m——框架结构的总层数。

如该层共有 s 根柱，令 V_{ij} 表示第 i 层第 j 柱分配到的剪力，则

$$\sum_{j=1}^{s} V_{ij} = V_i \tag{5.2}$$

由于框架横梁的轴向变形一般很小，可忽略不计，则同层各柱的相对侧移 δ_{ij} 相等(变形协调条件)，即

$$\delta_{i1} = \delta_{i2} = \cdots = \delta_{ij} = \cdots = \delta_i \tag{5.3}$$

而框架柱的侧向刚度(也叫抗侧移刚度、抗剪刚度)，是指框架柱两端产生单位相对侧移所需的水平剪力，可用 D_{ij} 表示。由物理条件可得：

$$V_{ij} = D_{ij} \cdot \delta_{ij} \tag{5.4}$$

将式(5.4)代入式(5.2)，并考虑式(5.3)的变形条件，则得

$$\delta_{ij} = \delta_i = \frac{1}{\sum_{j=1}^{s} D_{ij}} V_i \tag{5.5}$$

将式(5.5)代入式(5.4)，可得

$$V_{ij} = \frac{D_{ij}}{\sum_{j=1}^{s} D_{ij}} V_i \tag{5.6}$$

即

$$V_{ij} = \frac{D_{ij}}{\sum_{j=1}^{s} D_{ij}} \sum_{k=i}^{m} F_k \tag{5.7}$$

式(5.7)即为层间剪力 V_i 在该层各柱间的分配公式，它适用于整个框架结构同层各柱之间的剪力分配。可见，每根柱分配到的剪力值与其侧向刚度成比例。如此看来，关键问题是如何确定柱子的侧向刚度 D_{ij}。

5.4.2 反弯点法

当梁的线刚度比柱的线刚度大很多时($i_b/i_c>3$，此时梁对柱两端的约束作用较大，节点转角较小)，如果忽略此转角的影响，则水平荷载作用下框架结构内力的计算方法可进一步简化，这种忽略梁柱节点转角影响的计算方法称为一般反弯点法。

由于忽略了节点转角的影响，底层以上各层柱的反弯点一般在柱的中部。底层柱由于实际是下端固定，柱上端的约束刚度相对较小导致柱下端的约束相对较大，反弯点会上移，因此通常假定反弯点在距底面 2/3 高度处。

如图 5.8 所示，此时的侧向刚度 D 可由转角位移方程推得：

$$M_j = 4i_c\theta_j + 2i_c\theta_{j-1} - 6i_c\frac{\delta}{h} \tag{5.8}$$

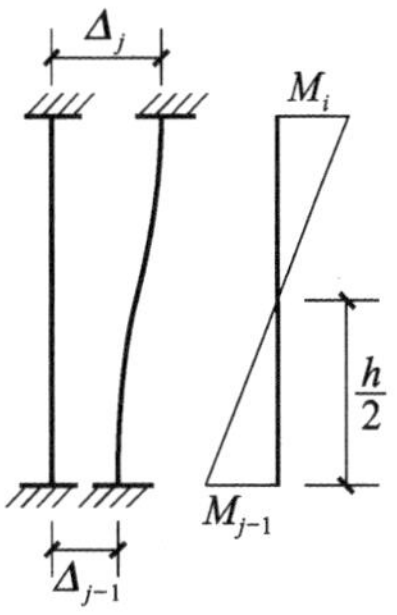

图 5.8　弯矩与节点转角及层间侧移关系

$$M_{j-1}=4i_c\theta_{j-1}+2i_c\theta_j-6i_c\frac{\delta}{h} \tag{5.9}$$

其中，$\delta=\Delta_j-\Delta_{j-1}$

∵　$\theta_j=\theta_{j-1}=0$

∴　$M_j=M_{j-1}=-V\cdot\frac{h}{2}=-\frac{6i_c}{h}\cdot\delta$

∴
$$V=\frac{12i_c}{h^2}\cdot\delta \tag{5.10}$$

根据侧向刚度的定义：产生单位相对侧移所需的水平剪力为 D，则由式(5.10)可知，

$$D=\frac{12i_c}{h^2} \tag{5.11}$$

式中　i_c——柱子的线刚度，即 $i_c=\frac{EI}{h}$；

h——层高。

5.4.3　D 值法

建筑层数增高后，柱子截面尺寸将加大，而梁的尺寸仅与跨度有关，因此不会有太大的变化，这将使得 $i_b/i_c>3$ 这个条件不再满足。也就是说，梁对柱两端的约束作用减弱，节点转角的影响不容忽略，它对柱的侧向刚度和反弯点位置产生影响，因此应对反弯点法进行修正。

柱的侧向刚度不仅与柱线刚度和层高有关，还与梁的线刚度有关。因此应对式(5.11)计算的侧向刚度进行修正。引入考虑梁柱线刚度比 K 变化的侧向刚度影响系数 α 计算柱的侧向刚度 D，如式(5.12)所列，α 的计算见表 5.1。

$$D=\alpha\frac{12i_c}{h^2} \tag{5.12}$$

表 5.1　侧向刚度影响系数 α

位置		边柱		中柱		α
		简图	K	简图	K	
一般层		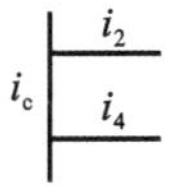	$K=\frac{i_2+i_4}{2i_c}$	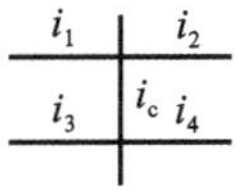	$K=\frac{i_1+i_2+i_3+i_4}{2i_c}$	$\alpha=\frac{K}{2+K}$
底层	固接	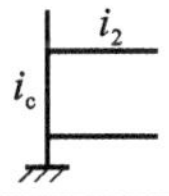	$K=\frac{i_2}{i_c}$	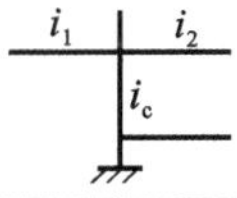	$K=\frac{i_1+i_2}{i_c}$	$\alpha=\frac{0.5+K}{2+K}$
	铰接	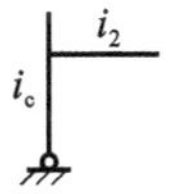	$K=\frac{i_2}{i_c}$	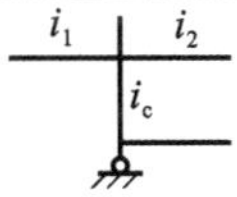	$K=\frac{i_1+i_2}{i_c}$	$\alpha=\frac{0.5K}{1+2K}$

同时，由于节点转角的影响，反弯点将不再位于 1/2 高度(底层 2/3 高度)处，因此需

要根据荷载形式、结构总层数及所在层数、上下层横梁线刚度比、上下层层高变化等条件，通过查表来确定反弯点高度。

5.4.4 水平荷载作用下框架内力计算步骤

(1)计算结构第 i 层的总层剪力 V_i。

(2)柱的反弯点高度修正

柱的反弯点与梁柱线刚度比、上下层梁线刚度比、上下层层高变化等有关。柱反弯点高度取决于该柱上下端转角的比值，若柱上下端转角相同，则反弯点在柱高中间；若不同，反弯点偏向转角较大的一端，即偏向约束刚度较小的一端。影响柱两端转角大小的因素：

①侧向荷载的形式、梁柱线刚度比、结构总层数及该柱所在的层数(y_0h)；

②上下层梁线刚度比(y_1h)；

③上下层层高变化(y_2h，y_3h)。

修改后的柱的反弯点高度为：

$$yh=(y_0+y_1+y_2+y_3)h \tag{5.13}$$

式中 y_0——标准反弯点高度比，反映梁柱线刚度影响，其值与结构总层数 n，该柱所在的层数 j，梁柱线刚度比 K 及侧向荷载的形式有关，按附表 1 和附表 2 查得；

y_1——上下层梁线刚度比不同的修正，某层柱的上下层梁线刚度不同，则该层柱反弯点将向梁线刚度较小的一侧偏移，可根据上下梁线刚度比 I 和 K 查附表 3，底层柱不修正，即 $y_1=0$；

y_2，y_3——上下层层高变化对反弯点的影响，当上层层高变化时，反弯点上移，增量为 y_2h；当下层层高变化时，反弯点下移，增量为 y_3h(下层较高时为负值)，其值可查附表 4。对顶层柱，不考虑修正值 y_2，即 $y_2=0$；对底层柱，不考虑修正值 y_3，即 $y_3=0$。

(3)D 值法计算步骤

①按式(5.12)计算各柱的侧向刚度 D；

②计算各梁、柱的线刚度，判断 i_b/i_c 是否大于 3，并据此选用 D 值法或一般反弯点法；

③根据式(5.11)或式(5.12)计算各柱侧向刚度 D_{ij}；

④根据式(5.7)计算各柱的剪力 V_{ij}；

⑤按式(5.13)计算柱反弯点高度系数 y；

⑥根据式(5.14)计算柱端弯矩：

$$\left.\begin{aligned}M_{ij}^{b}&=V_{ij}\cdot yh\\M_{ij}^{u}&=V_{ij}\cdot(1-y)h\end{aligned}\right\} \tag{5.14}$$

⑦根据图 5.9，式(5.15)，由柱端弯矩节点平衡计算梁端弯矩，并根据左右梁的线刚度进行分配[式(5.16)、式(5.17)]，即

$$\sum M_b=\sum M_c \tag{5.15}$$

$$M_{\mathrm{b}}^{l}=(M_{i+1,j}^{\mathrm{b}}+M_{ij}^{\mathrm{u}})\frac{i_{\mathrm{b}}^{l}}{i_{\mathrm{b}}^{l}+i_{\mathrm{b}}^{\mathrm{r}}} \tag{5.16}$$

$$M_{\mathrm{b}}^{\mathrm{r}}=(M_{i+1,j}^{\mathrm{b}}+M_{ij}^{\mathrm{u}})\frac{i_{\mathrm{b}}^{\mathrm{r}}}{i_{\mathrm{b}}^{l}+i_{\mathrm{b}}^{\mathrm{r}}} \tag{5.17}$$

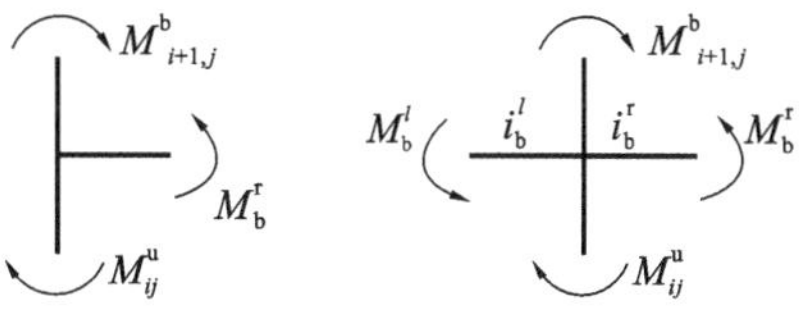

图 5.9 节点弯矩平衡

⑧根据隔离体平衡计算梁端剪力、柱轴力，画出全部内力图。

5.4.5 框架结构侧移的近似计算及侧移控制

框架结构水平荷载下的变形主要由两部分组成：梁柱弯曲和剪切变形引起的整体侧移为剪切型，层间位移下大上小(图 5.10)；柱轴线变形引起的整体侧移为弯曲型，层间位移上大下小(图 5.11)。前者是由水平荷载产生的层间剪力引起的，一般在总侧移中占主要部分，后者主要是由水平荷载产生的倾覆力矩引起的，占的比例较小，房屋高度较小时，可忽略。但房屋高度 H 越大，房屋宽度 B 越小，则柱轴向变形引起的侧移越大。因此，当房屋高度较大或高宽比(H/B)较大时，宜考虑柱轴向变形对框架结构侧移的影响。

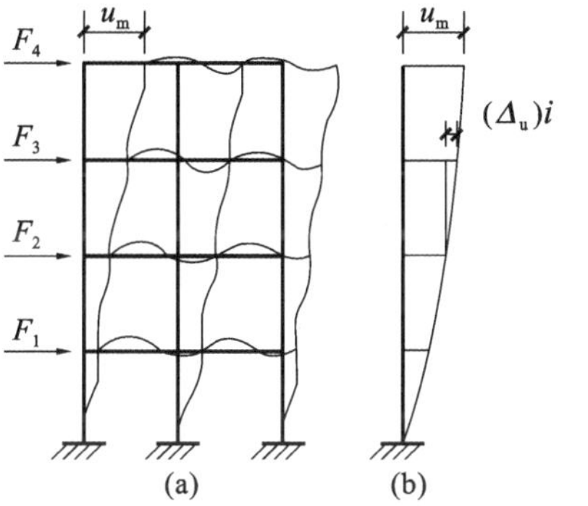

图 5.10 框架结构剪切型变形

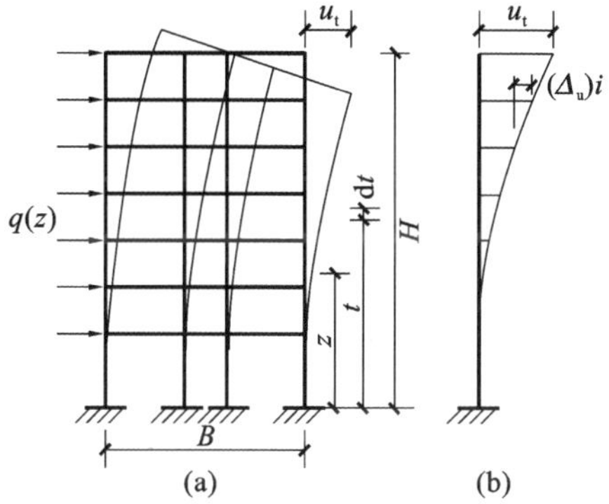

图 5.11 框架结构弯曲型变形

(1)梁、柱弯曲变形产生的“剪切型位移”

根据侧向刚度的定义可知[式(5.5)]，框架结构第 i 层的层间位移为：

$$\delta_i=\frac{V_i}{\sum_{j=1}^{s}D_{ij}}$$

则各层楼板标高处位移为：

$$\Delta_i=\sum_{i=1}^{i}\delta_i \tag{5.18}$$

顶点位移(共 n 层)为：

$$\Delta_n=\sum_{i=1}^{n}\delta_i \tag{5.19}$$

简而言之，框架结构水平荷载下的层间侧移等于层剪力除以层抗侧移刚度；顶点处的侧移为层间侧移从下到上依次叠加。

(2)柱轴向变形产生的“弯曲型位移”

假定：仅两侧边柱有轴力及轴向变形（假定中柱轴力为零，长度没有变化）；柱截面由底到顶线性变化。根据单位荷载法可计算出柱轴向变形产生的第 i 层位移为：

$$\Delta_i^N = \frac{V_0 H^3}{EA_l B^2} F_n \tag{5.20}$$

式中 V_0——基底总剪力；

H，B——框架结构的总高度和宽度；

E，A_l——框架底层柱混凝土弹性模量及截面面积；

F_n——位移系数，可由荷载形式，H_i/H，$n=A_{顶}/A_{底}$查表确定。

(3)正常使用情况下框架结构的位移控制

如果框架结构的抗侧移刚度过小，则水平位移过大将影响正常使用，比如电梯轨道变形、填充墙开裂，甚至主体结构出现裂缝；如果抗侧移刚度过大，水平位移过小，虽满足使用要求，但不满足经济性要求。因此，《高规》规定，正常使用条件下，应采用弹性方法计算风荷载、多遇地震标准值作用下结构的水平位移，并使结构满足层间位移角限值为宜。

对于高度不大于 150m 的高层建筑，楼层层间最大位移与层高之比 Δ_u/h 宜小于或等于其层间位移角限值$[\Delta_u/h]$，对框架结构取 1/550，h 为层高。高度不小于 250m 的高层建筑，Δ_u/h 不宜大于 1/500。高度在 150～250m 之间的高层建筑，Δ_u/h 限值可按线性插值取用。需要注意的是，楼层层间最大位移 Δ_u 以楼层竖向构件最大的水平位移差计算，不扣除整体弯曲变形。抗震设计时，楼层位移计算可不考虑偶然偏心的影响。如果不满足要求，则需要增大构件截面尺寸或提高混凝土强度等级等来提高结构刚度。

(4)罕遇地震下框架结构的位移控制

7～9 度时楼层屈服强度系数小于 0.5 的框架结构；甲类建筑和 9 度抗震设防的乙类建筑结构；采用隔震和消能减震设计的建筑结构；房屋高度大于 150m 的结构应进行罕遇地震作用下的薄弱层弹塑性变形验算。

8 度Ⅰ、Ⅱ类场地及 7 度区高度大于 100m 的结构；8 度Ⅲ、Ⅳ类场地高度大于 80m 的结构；9 度区高度大于 60m 的结构；同时不满足侧向刚度、楼层受剪承载力、质量、连续性、竖向外挑内收等规则性条件件的，7 度Ⅲ、Ⅳ类场地和 8 度抗震设防的乙类建筑结构；板柱-剪力墙结构，宜进行罕遇地震作用下的薄弱层弹塑性变形验算。

框架结构的弹塑性层间位移角限值$[\Delta_{up}/h]$为 1/50；轴压比小于 0.4 时，可以提高 10%；当柱子全高箍筋构造比最小配箍特征值大 30%时，可提高 20%，但累计提高不宜超过 25%。

【例 5.1】 如图 5.12 所示，一框架结构顶部受水平荷载作用，梁截面尺寸均为 250mm×500mm；边柱截面尺寸为 400mm×400mm；中柱截面尺寸为 500mm×500mm，$E=2.0\times10^4$MPa，试用 D 值法求：(1)框架顶层中柱剪力、弯矩和轴力；(2)框架顶点侧移。（假设底层柱反弯点在 2/3 柱高处，其余层柱反弯点在 1/2 柱高处）已知上层柱刚度修正系数 $\alpha=K/(2+K)$，底层柱刚度修正系数 $\alpha=(0.5+K)/(2+K)$。

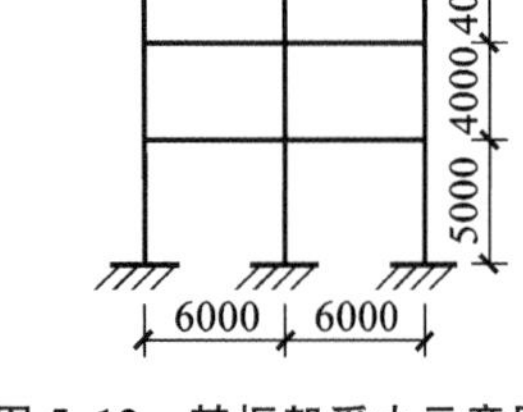

图 5.12 某框架受力示意图

【解】 (1)梁：$I_b=250\times500^3/12=2.6\times10^9(\text{mm}^4)$

$i_b = EI_b/L = 2\times10^4\times2.6\times10^9/6000 = 8.67\times10^9(\text{N}\cdot\text{mm})$

边柱：$I_c = 400\times400^3/12 = 2.13\times10^9(\text{mm}^4)$

中柱：$I_c = 500\times500^3/12 = 5.21\times10^9(\text{mm}^4)$

底层边柱：$i_c = EI_c/L = 2\times10^4\times2.13\times10^9/5000 = 8.52\times10^9(\text{N}\cdot\text{mm})$

$$K = \sum i_b/i_c = 8.67\times10^9/(8.52\times10^9) = 1.018$$

$$\alpha = (0.5+K)/(2+K) = (0.5+1.018)/(2+1.018) = 0.5$$

$$D = \alpha(12i_c/h^2) = 0.5\times12\times8.52\times10^9/5000^2 = 2044.8(\text{N/mm})$$

底层中柱：$i_c = EI_c/L = 2\times10^4\times5.21\times10^9/5000 = 20.84\times10^9(\text{N}\cdot\text{mm})$

$$K = \sum i_b/i_c = 2\times8.67\times10^9/(20.84\times10^9) = 0.832$$

$$\alpha = (0.5+K)/(2+K) = (0.5+0.832)/(2+0.832) = 0.47$$

$$D = \alpha(12i_c/h^2) = 0.47\times12\times20.84\times10^9/5000^2 = 4701.5(\text{N/mm})$$

其余层边柱：$i_c = EI_c/L = 2\times10^4\times2.13\times10^9/4000 = 10.65\times10^9(\text{N}\cdot\text{mm})$

$$K = \sum i_b/i_c = 2\times8.67\times10^9/(2\times10.65\times10^9) = 0.814$$

$$\alpha = K/(2+K) = 0.814/(2+0.814) = 0.289$$

$$D = \alpha(12i_c/h^2) = 0.289\times12\times10.65\times10^9/4000^2 = 2308.0(\text{N/mm})$$

其余层中柱：$i_c = EI_c/L = 2\times10^4\times5.21\times10^9/4000 = 26.05\times10^9(\text{N}\cdot\text{mm})$

$$K = \sum i_b/i_c = 4\times8.67\times10^9/(2\times26.05\times10^9) = 0.666$$

$$\alpha = K/(2+K) = 0.666/(2+0.666) = 0.25$$

$$D = \alpha(12i_c/h^2) = 0.25\times12\times26.05\times10^9/4000^2 = 4884(\text{N/mm})$$

顶层中柱：$V = PD/\sum D = 30\times4884/(4884+2\times2308) = 15.42(\text{kN})$

$$M = Vh/2 = 15.42\times4/2 = 30.84(\text{kN}\cdot\text{m})$$

结构对称，顶层中柱 $N=0$

(2)$\delta_1 = P/\sum D_1 = 30\times10^3/(4701.5+2\times2044.8) = 3.41(\text{mm})$

$$\delta_2 = \delta_3 = P/\sum D_2 = 30\times10^3/(4884+2\times2308) = 3.16(\text{mm})$$

$$\Delta = \sum\delta = 3.41+2\times3.16 = 9.73(\text{mm})$$

【例 5.2】 如图 5.13 所示某两层钢筋混凝土框架，集中于楼盖和屋盖处的重力荷载代表值相等 $G_1 = G_2 = 1200\text{kN}$，$H_1 = 4\text{m}$，$H_2 = 8\text{m}$。$T_1 = 0.85\text{s}$，$\alpha_1 = 0.05$，已知顶部附加地震作用系数 $\delta_n = 0.08T_1 + 0.01$。求：按底部剪力法计算水平地震作用及用一般反弯点法计算层间剪力和弯矩并画出弯矩图。

【解】 (1)底部剪力法求地震作用：

结构等效重力荷载 $G_{eq} = 0.85G_E$

$$= 0.85(G_1+G_2) = 0.85(1200+1200) = 2040(\text{kN})$$

结构底部总剪力：$F_{Ek} = \alpha_1 G_{eq} = 0.05\times2040 = 102(\text{kN})$

$$\sum G_j H_j = G_1H_1 + G_2H_2 = 1200\times4+1200\times8 = 14400(\text{kN}\cdot\text{m})$$

$$\delta_n = 0.08T_1 + 0.01 = 0.08 \times 0.85 + 0.01 = 0.078$$

$\Delta F = \delta_n F_{Ek} = 0.078 \times 102 = 7.956(kN)$

一层地震作用：$F_1 = (G_1 H_1 / \sum G_j H_j) F_{Ek}(1 - \delta_n)$

$$= (1200 \times 4/14400) \times (102 - 7.956) = 31.348(kN)$$

二层地震作用：$F_2 = (G_2 H_2 / \sum G_j H_j) F_{Ek}(1 - \delta_n)$

$$= (1200 \times 8/14400) \times (102 - 7.956) = 62.696(kN)$$

$\Delta F + F_2 = 7.956 + 62.696 = 70.652(kN)$

(2)反弯点法画弯矩图(图 5.14)：

底层柱：$V = (F_1 + F_2 + \Delta F)/2 = 102/2 = 51(kN)$

$M_{c1上} = Vh/3 = 51 \times 4/3 = 68(kN \cdot m)$

$M_{c1下} = 2Vh/3 = 2 \times 51 \times 4/3 = 136(kN \cdot m)$

二层柱：

$V = (F_2 + \Delta F)/2 = 70.652/2 = 35.326(kN)$

$M_c = Vh/2 = 35.326 \times 4/2 = 70.652(kN \cdot m)$

(柱弯矩上下相同)

梁端弯矩：

$M_1 = M_{c1上} + M_c = 68 + 70.652 = 138.652(kN \cdot m)$

$M_2 = M_c = 70.652(kN \cdot m)$

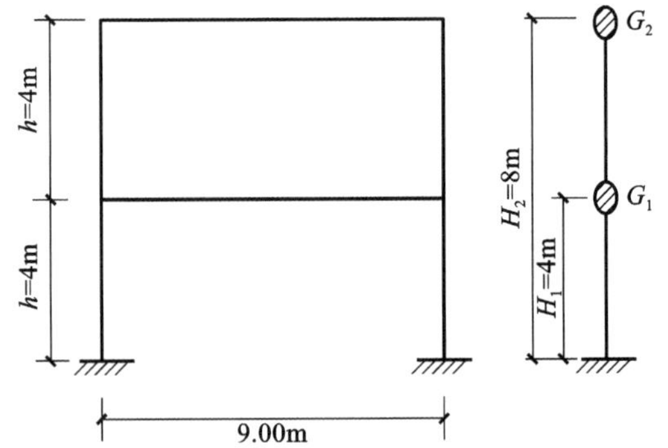

图 5.13　例题 5.2 结构图

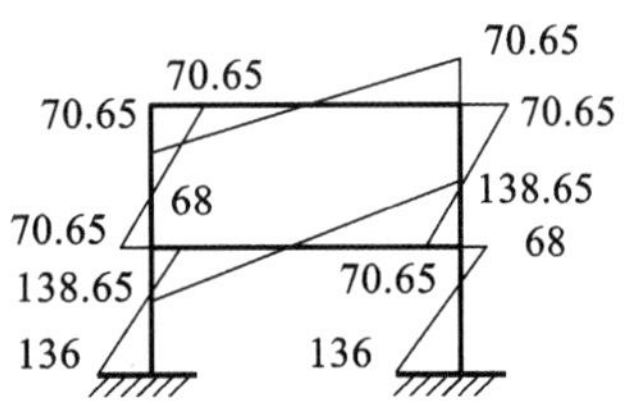

图 5.14　例题 5.2 弯矩图

5.5　框架结构内力调整及组合

框架结构在各种荷载作用下的荷载效应(内力、位移等)确定之后，必须进行荷载效应组合，才能求得框架梁、柱各控制截面的最不利内力。

一般来说，对于构件某个截面的某种内力，并不一定是所有荷载同时作用时其内力最为不利，而是在某些荷载作用下才能得到最不利内力。因此，必须对构件的控制截面进行最不利内力组合。

5.5.1 框架结构控制截面及最不利内力

构件内力一般沿其长度变化。为了便于施工,构件配筋通常不完全与内力一样变化,而是分段配筋。设计时可根据内力图的变化特点,选取内力较大或截面尺寸改变处的截面作为控制截面,并按控制截面内力进行配筋计算。

框架梁的控制截面通常是梁两端支座处和跨中这三个截面。竖向荷载作用下梁支座截面是最大负弯矩(弯矩绝对值)和最大剪力作用的截面,水平荷载作用下还可能出现正弯矩。因此,梁支座截面处的最不利内力有最大负弯矩、最大正弯矩和最大剪力;跨中截面的最不利内力一般是最大正弯矩。

框架柱的弯矩在柱的两端最大,剪力和轴力在同一层柱内通常无变化或变化很小。因此,柱的控制截面为柱上、下端截面。柱属于偏心受力构件,随着截面上所作用的弯矩和轴力的不同组合,构件可能发生不同形态的破坏,故组合的不利内力类型有若干组。此外,同一柱端截面在不同内力组合时可能出现正弯矩或负弯矩,但框架柱一般采用对称配筋,所以只需选择绝对值最大的弯矩即可。因此,框架柱控制截面最不利内力组合一般有以下几种:

(1)$|M|_{max}$ 及相应的 N 和 V;

(2)$|N|_{max}$ 及相应的 M 和 V;

(3)N_{min} 及相应的 M 和 V;

(4)$|M|$ 比较大但 N 比较小或比较大;

(5)$|V|_{max}$ 及相应的 N。

这几组内力组合的前四组用来计算柱正截面受压承载力,以确定纵向受力钢筋数量;第五组用来计算斜截面受剪承载力,以确定箍筋数量。需要注意的是,由结构分析所得内力是构件轴线处的内力值,而梁支座截面的最不利位置是柱边缘处,如图 5.15 所示。此外,不同荷载作用下构件内力的变化规律也不同。因此,内力组合前应将各种荷载作用下柱轴线处梁的弯矩值换算到柱边缘处的弯矩值(图 5.15),然后进行内力组合。

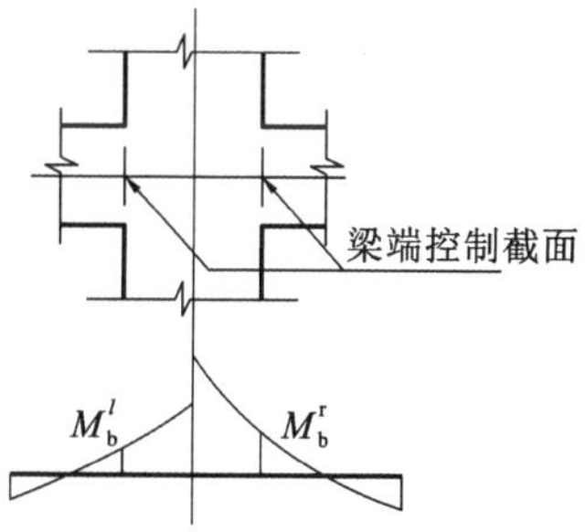

图 5.15 梁端的控制截面

5.5.2 活荷载的不利布置

永久荷载是长期作用于结构上的竖向荷载,结构内力分析时应按荷载的实际分布和数值作用于结构上,计算其效应。

楼面活荷载是随机作用的竖向荷载,对于框架房屋某层的某跨梁来说,它有时作用,有时不作用。一般来说,结构构件的不同截面或同一截面的不同种类的最不利内力,有不同的活荷载最不利布置。因此,活荷载的最不利布置需要根据截面位置及最不利内力种类分别确定。设计中,一般按下述方法确定框架结构楼面活荷载的最不利布置。

(1)分层分跨组合法

这种方法是将楼面活荷载逐层逐跨单独作用在框架结构上,分别计算出结构的内力。

然后对结构上的各个控制截面上的不同内力，按照不利与可能的原则进行挑选与叠加，得到控制截面的最不利内力。这种方法的计算工作量很大，适用于计算机求解。

(2)最不利荷载布置法

对某一指定截面的某种最不利内力，可直接根据影响线原理确定产生此最不利内力的荷载位置，然后计算结构内力。图 5.16 表示一无侧移的多层多跨框架某跨有活荷载时各杆的变形曲线示意图，其中圆点表示受拉纤维的一边。

由图 5.16 的规律可以看出，如果要求某跨跨中产生最大正弯矩，则应在该跨布置活荷载，然后沿横向隔跨布置、沿竖向隔层隔跨布置、邻层邻跨隔跨布置活荷载，如图 5.17(a)所示；如果要求某跨某支座一端产生最大负弯矩[如求 BC 跨梁 B_2C_2 的左端 B_2 处的最大负弯矩(绝对值)]，则可按图 5.17(b)布置活荷载。

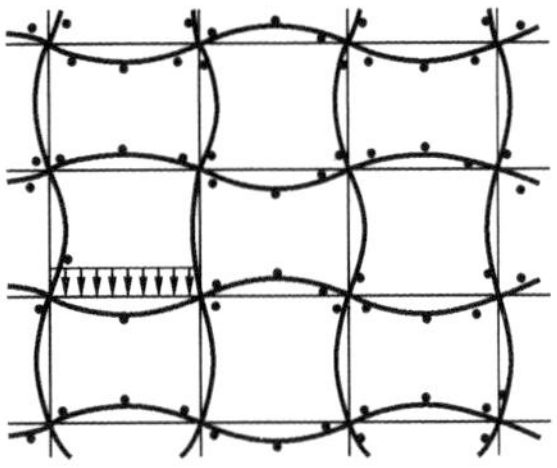
图 5.16 框架杆件的变形曲线

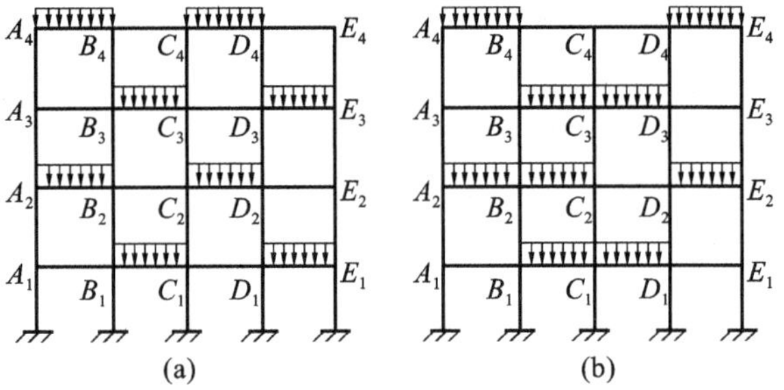

图 5.17 活荷载最不利布置示意图

目前，国内混凝土框架结构与框架-剪力墙结构由恒荷载和楼面活荷载引起的单位面积重力荷载为 12～14kN/m^2，剪力墙和筒体结构为 13～16kN/m^2，其中活荷载部分为 2～3kN/m^2，只占全部重力荷载的 15%～20%，活荷载不利布置的影响较小。为了减小计算工作量，可以不考虑楼面活荷载不利布置的影响，按活荷载满布于各层各跨梁来计算内力。实用上可将这样求得的梁跨中截面正弯矩及支座截面负弯矩均乘以 1.1～1.3 的放大系数，活荷载大时可选用较大的数值。但是，当楼面活荷载大于 4kN/m^2 时，应考虑楼面活荷载不利布置引起的梁弯矩的增大。

5.5.3 内力调整

框架梁应按受弯构件正截面承载力计算所需要的纵筋数量，按斜截面受剪承载力计算所需要的箍筋数量，并采取相应的构造措施。但组合前尚应根据具体情况进行内力调幅。

(1)竖向荷载下的内力调幅

为了避免梁支座处的负弯矩钢筋过分拥挤影响施工质量，以及在抗震结构中形成梁铰破坏机构增加结构的延性，可以考虑框架梁端塑性变形内力重分布，对竖向荷载作用下(恒荷载和活荷载)梁端负弯矩进行调幅。对现浇框架梁，梁端负弯矩调幅系数可取 0.8～0.9；对装配整体式框架梁，由于梁柱节点处钢筋焊接、锚固、接缝不密实等原因，受力后节点各杆件产生相对角变形，其节点的整体性不如现浇框架梁，故其梁端负弯矩调幅系数可取 0.7～0.8。

框架梁端截面负弯矩调幅后，梁跨中截面弯矩应按平衡条件相应增大，也可乘以 1.1～1.2 的增大系数。截面设计时，框架梁跨中截面正弯矩设计值不应小于竖向荷载作用下按简支梁计算的跨中截面弯矩设计值的50%。应先对竖向荷载作用下的框架梁弯矩进行调幅，再与水平荷载产生的框架梁弯矩进行组合。

(2)水平力作用下框架-剪力墙结构中框架内力的调整

水平力指风荷载和水平地震作用。在计算中假定楼板平面内的刚度为无穷大，实际上，楼板在水平力的作用下会有变形，使得框架的实际剪力比计算的数值要大。在地震作用时，剪力墙会因出现塑性变形导致刚度降低，从而使框架内力增大。为保证框架的安全，新《高规》规定，抗震设计时，$V_f \geqslant 0.2V_0$ 的楼层，其框架总剪力不必调整；不满足该要求的，框架总剪力按式(5.21)中较小值取：

$$V_f = \min\begin{cases} 1.5V_{fmax} \\ 0.2V_0 \end{cases} \tag{5.21}$$

式中　V_0——框架-剪力墙结构基底总剪力，对框架柱数量从下至上基本不变的结构，应取对应于地震作用标准值的结构底层总剪力；对框架柱数量从下至上分段有规律变化的结构，应取每段底层结构对应于地震作用标准值的总剪力；

V_f——对应于地震作用标准值且未经调整的各层框架承担的地震总剪力；

V_{fmax}——对框架柱数量从下至上基本不变的结构，应取对应于地震作用标准值且未经调整的各层框架承担的地震总剪力中的最大值；对框架柱数量从下至上分段有规律变化的结构，应取每段中对应于地震作用标准值且未经调整的各层框架承担的地震总剪力中的最大值。

按照上述内力调整的规定，内力调整应在荷载组合之前进行，即应先调整，后组合。各层框架所承担的地震总剪力调整后，应按调整前、后总剪力的比值调整每根框架柱和与之相连框架梁的剪力及端部弯矩标准值，框架柱的轴力标准值可不予调整；采用振型分解反应谱法计算地震作用时，内力调整可在振型组合之后并在满足《高规》关于楼层最小地震剪力系数的前提下进行。

5.6　框架结构的构件设计

5.6.1　框架梁

框架的延性主要取决于框架梁的延性，因此，应充分重视框架梁的延性设计。

(1)梁的破坏形态及影响梁延性的主要因素

钢筋混凝土梁的破坏形态有两种：弯曲破坏和剪切破坏。剪切破坏分为斜拉破坏、剪压破坏和斜压破坏。

①斜拉破坏：当剪跨比较大且箍筋配置较少、间距太大时，混凝土斜裂缝一旦出现，该裂缝往往成为临界斜裂缝，迅速向集中荷载作用点延伸，将梁沿斜截面劈裂成两部分而导致梁的破坏。破坏前梁的变形很小，且往往只有一条斜裂缝，破坏具有明显的脆性。

②剪压破坏：当剪跨比适中或箍筋量适量、箍筋间距不太大时，发生的破坏称为剪压破坏。剪压破坏有一定预兆。

③斜压破坏：这种破坏发生在剪跨比很小或腹板宽度很窄的T形梁或I形梁上。发生这种破坏时破坏荷载很高，但变形很小，箍筋不会屈服，属于脆性破坏。

相对于剪切破坏，适筋梁弯曲破坏的延性要好得多，设计时应保证框架梁必须是适筋梁。同时要保证梁的强剪弱弯，且要注意避免超筋破坏和少筋破坏。

即使是适筋梁，梁的延性也与受拉钢筋的配筋率 ρ_s 有直接的关系。ρ_s 越低，梁的延性越好。由矩形截面梁力的平衡来看：$A_s f_y - A'_s f'_y = \alpha_1 f_c bx$，可得到相对受压区高度为：$\dfrac{x}{h_{b0}} = (\rho - \rho')\dfrac{f_y}{\alpha_1 f_c}$，由此可见，梁受压钢筋配筋率越高，梁的压区高度 x 就越小，塑性铰的转动能力就越强，梁的延性就越好。此外，T形或I形截面梁中受压翼缘的作用类似于受压钢筋，可减小受压区高度，提高梁的延性。

(2)梁的抗弯设计

①持久、短暂设计状况

$$M_{bmax} \leqslant \alpha_1 f_c bx\left(h_{b0} - \frac{x}{2}\right) + A'_s f'_y (h_{b0} - a') = (A_s - A'_s) f_y (h_{b0} - 0.5x) + A'_s f_y (h_{b0} - a') \tag{5.22}$$

②地震设计状况

$$M_{bmax} \leqslant \frac{1}{\gamma_{RE}}\left[(A_s - A'_s) f_y (h_{b0} - 0.5x) + A'_s f_y (h_{b0} - a')\right] \tag{5.23}$$

式中 M_{bmax}——最大组合弯矩设计值，要保证框架梁的延性，尚需满足下列限制条件：为避免超筋，要求 $x \leqslant \xi_b h_{b0}$，为避免少筋，非抗震设计时，纵向受拉钢筋的最小配筋百分率 ρ_{min}(%)不应小于0.2和 $45f_t/f_y$ 二者的较大值；抗震设计时，不应小于表5.2规定的数值。

考虑地震组合时，为保证梁端塑性铰的延性，设计时要求梁端截面必须配置一定数量的受压钢筋，以形成双筋截面，并控制名义压区高度：

一级抗震 $x \leqslant 0.25h_{b0}$，$\dfrac{A'_s}{A_s} \geqslant 0.5$

二、三级抗震 $x \leqslant 0.35h_{b0}$，$\dfrac{A'_s}{A_s} \geqslant 0.3$

四级同非抗震要求。

同时最小配筋率应满足表5.2的要求。

表5.2 梁纵向受拉钢筋最小配筋百分率 ρ_{min}(%)

抗震等级	位置	
	支座(取较大值)	跨中(取较大值)
一级	0.40和 $80f_t/f_y$	0.30和 $65f_t/f_y$
二级	0.30和 $65f_t/f_y$	0.25和 $55f_t/f_y$
三、四级	0.25和 $55f_t/f_y$	0.20和 $45f_t/f_y$

(3)梁的抗剪设计

①设计剪力调整：为了保证框架梁塑性铰区的强剪弱弯，《混凝土结构设计规范》、《抗震规范》及《高规》规定，抗震设计时，框架梁端部箍筋加密区截面组合的剪力设计值 V_b，

一、二、三级应按式(5.24)计算；四级时可直接取考虑地震作用组合的剪力计算值。

$$V_b = \eta_{vb}(M_b^l + M_b^r)/l_n + V_{Gb} \tag{5.24}$$

一级框架结构及9度时尚应符合式(5.25)的要求：

$$V_b = 1.1(M_{bua}^l + M_{bua}^r)/l_n + V_{Gb} \tag{5.25}$$

式中　M_b^l,M_b^r——梁左右端截面逆时针或顺时针方向组合的 M 设计值，一级框架两端均为负 M 时，绝对值较小的 M 应取零；

M_{bua}^l,M_{bua}^r——梁左右端截面逆时针或顺时针方向实配的正截面抗震受弯承载力，可根据实配钢筋面积(计入受压钢筋和有效翼缘内板的钢筋)和材料强度标准值计算所得梁端截面的实际受弯承载力，考虑抗震承载能力调整系数 γ_{RE}(抗弯时取0.75)；

l_n——梁的净跨；

V_{Gb}——梁在重力荷载代表值(9度时包括竖向地震作用标准值)作用下，按简支梁分析的梁端截面剪力设计值；

η_{vb}——梁端剪力增大系数，一级1.3，二级1.2，三级1.1。

②无震组合时：当仅配置箍筋时，矩形、T形和I形截面受弯构件的斜截面受剪承载力应符合下列规定：

$$V \leqslant V_{cs} + V_p \tag{5.26}$$

$$V_{cs} = \alpha_{cv} f_t b h_0 + f_{yv} \frac{A_{sv}}{s} h_0 \tag{5.27}$$

$$V_p = 0.05 N_{p0} \tag{5.28}$$

式中　V_{cs}——构件斜截面上混凝土和箍筋的受剪承载力设计值；

V_p——由预加力所提高的构件受剪承载力设计值；

α_{cv}——斜截面混凝土受剪承载力系数，对于一般受弯构件取0.7；对集中荷载作用下(包括作用有多种荷载，其中集中荷载对支座截面或节点边缘所产生的剪力值占总剪力的75%以上的情况)的独立梁，取 α_{cv} 为 $\dfrac{1.75}{\lambda+1}$，λ 为计算截面的剪跨比，可取 λ 等于 a/h_0，当 λ 小于1.5时取1.5，当 λ 大于3时取3，a 取集中荷载作用点至支座截面或节点边缘的距离；

A_{sv}——配置在同一截面内箍筋各肢的全部截面面积，即 nA_{sv1}，此处，n 为在同一个截面内箍筋的肢数，A_{sv1} 为单肢箍筋的截面面积；

s——沿构件长度方向的箍筋间距；

f_{yv}——箍筋的抗拉强度设计值，当用作受剪、受扭、受冲切承载力计算时，其数值大于 $360N/mm^2$ 时应取 $360N/mm^2$；

N_{p0}——计算截面上混凝土法向预应力等于零时的预加力，当 N_{p0} 大于 $0.3f_cA_0$ 时，取 $0.3f_cA_0$，A_0 为构件的换算截面面积；当预加力 N_{p0} 引起的截面弯矩与外弯矩方向相同时，以及预应力混凝土连续梁和允许出现裂缝的预应力混凝土简支梁，均应取 $V_p=0$。

③持久、短暂设计状况　矩形、T形和I形截面构件的斜截面受剪承载力应符合下式规定：

$$V_b = \frac{1}{\gamma_{RE}}\left(0.6\alpha_{cv} f_t b h_0 + f_{yv}\frac{A_{sv}}{s}h_0\right) \tag{5.29}$$

④截面限制条件　为避免梁截面尺寸过小而发生脆性的斜压破坏，应满足式(5.30)～式(5.32)的要求：

持久、短暂设计状况

$$V \leqslant 0.25\beta_c f_c b h_0 \tag{5.30}$$

地震设计且跨高比大于2.5的梁(剪跨比大于2的柱)

$$V \leqslant \frac{1}{\gamma_{RE}}(0.20\beta_c f_c b h_0) \tag{5.31}$$

地震设计且跨高比不大于2.5的梁(剪跨比不大于2的柱)

$$V \leqslant \frac{1}{\gamma_{RE}}(0.15\beta_c f_c b h_0) \tag{5.32}$$

式中　V——梁计算截面剪力设计值；

β_c——混凝土强度影响系数，混凝土强度不大于C50时取1.0，C80时取0.8，介于两者之间时可以线性内插；

b——矩形截面梁宽度，T形、I形截面腹板宽度；

h_0——梁截面计算方向有效高度。

当不满足上述条件时，一般采用加大梁截面宽度或提高混凝土的等级的方法。从强柱弱梁角度考虑，不宜采用加大梁高的做法。

不与框架柱(包括框架-剪力墙结构中的柱)相连的次梁，可按非抗震设计。与梁相连的次梁不参与抗震，其构造可按非抗震要求设计，即梁端箍筋不需加密，仅需满足抗剪要求；其间距可按非抗震构件的要求；箍筋弯90°即可；纵筋锚固、搭接等可按非抗震要求。如一端与梁、另一端与框架柱相连，则与框架柱相连的一端应满足框架梁的要求。

5.6.2　框架柱

(1)柱的破坏形态及影响柱延性的主要因素

尽管框架结构设计强调“强柱弱梁”，但地震震害调查表明，柱子发生破坏的现象很多，包括柱端混凝土压碎，箍筋拉断，纵筋压屈呈灯笼状；沿柱全高混凝土破碎，纵筋压屈；短柱出现X形斜裂缝剪切破坏；角柱比中柱破坏严重等现象。其主要原因是承载力不够或箍筋约束不够。

影响柱破坏形态的几个因素包括柱的剪跨比、轴压比和箍筋约束情况。其中柱的剪跨比为$\lambda = \frac{M_c}{V_c h_0}$，其中$M_c$为柱端截面未经调整的组合弯矩设计值(可取柱上、下端组合弯矩的较大值)，V_c为对应组合的剪力计算值，h_0为计算方向柱截面的有效高度。也可按$\lambda = \frac{l_n}{2h_0}$计算，其中$l_n$为柱净高。$\lambda > 2$时为长柱，一般发生压弯破坏；$1.5 < \lambda \leqslant 2$时为短柱，通常发生剪切-剪压破坏；$\lambda \leqslant 1.5$时为极短柱，易发生剪切斜拉破坏。设计时应避免出现短柱。

轴压比是指柱子轴向力与混凝土轴心抗压强度的比值。试验表明，轴压比是影响柱子延性的另一个重要参数。随着轴压比的增大，柱子的极限抗弯承载力会提高，但变形能力、耗散地震能量的能力明显下降。在长柱中，轴压比越大，混凝土的受压范围也越大，受拉钢筋屈服的可能性也越小，柱子的延性越低，有时还会出现剪切受压破坏。在短柱中，轴压比很小时还会出现黏结破坏。

在柱子中，箍筋可与纵筋一起形成骨架，对纵筋的屈曲变形提供侧向约束；箍筋承担剪力并且对核心混凝土起约束作用。箍筋对核心混凝土的约束作用，不仅与箍筋的配置量有关系，而且与箍筋的形式有关。单个矩形箍筋对核心混凝土的约束作用较弱，螺旋箍筋的约束作用最好，复式箍筋对核心混凝土的约束作用大大好于矩形箍筋。随着柱子轴压比的提高，通过箍筋约束混凝土提高延性的效果会逐渐减弱。因此，只有在中等轴压比的情况下，可以利用提高箍筋用量来改善柱子延性。当轴压比过高时，应该采取加大截面尺寸或提高混凝土等级的方法，来降低轴压比。

(2)柱的抗弯设计

由于框架柱的延性通常比梁的延性小，一旦框架柱形成了塑性铰，就会产生较大的层间侧移，并影响结构承受竖向荷载的能力。因此，不考虑地震组合时，取最不利内力组合值作为轴力、弯矩设计值；而在框架柱的抗震设计中，则有目的地增大柱端弯矩设计值，体现“强柱弱梁”的设计概念。

①设计弯矩调整

抗震设计时，除顶层、柱轴压比小于 0.15 者及框支梁柱节点外，框架的梁、柱节点处考虑地震作用组合的柱端弯矩设计值应符合下列要求：

一级框架结构及 9 度时的框架：

$$\sum M_c = 1.2\sum M_{bua} \tag{5.33}$$

其他情况：

$$\sum M_c = \eta_c \sum M_b \tag{5.34}$$

式中　M_c——节点上、下柱端截面顺时针或逆时针组合弯矩设计值之和，柱上、下端的弯矩可按弹性分析的弯矩比例进行分配；

M_b——节点左、右梁端截面逆时针或顺时针组合弯矩设计值之和，当抗震等级为一级且节点左、右梁端均为负弯矩时，绝对值较小的弯矩应取零；

$\sum M_{bua}$——节点左、右梁端截面逆时针或顺时针方向实配的正截面抗震受弯承载力所对应的弯矩值之和，考虑抗震承载能力调整系数 γ_{RE} 的条件下，根据实配钢筋面积和材料强度标准值计算所得梁端截面的实际受弯承载力，需要注意的是，《高规》要求计入受压钢筋和有效翼缘内板的钢筋(一般情况可取梁两侧各 6 倍板厚范围内的板钢筋)；

η_c——柱端弯矩增大系数，框架结构二、三级分别取 1.5 和 1.3；其他结构中的框架，一、二、三、四级分别取 1.4、1.2、1.1、1.1。

对二、三级框架，《高规》中仅提高了柱端弯矩增大系数，未要求采用实配反算。但当框架梁按最小配筋构造配筋时，为避免出现因梁的实际受弯承载力与弯矩设计值相差太多而无法实现“强柱弱梁”的情况，宜采用实配反算的方法进行柱的受弯承载力设计，但实配系数 η_c 不得低于 1.1。

研究表明，框架结构的底层柱下端，在强震下不能避免出现塑性铰。为了提高抗震安全度，将框架结构底层柱下端弯矩设计值乘以增大系数，以加强底层柱下端的实际受弯承载力，推迟塑性铰的出现。因此抗震设计时，一、二、三级框架底层柱底截面的弯矩设计值，应采用考虑地震组合的弯矩值乘以增大系数 1.7、1.5、1.3(增大系数高于 02 规范中的 1.5、1.25、1.15，且增大系数只适用于框架结构，对其他类型结构中的框架，不作此要求)。

抗震设计时，框架角柱应按双向偏心受力构件进行正截面承载力设计。一、二、三、四级框架角柱应按强柱弱梁调整后的弯矩、剪力设计值再乘以不小于 1.1 的增大系数。

②框架柱抗弯承载力计算

无地震作用组合时，假定柱大偏心受压，则：

$$x=\frac{N}{\alpha_1 f_c b_c} \tag{5.35}$$

$$Ne\leqslant \alpha_1 f_c b_c x\left(h_{c0}-\frac{x}{2}\right)+f_y A'_s(h_{c0}-a') \tag{5.36}$$

考虑地震作用组合时：

$$x=\frac{\gamma_{RE}N}{\alpha_1 f_c b_c} \tag{5.37}$$

$$Ne\leqslant \frac{1}{\gamma_{RE}}\left[\alpha_1 f_c b_c x\left(h_{c0}-\frac{x}{2}\right)+f_y A'_s(h_{c0}-a')\right] \tag{5.38}$$

(3)柱的抗剪设计

①设计剪力调整

为保证柱在抗震设计时的“强剪弱弯”，框架柱、框支柱端部截面抗震设计的剪力设计值，一、二、三、四级时应按下列公式计算：

一级框架结构和 9 度时的框架：

$$V=1.2(M_{cua}^t+M_{cua}^b)/H_n \tag{5.39}$$

其他情况：

$$V=\eta_{vc}(M_c^t+M_c^b)/H_n \tag{5.40}$$

式中 η_{vc}——柱端剪力增大系数，对框架结构，二、三级分别取 1.3、1.2；对其他结构类型的框架，一、二、三、四级分别取 1.4、1.2、1.1、1.1。

《高规》修订时对剪力放大系数做了调整，提高了框架结构的要求，二、三级时柱端剪力增大系数由原规程的 1.2、1.1 分别提高到 1.3、1.2。对其他情况的框架扩大了进行“强剪弱弯”设计的范围，要求四级框架柱也要增大。

②截面限制条件见式(5.30)～式(5.32)。

③斜截面受剪承载力计算

矩形截面偏心受压框架柱，其斜截面受剪承载力应按下列公式计算：

持久、短暂设计状况：

$$V \leqslant \left(\frac{1.75}{\lambda+1} f_t b h_0 + f_{yv} \frac{A_{sv}}{s} h_0 + 0.07N\right) \tag{5.41}$$

地震设计状况：

$$V \leqslant \frac{1}{\gamma_{RE}}\left(\frac{1.05}{\lambda+1} f_t b h_0 + f_{yv} \frac{A_{sv}}{s} h_0 + 0.056N\right) \tag{5.42}$$

式中　λ——框架柱剪跨比，$\lambda<1$ 取 $\lambda=1$，$\lambda>3$ 取 $\lambda=3$；

N——考虑风荷载或地震作用组合的框架柱轴向压力设计值，当 $N>0.3f_cA_c$ 时取 $N=0.3f_cA_c$，当矩形截面框架柱中出现拉应力，式(5.41)、式(5.42)中最后一项改为 $-0.2N$ 即可（N 为与剪力设计值对应的轴向拉力），但此时公式右侧如小于 $f_{yv}\frac{A_{sv}}{s}h_0$ 时取 $V=f_{yv}\frac{A_{sv}}{s}h_0$，且 $f_{yv}\frac{A_{sv}}{s}h_0 \geqslant 0.36f_tbh_0$。

5.6.3　梁柱节点

(1)节点核心区常见破坏形态

震害调查发现，节点区的破坏多半由于缺少箍筋或没有箍筋，在剪压作用下混凝土出现斜裂缝，然后混凝土压碎，纵筋压屈。解决的办法是通过抗剪验算配置足够箍筋，保证核心区混凝土的强度及密实性，实现强节点。另一种破坏形态是梁内纵向钢筋在节点区内滑移，出现黏结破坏。针对这种情况，必须通过足够的锚固实现强锚固。

因此规范规定，抗震设计时，一、二、三级框架的节点核心区应进行抗震受剪承载力验算；四级框架节点可不进行抗震验算。各抗震等级的框架节点均应符合构造措施的要求。

框支层中间层节点的抗震受剪承载力验算方法及抗震构造措施与框架中间层节点相同。

(2)节点区设计剪力

图 5.18 是一个中柱节点核心区受剪示意图。根据平衡条件并考虑增大系数后，可得到核心区设计剪力：

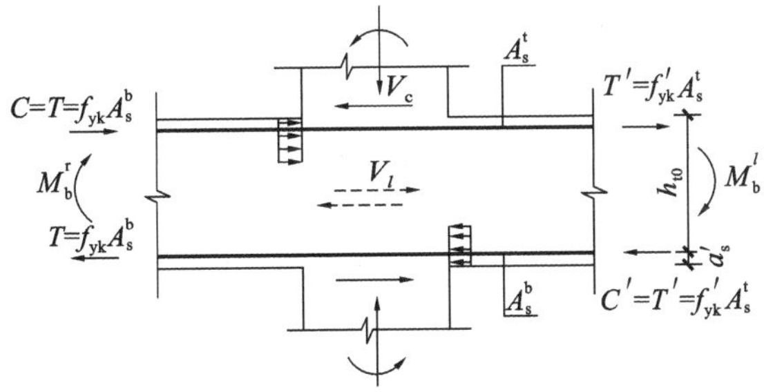

图 5.18　节点核心区受剪计算示意图

顶层中间节点和端节点，一级框架结构和 9 度时的框架：

$$V_j = \frac{1.15\sum M_{bua}}{h_{b0} - a_s'} \tag{5.43}$$

其他情况：

$$V_j=\frac{\eta_{jb}\sum M_b}{h_{b0}-a'_s} \tag{5.44}$$

其他层中间节点和端节点，一级框架结构和9度时的框架：

$$V_j=\frac{1.15\sum M_{bua}}{h_{b0}-a'_s}\left(1-\frac{h_{b0}-a'_s}{H_C-h_b}\right) \tag{5.45}$$

其他情况：

$$V_j=\frac{\eta_{jb}\sum M_b}{h_{b0}-a'_s}\left(1-\frac{h_{b0}-a'_s}{H_C-h_b}\right) \tag{5.46}$$

式中 $\sum M_{bua}$——节点左、右梁端逆时针或顺时针方向实配的正截面抗震受弯承载力所对应的弯矩值之和，可根据实配钢筋面积（计入受压钢筋）和材料强度标准值确定。

$\sum M_b$——节点左、右梁端逆时针或顺时针方向组合的弯矩设计值之和，一级节点左、右梁端弯矩均为负值时绝对值较小弯矩应取零。

η_{jb}——节点剪力增大系数，对于框架结构，一级取1.5，二级取1.35，三级取1.2；其他结构中的框架，一级取1.35，二级取1.2，三级取1.1。

h_{b0}，h_b——梁截面的有效高度及截面高度，节点两侧梁高不等时取平均值。

a'_s——梁受压钢筋合力点至受压边缘的距离。

H_C——柱的计算高度，可采用节点上下柱反弯点之间的距离。

(3)节点区受剪水平截面要求

当考虑了增大系数后的节点作用剪力超过极限值后，再增大箍筋已无法进一步有效提高节点的受剪承载力。因此，节点区受剪水平截面不满足式(5.47)要求后，只能通过增大截面尺寸来满足抗剪要求：

$$V_j\leqslant\frac{1}{\gamma_{RE}}(0.3\eta_j\beta_c f_c b_j h_j) \tag{5.47}$$

式中 h_j——框架节点核心区的截面高度，可取验算方向的柱截面高度 h_c；

b_j——框架节点核心区的截面有效验算宽度，当 b_b 不小于 $b_c/2$ 时，可取 b_c；当 b_b 小于 $b_c/2$ 时，可取 $(b_b+0.5h_c)$ 和 b_c 中的较小值；当梁与柱的中线不重合且偏心距 e_0 不大于 $b_c/4$ 时，可取 $(b_b+0.5h_c)$、$(0.5b_b+0.5b_c+0.25h_c-e_0)$ 和 b_c 三者中的最小值，此处，b_b 为验算方向梁截面宽度，b_c 为该侧柱截面宽度；

η_j——正交梁对节点的约束影响系数：当楼板为现浇、梁柱中线重合、四侧各梁截面宽度不小于该侧柱截面宽度1/2，且正交方向梁高度不小于较高框架梁高度的3/4时，可取 η_j 为1.50，但对9度设防烈度宜取 η_j 为1.25；当不满足上述条件时，应取 η_j 为1.00。

(4)节点区抗剪验算

9度设防的一级抗震框架：

$$V_j\leqslant\frac{1}{\gamma_{RE}}\left(0.9\eta_j f_t b_j h_j+f_{yv}A_{svj}\frac{h_{b0}-a'_s}{s}\right) \tag{5.48}$$

其他情况：

$$V_j \leqslant \frac{1}{\gamma_{RE}}\left(1.1\eta_j f_t b_j h_j + 0.05\eta_j N \frac{b_j}{b_c} + f_{yv} A_{svj} \frac{h_{b0}-a_s'}{s}\right) \tag{5.49}$$

式中 N——对应于考虑地震组合剪力设计值的节点上柱底部组合轴向力设计值，当 N 为压力时，取轴向压力设计值的较小值，且不应大于柱的截面面积和混凝土轴心抗压强度设计值乘积的 50%，当 N 为拉力时，应取为 0；

A_{svj}——核心区计算宽度范围内验算方向同一截面各肢箍筋的全部截面面积；

f_{yv}——箍筋的抗拉强度设计值；

f_t——混凝土轴心抗拉强度设计值；

s——箍筋间距。

5.7 框架结构的构造要求

重构件设计计算，轻构造要求是很多初学设计的人常犯的错误。实际上构造要求的满足对于结构的安全性、耐久性、稳定性等十分重要。许多计算假定只有在满足构造要求的前提下才能与实际情况接近。比如，如果没有箍筋的约束，纵筋未达到抗压屈服强度时早已压弯。实际震害或其他经验表明，一些构造要求对于减小灾害损失十分有效，是很多难于精确计算的问题的有效解决手段。有的工程技术人员觉得构造要求繁多，实际上主要的构造要求包括材料强度、构件尺寸、纵筋配筋率、箍筋直径、间距、配箍率、连接、锚固及各种比值等方面，归纳起来还是比较好掌握的。

5.7.1 框架梁

(1)截面尺寸要求

框架结构的主梁截面高度可按计算跨度的 1/10～1/18 确定；梁净跨与截面高度之比不宜小于 4。梁的截面宽度不宜小于梁截面高度的 1/4，也不宜小于 200mm。当梁高较小或采用扁梁时，除应验算其承载力和受剪截面要求外，尚应满足刚度和裂缝的有关要求。在计算梁的挠度时，可扣除梁的合理起拱值；对现浇梁板结构，宜考虑梁受压翼缘的有利影响。

(2)纵筋的其他要求

抗震设计时，梁端纵向受拉钢筋的配筋率不宜大于 2.5%，不应大于 2.75%；当梁端受拉钢筋的配筋率大于 2.5%时，受压钢筋的配筋率不应小于受拉钢筋的一半。

沿梁全长顶面和底面应至少各配置两根纵向配筋，一、二级抗震设计时钢筋直径不应小于 14mm，且分别不应小于梁两端顶面和底面纵向配筋中较大截面面积的 1/4；三、四级抗震设计和非抗震设计时钢筋直径不应小于 12mm。

为了防止梁在反复荷载作用时钢筋滑移，《高规》规定一、二、三级抗震等级的框架梁内贯通中柱的每根纵向钢筋的直径，对矩形截面柱，不宜大于柱在该方向截面尺寸的 1/20；对圆形截面柱，不宜大于纵向钢筋所在位置柱截面弦长的 1/20。

框架梁的纵向钢筋不应与箍筋、拉筋及预埋件等焊接。

(3)抗震设计时箍筋要求

抗震设计时，梁端箍筋加密区长度、箍筋最大间距和最小直径应符合表5.3的要求；当梁端纵向钢筋配筋率大于2%时，表中箍筋最小直径应增大2mm。

表5.3 梁端箍筋加密区的长度、箍筋最大间距和最小直径

抗震等级	加密区长度(取较大值)(mm)	箍筋最大间距(取最小值)(mm)	箍筋最小直径(mm)
一级	$0.2h_0$,500	$h_0/4,6d,100$	10
二级	$1.5h_0$,500	$h_0/4,8d,100$	8
三级	$1.5h_0$,500	$h_0/4,8d,150$	8
四级	$1.5h_0$,500	$h_0/4,8d,150$	6

注：1. d 为纵向钢筋直径，h_0 为梁截面高度。

2. 一、二级抗震等级框架梁，当箍筋直径大于12mm且肢数大于4肢时，箍筋加密区最大间距应允许适当放松，但不应大于150mm。

抗震设计时，沿梁全长箍筋的面积配筋率应符合下列规定：

一级 $$\rho_{sv} \geqslant 0.30 f_t / f_{yv} \tag{5.50}$$

二级 $$\rho_{sv} \geqslant 0.28 f_t / f_{yv} \tag{5.51}$$

三、四级 $$\rho_{sv} \geqslant 0.26 f_t / f_{yv} \tag{5.52}$$

式中 ρ_{sv}——框架梁沿梁全长箍筋的面积配筋率。

抗震设计时，在箍筋加密区范围内的箍筋肢距：一级不宜大于200mm和20倍箍筋直径的较大值，二、三级不宜大于250mm和20倍箍筋直径的较大值，四级不宜大于300mm。

箍筋应有135°弯钩，弯钩端头直段长度不应小于10倍的箍筋直径和75mm的较大值。

在纵向钢筋搭接长度范围内的箍筋间距，钢筋受拉时不应大于搭接钢筋较小直径的5倍，且不应大于100mm；钢筋受压时不应大于搭接钢筋较小直径的10倍，且不应大于200mm。框架梁非加密区箍筋最大间距不宜大于加密区箍筋间距的2倍。

(4)非抗震设计时箍筋要求

非抗震设计时，应沿框架梁全长设置箍筋，第一个箍筋应设置在距支座边缘50mm处。截面高度大于800mm的梁，其箍筋直径不宜小于8mm；其余截面高度的梁不应小于6mm。在受力钢筋搭接长度范围内，箍筋直径不应小于搭接钢筋最大直径的1/4。

箍筋间距不应大于表5.4的规定，在纵向受拉钢筋的搭接长度范围内，箍筋间距尚不应大于搭接钢筋较小直径的5倍，且不应大于100mm；在纵向受压钢筋的搭接长度范围内，箍筋间距尚不应大于搭接钢筋较小直径的10倍，且不应大于200mm。

表5.4 非抗震设计梁箍筋最大间距(mm)

h_b(mm)	V	
	$V > 0.7f_tbh_0$	$V \leqslant 0.7f_tbh_0$
$h_b \leqslant 300$	150	200
$300 < h_b \leqslant 500$	200	300
$500 < h_b \leqslant 800$	250	350
$h_b > 800$	300	400

只承受弯矩和剪力的梁，梁的剪力设计值大于 $0.7f_t bh_0$ 时，箍筋的面积配筋率应符合式(5.53)的要求：

$$\rho_{sv} \geqslant 0.24\frac{f_t}{f_{yv}} \tag{5.53}$$

承受弯矩、剪力和扭矩的梁，箍筋的面积配筋率和受扭纵筋的面积配筋率应分别符合式(5.54)、式(5.55)的要求：

$$\rho_{sv} \geqslant 0.28\frac{f_t}{f_{yv}} \tag{5.54}$$

$$\rho_{tl} \geqslant 0.6\sqrt{\frac{T}{Vb}}\frac{f_t}{f_y} \tag{5.55}$$

式中　T,V——分别为扭矩、剪力设计值，当 $T/(Vb)>2.0$ 时，$T/(Vb)$ 取 2.0；

ρ_{tl}——受扭纵筋面积配筋率。

当梁中配有计算需要的纵向受压钢筋时，其箍筋直径不应小于纵向受压钢筋最大直径的 1/4；箍筋应做成封闭式；箍筋间距不应大于 $15d$ 且不应大于 400mm；当一层内的受压钢筋多于 5 根且直径大于 18mm 时，箍筋间距不应大于 $10d$（d 为纵向受压钢筋的最小直径）；当梁截面宽度大于 400mm 且一层内的纵向受压钢筋多于 3 根时，或当梁截面宽度不大于 400mm 但一层内的纵向受压钢筋多于 4 根时，应设置复合箍筋。

5.7.2　框架柱

(1)截面尺寸要求

矩形截面柱的边长，非抗震设计时不宜小于 250mm，抗震设计时，四级不宜小于 300mm，一、二、三级时不宜小于 400mm；圆柱直径，非抗震和四级抗震设计时不宜小于 350mm，一、二、三级时不宜小于 450mm。柱剪跨比宜大于 2，柱截面高宽比不宜大于 3。

(2)柱纵向钢筋的最小配筋率

柱全部纵向钢筋的配筋率，不应小于表 5.5 的规定值，且柱截面每一侧纵向钢筋配筋率不应小于 0.2%；抗震设计时，对Ⅳ类场地上较高的高层建筑，表中数值应增加 0.1。

表 5.5　柱纵向受力钢筋最小配筋率(%)

柱类型	抗震等级				非抗震
	一级	二级	三级	四级	
中柱、边柱	0.9(1.0)	0.7(0.8)	0.6(0.7)	0.5(0.6)	0.5
角柱	1.1	0.9	0.8	0.7	0.5
框支柱	1.1	0.9	—	—	0.7

注：表中括号内数值适用于框架结构；采用 335MPa 级、400MPa 级纵向受力钢筋时，应分别按表中数值增加 0.1 和 0.05 采用；当混凝土强度等级高于 C60 时，上述数值应增加 0.1 采用。

(3)柱纵筋的其他要求

抗震设计时，宜采用对称配筋。截面尺寸大于 400mm 的柱，一、二、三级抗震设计时其纵向钢筋间距不宜大于 200mm，抗震等级为四级和非抗震设计时，柱纵向钢筋间距不宜大于 300mm；柱纵向钢筋净距均不应小于 50mm。全部纵向钢筋的配筋率，非抗震设计时不宜大于 5%、不应大于 6%，抗震设计时不应大于 5%。一级且剪跨比不大于 2 的柱，其单侧纵向受拉钢筋的配筋率不宜大于1.2%。边柱、角柱及剪力墙端柱考虑地震作用组合产生小偏心受拉时，柱内纵筋总截面面积应比计算值增加25%。

柱的纵筋不应与箍筋、拉筋及预埋件等焊接。

(4)抗震设计时箍筋加密区构造要求

加密区箍筋的最大间距和最小直径，应按表5.6采用。

表5.6 柱端箍筋加密区构造要求

抗震等级	箍筋最大间距(mm)	箍筋最小直径(mm)
一级	$6d$ 和100的较小值	10
二级	$8d$ 和100的较小值	8
三级	$8d$ 和150(柱根100)的较小值	8
四级	$8d$ 和150(柱根100)的较小值	6(柱根8)

注：1. d 为柱纵向钢筋直径(mm)；
2. 柱根指框架柱底部嵌固部位。

一级框架柱的箍筋直径大于12mm且箍筋肢距不大于150mm及二级框架柱的箍筋直径不小于10mm且肢距不大于200mm时，除柱根外最大间距应允许采用150mm；三级框架柱的截面尺寸不大于400mm时，箍筋最小直径应允许采用6mm；四级框架柱的剪跨比不大于2或柱中全部纵向钢筋的配筋率大于3%时，箍筋直径不应小于8mm；剪跨比不大于2的柱，箍筋间距不应大于100mm。

(5)抗震设计时箍筋加密区范围

底层柱上端和其他各层柱的两端，应取矩形截面柱之长边尺寸(或圆形截面柱之直径)、1/6柱净高和500mm三者之最大值；底层柱刚性地面上、下各500mm的范围；底层柱柱根以上1/3柱净高的范围；剪跨比不大于2的柱和因填充墙等形成的柱净高与截面高度之比不大于4的柱全高范围；一、二级框架角柱的全高范围；需要提高变形能力的柱的全高范围。

(6)柱加密区范围内箍筋的体积配箍率

应符合式(5.56)要求：

$$\rho_v \geqslant \lambda_v \frac{f_c}{f_{yv}} \tag{5.56}$$

式中 ρ_v——柱箍筋的体积配箍率；

λ_v——柱最小配箍特征值，宜按表5.7采用；

f_c——混凝土轴心抗压强度设计值，当柱混凝土强度等级低于C35时，应按C35计算；

f_{yv}——柱箍筋或拉筋的抗拉强度设计值。

表5.7 柱端箍筋加密区最小配箍特征值 λ_v

抗震等级	箍筋形式	柱轴压比								
		≤0.30	0.40	0.50	0.60	0.70	0.80	0.90	1.00	1.05
一级	普通箍、复合箍	0.10	0.11	0.13	0.15	0.17	0.20	0.23	—	—
	螺旋箍、复合或连续复合螺旋箍	0.08	0.09	0.11	0.13	0.15	0.18	0.21	—	—

续表 5.7

抗震等级	箍筋形式	柱轴压比								
		≤0.30	0.40	0.50	0.60	0.70	0.80	0.90	1.00	1.05
二级	普通箍、复合箍	0.08	0.09	0.11	0.13	0.15	0.17	0.19	0.22	0.24
	螺旋箍、复合或连续复合螺旋箍	0.06	0.07	0.09	0.11	0.13	0.15	0.17	0.20	0.22
三级	普通箍、复合箍	0.06	0.07	0.09	0.11	0.13	0.15	0.17	0.20	0.22
	螺旋箍、复合或连续复合螺旋箍	0.05	0.06	0.07	0.09	0.11	0.13	0.15	0.18	0.20

注：普通箍指单个矩形箍或单个圆形箍；螺旋箍指单个连续螺旋箍筋；复合箍指由矩形、多边形、圆形箍或拉筋组成的箍筋；复合螺旋箍指由螺旋箍与矩形、多边形、圆形箍或拉筋组成的箍筋；连续复合螺旋箍指全部螺旋箍由同一根钢筋加工而成的箍筋。

对一、二、三、四级框架柱，其箍筋加密区范围内箍筋的体积配箍率分别不应小于0.8%、0.6%、0.4%和0.4%。

剪跨比不大于2的柱宜采用复合螺旋箍或井字复合箍，其体积配箍率不应小于1.2%；设防烈度为9度时，不应小于1.5%。

计算复合箍筋的体积配箍率时，可不扣除重叠部分的箍筋体积；计算复合螺旋箍筋的体积配箍率时，其非螺旋箍筋的体积应乘以换算系数0.8。

(7)抗震设计时，柱箍筋其他要求

箍筋应为封闭式，其末端应做成135°弯钩且弯钩末端平直段长度不应小于10倍的箍筋直径，且不应小于75mm。

箍筋加密区的箍筋肢距，一级不宜大于200mm，二、三级不宜大于250mm和20倍箍筋直径的较大值，四级不宜大于300mm。每隔一根纵向钢筋宜在两个方向有箍筋约束；采用拉筋组合箍时，拉筋宜紧靠纵向钢筋并勾住封闭箍筋。

柱非加密区的箍筋，其体积配箍率不宜小于加密区的一半；箍筋间距不应大于加密区箍筋间距的2倍，且一、二级不应大于10倍纵向钢筋直径，三、四级不应大于15倍纵向钢筋直径。

(8)非抗震设计时，柱中箍筋要求

周边箍筋应为封闭式；箍筋间距不应大于400mm，且不应大于构件截面的短边尺寸和最小纵向受力钢筋直径的15倍；箍筋直径不应小于最大纵向钢筋直径的1/4，且不应小于6mm；当柱中全部纵向受力钢筋的配筋率超过3%时，箍筋直径不应小于8mm，箍筋间距不应大于最小纵向钢筋直径的10倍，且不应大于200mm，箍筋末端应做成135°弯钩且弯钩末端平直段长度不应小于10倍箍筋直径；当柱每边纵筋多于3根时，应设置复合箍筋；柱内纵向钢筋采用搭接做法时，搭接长度范围内箍筋直径不应小于搭接钢筋较大直径的1/4；在纵向受拉钢筋的搭接长度范围内的箍筋间距不应大于搭接钢筋较小直径的5倍，且不应大于100mm；在纵向受压钢筋的搭接长度范围内的箍筋间距不应大于搭接钢筋较小直径的10倍，且不应大于200mm。当受压钢筋直径大于25mm时，尚应在搭接接头端面外100mm的范围内各设置两道箍筋。柱箍筋的配筋形式，应考虑浇筑混凝土的工艺要求，在柱截面中心部位应留出浇筑混凝土所用导管的空间。

5.7.3 钢筋的连接和锚固及梁柱节点构造

(1)钢筋的连接和锚固

钢筋因为长度的原因而发生的接续叫作连接，连接的部位叫作接头，接头形式有绑扎搭接、焊接(闪光对焊、电渣压力焊、电弧焊、点焊等)、机械连接(套管压力接头)等。由于钢筋通过连接传力的性能总不如单根钢筋，而且连接区混凝土的应力比较复杂，所以钢筋连接的原则是，受力钢筋的接头应设置在受力较小处，同一钢筋上应少设接头。并且无论采用哪种连接方式，相邻纵向受力钢筋的连接接头都要错开，不可以在同一截面截断。

构件端部钢筋进入另一构件是钢筋锚固，目的是使钢筋和混凝土能共同工作以承担各种应力，以确保整个建筑物和构筑物的安全。锚固是构件相对于“支座”而言的，没有支座，就不存在锚固，锚固长度要根据不同的抗震等级、钢筋级别、钢筋直径、混凝土强度等确定，具体数值可以参考 22G101 系列图集等确定。

①受力钢筋的连接接头要求

受力钢筋的连接接头宜设置在构件受力较小部位；抗震设计时，宜避开梁端、柱端箍筋加密区范围。钢筋连接可采用机械连接、绑扎搭接或焊接。对于结构的关键部位，钢筋的连接宜采用机械连接，不宜采用焊接。这是因为焊接质量较难保证，而机械连接技术已比较成熟，质量和性能比较稳定。

当纵向受力钢筋采用搭接做法时，钢筋搭接长度范围内应配置箍筋，直径不应小于搭接钢筋较大直径的 1/4。钢筋受拉时，箍筋间距不应大于搭接钢筋较小直径的 5 倍，且不应大于 100mm；钢筋受压时，箍筋间距不应大于搭接钢筋较小直径的 10 倍，且不应大于 200mm。当受压钢筋直径大于 25mm 时，尚应在搭接接头两个端面外 100mm 范围内各设置两道箍筋。

②非抗震设计受拉钢筋锚固长度 l_a

非抗震设计时受拉钢筋锚固长度最小应取 l_a[按式(5.57)计算，但不得小于 200mm]，

$$l_a=\zeta_a l_{ab} \tag{5.57}$$

式中 l_{ab}——基本锚固长度，对于普通钢筋：$l_{ab}=\alpha\dfrac{f_y}{f_t}d$，对于预应力钢筋：$l_{ab}=\alpha\dfrac{f_{py}}{f_t}d$，$f_{py}$ 为预应力钢筋抗拉强度设计值；

α——锚固钢筋外形系数，带肋钢筋 0.14，光圆钢筋 0.16，其他可查现行混凝土规范；

ζ_a——锚固长度修正系数，当带肋钢筋的公称直径大于 25mm 时取 1.10；环氧树脂涂层带肋钢筋取 1.25；施工过程中易受扰动的钢筋取 1.10；当纵向受力钢筋的实配面积大于设计计算面积时，修正系数取设计计算面积与实际配筋面积的比值，但对有抗震设防要求及直接承受动力荷载的结构构件，不应考虑此项修正；锚固钢筋的保护层厚度为 $3d$ 时修正系数可取 0.80，保护层厚度为 $5d$ 时修正系数可取 0.70，中间按内插取值，此处 d 为锚固钢筋的直径，多于一项时可连乘，但不得小于 0.6，预应力筋可取 1.0。

③非抗震设计受拉钢筋搭接长度 l_l

受拉钢筋绑扎搭接的搭接长度，应根据位于同一连接区段内搭接钢筋截面面积的百分率按式(5.58)计算，且不应小于300mm。

$$l_l = \zeta l_a \tag{5.58}$$

式中　ζ——受拉钢筋搭接长度修正系数，同一连接区段内搭接钢筋截面面积的百分率不大于25%，取1.2；50%时取1.4；100%时取1.6。

④抗震设计受拉钢筋锚固长度 l_{aE} 及搭接长度 l_{lE}

一、二级抗震等级：$l_{aE}=1.15l_a$；三级抗震等级：$l_{aE}=1.05l_a$；四级抗震等级：$l_{aE}=1.0l_a$；绑扎搭接接头长度：$l_{lE}=\zeta l_{aE}$。

(2)节点构造要求

非抗震设计时，框架节点核心区水平箍筋间距不宜大于250mm；对四边有梁与之相连的节点，可仅沿节点周边设置矩形箍筋。

抗震设计时，箍筋的最大间距和最小直径宜符合《高规》中有关柱箍筋的规定。一、二、三级框架节点核心区配箍特征值分别不宜小于0.12、0.10和0.08，且箍筋体积配箍率分别不宜小于0.6%、0.5%和0.4%。柱剪跨比不大于2的框架节点核心区的体积配箍率不宜小于核心区上、下柱端体积配箍率中的较大值。

同时还要求：受拉钢筋直径大于25mm、受压钢筋直径大于28mm时，不宜采用绑扎搭接接头；现浇钢筋混凝土框架柱一、二级抗震等级及三级抗震等级的底层，纵向受力钢筋宜采用机械连接接头，也可采用绑扎搭接或焊接接头；三级抗震等级的其他部位和四级抗震等级，可采用绑扎搭接或焊接接头。

现浇钢筋混凝土框支梁、框支柱：宜采用机械连接接头；框架梁：一级宜采用机械连接接头，二、三、四级可采用绑扎搭接或焊接接头。位于同一连接区段内的受拉钢筋接头面积百分率不宜超过50%；当接头无法避开梁端、柱端箍筋加密区时，应采用满足等强度要求的机械连接接头，且钢筋接头面积百分率不宜超过50%。

非抗震设计时，框架梁、柱的纵筋在节点区的锚固和搭接见图5.19；抗震设计时，框架梁、柱的纵筋在节点区的锚固和搭接见图5.20。

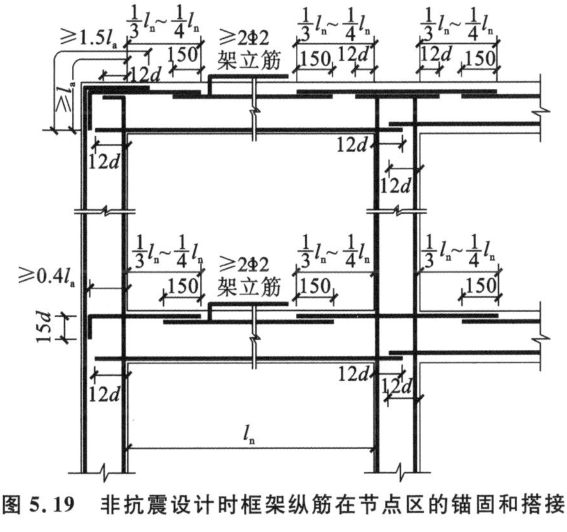

图5.19　非抗震设计时框架纵筋在节点区的锚固和搭接

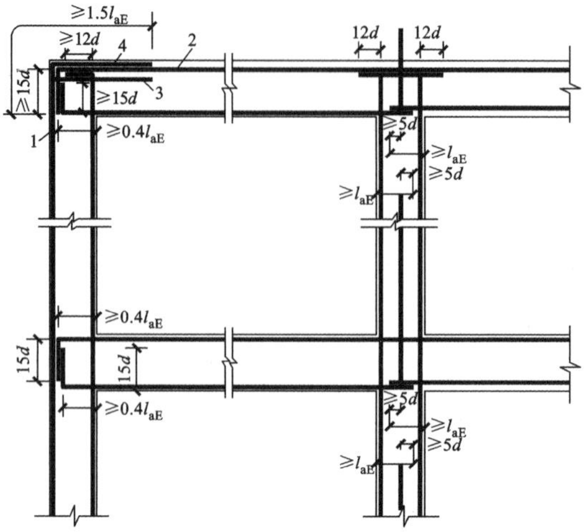

图 5.20 抗震设计时框架纵筋在节点区的锚固和搭接

1—柱外侧纵筋；2—梁上部纵筋；3—伸入梁内的柱外侧纵筋；4—不能伸入梁内的柱外侧纵筋（可伸入板内）

本章小结

框架结构是多、高层建筑的一种主要结构形式。结构设计时，需首先进行结构的合理布置和拟定梁、柱截面尺寸，选择适宜的材料（确定强度及弹性模量的大小），确定结构计算简图，然后进行荷载计算、结构分析、内力组合和截面设计，并绘制结构施工图。

竖向荷载作用下框架结构的内力可用分层法、弯矩二次分配法等近似方法计算。分层法在分层计算时，将上、下柱远端的弹性支承改为固定端，同时将除底层外的其他各层柱的线刚度乘以系数 0.9，相应的柱的弯矩传递系数由 1/2 改为 1/3，底层柱和各层梁的线刚度不变且其弯矩传递系数仍为 1/2。弯矩二次分配法是先对各节点的不平衡弯矩进行一轮分配（其间不传递），然后对全部杆件的远端进行弯矩传递，再对新的不平衡弯矩进行分配，最后叠加求得杆端弯矩。分层法和弯矩二次分配法计算简便，能反映结构受力和变形特点，可用于工程初步设计及软件计算结果的校核。

水平荷载作用下框架结构内力可用 D 值法、反弯点法等简化方法计算。其中 D 值法的计算精度较高，当梁、柱线刚度比大于 3 时，反弯点法也有较好的计算精度。D 值是框架结构层间柱产生单位相对侧移所需施加的水平剪力，可用于框架结构的侧移计算和各柱间的剪力分配。D 值是在考虑框架梁为有限刚度、梁柱节点有转动的前提下得到的，故比较接近实际情况。影响柱反弯点高度的主要因素是柱上、下端的约束条件。柱两端的约束刚度不同，相应的柱端转角也不相等，反弯点向转角较大的一端移动，即向约束刚度较小的一端移动。D 值法中柱的反弯点位置就是根据这种规律确定的。

在水平荷载作用下，框架结构各层产生层间剪力和倾覆力矩。层间剪力使梁、柱产生弯曲变形，引起的框架结构侧移曲线具有整体剪切型变形特点；倾覆力矩使框架柱（尤其是边柱）产生轴向拉、压变形，引起的框架结构侧移曲线具有整体弯曲型变形特点。当框架结构房屋较高或其高宽比较大时，宜考虑柱轴向变形对框架结构侧移的影响。

思考题

5-1 框架结构的承重方案有几种？各有什么特点？梁、柱截面尺寸如何确定？

5-2 框架梁受弯破坏及受剪的形态有哪些？影响其延性的因素有哪些？

5-3 怎样确定框架结构的计算简图？当各层柱截面尺寸不同且轴线不重合时应如何考虑？

5-4 简述分层法和弯矩二次分配法的计算要点及步骤。

5-5 D 值的物理意义是什么？影响因素有哪些？具有相同截面的边柱和中柱的 D 值是否相同？具有相同截面及柱高的上层柱与底层柱的 D 值是否相同(混凝土弹性模量相同)？

5-6 何谓轴压比、剪跨比、剪重比？什么是剪压比、周期比、延性比？如何控制这些比值？控制这些比值的目的是什么？

5-7 水平荷载作用下框架柱的反弯点位置与哪些因素有关？试分析反弯点位置的变化规律与这些因素的关系。如果与某层柱相邻的上层柱的混凝土弹性模量降低了，该层柱的反弯点位置如何变化？此时如何利用现有表格对标准反弯点位置进行修正？

5-8 水平荷载作用下框架结构的侧移由哪两部分组成？各有何特点？为什么要进行侧移验算？如何验算？

5-9 如何确定框架结构梁、柱内力组合的设计值？

5-10 框架梁、柱及节点各有哪些构造要求？

5-11 什么是强剪弱弯？梁和柱的强剪弱弯是如何实现的？强柱弱梁是如何实现的？

练习题

5-1 图 5.21 所示框架结构，各跨梁跨中均作用竖向集中荷载 $P=100\text{kN}$。各层柱截面均为 400mm×400mm；各层梁截面相同：左跨梁 300mm×700mm，右跨梁 300mm×500mm。混凝土强度等级均为 C25。试分别用分层法和弯矩二次分配法计算该框架梁、柱的弯矩，并与图中矩阵位移法的计算结果(均标注在各截面受拉纤维一侧)进行比较。

5-2 已知框架结构同习题 5-1，试用 D 值法计算该框架在图 5.22 所示水平荷载作用下的内力及侧移，并与矩阵位移法的计算结果进行比较。矩阵位移法的弯矩值计算结果标注在截面受拉纤维一侧，柱左、右侧的弯矩值分别表示该层柱上、下端的弯矩值。

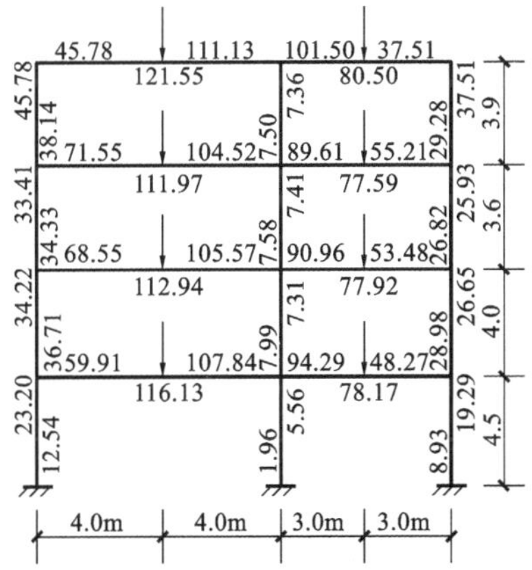

图 5.21 习题 5-1 图

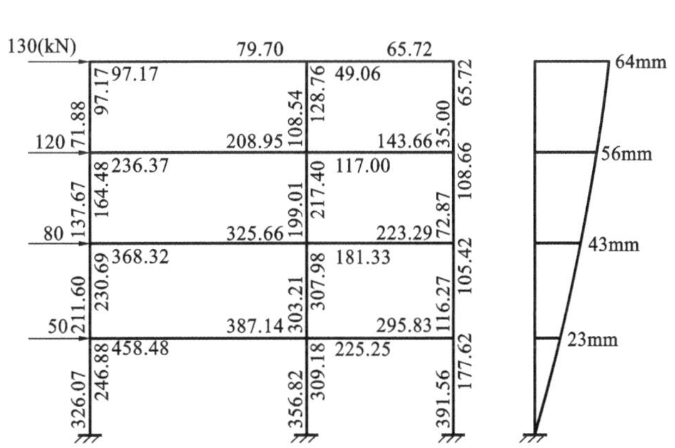

图 5.22 习题 5-2 图

思考题练习题答案

第 5 章课件(1)

第 5 章课件(2)

上海深坑酒店施工

上海中心施工

深圳平安大厦地下室钢结构安装施工

一级结构师高层 100 题

6 钢筋混凝土剪力墙结构设计

【内容简介】

本章介绍了钢筋混凝土剪力墙结构的基本布置原则，阐述了剪力墙的分类方法及各类剪力墙在水平荷载作用下的内力、位移计算方法、剪力墙的截面设计及构造要求。

【教学要求】

要求掌握剪力墙的分类，剪力墙结构的内力及位移计算方法，理解其内力分布及变形规律；掌握剪力墙的承载力设计方法，了解基本的构造要求。

6.1 剪力墙结构的组成与结构布置

6.1.1 剪力墙构件

剪力墙结构是由一系列竖向纵、横墙和水平楼板所组成的空间结构。本章中的剪力墙是指结构中承受竖向荷载，同时又作为抗侧力构件的钢筋混凝土墙体。由于剪力墙具有很大的侧向刚度和水平承载力，也可称为结构墙或抗震墙。

剪力墙的高度一般与整个房屋高度相同，截面高度可根据结构侧向刚度及承载力的需要确定，截面厚度很薄，一般仅 200～300mm。因此剪力墙在其平面内具有很大的刚度及承载力，而平面外刚度及承载力都相对很小，在结构分析中常忽略不计。

通常可把剪力墙看作固定在基础中的竖向悬臂板，在屋面和中间楼层处，楼、屋盖在把竖向荷载和水平力传给剪力墙的同时，也作为剪力墙的支撑，防止剪力墙发生出平面失稳。

一般来说，截面长度与厚度之比不大于 4 的竖向构件宜按框架柱进行截面设计；截面厚度不大于 300mm 时，且截面长度与厚度之比大于 4 但不大于 8 时宜按短肢剪力墙设计，截面长度与厚度之比大于 8 的竖向构件称为一般剪力墙（常简称为剪力墙）。通常所说的剪力墙结构是指由一般剪力墙组成的结构。

剪力墙高度 H 与截面长度 B（墙肢长度）的比值对作为竖向悬臂构件的剪力墙的承载力及变形特点有较大影响。相同高度下，H/B 越大，剪力墙刚度越小，弯曲变形越大，容易设计成弯曲破坏的延性剪力墙；反之，H/B 越小，表明剪力墙长度越长，刚度越大，弯曲变形越小，易发生脆性的剪切破坏。按 H/B 比值可把剪力墙分成三种：$H/B \geqslant 3$ 的为高剪力墙，$1 < H/B < 3$ 的为中等高度剪力墙，$H/B \leqslant 1$ 的为低剪力墙。常规建筑结构中的剪力墙都是高剪力墙，本章后文所讲的剪力墙也默认为高剪力墙。

6.1.2 剪力墙结构的布置

剪力墙结构的总体布置原则应符合第 2 章的要求，本节主要说明剪力墙结构布置的具体要求。

(1)剪力墙宜沿结构的主轴方向或其他方向双向或多向布置,不同方向的剪力墙宜分别联结在一起,应尽量拉通、对直,以具有较好的空间工作性能;抗震设计时,应避免仅单向布置剪力墙,宜使结构两个方向的侧向刚度接近。

(2)剪力墙的布置及间距应根据建筑平面布局确定,对于常见的“板式”建筑,可取建筑开间或若干倍建筑开间。对于目前常见的16～30层高层住宅、旅馆建筑,以2个房间开间(6～8m)的间距布置剪力墙,可充分利用剪力墙的能力,使结构具有适宜的侧向刚度,同时减轻结构自重,增大结构的可利用空间。

(3)剪力墙宜自下到上连续布置,避免刚度突变;允许沿高度改变墙厚和混凝土强度等级,或减少部分墙肢,使侧向刚度沿高度逐渐减小。

(4)当墙段长度较大时,受弯产生的裂缝宽度较大,易造成墙体端部的竖向钢筋拉断,而墙体中部的配筋又不能充分地发挥作用,因此墙段的长度不宜大于8m。当剪力墙的长度很长时,为了满足每个墙段 H/B 大于3的要求,可通过开设洞口或设置施工洞将长墙分成长度较小、较均匀的若干独立墙段。墙段之间宜采用框架梁(跨高比大于5)连接,如图6.1所示。

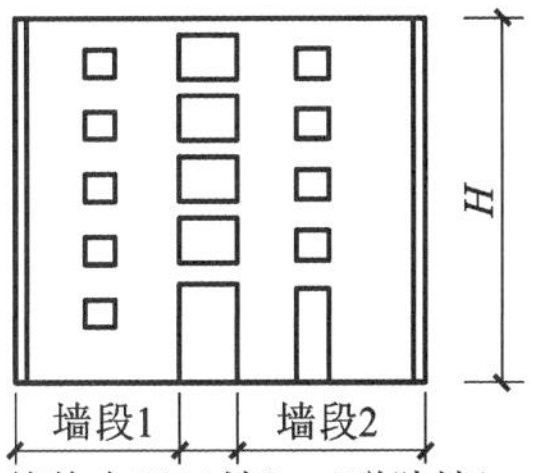

图6.1　较长剪力墙划分示意图

(5)剪力墙洞口的布置会极大地影响剪力墙的力学性能。剪力墙的门窗洞口宜上下对齐,成列布置,以形成明确的墙肢和连梁,使墙体中的应力分布比较规则。

(6)当剪力墙与平面外方向的梁连接时,会造成墙肢平面外弯矩,而一般情况下并不验算墙的平面外刚度及承载力,因此应控制剪力墙平面外的弯矩。当剪力墙墙肢与其平面外方向的楼面梁连接时,且梁截面高度大于墙厚时,可通过设置与梁相连的剪力墙、增设扶壁柱或暗柱、墙内设置与梁相连的型钢等措施以减小梁端部弯矩对墙的不利影响;除了加强剪力墙平面外的抗弯刚度和承载力外,还可采取减小梁端弯矩的措施。对截面较小的楼面梁可设计为铰接或半刚接,以减小墙肢平面外的弯矩。

(7)由于短肢剪力墙抗震性能较差,地震区应用经验不多,为安全起见,高层建筑结构不应采用全部为短肢剪力墙的剪力墙结构。当短肢剪力墙较多时,应布置筒体(或一般剪力墙),形成短肢剪力墙与筒体(或一般剪力墙)共同抵抗水平力的剪力墙结构。短肢剪力墙结构的最大适用高度应较一般剪力墙结构适当降低。

6.1　补充习题

6.2　剪力墙结构简化分析方法

6.2.1　剪力墙结构的平面简化分析模型

剪力墙结构是空间受力体系,在计算水平荷载作用下的内力与位移时,常简化为平面分析模型,为此做如下假定:

(1)楼盖结构在自身平面内的刚度很大,可视为刚度无限大的刚性楼板,而在其平面外的刚度很小,可以忽略不计。

(2)各片剪力墙在其自身平面内的刚度很大,主要在其自身平面内发挥作用,在其平面外的刚度很小,可忽略不计。

根据假定(1),可使结构计算中的位移未知量大大减少。因楼板将各片剪力墙连在一起,而楼板在其自身平面内不发生相对变形,只做刚体运动——平动和转动,这样参与抵抗水平荷载的各片剪力墙即可按楼板水平位移线性分布的条件进行水平荷载的分配,从而简化了计算。

根据假定(2),各片剪力墙只承受其自身平面内的水平荷载,这样可以将纵、横两个方向的剪力墙分开,把空间剪力墙结构简化为平面结构,将空间结构沿两个正交的主轴划分为若干个平面抗侧力剪力墙。每个方向的水平荷载由该方向的各片剪力墙承受,垂直于水平荷载方向的各片剪力墙不参加工作。即在横向水平分力的作用下,可只考虑横墙的作用而略去纵墙的作用;在纵向水平分力的作用下,可只考虑纵墙的作用而忽略横墙的作用,如图 6.2 所示。对于与主轴斜交的剪力墙,可近似地将其刚度转换到主轴方向上再进行荷载的分配计算。

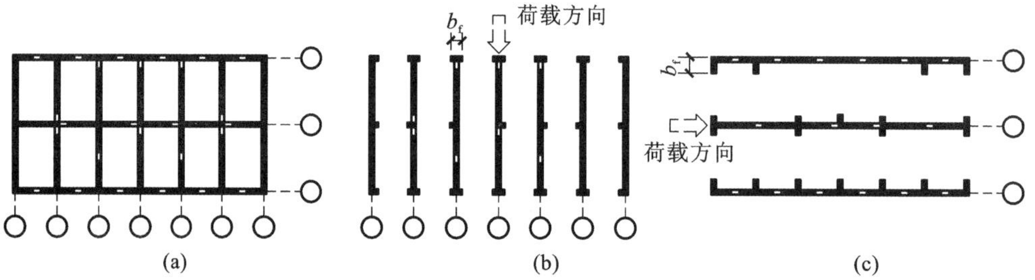

图 6.2 纵横向剪力墙的受力假定

为使计算结果更符合实际,在计算剪力墙的内力和位移时,可以考虑纵、横向剪力墙的共同工作,纵墙(横墙)的一部分可以作为横墙(纵墙)的有效翼墙。即实际上以翼缘的方式考虑了垂直方向剪力墙的作用。现浇剪力墙的有效翼缘宽度,可按表 6.1 所列各项中的最小值取用。

表 6.1 剪力墙的有效翼缘宽度 b_f

考虑方式	图例	截面形式	
		T(或 I)形截面	L 形截面
按剪力墙的间距 S_0 考虑	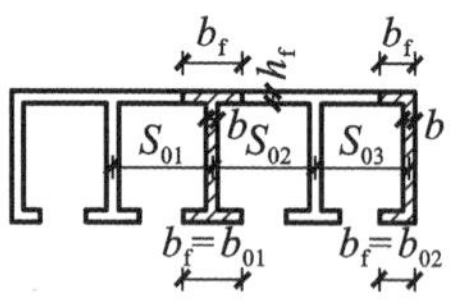	$b+S_{01}/2+S_{02}/2$	$b+S_{03}/2$
按翼缘厚度 h_f 考虑		$b+12h_f$	$b+6h_f$
按窗间墙宽度考虑		b_{01}	b_{02}
按剪力墙的总高度 H 考虑		$0.15H$	$0.15H$

当剪力墙各墙段错开距离 a 不大于实体连接墙厚度的 8 倍,并且不大于 2.5m 时(图 6.3),整片墙可以作为整体平面剪力墙考虑;计算所得的内力应乘以增大系数 1.2,等效刚度应乘以折减系数 0.8。当折线形剪力墙的各墙段总转角不大于 15°时,可按平面剪力墙考虑。

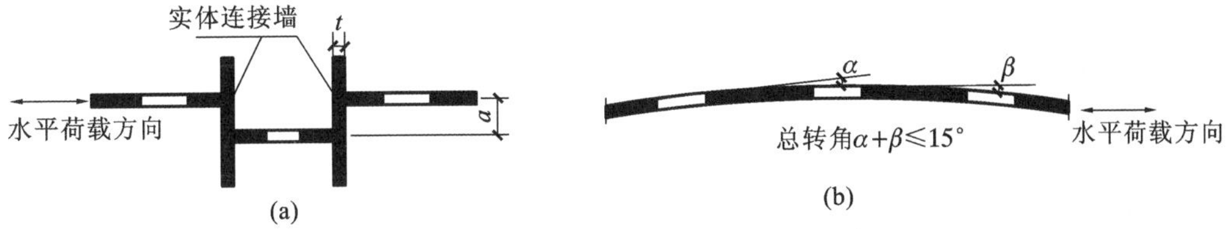

图 6.3 轴线错开剪力墙及折线形剪力墙

6.2.2 单片剪力墙分配的剪力

当房屋的体型比较规则，剪力墙的布置和质量分布基本对称时，可不考虑扭转影响。在剪力墙的平面简化分析模型中，一般假定水平荷载作用点与结构刚度中心重合，结构不发生扭转。可按同一楼层各片剪力墙水平位移相等的条件进行水平荷载的分配，亦即水平荷载按各片剪力墙的侧向刚度进行分配。

6.2 补充习题

6.3 剪力墙的分类及判别

6.3.1 剪力墙的类型及受力特点

剪力墙有时需按照使用功能开设门窗洞口，开设洞口使剪力墙的受力有所不同，具体表现在各墙肢截面上的正应力分布以及沿墙肢高度方向弯矩的变化规律。根据洞口的有无、大小、形状和位置等，以及在水平荷载作用下剪力墙的受力特点，剪力墙可划分为以下几类。

(1)整截面剪力墙

当剪力墙无洞口，或虽有洞口但墙面洞口的总面积不大于剪力墙墙面总面积的15%，且洞口间的净距及洞口至墙边的距离均大于洞口长边尺寸时，可忽略洞口的影响，这类墙体称为整截面剪力墙，或称为整体墙[图 6.4(a)]。整截面剪力墙实际上是一个整体的悬臂墙，符合平截面假定，截面正应力呈直线分布，沿墙的高度方向弯矩图既不发生突变也不出现反弯点。变形曲线以弯曲型为主。

(2)整体小开口剪力墙

当剪力墙的洞口沿竖向成列布置[图 6.4(b)]，洞口的面积超过剪力墙墙面总面积的15%，但洞口对剪力墙的受力影响仍较小时，这类墙体称为整体小开口剪力墙。

整体小开口墙的洞口较小，连梁刚度很大，墙肢的刚度相对较小，连梁的约束作用很强，墙的整体性很好。水平荷载产生的弯矩主要由墙肢的轴力负担，墙肢中已出现局部弯曲，但局部弯矩量值较小，弯矩图有突变，其截面应力可认为由墙体的整体弯曲和局部弯曲二者叠加组成，但基本上无反弯点，截面正应力接近于直线分布。研究表明，整体小开口墙在水平荷载作用下，整体剪力墙既要绕组合截面的形心轴产生整体弯曲变形，各墙肢还要绕各自截面的形心轴产生局部弯曲变形，并在各墙肢产生相应的整体弯曲应力和局部弯曲应力。相比之下，整体弯曲变形是主要的，而局部弯曲变形是次要的，不超过整体弯曲变形的15%。因此可以认为截面变形大体上仍符合平截面假定，可按材料力学公式计算应力，然后加以适当的修正。

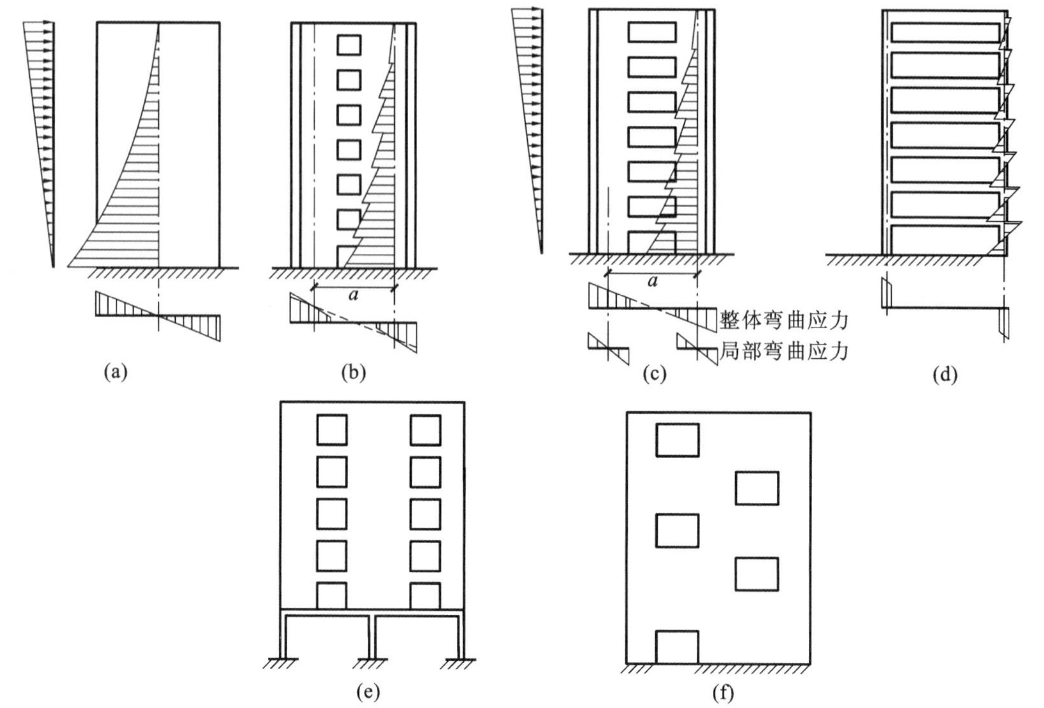

图 6.4 剪力墙分类示意图及受力特点

(a)整截面剪力墙;(b)整体小开口剪力墙;(c)双肢剪力墙;(d)壁式框架;(e)框支剪力墙;(f)错洞剪力墙

(3)双肢剪力墙和多肢剪力墙

当剪力墙沿竖向开有一列或多列较大的洞口时,由于洞口较大,剪力墙截面的整体性大为削弱,其截面变形已不再符合平截面假定。这类剪力墙可看成是若干个单肢剪力墙或墙肢(左、右洞口之间的部分)由一系列连梁(上、下洞口之间的部分)联结起来组成,当开有一列洞口时称为双肢剪力墙[图 6.4(c)];当开有多列洞口时称为多肢剪力墙。

双肢剪力墙和多肢剪力墙的连梁对墙肢有一定的约束作用,墙肢弯矩图有突变,并且一些楼层可能有反弯点,墙肢局部弯矩较大,整个截面正应力已不再呈直线分布,变形曲线为弯曲型。

设图 6.5 所示为对称截面双肢剪力墙,在水平力的作用下,取 x 截面以上的上部墙肢为脱离体,则 x 截面处的弯矩为 M,由平衡条件可知:

$$M=M_1+M_2+Na \tag{6.1}$$

式中 M_1,M_2——墙肢 1、2 单独承担的弯矩,称为墙肢的局部弯矩;

Na——由两个墙肢整体工作的组合截面所承担的弯矩,即整体弯矩,其中 N 为墙肢中的轴向力,一肢受拉,一肢受压;a 为两墙肢形心线之间的距离。

将 x 截面以上的脱离体在连梁的跨中切开,设该处连梁弯矩为零。由平衡条件可知 $N_{1x}=\sum_{i=x}^{n}V_{bi}$,式中,$V_{bi}$ 指 x 以上截面第 i 层连梁的跨中竖向剪力;n 为结构的总层数;因此 $Na=(a_1+a_2)\sum_{i=x}^{n}V_{bi}$,$(a_1+a_2)\sum_{i=x}^{n}V_{bi}$ 指 x 截面以上所有连梁对墙肢约束弯矩的总和,$(a_1+a_2)V_{bi}$ 指第 i 层连梁对两个墙肢产生的约束弯矩。

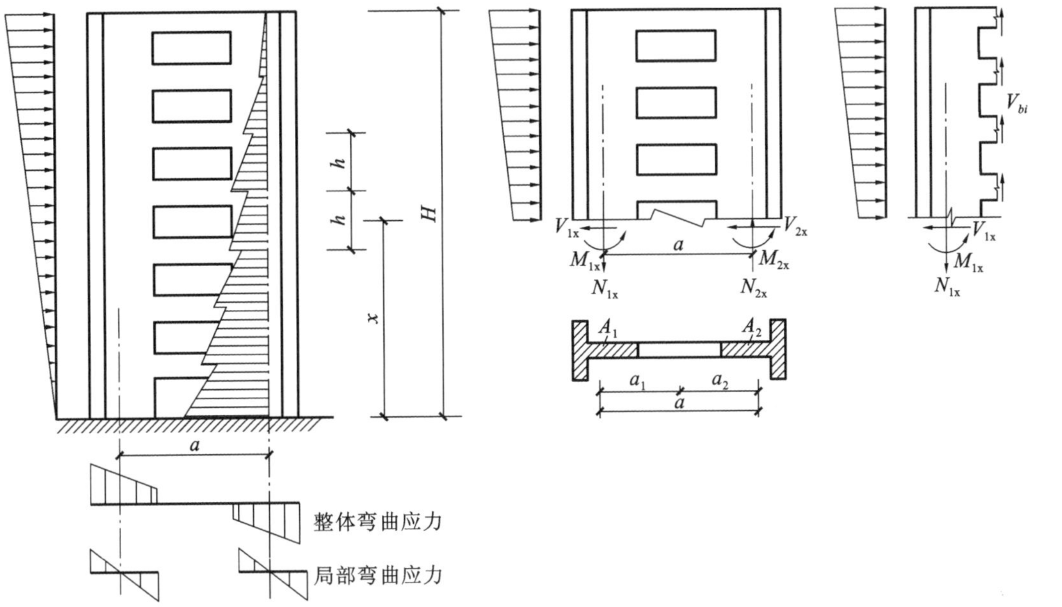

图 6.5 双肢剪力墙受力分析

(4)壁式框架

当剪力墙成列布置的洞口很大,且洞口较宽,墙肢宽度相对较小,连梁的刚度接近或大于墙肢的刚度时,剪力墙的受力性能与框架结构类似,这类剪力墙称为壁式框架[图 6.4(d)]。其弯矩图不仅在楼层处有突变,而且在大多数楼层中都出现反弯点。整体变形曲线呈剪切型。

(5)框支剪力墙

当下部楼层需要大的空间,采用框架结构支承上部剪力墙时,就是框支剪力墙[图 6.4(e)]。

(6)开有不规则洞口的剪力墙

如错洞剪力墙和叠合错洞剪力墙,这类剪力墙受力较复杂,一般得不到解析解,通常需借助有限元法等数值计算方法进行计算[图 6.4(f)]。

6.3.2 剪力墙类型的判别

(1)影响剪力墙受力性能的两个主要指标

①肢强系数 ζ

剪力墙作为一个竖向悬臂板,在水平力的作用下,其水平截面将承受弯矩和剪力。洞口处的水平截面是由若干个墙肢以及洞口组成,称为组合截面。对于一定长度的剪力墙,如果洞口宽度较小,墙肢宽度较大,墙肢就强,反之如果洞口宽度相对较大,墙肢就弱。以双肢剪力墙的组合截面为例(图 6.6),引入肢强系数 ζ 来衡量墙肢的强弱:

$$\zeta=\frac{I_{\mathrm{n}}}{I}=\frac{\sum A_j a_j^2}{\sum I_j+\sum A_j a_j^2}=\frac{1}{\dfrac{\sum I_j}{\sum A_j a_j^2}+1} \tag{6.2}$$

图 6.6 中,O 是组合截面的形心,O_1、O_2 分别是洞口两侧的墙肢 1、2 的截面形心。

式(6.2)中，a_j 为各墙肢截面形心到组合截面形心的距离，I_j 为各墙肢对其截面形心的惯性矩，A_j 为各墙肢的截面面积，I_n 为各墙肢对组合截面形心的面积矩之和，I 为组合截面的惯性矩。

当组合截面高度一定时，洞宽越大，墙肢截面高度越小，相对而言，I_j 越小，a_j 越大，墙肢弱，肢强系数 ζ 越大；反之，洞宽越小，墙肢截面高度越大，I_j 越大，a_j 越小，墙肢强，肢强系数 ζ 越小，即墙肢的强弱与肢强系数 ζ 的大小成反比关系。对于对称矩形截面双肢剪力墙，当洞宽趋近于零时，肢强系数 ζ 趋近于 0.75，而当洞宽等于墙肢截面高度时，肢强系数 ζ 趋近于 1。肢强系数的变化区间比较小。

②整体性系数 α

如前所述，开有洞口的剪力墙的各个墙肢是由连梁连接起来的，连梁相对于墙肢的强弱对剪力墙的受力性能有很大影响。由于连梁对墙肢的约束作用，使墙肢弯矩产生突变，突变值的大小主要取决于连梁与墙肢的相对刚度比。而连梁的刚度与洞口的宽度(决定了连梁的跨度)和洞口高度(决定了连梁的截面高度)相关。引入整体性系数 α 反映连梁刚度与墙肢刚度的比值情况。

连梁(图 6.7)的跨度一般仍取两侧墙肢形心线之间的距离，由于其两端伸入剪力墙墙肢，截面突然放大，该段的刚度很大，可看作刚域，即抗弯刚度无限大的刚臂，使得其计算简图为沿着跨度带有刚臂的变截面梁。由于连梁一般跨度小，而截面高度大，致使跨高比较小，所以在计算连梁刚度时应考虑剪切变形的影响。

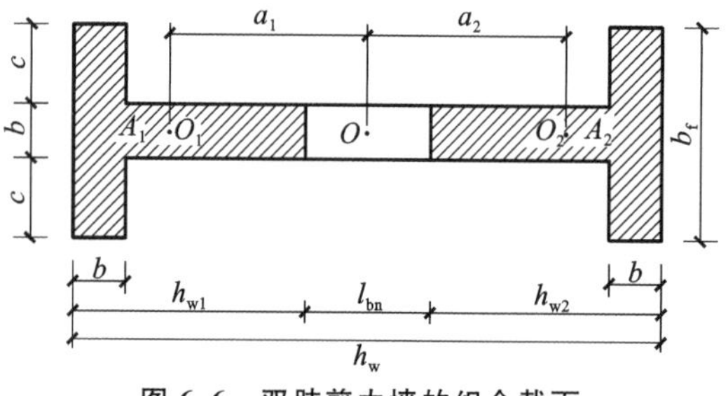

图 6.6 双肢剪力墙的组合截面

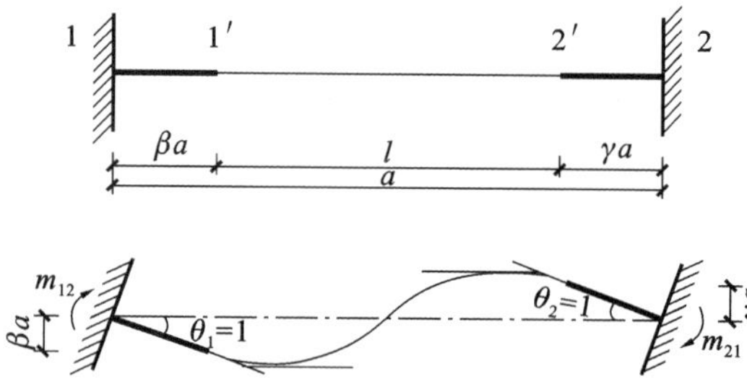

图 6.7 连梁转角刚度的计算简图

考虑剪切变形后，连梁总转角刚度(使连梁两端均发生单位转角所需施加的总弯矩)可表示为：

$$M_b = M_{12} + M_{21} = \frac{12EI_b a^2}{l^3} \tag{6.3}$$

式中 a——连梁两侧的墙肢的形心线之间的距离，即连梁跨度；

l——不计两端刚域的连梁长度，$l=(1-\beta-\gamma)a=l_n+h_b/4+h_b/4=l_n+h_b/2$，$l_n$ 为洞口宽度，h_b 为连梁截面高度；

EI_b——考虑剪切变形影响的连梁截面弯曲刚度，$EI_b=\dfrac{EI_{b0}}{1+\dfrac{12\mu EI_{b0}}{GA_b l^2}}$，$EI_{b0}$ 为不考虑剪切变形影响的连梁截面弯曲刚度，A_b 为连梁的截面面积，G 为剪切弹性模量，可近似取 $G=0.42E$，μ 为剪应力不均匀系数，矩形截面取 1.2。

若结构总高 H，各层层高均为 h，洞口在每个楼层均匀分布，则沿剪力墙高度有 H/h 个连梁，假设洞口高度相同，即各连梁高度相同。若该片剪力墙上有 m 列洞口，则该片剪力墙中所有连梁的转角刚度的总和为：

$$\frac{H}{h}\sum_{j=1}^{m}M_{bj}=\frac{H}{h}\sum_{j=1}^{m}\frac{12EI_{bj}a_j^2}{l_j^3}=\frac{12EH}{h}\sum_{j=1}^{m}\frac{I_{bj}a_j^2}{l_j^3}$$

与 m 列洞口对应的是 $m+1$ 列墙肢。设墙肢 j 的抗弯线刚度为 EI_j/H，则 $m+1$ 列墙肢抗弯线刚度的总和为 $\sum\limits_{j=1}^{m+1}\frac{EI_j}{H}$。令 α^2 为连梁总的转角刚度与墙肢总的抗弯线刚度的比值

$$\alpha^2=\frac{\text{连梁总的转角刚度}}{\text{墙肢总的抗弯线刚度}}=\frac{\dfrac{12EH}{h}\sum\limits_{j=1}^{m}\dfrac{I_{bj}a_j^2}{l_j^3}}{\dfrac{\tau E}{H}\sum\limits_{j=1}^{m+1}I_j}$$

故

$$\alpha=H\sqrt{\frac{12}{\tau h\sum\limits_{j=1}^{m+1}I_j}\sum_{j=1}^{m}\frac{I_{bj}a_j^2}{l_j^3}} \tag{6.4}$$

式中，τ 为考虑墙肢轴向变形的影响系数。对于多肢墙，3～4 肢时，τ 可近似取 0.8，5～7 肢时可近似取 0.85，8 肢以上可近似取 0.9；对于双肢墙，可取 $\tau=\frac{I-I_1-I_2}{I}$，此时，整体性系数为：

$$\alpha=H\sqrt{\frac{12I_ba^2}{h(I_1+I_2)l^3}\cdot\frac{I}{I-I_1-I_2}} \tag{6.5}$$

整体性系数 α 是反映剪力墙受力特性的重要参数。当洞口很大，连梁的刚度很小，墙肢的刚度相对较大时，α 值较小。此时连梁的约束作用很弱，两墙肢的联系很差。当洞口很小，连梁的刚度很大，墙肢的刚度又相对较小时，α 值较大。此时连梁的约束作用很强，墙的整体性很好，双肢墙的性能就接近整体小开口墙。

(2)剪力墙类型的判断条件

矩形洞口成列或成排规则布置的高剪力墙可分为整截面剪力墙、整体小开口剪力墙和联肢剪力墙三类。其中整体小开口墙和联肢墙主要按肢强系数和整体性系数进行划分。

①整截面剪力墙

墙面上没有洞口，或洞口面积小于整个墙面立面面积的 15%，且洞口之间距离及洞口至墙边的距离均大于洞的长边尺寸时，可认为是整截面剪力墙。

②整体小开口剪力墙

当 $\zeta=I_n/I\leqslant[\zeta]$，且 $\alpha\geqslant10$ 时，为整体小开口剪力墙。

③联肢剪力墙

当 $\zeta=I_n/I\leqslant[\zeta]$，且 $1\leqslant\alpha\leqslant10$ 时，为联肢剪力墙。

其中$[\zeta]$为肢强系数限值，按不同洞口布置导致的剪力墙的内力分布及变形形式综合确定，可由整体性系数 α 及房屋总层数按表 6.2 取用。

表 6.2 肢强系数限值[ζ]的取值(倒三角形荷载)

α	层数 n					
	8	10	12	16	20	≥30
7	0.957	0.990	1.000	1.000	1.000	1.000
8	0.931	0.961	0.996	1.000	1.000	1.000
9	0.905	0.955	0.985	1.000	1.000	1.000
10	0.886	0.948	0.975	1.000	1.000	1.000
12	0.867	0.924	0.950	0.994	1.000	1.000
14	0.853	0.908	0.934	0.978	1.000	1.000
16	0.844	0.896	0.923	0.964	0.988	1.000
18	0.837	0.888	0.914	0.952	0.978	1.000
20	0.832	0.880	0.906	0.945	0.970	1.000
22	0.827	0.875	0.901	0.940	0.965	1.000
24	0.825	0.871	0.897	0.936	0.960	0.989
26	0.822	0.867	0.894	0.932	0.955	0.986
28	0.820	0.864	0.890	0.929	0.952	0.982
≥30	0.818	0.861	0.887	0.926	0.950	0.979

当剪力墙的洞口尺寸较大,连梁的线刚度又大于或接近于墙肢的线刚度时,即 $\zeta = I_n/I > [\zeta]$ 时,剪力墙的受力性能接近于框架,可按壁式框架计算。此时在水平力的作用下,每个楼层的墙肢都有反弯点,局部弯曲占有主要份额,而整体弯曲是次要的,总体上的变形也趋向于剪切型。

【例 6.1】 试判断图 6.8 所示剪力墙的类型。

【解】 墙 4 中洞口上方的梁跨度为 7.2m,梁高 0.9m,跨高比为 8,该梁的跨高比大于

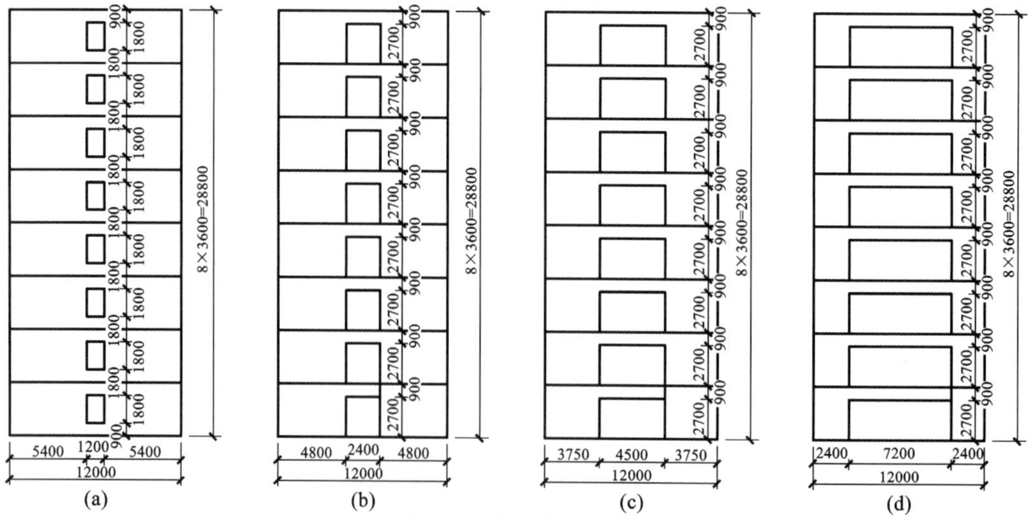

图 6.8 剪力墙示意图

(a)墙 1;(b)墙 2;(c)墙 3;(d)墙 4

5，不属于连梁，则可将该片剪力墙看作两片独立的剪力墙，每片墙的长度为 2.4m，此时，可认为梁对墙的约束很弱，两墙肢的联系很差，在水平力的作用下，该墙可看作由连梁铰接的两根悬臂墙。

计算各片墙的肢强系数及整体性系数，列于表 6.3 中。

表 6.3　肢强系数及整体性系数计算

肢强系数 ζ	b_w	h_1	I_1	A_1	a_1	I_n	I	$\zeta=I_n/I$
墙 1	0.200	5.400	2.624	1.080	3.300	23.522	28.771	0.818
墙 2	0.200	4.800	1.843	0.960	3.600	24.883	28.570	0.871
墙 3	0.200	3.750	0.879	0.750	4.125	25.523	27.281	0.936
墙 4	0.200	2.400	0.230	0.480	4.800	22.118	22.579	0.980
整体性系数 α	b_b	h_b	I_{b0}	a	l_n	l_b	I_b	α
墙 1	0.200	1.800	0.097	6.600	1.200	2.100	0.031	9.588
墙 2	0.200	0.900	0.012	7.200	2.400	2.850	0.009	4.247
墙 3	0.200	0.900	0.012	8.250	4.500	4.950	0.011	3.299
墙 4	0.200	0.900	0.012	9.600	7.200	7.650	0.012	3.835

由表 6.3 可知：

墙 1：$\zeta=0.818<[\zeta]=0.893$，且 $\alpha=9.588<10$，该墙属于双肢剪力墙；

墙 2：$\zeta=0.871<[\zeta]=0.957$，且 $\alpha=4.247<10$，该墙属于双肢剪力墙；

墙 3：$\zeta=0.936<[\zeta]=0.957$，且 $\alpha=3.299<10$，该墙属于双肢剪力墙；

墙 4：$\zeta=0.980>[\zeta]=0.957$，该墙属于壁式框架。

注意到对于墙 1 而言，洞口立面面积（$1.2\times1.8\times8=17.28\text{m}^2$）与墙面总立面面积（$12\times28.8=345.6\text{m}^2$）的比值为 5%，若按整截面剪力墙的判断条件，该墙也属于整截面剪力墙。可见，剪力墙各种类型间的判断条件并非严密闭合。

对于墙 4 而言，可根据梁的跨高比判定其为两片独立的整截面剪力墙，若按表 6.3 中的肢强系数判断，则该墙属于壁式框架。按两种不同的判别结果将引起对该墙刚度值的计算采取不同的方法，为简化计算，可按两片独立的整截面墙计算刚度。

6.3　补充习题

6.4　整截面剪力墙及整体小开口剪力墙的内力与位移计算

6.4.1　整截面剪力墙

（1）内力计算

整截面剪力墙可视为上端自由、下端固定的竖向悬臂杆（图 6.9），其任意截面的弯矩和剪力可按照材料力学中悬臂梁的内力和变形计算的有关公式进行计算。

（2）位移计算

计算位移时，除弯曲变形外，宜考虑剪切变形的影响。在三种常用水平荷载下，悬臂杆顶点位移计算公式如下：

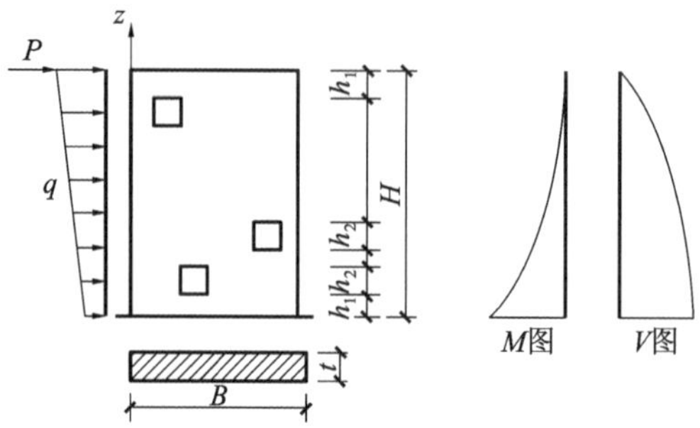

图 6.9 整截面剪力墙计算简图

$$u=\frac{1}{8}\frac{qH^4}{EI_w}\left(1+\frac{4\mu EI_w}{H^2GA_w}\right) \quad \text{（均布荷载）} \tag{6.6a}$$

$$u=\frac{11}{60}\frac{V_0H^3}{EI_w}\left(1+\frac{3.64\mu EI_w}{H^2GA_w}\right) \quad \text{（倒三角形荷载）} \tag{6.6b}$$

$$u=\frac{1}{3}\frac{V_0H^3}{EI_w}\left(1+\frac{3\mu EI_w}{H^2GA_w}\right) \quad \text{（顶点集中荷载）} \tag{6.6c}$$

式中 V_0——剪力墙底部截面总剪力，即全部水平力之和；

μ——剪力不均匀系数，矩形截面取 $\mu=1.2$，I 形截面取 $\mu=$全面积/腹板面积，T 形截面 μ 取值见表 6.4。

表 6.4 T 形截面剪力不均匀系数 μ

H/t	B/t					
	2	4	6	8	10	12
2	1.383	1.496	1.521	1.511	1.483	1.445
4	1.441	1.876	2.287	2.682	3.061	3.424
6	1.362	1.097	2.033	2.367	2.698	3.026
8	1.313	1.572	1.838	2.106	2.374	2.641
10	1.283	1.489	1.707	1.927	2.148	2.370
12	1.264	1.432	1.614	1.800	1.988	2.178
15	1.245	1.374	1.519	1.669	1.820	1.973
20	1.228	1.317	1.422	1.534	1.648	1.763
30	1.214	1.264	1.328	1.399	1.473	1.549
40	1.208	1.240	1.284	1.334	1.387	1.442

注：B 为翼缘宽度；t 为剪力墙厚度；H 为剪力墙总高度。

由于剪力墙的截面高度较大，在计算位移时应考虑剪切变形的影响。当墙面开有很小的洞口时，要考虑小洞口的存在对墙肢的刚度和强度的削弱及对位移增大的影响，计算公式中采用等效截面面积 A_w 和组合截面惯性矩 I_w 来考虑小洞口的影响。

等效截面面积 A_w 取无洞口截面面积 A 乘以洞口削弱系数 γ_0，有：

$$A_w=\gamma_0 A \tag{6.7a}$$

$$\gamma_0=1-1.25\sqrt{\frac{A_{op}}{A_f}} \tag{6.7b}$$

式中 A——剪力墙截面毛面积；

A_w——无洞口剪力墙的截面面积或小洞口剪力墙的折算截面面积；

A_{op}——剪力墙洞口总面积(立面)；

A_f——剪力墙总墙面面积(立面)。

组合截面惯性矩 I_w，取有洞口截面与无洞口截面惯性矩沿竖向的加权平均值，有：

$$I_w = \frac{\sum_{i=1}^{n} I_{wi} h_i}{\sum_{i=1}^{n} h_i} \tag{6.8}$$

式中 I_w——剪力墙沿竖向各段的截面惯性矩，无洞口段与有洞口段分别计算；

n——总分段数；

h_i——各段相应高度，$\sum_{i=1}^{n} h_i = H$，H 为剪力墙总高度。

为了计算方便，引入等效刚度 EI_{eq} 的概念，对上述三种荷载作用，EI_{eq} 分别为：

$$EI_{eq} = EI_w \Big/ \left(1 + \frac{4\mu EI_w}{H^2 GA_w}\right) \quad (均布荷载) \tag{6.9a}$$

$$EI_{eq} = EI_w \Big/ \left(1 + \frac{3.64\mu EI_w}{H^2 GA_w}\right) \quad (倒三角形荷载) \tag{6.9b}$$

$$EI_{eq} = EI_w \Big/ \left(1 + \frac{3\mu EI_w}{H^2 GA_w}\right) \quad (顶点集中荷载) \tag{6.9c}$$

为简化计算，将三种荷载作用下的等效刚度公式统一，式(6.9)内系数取平均值，取混凝土剪切模量 $G=0.42E$，可得到整截面剪力墙的等效刚度计算公式为：

$$EI_{eq} = \frac{EI_w}{1 + \frac{9\mu I_w}{H^2 A_w}} \tag{6.10}$$

则剪力墙在三种水平荷载作用下的顶点位移计算公式可表达如下：

$$u = \frac{1}{8} \frac{V_0 H^3}{EI_{eq}} \quad (均布荷载) \tag{6.11a}$$

$$u = \frac{11}{60} \frac{V_0 H^3}{EI_{eq}} \quad (倒三角形荷载) \tag{6.11b}$$

$$u = \frac{1}{3} \frac{V_0 H^3}{EI_{eq}} \quad (顶点集中荷载) \tag{6.11c}$$

6.4.2 整体小开口剪力墙

(1)内力计算

先将整体小开口墙视为一个上端自由，下端固定的竖向悬臂构件，如图 6.10 所示，计算出标高 i—i 处(第 i 楼层)截面的总弯矩 M_i 和总剪力 V_i，再计算各墙肢的内力。

整体小开口墙的墙肢截面正应力分布如图 6.11 所示，各墙肢的弯矩由整体弯矩和局部弯矩组成。第 i 层第 j 墙肢的弯矩 M_{ij} 可按下式计算：

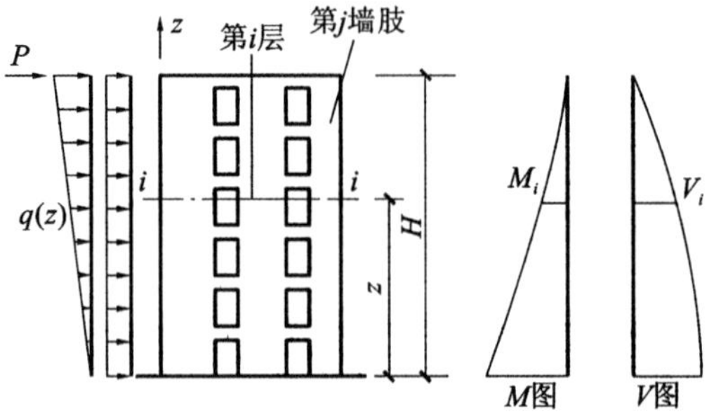

图 6.10 整体小开口墙计算简图

$$M_{ij}=\left(0.85\frac{I_j}{I}+0.15\frac{I_j}{\sum I_j}\right)M_i \tag{6.12}$$

式中 M_i——外荷载在计算截面所产生的弯矩。

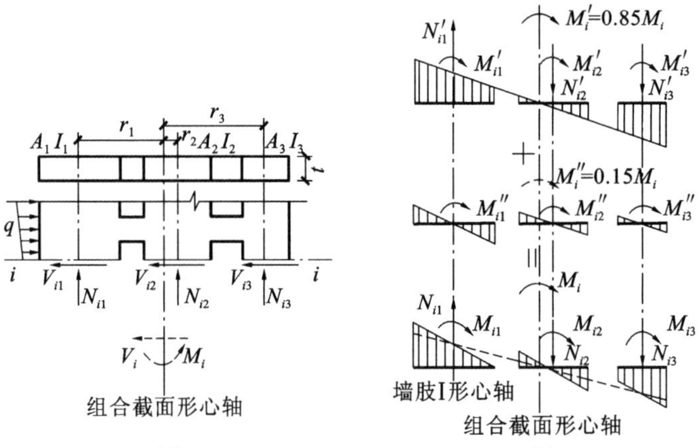

图 6.11 整体小开口墙墙肢截面正应力分布

根据材料力学公式可得，底层各墙肢的剪力按墙肢面积分配；其余各层墙肢剪力按面积比和惯性矩比的平均值进行分配，即：

底层：

$$V_{1j}=\frac{A_j}{\sum A_j}V_i \tag{6.13a}$$

其他层：

$$V_{ij}=\frac{1}{2}\left(\frac{A_j}{\sum A_j}+\frac{I_j}{\sum I_j}\right)V_i \tag{6.13b}$$

由于局部弯曲并不在各墙肢中产生轴力，故各墙肢的轴力等于整体弯曲在各墙肢中所产生正应力的合力，则第 i 层第 j 墙肢的轴力 N_{ij} 为：

$$N_{ij}=0.85\frac{M_i}{I}r_jA_j \tag{6.14}$$

式中 A_j——第 j 墙肢的截面面积；

r_j——第 j 墙肢形心轴至组合截面形心轴的距离；

M_{ij}, V_{ij}, N_{ij}——分别为第 i 层第 j 墙肢的弯矩、剪力、轴力。

(2)位移计算

试验研究和有限元分析表明，整体小开口墙由于洞口的削弱，宜将按式(6.10)计算的等效刚度乘以系数0.85，或直接将按材料力学计算的组合截面构件的位移增大1.20倍。一般整体小开口墙考虑弯曲变形和剪切变形后的顶点位移仍可按式(6.11)计算，然后将计算结果乘以1.20以考虑洞口对刚度的影响。

6.4 补充习题

6.5 双肢剪力墙的内力与位移计算

6.5.1 计算基本假定

为简化计算，双肢墙可采用连续化的分析方法求解。即将每一层楼层的连梁假想为分布在整个楼层高度上的一系列连续连杆，利用连杆的位移协调条件建立剪力墙的内力微分方程，求解微分方程便可求得内力。此法所得解析解的精度可以满足工程需要，当将求解结果绘成曲线后可方便使用。但由于假定条件较多，其使用范围受到局限。

图6.12(a)所示为双肢墙及其几何参数，墙肢可以为矩形、I形、T形或L形截面(翼缘参加工作)，但均以截面的形心线作为墙肢的轴线，连梁一般取矩形截面。利用连续化分析方法计算双肢墙的内力和位移时，基本假定如下：

(1)每一楼层处的连梁简化为沿该楼层均匀连续分布的连杆。即将墙肢仅在楼层标高处由连梁连接在一起的结构，变为墙肢在整个高度上由连续连杆连接在一起的连续结构，如图6.12(b)所示，从而为建立微分方程提供条件。

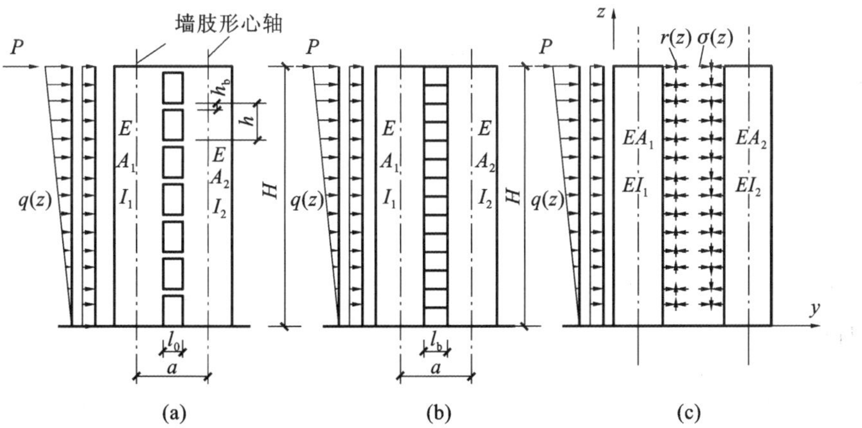

图6.12 双肢墙计算简图

(2)忽略连梁的轴向变形，故两墙肢在同一标高处的水平位移相等。同时还假定，在同一标高处两墙肢的转角和曲率亦相同。

(3)每层连梁的反弯点在梁的跨中。

(4)墙肢、连梁的刚度及层高沿竖向均不变。即层高 h，惯性矩 I_1、I_2、I_{b0} 及截面面

积 A_1、A_2、A_b 等参数沿高度均为常数，从而使所建立的微分方程为常系数微分方程，便于求解。当沿结构高度连梁及墙肢的截面尺寸或层高有变化时，可取几何平均值进行计算。

6.5.2 基本微分方程

将连续化后的连梁沿其跨中切开，取连梁切口处的内力 $\tau(z)$（剪力）为未知力，基本体系在外荷载、切口处轴力 $\sigma(z)$ 及未知剪力 $\tau(z)$ 的作用下将产生变形，但原结构在切断点是连续的，因此，可得到力法求解时的基本体系[图 6.12(c)]。

根据变形连续条件，基本体系在外荷载、切口处轴力和剪力共同作用下，切口处沿未知力 $\tau(z)$ 方向上的相对位移应为零。该相对位移由下面几部分组成：

(1)墙肢弯曲和剪切变形所产生的相对位移

基本体系在外荷载、切口处轴力和剪力的共同作用下，墙肢将发生弯曲变形和剪切变形。由于墙肢弯曲变形使切口处产生的相对位移为[图 6.13(a)]：

$$\delta_1 = -a\theta_M \tag{a}$$

式中 θ_M——由于墙肢弯曲变形所产生的转角，以顺时针方向为正；

a——洞口两侧墙肢形心线（轴线）间的距离。

公式中的负号表示相对位移与假设的未知剪力 $\tau(z)$ 方向相反。

当墙肢发生剪切变形时，墙肢的上、下截面产生相对的水平错动，此错动不会引起连续切口处的竖向相对位移，即墙肢剪切变形在切口处产生的相对位移为零，如图 6.13(b) 所示。

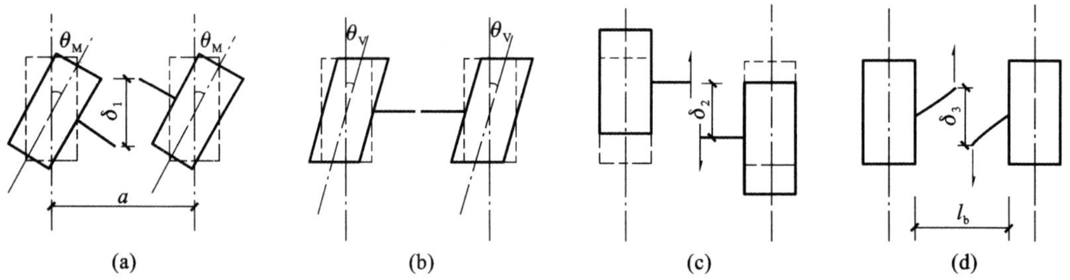

图 6.13 双肢墙墙肢变形

(2)墙肢轴向变形所产生的相对位移

基本体系在外荷载、切口处轴力和剪力共同作用下，自两墙肢底至 z 截面处的轴向变形差为切口处所产生的相对位移[图 6.13(c)]，即

$$\delta_2 = \int_0^z \frac{N(z)}{EA_1}\mathrm{d}z + \int_0^z \frac{N(z)}{EA_2}\mathrm{d}z = \frac{1}{E}\left(\frac{1}{A_1}+\frac{1}{A_2}\right)\int_0^z N(z)\mathrm{d}z$$

式中 $N(z)=\int_z^H \tau(z)\mathrm{d}z$，即 z 截面处的轴力在数值上等于 $z\sim H$ 高度范围内切口处的剪力之和，故由于墙肢轴向变形所产生的相对位移为：

$$\delta_2 = \frac{1}{E}\left(\frac{1}{A_1}+\frac{1}{A_2}\right)\int_0^z\int_z^H \tau(z)\mathrm{d}z\mathrm{d}z \tag{b}$$

(3)由连梁的弯曲和剪切变形所产生的相对位移

连梁切口处由于剪应力 $\tau(z)$ 的作用,使连梁产生弯曲和剪切变形,则在切口处所产生的相对位移为[图 6.13(d)]:

$$\delta_3=\delta_{3M}+\delta_{3V}=\frac{\tau(z)hl_b^3}{12EI_{b0}}+\frac{\mu\tau(z)hl_b}{GA_b}=\frac{\tau(z)hl_b^3}{12EI_{b0}}\left(1+\frac{12\mu EI_{b0}}{GA_bl_b^2}\right)$$

引入连梁的折算惯性矩 I_b,$I_b\approx I_{b0}\Big/\left(1+\dfrac{30\mu I_{b0}}{A_bl_b^2}\right)$,取 $G=0.4E$。

则上式可改写成:

$$\delta_3=\frac{hl_b^3}{12EI_b}\tau(z)\tag{c}$$

式中　h——层高;

l_b——连梁的计算跨度,取 $l_b=l_n+\dfrac{1}{2}h_b$;

l_n——洞口宽度;

h_b——连梁的截面高度;

A_b,I_{b0}——连梁的截面面积和惯性矩;

μ——截面剪应力不均匀系数,矩形截面取 $\mu=1.2$。

(4)基本微分方程

根据基本体系在连梁切口处的变形协调条件,即

$$\delta_1+\delta_2+\delta_3=0$$

将式(a)、(b)、(c)代入上式,并进行二次求导可得到:

$$a\frac{d^2\theta_M}{dz^2}+\frac{1}{E}\left(\frac{1}{A_1}+\frac{1}{A_2}\right)\tau(z)-\frac{hl_b^3}{12EI_b}\frac{d^2\tau(z)}{dz^2}=0\tag{d}$$

引入外荷载所引起的内力与 θ_M 的关系,可得到两墙肢曲率和弯矩的关系

$$EI_1\theta'_M=M_1$$

$$EI_2\theta'_M=M_2$$

$$EI_1\theta'_M+EI_2\theta'_M=E(I_1+I_2)\theta'_M=M_1+M_2=\left[M_P-\int_z^H a\tau(z)dz\right]$$

$$\theta'_M=\frac{1}{E(I_1+I_2)}\left[M_P-\int_z^H a\tau(z)dz\right]$$

对上式再进行一次求导,得

$$\frac{d^2\theta_M}{dz^2}=\frac{1}{E(I_1+I_2)}[V_P(z)+a\cdot\tau(z)]\tag{e}$$

式中　$V_P(z)$——外荷载在计算截面 z 处所产生的剪力,按下式计算

$$V_P(z)=\begin{cases}-\left(1-\dfrac{z}{H}\right)V_0 & \text{(均布荷载)}\\ -\left[1-\left(\dfrac{z}{H}\right)^2\right]V_0 & \text{(倒三角形荷载)}\\ -V_0 & \text{(顶点集中荷载)}\end{cases}\tag{f}$$

式中 V_0——外荷载作用下墙肢底部截面的剪力，负号表示剪力方向与外荷载作用方向（正向）相反。

将式(e)代入式(d)，并整理后可得

$$\frac{d^2\tau(z)}{dz^2}-\frac{12I_b}{hl_b^3}\left(\frac{a^2}{I_1+I_2}+\frac{A_1+A_2}{A_1A_2}\right)\tau(z)=\frac{12aI_b}{hl_b^3(I_1+I_2)}V_P(z) \tag{g}$$

令：$D=\dfrac{2a^2I_b}{l_b^3}$ （连梁的刚度）

$S=\dfrac{aA_1A_2}{A_1+A_2}$ （双肢墙对组合截面形心轴的面积矩）

$\alpha_1^2=\dfrac{6H^2D}{h(I_1+I_2)}$ （未考虑墙肢轴向变形的整体性系数）

$\alpha^2=\alpha_1^2+\dfrac{6H^2D}{hSa}$ （考虑墙肢轴向变形的整体性系数）

可得到双肢墙的基本微分方程：

$$\frac{d^2\tau(z)}{dz^2}-\frac{\alpha^2}{H^2}\tau(z)=\frac{\alpha_1^2}{H^2a}V_P(z) \tag{h}$$

引入连续连杆对墙肢的约束弯矩 $m(z)=a\tau(z)$，表示剪力 $\tau(z)$ 对两墙肢的约束弯矩之和，将式(f)代入式(h)，得常用的均布荷载、倒三角形荷载和顶点集中荷载作用下的双肢墙微分方程：

$$\frac{d^2m(z)}{dz^2}-\frac{\alpha^2}{H^2}m(z)=\begin{cases}-\dfrac{\alpha_1^2}{H^2}\left(1-\dfrac{z}{H}\right)V_0 & \text{（均布荷载）}\\ -\dfrac{\alpha_1^2}{H^2}\left[1-\left(\dfrac{z}{H}\right)^2\right]V_0 & \text{（倒三角形荷载）}\\ -\dfrac{\alpha_1^2}{H^2}V_0 & \text{（顶点集中荷载）}\end{cases} \tag{6.15}$$

(5)微分方程的解

为简化微分方程，便于求解及表格制作，引入变量 $\xi=\dfrac{z}{H}$，并令 $\varphi(\xi)=m(\xi)\dfrac{\alpha^2}{\alpha_1^2}\cdot\dfrac{1}{V_0}$ 代入式(6.15)得到：

$$\frac{d^2\varphi(\xi)}{d\xi^2}-\alpha^2\varphi(\xi)=\begin{cases}-\alpha^2(1-\xi) & \text{（均布荷载）}\\ -\alpha^2(1-\xi^2) & \text{（倒三角形荷载）}\\ -\alpha^2 & \text{（顶点集中荷载）}\end{cases}$$

通过求解，可得到微分方程的解为：

$$\varphi(\xi)=\begin{cases}-\dfrac{\mathrm{ch}\alpha(1-\xi)}{\mathrm{ch}\alpha}+\dfrac{\mathrm{sh}\alpha\xi}{\alpha\,\mathrm{ch}\alpha}+(1-\xi) & \text{（均布荷载）}\\ \left(\dfrac{2}{\alpha^2}-1\right)\left[\dfrac{\mathrm{ch}\alpha(1-\xi)}{\mathrm{ch}\alpha}-1\right]+\dfrac{2\mathrm{sh}\alpha\xi}{\alpha\,\mathrm{ch}\alpha}-\xi^2 & \text{（倒三角形荷载）}\\ \dfrac{\mathrm{sh}\alpha}{\mathrm{ch}\alpha}\cdot\mathrm{sh}\alpha\xi-\mathrm{ch}\alpha\xi+1 & \text{（顶点集中荷载）}\end{cases} \tag{6.16}$$

6.5.3 位移的计算

由于墙肢截面较宽，位移计算时应同时考虑墙肢弯曲变形和剪切变形的影响，即：

$$y = y_m + y_v \tag{i}$$

式中 y_m, y_v——墙肢弯曲变形和剪切变形所产生的水平位移。

墙肢弯曲变形所产生的位移为：

$$y_m = \frac{1}{E(I_1 + I_2)}\left[\int_0^z\int_0^z M_P(z)\mathrm{d}z\mathrm{d}z - \int_0^z\int_0^z\int_z^H a\tau(z)\mathrm{d}z\mathrm{d}z\mathrm{d}z\right] \tag{j}$$

根据墙肢剪力与剪切变形的关系

$$G(A_1 + A_2)\frac{\mathrm{d}y_v}{\mathrm{d}z} = \mu V_P(z)$$

可求得墙肢剪切变形所产生的位移为：

$$y_v = \frac{\mu}{G(A_1 + A_2)}\int_0^z V_P(z)\,\mathrm{d}z \tag{k}$$

引入无量纲参数 $\xi = \dfrac{z}{H}$，将 $\tau(\xi) = \varphi(\xi)\cdot\dfrac{\alpha_1^2}{\alpha^2}\cdot\dfrac{1}{a}V_0$ 及水平处荷载产生的弯矩 $M_P(z)$ 和剪力 $V_P(z)$ 代入式(j)和式(k)，经过积分并整理后可得双肢墙的位移计算公式为：

均布荷载情况

$$y = \frac{V_0H^3}{2E(I_1 + I_2)}\xi^2\left(\frac{1}{2} - \frac{1}{3}\xi + \frac{1}{12}\xi^2\right) - \frac{\tau V_0H^2}{E(I_1 + I_2)}\left[\frac{\xi(\xi - 2)}{2\alpha^2} - \frac{\mathrm{ch}\alpha\xi - 1}{\alpha^4\mathrm{ch}\alpha} + \frac{\mathrm{sh}\alpha - \mathrm{sh}\alpha(1 - \xi)}{\alpha^3\mathrm{ch}\alpha} + \xi^2\left(\frac{1}{4} - \frac{1}{6}\xi + \frac{1}{24}\xi^2\right)\right] + \frac{uV_0H}{G(A_1 + A_2)}\left(\xi - \frac{1}{2}\xi^2\right) \tag{6.17a}$$

倒三角形荷载情况

$$y = \frac{V_0H^2}{3E(I_1 + I_2)}\xi^2\left(1 - \frac{1}{2}\xi + \frac{1}{20}\xi^3\right) - \frac{\tau V_0H^3}{E(I_1 + I_2)}\times \left\{\left(1 - \frac{2}{\alpha^2}\right)\left[\frac{1}{2}\xi^5 - \frac{1}{12}\xi + \frac{\mathrm{sh}\alpha - \mathrm{sh}\alpha(1 - \xi)}{\alpha^3\mathrm{ch}\alpha}\right] - \frac{2}{\alpha^4}\frac{\mathrm{ch}\alpha\xi - 1}{\mathrm{ch}\alpha} + \frac{1}{\alpha^2}\xi^2 - \frac{1}{6}\xi^2 + \frac{1}{60}\xi^5\right\} + \frac{uV_0H}{G(A_1 + A_2)}\left(\xi - \frac{1}{3}\xi^3\right) \tag{6.17b}$$

顶点集中荷载情况

$$y = \frac{V_0H^3}{3E(I_1 + I_2)}\left\{\frac{1}{2}(1 - \tau)(3\xi^2 - \xi^3) - \frac{\tau}{\alpha^3}\cdot\frac{3}{\mathrm{ch}\alpha}\left[\mathrm{sh}\alpha(1 - \xi) + \xi\alpha\mathrm{ch}\alpha - \mathrm{sh}\alpha\right]\right\} + \frac{uV_0H}{G(A_1 + A_2)}\xi \tag{6.17c}$$

当 $\xi = 1$ 时，由式(6.17)可得双肢墙的顶点位移为：

$$\Delta = \begin{cases} \dfrac{V_0H^3}{8E(I_1 + I_2)}\left[1 + \tau(\psi_\alpha - 1) + 4\gamma^2\right] & (\text{均布荷载}) \\ \dfrac{11}{60}\dfrac{V_0H^3}{E(I_1 + I_2)}\left[1 + \tau(\psi_\alpha - 1) + 3.64\gamma^2\right] & (\text{倒三角形荷载}) \\ \dfrac{V_0H^3}{3E(I_1 + I_2)}\left[1 + \tau(\psi_\alpha - 1) + 3\gamma^2\right] & (\text{顶点集中荷载}) \end{cases} \tag{6.18}$$

式中　τ——轴向变形影响系数，$\tau=\dfrac{\alpha_1^2}{\alpha^2}$；

γ——墙肢剪切变形系数，其表达式为：

$$\gamma^2=\frac{uE(I_1+I_2)}{H^2G(A_1+A_2)}=\frac{2.5\mu(I_1+I_2)}{H^2(A_1+A_2)} \tag{6.19}$$

$$\psi_\alpha=\begin{cases}\dfrac{8}{\alpha^2}\left(\dfrac{1}{2}+\dfrac{1}{\alpha^2}-\dfrac{1}{\alpha^2\text{ch}\alpha}-\dfrac{\text{sh}\alpha}{\alpha\text{ch}\alpha}\right) & \text{(均布荷载)}\\ \dfrac{11}{60}\dfrac{1}{\alpha^2}\left(\dfrac{2}{3}+\dfrac{2\text{sh}\alpha}{\alpha^2\text{ch}\alpha}-\dfrac{2}{\alpha^2\text{ch}\alpha}-\dfrac{\text{sh}\alpha}{\alpha\text{ch}\alpha}\right) & \text{(倒三角形荷载)}\\ \dfrac{3}{\alpha^2}\left(1-\dfrac{\text{sh}\alpha}{\alpha\text{ch}\alpha}\right) & \text{(顶点集中荷载)}\end{cases}$$

γ 是考虑墙肢剪切变形的影响系数。当 $H/B\geqslant4$ 时可不考虑墙肢剪切变形的影响，取 $\gamma^2=0$；对于多肢墙，由于高宽比较小，剪切变形的影响要稍大一些，宜考虑剪切变形的影响。ψ_α 是 α 的函数，计算时可查表 6.5。

表 6.5　ψ_α 值

α	均布荷载	倒三角形荷载	顶点集中荷载	α	均布荷载	倒三角形荷载	顶点集中荷载
1.000	0.722	0.720	0.715	11.000	0.027	0.026	0.022
1.500	0.540	0.537	0.528	11.500	0.025	0.023	0.020
2.000	0.403	0.399	0.388	12.000	0.023	0.022	0.019
2.500	0.306	0.302	0.290	12.500	0.021	0.020	0.017
3.000	0.238	0.234	0.222	13.000	0.020	0.019	0.016
3.500	0.190	0.186	0.175	13.500	0.018	0.017	0.015
4.000	0.155	0.151	0.140	14.000	0.017	0.016	0.014
4.500	0.128	0.125	0.115	14.500	0.016	0.015	0.013
5.000	0.108	0.105	0.096	15.000	0.015	0.014	0.012
5.500	0.092	0.089	0.081	15.500	0.014	0.013	0.011
6.000	0.080	0.077	0.069	16.000	0.013	0.012	0.010
6.500	0.070	0.067	0.060	16.500	0.013	0.012	0.010
7.000	0.061	0.058	0.052	17.000	0.012	0.011	0.009
7.500	0.054	0.052	0.046	17.500	0.011	0.010	0.009
8.000	0.048	0.046	0.041	18.000	0.011	0.010	0.008
8.500	0.043	0.041	0.036	18.500	0.010	0.009	0.008
9.000	0.039	0.037	0.032	19.000	0.009	0.009	0.007
9.500	0.035	0.034	0.029	19.500	0.009	0.008	0.007
10.000	0.032	0.031	0.027	20.000	0.009	0.008	0.007
10.500	0.030	0.028	0.024	20.500	0.008	0.008	0.006

为了计算方便，引入等效刚度 EI_{eq}。剪力墙的等效刚度是将剪力墙考虑弯曲、剪切和轴向变形的顶点位移按位移相等的原则，折算成只考虑弯曲变形的等效竖向悬臂杆的刚度。引入等效刚度后的顶点位移计算表达式为：

$$\Delta=\begin{cases}\dfrac{V_0H^3}{8EI_{eq}} & \text{(均布荷载)}\\ \dfrac{11}{60}\dfrac{V_0H^3}{EI_{eq}} & \text{(倒三角形荷载)}\\ \dfrac{V_0H^3}{3EI_{eq}} & \text{(顶点集中荷载)}\end{cases} \tag{6.20}$$

其中：

$$EI_{eq}=\begin{cases}\dfrac{E(I_1+I_2)}{1+\tau(\psi_\alpha-1)+4\gamma^2} & \text{（均布荷载）}\\ \dfrac{E(I_1+I_2)}{1+\tau(\psi_\alpha-1)+3.64\gamma^2} & \text{（倒三角形荷载）}\\ \dfrac{E(I_1+I_2)}{1+\tau(\psi_\alpha-1)+3\gamma^2} & \text{（顶点集中荷载）}\end{cases} \tag{6.21}$$

6.5.4 内力计算

(1)连梁内力

由 $\varphi(\xi)$可求得连梁的线约束弯矩为：

$$m(\xi)=\varphi(\xi)\frac{\alpha_1^2}{\alpha^2}V_0 \tag{6.22}$$

第 i 层连梁的约束弯矩为：

$$m_i=m(\xi)h=\varphi(\xi)\frac{\alpha_1^2}{\alpha^2}V_0h \tag{6.23}$$

第 i 层连梁的剪力和梁端弯矩分别为：

$$V_{bi}=m(\xi)\frac{h}{a} \tag{6.24}$$

$$M_{bi}=V_{bi}\frac{l_b}{2} \tag{6.25}$$

(2)墙肢内力

第 i 层两墙肢的弯矩分别为：

$$\left.\begin{aligned}M_{i1}&=\frac{I_1}{I_1+I_2}\left[M_P(\xi)-\sum_{i=1}^{n}m_i\right]\\ M_{i2}&=\frac{I_2}{I_1+I_2}\left[M_P(\xi)-\sum_{i=1}^{n}m_i\right]\end{aligned}\right\} \tag{6.26}$$

第 i 层两墙肢的剪力近似为：

$$\left.\begin{aligned}V_{i1}&=\frac{I_1'}{I_1'+I_2'}V_P(\xi)\\ V_{i2}&=\frac{I_2'}{I_1'+I_2'}V_P(\xi)\end{aligned}\right\} \tag{6.27}$$

第 i 层两墙肢的轴力为：

$$N=N_{i1}=-N_{i2}=\sum_{i=1}^{n}V_{bi} \tag{6.28}$$

式中 I_1,I_2——两墙肢对各自截面形心轴的惯性矩；

I_1',I_2'——两墙肢的折算惯性矩，可按下式计算：

$$I_j'=\frac{I_j}{1+\dfrac{12\mu EI_j}{GA_jh^2}}\quad (j=1,2) \tag{6.29}$$

式中 A_1,A_2——两墙肢的截面面积；

$M_P(\xi)$,$V_P(\xi)$——第 i 层由于外荷载所产生的弯矩和剪力；

n——总层数。

【例 6.2】 某 10 层钢筋混凝土剪力墙(图 6.14),底层层高为 4.2m,上部各层层高均为 3.0m,墙长为 13800mm,墙厚为 200mm,底层门洞尺寸为 1800mm×3700mm,上部各层门洞尺寸均为 1800mm×2500mm。混凝土强度等级为 C25,$E=2.8\times10^4\text{N/mm}^2$。该剪力墙承受均布水平荷载 $q=10\text{kN/m}$。

要求:(1)计算整体性系数及肢强系数并判别剪力墙类型；

(2)计算顶点位移；

(3)计算剪力墙和连梁内力并绘制内力分布图。

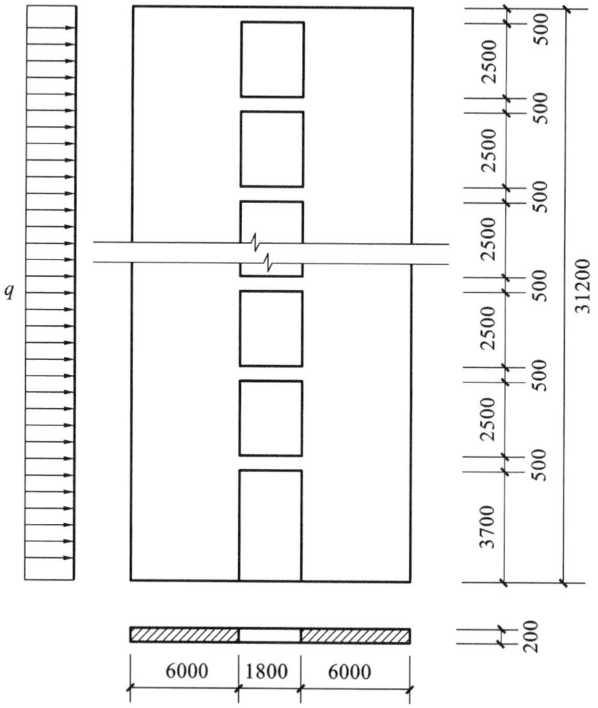

图 6.14 某 10 层钢筋混凝土剪力墙示意图

【解】 剪力墙总高度 H 为 31.2m,共 10 层,等效均匀层高 h 为 3.12m。

(1)计算整体性系数及肢强系数并判别剪力墙类型

①肢强系数 ζ

$$A_1=A_2=0.2\times6=1.2\text{m}^2$$

$$I_1=I_2=0.2\times6^3/12=3.6\text{m}^4$$

$$I_n=2\times1.2\times3.9^2=36.504\text{m}^4$$

$$I=I_1+I_2+I_n=43.704\text{m}^4$$

$$\zeta=I_n/I=0.835$$

②整体性系数 α

$$I_{b0}=0.2\times 0.5^3/12=0.002083\text{m}^4$$

$$a=7.8\text{m}, l_b=1.8+0.5/2=2.05\text{m}, A_b=0.2\times 0.5=0.10\text{m}^2$$

$$I_b=\frac{I_{b0}}{1+\frac{30\mu I_{b0}}{A_b l_b^2}}=\frac{0.002083}{1+\frac{30\times 1.2\times 0.002083}{0.1\times 2.05^2}}=0.00177\text{m}^4$$

$$\alpha^2=\frac{12I_b a^2 H^2}{h(I_1+I_2)l_b^3}\cdot\frac{I}{I_n}=\frac{12\times 0.00177\times 7.8^2\times 31.2^2}{3.12(3.6+3.6)\times 2.05^3}\times\frac{43.704}{36.504}=7.782$$

$$\alpha=2.790$$

③判断剪力墙类型

因为 $1<\alpha=2.790<10$；且 $\zeta=0.835<[\zeta]=0.999$，所以该剪力墙属于双肢剪力墙。

(2)计算墙体顶点位移

$$V_0=10\times 31.2=312\text{kN}$$

$$\tau=\zeta=0.835$$

$$\gamma^2=\frac{2.5\mu(I_1+I_2)}{H^2(A_1+A_2)}=\frac{2.5\times 1.2\times(3.6+3.6)}{31.2^2\times(1.2+1.2)}=0.00925$$

根据整体性系数 $\alpha=2.790$ 查表 6.5，$\psi_\alpha=0.267$

$$EI_{eq}=\frac{E(I_1+I_2)}{1+\tau(\psi_\alpha-1)+4\gamma^2}=\frac{2.8\times 10^7\times(3.6+3.6)}{1+0.835\times(0.267-1)+4\times 0.00925}=47.441\times 10^7\text{kN}\cdot\text{m}$$

剪力墙顶点位移 $\Delta=\frac{V_0H^3}{8EI_{eq}}=\frac{312\times 31.2^3}{8\times 47.441\times 10^7}=2.497\times 10^{-3}\text{m}$

(3)连梁和剪力墙墙肢的内力计算

按式(6.22)～式(6.25)计算各层连梁的剪力和梁端弯矩，过程列于表 6.6，连梁内力图如图 6.15 所示。

表 6.6 连梁内力计算

层数	$\xi=z/H$	$\varphi(\xi)$	$m_i=\varphi(\xi)\times 0.835\times 312\times 3.12$ (kN·m)	$V_{bi}=m_i/a=m_i/7.8$ (kN)	$M_{bi}=V_{bi}l/2$ (kN·m)
10	1	0.233	189.67	24.32	24.92
9	0.9	0.241	196.04	25.13	25.76
8	0.8	0.260	211.40	27.10	27.78
7	0.7	0.284	230.59	29.56	30.30
6	0.6	0.306	248.74	31.89	32.69
5	0.5	0.321	260.91	33.45	34.29
4	0.4	0.322	261.68	33.55	34.39
3	0.3	0.301	244.74	31.38	32.16
2	0.2	0.249	202.39	25.95	26.60
1	0.1	0.154	124.96	16.02	16.42

按式(6.26)～式(6.29)计算墙肢在各层底部的弯矩、剪力和轴力(表 6.7),墙肢内力图及位移图如图 6.16 所示。

表 6.7 墙肢内力计算

层数	$H-z$ (m)	M_{Pi} (kN·m)	m_i (kN·m)	$\sum_{i=i}^{n} m_i$ (kN·m)	$M_{i1}=M_{i2}=(M_{Pi}-\sum m_i)/2$ (kN·m)	V_{Pi} (kN)	$V_{i1}=V_{i2}=V_{Pi}/2$ (kN)	$N_{i1}=-N_{i2}=\sum V_{bi}$ (kN)
10	3.12	48.67	189.67	189.67	−70.50	31.20	15.60	24.32
9	6.24	194.69	196.04	385.71	−95.51	62.40	31.20	49.45
8	9.36	438.05	211.40	597.12	−79.53	93.60	46.80	76.55
7	12.48	778.75	230.59	827.71	−24.48	124.80	62.40	106.12
6	15.6	1216.80	248.74	1076.45	70.17	156.00	78.00	138.01
5	18.72	1752.19	260.91	1337.37	207.41	187.20	93.60	171.46
4	21.84	2384.93	261.68	1599.04	392.94	218.40	109.20	205.01
3	24.96	3115.01	244.74	1843.78	635.62	249.60	124.80	236.38
2	28.08	3942.43	202.39	2046.17	948.13	280.80	140.40	262.33
1	31.2	4867.20	124.96	2171.13	1348.04	312.00	156.00	278.35

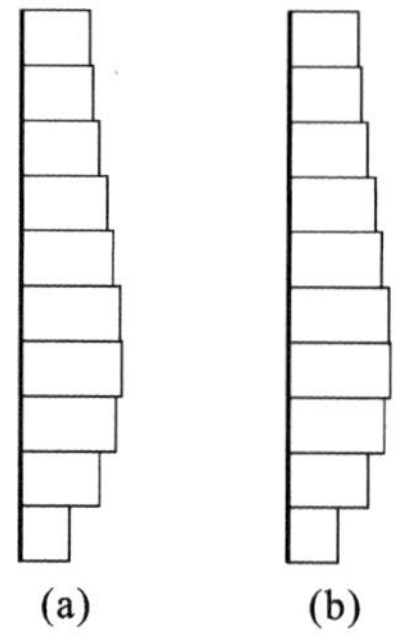

图 6.15 连梁内力图

(a)连梁剪力(kN);(b)连梁弯矩(kN·m)

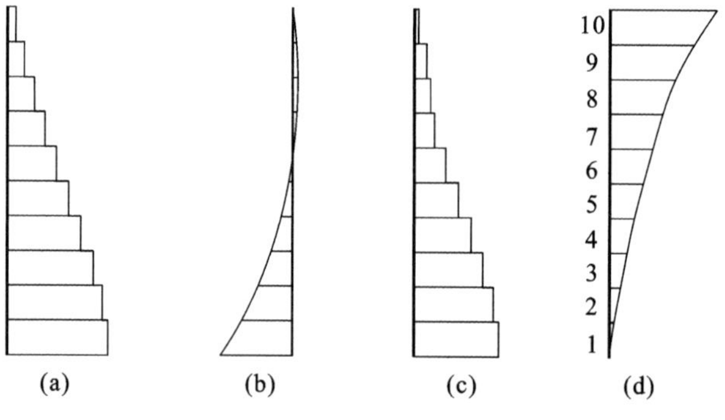

图 6.16 墙肢内力图及位移图

(a)墙肢轴力(kN);(b)墙肢弯矩(kN·m);(c)墙肢剪力(kN);(d)墙肢位移(mm)

6.5.5 双肢墙内力和位移分布特点

图 6.17 给出了某双肢墙按连续连杆法计算的墙肢侧移 $y(\xi)$、连梁剪力 $\tau(\xi)$、墙肢轴力 $N(\xi)$及弯矩 $M(\xi)$沿高度的分布曲线。由该曲线可知其内力和位移分布具有以下特点。

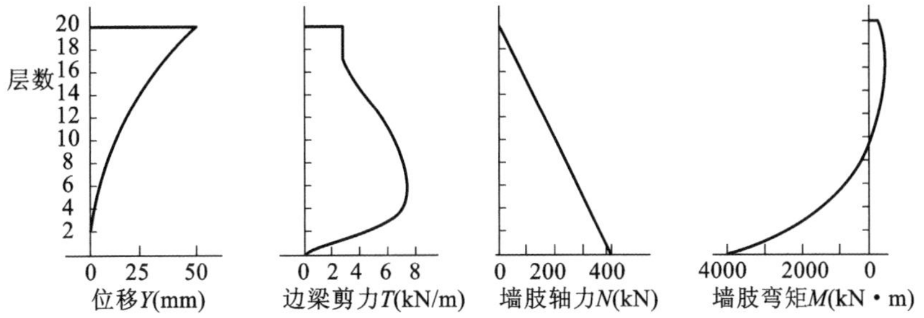

图 6.17 双肢墙内力和位移分布特点

(1)双肢墙的侧移曲线呈弯曲型。α 值越大，墙的刚度越大，位移越小。

(2)连梁的剪力分布具有明显的特点。剪力最大(也是弯矩最大)的连梁不在底层，其位置和大小将随 α 值而改变。当 α 值较大时，连梁剪力加大，剪力最大的连梁位置向下移。

(3)墙肢的轴力与 α 值有关。当 α 值增大时，连梁剪力增大，则墙肢轴力也增大。

(4)墙肢弯矩也与 α 值有关。α 值增大，墙肢轴力增大，则墙肢弯矩减小。

由此可见，整体性系数 α 与内力分布及刚度有关，是一个非常重要的参数。

6.5 补充习题

6.6 剪力墙结构的截面设计

6.6.1 概述

剪力墙结构是一个空间结构，竖向荷载主要使剪力墙产生压力，各片剪力墙承受的竖向荷载可近似按楼面传到该片剪力墙上的荷载以及墙体自重计算。在水平地震及风的作用下，剪力墙内将产生轴向力与弯矩、剪力。当竖向荷载效应与地震作用效应或与风荷载效应组合后，剪力墙墙肢的正截面将处于偏心受压或者偏心受拉的状态。因此，剪力墙是一种承受压、弯、剪共同作用的构件，其设计还应保证在楼层高度范围内的总体稳定和出平面外的侧向稳定。

因此，钢筋混凝土剪力墙应进行平面内的偏心受压或偏心受拉、平面外轴心受压承载力以及斜截面受剪承载力计算；在集中荷载作用下且墙内无暗柱时还应进行局部受压承载力计算；当平面外有较大弯矩时，还应验算平面外的受弯承载力。

连梁按深受弯构件计算，包括正截面受弯及斜截面受剪两部分。

6.6.2 剪力墙正截面强度设计

(1)剪力墙的底部加强部位及组合弯矩调整

根据结构高度及设防烈度，我国现行《抗震规范》将剪力墙的抗震等级划分为一、二、

三、四级。一级抗震等级的剪力墙的抗震措施最严，四级要求最低。

剪力墙结构在地震作用下预期的延性破坏模式为，首先使连梁发生剪切及弯曲破坏，让连梁作为第一道抗震防线发挥耗能作用，而后才是剪力墙破坏。剪力墙底部区域因弯矩很大，易发生弯曲破坏，当底部区域抗剪承载力严重不足时，也可能发生底部剪切破坏。

抗震设计时，将剪力墙底部易出现弯曲破坏(形成塑性铰)，并需避免发生剪切破坏的区域定义为剪力墙底部加强部位，加强主要体现在对抗剪承载力的加强。一般底部加强部位从嵌固端算起(嵌固端可能是地下室顶板、基础顶面或其他上部结构的嵌固部位)，底部加强部位的高度可取底部两层和墙体总高度的 1/10 两者的较大值。

一级抗震等级的剪力墙，应按照设计意图控制塑性铰的出现部位，在其他部位则应保证不出现塑性铰，因此一级抗震等级的剪力墙各截面的弯矩设计值应符合下列规定：

①底部加强部位应按实际墙肢组合弯矩计算值采用；

②其他部位可按墙肢组合弯矩计算值的 1.2 倍采用。

对于双肢剪力墙，如果有一个墙肢出现小偏心受拉，该墙肢可能会出现水平通缝而失去受剪承载力，则由荷载产生的剪力将全部转移给另一个墙肢，导致其受剪承载力不足，因此在双肢墙中墙肢不宜出现小偏心受拉。当墙肢出现大偏心受拉时，墙肢会出现裂缝，使其刚度降低，剪力将在两墙肢中进行重新分配，此时，可将另一墙肢按弹性计算的弯矩设计值和剪力设计值乘以增大系数 1.25，以提高其承载力。

(2)正截面偏心受压承载力

剪力墙墙肢的正截面承载力计算方法与柱相同。区别在于剪力墙截面的宽度和高度相差较大，是一种片状结构；另外，剪力墙的墙肢除在端部配置竖向抗弯钢筋外，还在端部以外配置竖向和横向分布钢筋，竖向分布钢筋参与抵抗弯矩。试验表明，当墙体发生破坏时，在受压区内的竖向分布钢筋所受压应力较小，偏于安全，可不考虑其作用。

剪力墙经受反复荷载时，其正截面承载力并不比承受单调加载时降低。但当有地震作用参与内力组合时，必须考虑承载力抗震调整系数 γ_{RE}。

在内力与位移计算中，可按表 6.1 确定各剪力墙的有效翼缘宽度，此处截面设计仍可按该截面进行承载力计算。但若为了简便，也可按矩形截面进行强度设计。

①大、小偏心受压的判别

剪力墙大、小偏心受压的判别方法与偏心受压柱相同。当 $\xi \leqslant \xi_b$ 时，为大偏心受压；当 $\xi > \xi_b$ 时，为小偏心受压，其中 ξ 为墙肢相对受压区高度，ξ_b 为墙肢相对界限受压区高度。

$$\xi_b = \frac{\beta_1}{1 + \dfrac{f_y}{0.0033E_s}} \tag{6.30}$$

式中 β_1——混凝土等效矩形受压区高度与中和轴高度的比值，当混凝土强度等级不大于 C50 时，取 0.8；当为 C80 时，取 0.74；其他情况按线性内插值取用；

f_y——钢筋抗拉强度设计值；

E_s——钢筋弹性模量。

②墙肢正截面大偏心受压承载力计算

剪力墙截面大偏心受压时的破坏状态和一般大偏心受压柱相似。首先是远离中和轴受拉区的受压钢筋达到设计强度，然后受压区的钢筋及混凝土达到极限强度，靠近中和轴处的竖向分布钢筋在剪力墙墙肢截面破坏之前达不到设计强度。为了简化计算，假定仅在 $1.5x$（x 为受压区高度）范围以外的受拉钢筋达到屈服并参与受力，在 $1.5x$ 范围以内的竖向分布钢筋不参与受力。

根据力的平衡原理，从极限状态下截面应力图形（图 6.18）可建立 $\sum N=0$（轴向力平衡）和 $\sum M=0$（对端部受拉钢筋合力点取矩）的平衡方程式：

$$N \leqslant \alpha_1 f_c b_w x + A'_s f'_y - A_s f_y - f_{yw} A_{sw} \frac{h_{w0} - 1.5x}{h_{w0}} \tag{6.31a}$$

$$N\left(e_0 + \frac{h_w}{2} - a_s\right) \leqslant \alpha_1 f_c b_w x \left(h_{w0} - \frac{x}{2}\right) + A'_s f'_y (h_{w0} - a'_s) - f_{yw} A_{sw} \frac{(h_{w0} - 1.5x)^2}{2h_{w0}} \tag{6.31b}$$

式中 N——墙肢轴力设计值；

f_y, f'_y, f_{yw}——剪力墙端部竖向受拉、受压钢筋和墙体内竖向分布钢筋强度设计值；

f_c——混凝土抗压强度设计值；

A_s, A'_s——剪力墙端部受拉和受压钢筋截面面积；

h_{w0}——剪力墙截面计算高度，取 $h_{w0}=h_w-a_s$；

h_w——剪力墙截面高度；

b_w——剪力墙截面厚度；

e_0——偏心距，$e_0=M/N$；

α_1——系数，当混凝土强度等级不超过 C50 时，取 1.0；当混凝土强度等级为 C80 时，取 0.94；当混凝土强度等级在 C50～C80 之间时，按线性内插值取用。

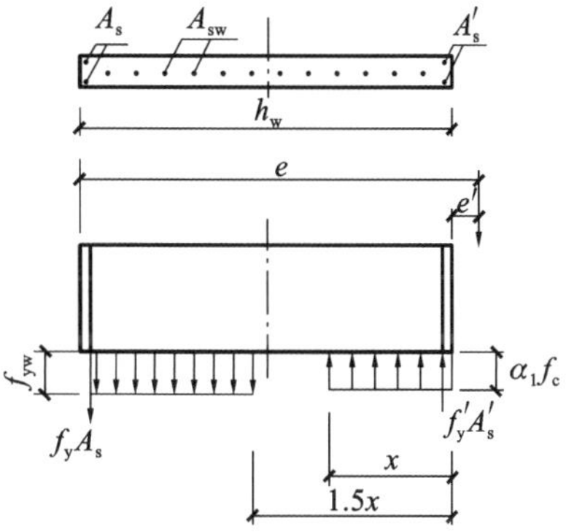

图 6.18 矩形截面墙肢大偏心受压极限应力分布

剪力墙截面中和轴位置可按 $\sum M=0$（对外力合力点 N 取矩）的平衡方程式确定：

$$A_s f_y\left(e_0 + \frac{h_w}{2} - a_s\right) + f_{yw} b_w (h_{w0} - 1.5x) \rho_{sw} \left(e_0 + 0.75x + \frac{a_s}{2}\right) - A'_s f'_y \left(e_0 - \frac{h_w}{2} + a'_s\right) - \alpha_1 f_c b_w \left(e_0 - \frac{h_w}{2} + \frac{x}{2}\right) = 0 \tag{6.32}$$

计算中考虑受压钢筋时，受压区高度应符合 $x \geqslant 2a'_s$ 的条件。

为了简化计算，通常在计算中允许不考虑墙体端部的翼缘作用。对矩形截面的剪力墙，当对称配筋时（$A_s f_y = A'_s f'_s$），根据式（6.31a）可求出剪力墙截面的受压区高度为：

$$x = \frac{n + f_{yw} A_{sw}}{\alpha_1 f_c b_w + 1.5 f_{yw} A_{sw} / h_{w0}} \tag{6.33}$$

当给定了竖向分布钢筋之后，端部对称配筋的墙肢截面受压区高度即可确定，并可从式（6.31b）中求得墙肢端部钢筋 A_s, A'_s：

$$A_s = A'_s = \frac{N\left(e_0 + \frac{h_w}{2} - a_s\right) - \alpha_1 f_c b_w x\left(h_{w0} - \frac{x}{2}\right) + 0.5 f_{yw} b_w \rho_{sw} (h_{w0} - 1.5x)^2}{f'_y (h_{w0} - a'_s)} \tag{6.34}$$

式中 ρ_{sw}——剪力墙竖向分布钢筋配筋率，$\rho_{sw} = A_{sw}/(b_w h_{w0})$。

当墙肢截面为T形或工字形时，可参照T形或工字形截面柱的计算方法进行计算，同样可按上述原则考虑分布钢筋的作用。

上述公式尚未考虑地震的影响，抗震设计时需将公式右边除以承载力抗震调整系数 γ_{RE}。

③墙肢正截面小偏心受压承载力计算

剪力墙小偏心受压时破坏形态与一般小偏心受压柱相同。小偏心受压时，剪力墙墙肢截面全部或部分受压，在压应力较大的一侧，混凝土达到极限抗压强度，端部钢筋及分布钢筋均达到抗压屈服强度；在离轴向力较远的一侧，端部钢筋及分布钢筋或为受拉，或为受压，但均未屈服。因此，小偏心受压时墙肢内分布钢筋的作用均不予考虑，即忽略所有分布钢筋的作用。截面极限状态应力分布（图6.19），承载力计算公式，计算步骤与小偏心受压柱完全相同。

基本方程为：

$$N = \alpha_1 f_c b_w x + A'_s f'_y - \sigma_s A_s \tag{6.35a}$$

$$Ne \leqslant \alpha_1 f_c b_w x\left(h_{w0} - \frac{x}{2}\right) + A'_s f'_y (h_{w0} - a'_s) \tag{6.35b}$$

$$e = e_0 + \frac{h_w}{2} - a_s \tag{6.35c}$$

$$\sigma_s = \frac{\xi - \beta_1}{\xi_b - \beta_1} f_y \tag{6.35d}$$

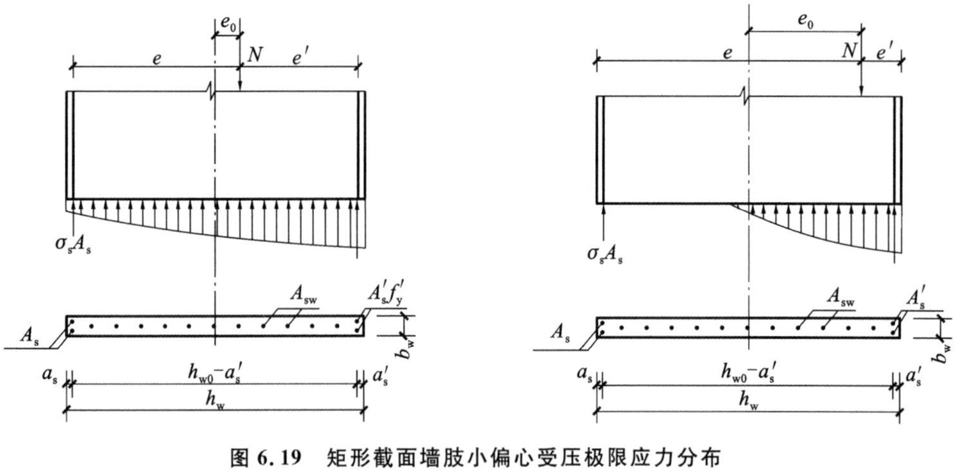

图6.19 矩形截面墙肢小偏心受压极限应力分布

由基本方程式(6.35)，可求得墙肢端部配筋量 A_s、A'_s，墙肢内竖向分布钢筋则按构造要求设置。

小偏心受压构件除了应计算弯矩作用平面内的承载力之外，尚应按轴心受压构件验算墙体平面外的承载力，此时可不考虑弯矩的作用，墙体平面外的承载力应满足：

$$N \leqslant \varphi(\alpha_1 f_c b_w h_w + A'_s f'_y + A_s f_y) \tag{6.36}$$

式中　N——墙肢截面纵向轴力设计值；

φ——剪力墙在平面外的纵向弯曲系数，由表 6.8 查得。

表 6.8　墙体纵向弯曲系数 φ

h_w/b_w	<4	4	6	8	10	12	14	16	18	20	22	24	26	28	30
φ	1.00	0.98	0.96	0.91	0.86	0.82	0.77	0.72	0.68	0.63	0.59	0.55	0.51	0.47	0.44

上述小偏心受压公式[式(6.35)]尚未考虑地震的影响，抗震设计时将公式右边除以承载力抗震调整系数 γ_{RE} 即可。

(3)正截面偏心受拉承载力计算

剪力墙一般不可能也不允许发生小偏心受拉破坏，只允许处于大偏心受拉状态。

墙肢在弯矩 M 和轴向拉力 N 的作用下，当偏心距 $e_0 \geqslant h_w/2 - a_s$ 时为大偏心受拉。在大偏心受拉情况下，截面大部分处于拉应力状态，仅有小部分截面处于压应力状态(图 6.20)，受拉及受压侧的纵向钢筋均达到屈服。其极限状态下的截面应力分布与大偏心受压情况相同。极限计算时考虑在受压区高度 1.5 倍之外的竖向分布钢筋承受拉力，同时忽略受压竖向分布钢筋的作用。大偏心受拉情况下的计算公式与大偏心受压相似，只是轴力的方向与大偏心受压相反。

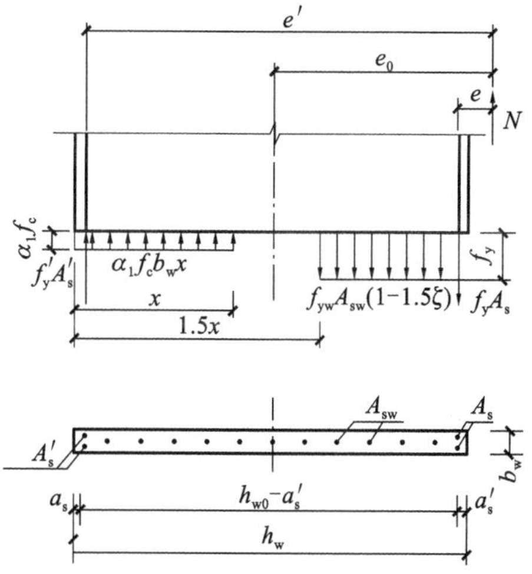

图 6.20　矩形截面墙肢大偏心受拉极限应力分布

若考虑墙肢内为对称配筋，$A_s = A'_s$，则墙肢大偏心受拉承载力计算的基本公式为：

$$N = f_{yw} A_{sw} \frac{h_{w0} - 1.5x}{h_{w0}} - \alpha_1 f_c b_w x \tag{6.37a}$$

$$Ne = \alpha_1 f_c b_w x \left(h_{w0} - \frac{x}{2}\right) + A'_s f'_y (h_{w0} - a'_s) - f_{yw} A_{sw} \frac{(h_{w0} - 1.5x)^2}{2h_{w0}} \tag{6.37b}$$

$$e = e_0 - \frac{h_w}{2} + a_s \tag{6.37c}$$

若墙肢内竖向分布钢筋的配筋率 ρ_{sw} 为已知，则由基本公式可解得受压区高度 x 及端部钢筋面积 $A_s = A'_s$。

给定的分布钢筋除应满足构造要求外，为保证截面上存在受压区还必须满足：

$$A_{sw} \geqslant N/f_{yw} \tag{6.38}$$

考虑地震作用或不考虑地震作用，剪力墙正截面承载力的计算公式是一样的。在考虑地震作用时，在各类情况中的承载力计算公式右边都要除以承载力抗震调整系数 γ_{RE}。

6.6.3 剪力墙斜截面抗剪强度设计

(1)剪力设计值的调整

为了体现强剪弱弯的原则,需对剪力墙的剪力进行调整。一级剪力墙的底部加强部位以上部位,其剪力设计值应乘以增大系数 1.3。剪力墙底部加强区范围内的剪力设计值 V_w,一、二、三级抗震等级时应按式(6.39)调整,四级抗震等级及无地震作用组合时可不调整。

$$V_w = \eta_{vw} V'_w \tag{6.39}$$

在设防烈度为 9 度时,剪力墙底部加强部位的剪力尚应符合:

$$V_w = 1.1 \frac{M_{wua}}{M_w} V'_w \tag{6.40}$$

式中 M_{wua}——剪力墙底部按实配钢筋计算的考虑承载力抗震调整系数的正截面受弯承载力;

M_w,V'_w——考虑地震作用组合的剪力墙墙肢底部加强部位截面的弯矩设计值、剪力设计值;

η_{vw}——抗震墙剪力增大系数,一级为 1.6,二级为 1.4,三级为 1.2。

(2)偏心受压剪力墙斜截面受剪强度验算

试验表明,钢筋混凝土剪力墙的抗剪性能主要与墙体水平抗剪钢筋数量、混凝土强度和墙体的剪跨比有关。在水平荷载和竖向荷载共同作用下的剪力墙,其受剪破坏的主要形态与受弯梁相似,即有斜拉破坏、剪压破坏和斜压破坏三种。斜拉破坏一般通过限制墙肢内水平分布钢筋的最小配筋率来避免,斜压破坏一般通过限制截面剪压比来避免。斜截面抗剪承载力计算是为了防止剪压破坏。

同受弯梁抗剪相类似,墙肢水平截面内的剪力由混凝土和水平钢筋共同承担。剪力墙的斜截面受剪承载力还受到墙肢内轴向压力或轴向拉力的影响(影响了混凝土的抗剪承载力)。一定大小的轴向压力的存在会增大截面的受压区范围,对混凝土抗剪是有利的;当轴向力为拉力时,墙肢截面的受压区范围会缩小,轴向拉力会加大截面裂缝,对混凝土抗剪是不利的。为此,计算中应考虑轴向力 N 对混凝土抗剪能力的影响。对偏心受压构件,轴压力有利于抗剪承载力,但当压力增大到一定程度后,轴压力对抗剪的有利作用减小,因此对轴压力的取值应加以限制。

地震时,剪力墙承受双向反复作用的剪力,其混凝土抗剪承载力较单调静载时有所降低。

剪力墙在偏心受压时的斜截面受剪承载力应按式(6.41)计算:

①无地震作用组合时:

$$V_u = \frac{1}{\lambda - 0.5}\left(0.5 f_t b_w h_{w0} + 0.13 N \frac{A_w}{A}\right) + f_{yh} \frac{A_{sv}}{s} h_{w0} \tag{6.41a}$$

②有地震作用组合时:

$$V_u = \frac{1}{\gamma_{RE}}\left[\frac{1}{\lambda - 0.5}\left(0.4 f_t b_w h_{w0} + 0.1 N \frac{A_w}{A}\right) + 0.8 f_{yh} \frac{A_{sv}}{s} h_{w0}\right] \tag{6.41b}$$

式中 N——剪力墙的轴向压力设计值,当 $N > 0.2 f_c b_w h_w$ 时,取 $N = 0.2 f_c b_w h_w$;抗震设计时,应考虑地震作用组合;

A——剪力墙截面面积；

A_w——T形或工字形截面剪力墙腹板面积，矩形截面取 $A_w=A$；

λ——计算截面处的剪跨比，$\lambda=\dfrac{M}{Vh_{w0}}$，$\lambda<1.5$ 时，取1.5；$\lambda>2.2$ 时，取2.2；当计算截面与墙底之间的距离小于 $0.5h_{w0}$ 时，λ 应按距墙底0.5m处的弯矩值和剪力值计算；

s——剪力墙水平钢筋的间距；

f_t——混凝土抗拉强度设计值；

f_{yh}——水平钢筋的强度设计值；

A_{sv}——同一截面剪力墙的水平钢筋的全部截面面积；

γ_{RE}——承载力抗震调整系数，取 $\gamma_{RE}=0.85$。

(3)偏心受拉剪力墙斜截面受剪强度验算

偏心受拉构件中，需考虑轴向拉力的不利影响，轴力项取负值。剪力墙在偏心受拉时的斜截面受剪承载力，应按式(6.42)计算：

①无地震作用效应组合时：

$$V_u=\frac{1}{\lambda-0.5}\left(0.5f_tb_wh_{w0}-0.13N\frac{A_w}{A}\right)+f_{yh}\frac{A_{sv}}{s}h_{w0} \tag{6.42a}$$

当公式右边计算值小于 $f_{yh}\dfrac{A_{sv}}{s}h_{w0}$ 时，取等于 $f_{yh}\dfrac{A_{sv}}{s}h_{w0}$。

②有地震作用组合时：

$$V_u=\frac{1}{\gamma_{RE}}\left[\frac{1}{\lambda-0.5}\left(0.4f_tb_wh_{w0}-0.1N\frac{A_w}{A}\right)+0.8f_{yh}\frac{A_{sv}}{s}h_{w0}\right] \tag{6.42b}$$

当公式右边计算值小于 $\dfrac{1}{\gamma_{RE}}\left(0.8f_{yh}\dfrac{A_{sv}}{s}h_{w0}\right)$ 时，取等于 $\dfrac{1}{\gamma_{RE}}\left(0.8f_{yh}\dfrac{A_{sv}}{s}h_{w0}\right)$。

(4)剪力墙墙肢截面的最小尺寸

为了避免剪力墙产生斜压破坏，要限制剪压比(混凝土截面平均剪应力与混凝土抗压强度的比值)。剪力墙的剪压比过高，会在早期出现斜裂缝，抗剪钢筋不能充分发挥作用。即使配置很多的抗剪钢筋，也会过早发生剪切斜压破坏，为此剪力墙的截面尺寸应符合下列要求：

①无地震作用组合时：

$$V_w\leqslant 0.25\beta_cf_cb_wh_{w0} \tag{6.43a}$$

②有地震作用组合时：

剪跨比>2.5时，

$$V_w\leqslant\frac{1}{\gamma_{RE}}(0.2\beta_cf_cb_wh_{w0}) \tag{6.43b}$$

剪跨比≤2.5时，

$$V_w\leqslant\frac{1}{\gamma_{RE}}(0.15\beta_cf_cb_wh_{w0}) \tag{6.43c}$$

式中 V_w——剪力墙截面组合的剪力设计值,应按规定进行调整。

β_c——混凝土强度影响系数,当混凝土强度等级小于或等于C50时,取$\beta_c=1.0$;当混凝土强度等级为C80时,取$\beta_c=0.8$;当混凝土强度等级在C50~C80之间时,取其内插值。

b_w,h_{w0}——剪力墙截面厚度和有效高度。

γ_{RE}——承载力抗震调整系数,取$\gamma_{RE}=0.85$。

(5)剪力墙水平施工缝处的抗剪强度验算

按一级抗震等级设计的剪力墙,要防止水平施工缝处发生滑移。考虑了摩擦力的有利影响后,验算水平施工缝处的竖向钢筋是否足以抵抗水平剪力。其受剪承载力应符合下列要求:

$$V_w \leqslant \frac{1}{\gamma_{RE}}(0.6f_yA_s+0.8N) \tag{6.44}$$

式中 V_w——剪力墙施工缝处组合的剪力设计值;

f_y——竖向钢筋抗拉强度设计值;

N——施工缝处不利组合的轴向力设计值,压力取正值,拉力取负值;

A_s——施工缝处剪力墙的竖向分布钢筋、竖向插筋和边缘构件(不包括边缘构件以外的两侧翼墙)纵向钢筋的总截面面积。

6.6.4 剪力墙构造

(1)一般规定

①剪力墙结构的混凝土强度等级

为了保证剪力墙的承载能力、变形能力和耐久性,剪力墙混凝土的强度等级不宜太低。剪力墙结构的混凝土强度等级不应低于C20,筒体结构的核心筒和内筒的混凝土强度等级不应低于C25,以短肢剪力墙(截面长宽比为4~8)为主的结构,其混凝土强度等级不应低于C25。

②轴压比限值

当剪力墙承受较大轴压力时,其受压区高度增大,延性降低。为了保证在地震作用下的钢筋混凝土剪力墙具有足够的延性,《高规》规定,一、二级抗震等级剪力墙的底部加强部位,在重力荷载代表值作用下的轴压比$N/(f_cA)$不宜超过表6.9中的规定。为简化计算,该轴力N采用重力荷载代表值作用下的轴力设计值(不考虑地震作用效应组合),即用考虑重力荷载分项系数后的轴力设计值计算剪力墙的名义轴压比。

表6.9 剪力墙墙肢轴压比限值

抗震等级	一级(9度)	一级(6度、7度、8度)	二、三级
轴压比限值$\frac{N}{f_cA}$	0.4	0.5	0.6

注:墙肢轴压比是指重力荷载代表值作用下墙肢承受的轴压力设计值与墙肢的全截面面积和混凝土轴心抗压强度设计值乘积之比值。

延性不仅与轴压比有关,而且还与截面的形状有关。在相同的轴压力作用下,带翼缘的剪力墙延性较好,一字形截面最为不利。上述规定没有区分截面形式,设计时对一字形截面墙肢应从严控制其轴压比，其轴压比限值相应降低0.1。

(2)约束边缘构件和构造边缘构件

试验表明，在剪力墙的端部配置一定数量的横向钢筋时，其约束可改善墙肢端部混凝土的受压性能，从而增大剪力墙的延性。一般可通过在墙肢端部设置边缘构件，配置一定数量的箍筋来实现这种约束。

对延性要求比较高的剪力墙，在可能出现塑性铰的部位应设置约束边缘构件，其他部位可设置构造边缘构件。约束边缘构件的截面尺寸及配筋都比构造边缘构件要求高。两种边缘构件的具体应用范围和要求如下。

①约束边缘构件

约束边缘构件设置在轴压比较大(轴压比大于表6.10所列限值)的一、二、三级抗震等级的剪力墙底部加强部位及其上一层的墙肢端部，当轴压比不大于表6.10所列限值时，可只设置构造边缘构件。约束边缘构件可为暗柱、端柱和翼墙。约束边缘构件设计的主要措施是加大边缘构件的长度 l_c 及其体积配箍率 ρ_v。

表6.10 剪力墙可不设约束边缘构件的最大轴压比

抗震等级(设防烈度)	一级(9度)	一级(6度、7度、8度)	二、三级
轴压比	0.1	0.2	0.3

体积配箍率 ρ_v 通过配箍特征值 λ_v 计算，如式(6.45)。

$$\rho_v = \lambda_v \frac{f_c}{f_{yv}} \tag{6.45}$$

式中 λ_v——约束边缘构件配箍特征值；

f_c——混凝土轴心抗压强度设计值；

f_{yv}——箍筋或拉筋的抗拉强度设计值。

约束边缘构件沿墙肢方向的长度 l_c 和箍筋配箍特征值 λ_v 宜符合表6.11的要求(图6.21)。且一、二、三级抗震设计时约束边缘构件的箍筋及拉筋沿竖向的间距分别不应大于100mm和150mm。箍筋、拉筋沿水平方向的肢距不宜大于300mm，不应大于竖向钢筋间距的2倍。箍筋的配筋范围如图6.21中的阴影部分所示。

表6.11 约束边缘构件沿墙肢的长度 l_c 及其配箍特征值 λ_v

项目	一级(9度)		一级(6度、7度、8度)		二、三级	
	$\mu_N \leqslant 0.2$	$\mu_N > 0.2$	$\mu_N \leqslant 0.3$	$\mu_N > 0.3$	$\mu_N \leqslant 0.4$	$\mu_N > 0.4$
l_c(暗柱)	$0.20h_w$	$0.25h_w$	$0.15h_w$	$0.20h_w$	$0.15h_w$	$0.20h_w$
l_c(翼墙或墙柱)	$0.15h_w$	$0.20h_w$	$0.10h_w$	$0.15h_w$	$0.10h_w$	$0.15h_w$
λ_v	0.12	0.20	0.12	0.20	0.12	0.20

注：1. h_w 为剪力墙墙肢长度。

2. l_c 为约束边缘构件沿墙肢方向长度，不应小于表内数值、墙厚和400mm三者的最大值；有翼墙或端柱时尚不应小于翼墙厚度或端柱沿墙肢方向截面高度加300mm。

3. 翼墙长度小于其3倍厚度或端柱截面边长小于2倍墙厚时，视为无翼墙，无端柱。

约束边缘构件纵向钢筋的配筋范围不应小于图6.21中的阴影面积，其纵向钢筋首先应满足正截面受压(受拉)承载力计算要求，同时其最小配筋截面面积，一、二、三级抗震设计时分别不应小于图中阴影面积的1.2%、1.0%和1.0%，并分别不应小于8Φ16、6Φ16

和 6Φ14。

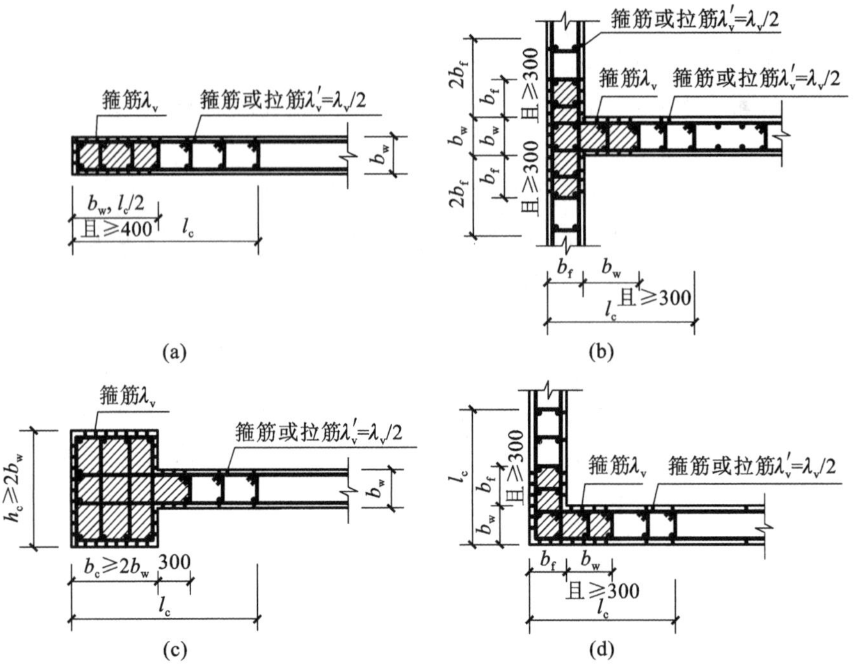

图 6.21 剪力墙的约束边缘构件

(a)暗柱;(b)有翼墙;(c)有端柱;(d)转角墙(L 形墙)

对于十字形截面剪力墙,可按两片墙分别在墙端部设置约束边缘构件,交叉部位只按构造要求配置暗柱。

②构造边缘构件

构造边缘构件设置在一、二、三级抗震设计剪力墙的非约束边缘构件设置部位以及四级抗震设计和非抗震设计的剪力墙墙肢端部。

构造边缘构件的范围和计算纵向钢筋用量的截面面积 A_c 宜取图 6.22 中的阴影部分,纵向钢筋应满足受弯承载力的要求。按抗震设计的剪力墙应按表 6.12 所列的构造要求设置纵向钢筋及箍筋(或拉筋),其中箍筋的无支长度不应大于 300mm,拉筋的水平间距不应大于纵向钢筋间距的 2 倍。凡剪力墙端部为端柱者,端柱中纵向钢筋及箍筋宜按框架柱的构造要求配置;非抗震设计的剪力墙,端部需按构造配置不少于 4Φ12 的纵向钢筋,沿纵向钢筋应配置不少于Φ6@250 的拉筋。

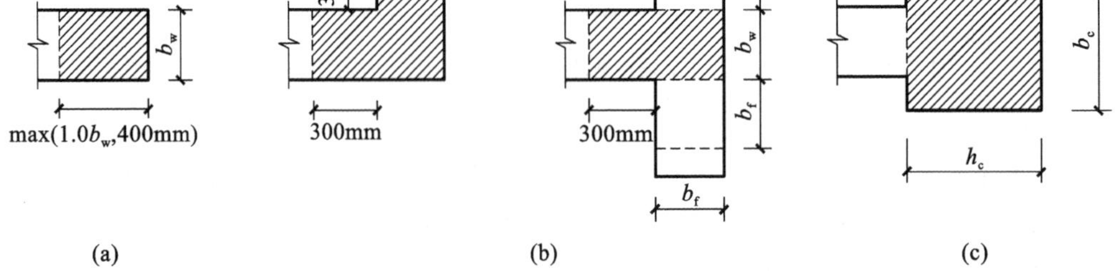

图 6.22 剪力墙的构造边缘构件的配筋范围

表 6.12 剪力墙构造边缘构件的配筋要求

等级	底部加强部位			其他部位		
	纵向钢筋最小量（取较大值）	箍筋		纵向钢筋最小量（取较大值）	箍筋或拉筋	
		最小直径（mm）	最大间距（mm）		最小直径（mm）	最大间距（mm）
一级抗震	$0.010A_c$,6Φ16	8	100	$0.008A_c$,6Φ14	8	150
二级抗震	$0.008A_c$,6Φ14	8	150	$0.006A_c$,6Φ12	8	200
三级抗震	$0.006A_c$,6Φ12	6	150	$0.005A_c$,4Φ12	6	200
四级抗震	$0.005A_c$,4Φ12	6	200	$0.004A_c$,4Φ12	6	250
非抗震				4Φ12	6	250

(3)剪力墙钢筋布置

钢筋混凝土剪力墙受温度的影响较大，高剪力墙的收缩应力会对墙身产生影响，因此，对所有外露的剪力墙、剪力墙的底层、顶层及内纵墙端开间等处，均应适当加强水平和竖向分布钢筋的设置。对剪力墙的塑性铰区以及比较重要的部位应予以加强。

为了防止剪力墙在受弯裂缝出现后立即达到极限抗弯承载力，同时为了防止斜裂缝出现后发生脆性破坏，其竖向和水平分布钢筋应满足最小配筋率（表 6.13）的要求。对墙体受力不利和受温度影响较大的部位，主要包括房屋的顶层、长矩形平面房屋的楼（电）梯间、纵向剪力墙端开间、端山墙和纵墙的端开间等温度应力较大的部位，应适当增大其分布钢筋的配筋量，以抵抗温度应力的不利影响。

表 6.13 剪力墙分布钢筋最小配筋率

类型	抗震等级	最小配筋率	最大间距	最小直径
一般剪力墙	一、二、三级	0.25%	300mm	8mm
	四级、非抗震	0.20%	300mm	8mm
B级高度剪力墙	特一级	0.35% 0.40%（加强部位）	300mm	8mm
1. 房屋顶层 2. 长矩形平面房屋的楼（电）梯间 3. 纵向剪力墙端开间 4. 端山墙	抗震与非抗震	0.25%	200mm	8mm

剪力墙截面分布钢筋的配筋率按下式计算：

$$\rho_{sw}=\frac{A_{sw}}{b_w s} \tag{6.46}$$

式中 A_{sw}——间距 s 范围内配置在同一截面内的竖向或水平分布钢筋各肢总面积。

为了保证剪力墙能够有效地抵抗平面外的各种作用，同时由于剪力墙的厚度较大，为防止混凝土表面出现收缩裂缝，高层剪力墙中竖向和水平分布钢筋，不应采用单排配筋。为了保证分布钢筋具有可靠的混凝土握裹力，剪力墙竖向、水平分布钢筋的直径不宜大于墙肢截面厚度的 1/10。剪力墙宜采用的分布钢筋方式见表 6.14。

表 6.14　剪力墙分布钢筋的配筋方式

截面厚度	配筋方式
$b_w \leqslant 400$mm	双排配筋
$400\text{mm} < b_w \leqslant 700$mm	三排配筋
$b_w > 700$mm	四排配筋

各排分布钢筋之间的拉结筋间距不应大于 600mm，直径不宜小于 6mm；在底部加强部位，约束边缘构件以外的拉结筋间距尚应适当加密。

非抗震设计时，剪力墙受力钢筋锚固长度为 l_a；抗震设计时，锚固长度为 l_{aE}。

剪力墙竖向及水平分布钢筋的搭接连接如图 6.23 所示。一、二级剪力墙的底部加强部位，竖向钢筋的接头位置应错开，每次连接的钢筋数量不宜超过总数量的 50%，错开的净距不宜小于 500mm；其他情况剪力墙的竖向钢筋可在同一部位连接。非抗震设计时，分布钢筋的搭接长度不应小于 $1.2l_a$；抗震设计时，不应小于 $1.2l_{aE}$。

暗柱及端柱内纵向钢筋连接和锚固要求宜与框架柱相同。

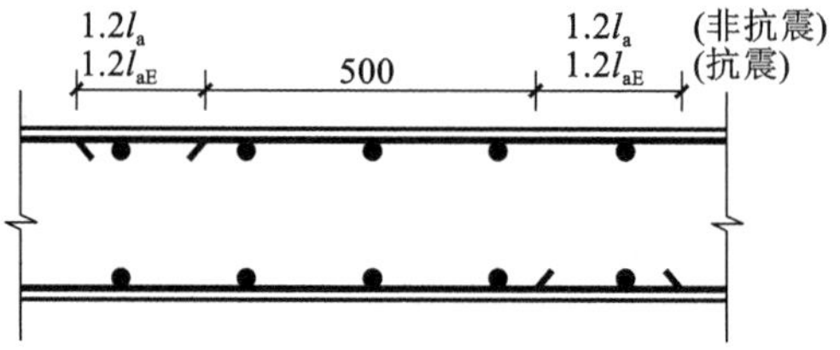

图 6.23　墙内分布钢筋的连接

【例 6.3】 设某剪力墙结构，共 10 层，底层计算层高 5.4m（从基础顶面到二层楼面处），2～10 层层高均为 3.9m，结构总高 40.5m。抗震设防烈度为 8 度，抗震等级为二级。混凝土强度等级为 C30。该结构底层某矩形截面剪力墙墙肢的截面尺寸为 $b_w=200$mm，$h_w=2400$mm。地震作用效应参与组合下，该墙肢底部控制截面的弯矩设计值 $M_w=1200$kN·m，轴向压力设计值 $N_w=2000$kN，剪力设计值 $V_w=500$kN；重力荷载代表值作用下墙肢轴向压力设计值 $N=1280$kN，试对此墙肢该截面的正截面和斜截面承载力进行设计。墙肢配筋采用 HRB400 级钢筋，$f_y=360$MPa。

【解】 (1)墙肢正截面承载力设计

设该剪力墙采用对称配筋。

设竖向分布筋采用双排Φ10@200，配筋率 $\rho_{sw}=A_{sw}/(b_w s)=(78.5\times2)/(200\times200)=0.003925=0.39\%>0.25\%$，分布筋配筋方案满足表 6.13 的要求。

竖向分布筋沿墙肢全截面的配筋面积 $A_{sw}=2\times78.5\times11=1727\text{mm}^2$。

该墙肢轴压比 $n=N/(f_c A)=1280000/(14.3\times200\times2400)=0.186<0.3$

则按表 6.10，该墙肢端部可只设置构造边缘构件，无需设置约束边缘构件。

按图 6.21，墙肢端部构造边缘构件沿墙肢的长度为 400mm，设纵向受力钢筋均匀布置在构造边缘构件内，则偏保守取 $a_s=200$mm，有

$h_{w0}=h_w-a_s=2400-200=2200\text{mm}$

$$x=\frac{\gamma_{RE}N+f_{yw}A_{sw}}{\alpha_1 f_c b_w+1.5f_{yw}A_{sw}/h_{w0}}=\frac{0.85\times2000000+360\times1727}{1.0\times14.3\times200+1.5\times360\times1727/2200}=707\text{mm}$$

$$\xi=\frac{x}{h_{w0}}=\frac{707}{2200}=0.321\leqslant\xi_b=\frac{\beta_1}{1+\dfrac{f_y}{0.0033E_s}}=\frac{0.8}{1+\dfrac{360}{0.0033\times200000}}=0.518$$

则该剪力墙受力状态为大偏压。

$$A_s=A_s'=\frac{\gamma_{RE}N(e_0+\dfrac{h}{2}-a_s)-\alpha_1 f_c b_w x(h_{w0}-\dfrac{x}{2})+0.5f_{yw}b_w\rho_{sw}(h_{w0}-1.5x)^2}{f_y'(h_{w0}-a_s')}$$

$$=\left[0.85\times2000000\times\left(\frac{1200000}{2000}+\frac{2400}{2}-200\right)-1.0\times14.3\times200\times707\times\left(2200-\frac{707}{2}\right)+0.5\times360\times200\times0.003925\times(2200-1.5\times707)^2\right]\div[360\times(2200-200)]$$

$$=-1153\text{mm}^2$$

则该墙肢端部只需按构造在构造约束边缘构件范围内配置纵向受力钢筋。

该墙肢的底部加强部位取底部两层和墙体总高度的1/10(即 0.1×40.5=4.05m)的较大值,即取底部 2 层。

在底部加强部位(底部 2 层)的构造边缘构件内,配置纵筋面积不低于 $0.008A_c=0.008\times200\times400=640\text{mm}^2$ 及 6ϕ14(面积为 923mm^2)两者的较大值,因此取 6ϕ14。

底部加强部位的构造边缘构件内按构造配置封闭箍筋ϕ8@150。

(2)墙肢斜截面承载力验算

①该剪力墙抗震等级为二级,首先对底层(处于底部加强部位内)的剪力进行调整:

$$V_w=\eta_{vw}V_w'=1.4\times500=700\text{kN}$$

② 剪跨比 $\lambda=M/Vh_{w0}=1200000/(500\times2200)=1.091<2.5$

③墙肢抗剪最小截面尺寸验算

该墙肢剪跨比<2.5

$$\frac{1}{\gamma_{RE}}(0.15\beta_c f_c b_w h_{w0})=\frac{1}{0.85}(0.15\times1.0\times14.3\times200\times2200)$$
$$=1110352.941\text{N}=1110.353\text{kN}$$

$$V_w=700\text{kN}<\frac{1}{\gamma_{RE}}(0.15\beta_c f_c b_w h_{w0})=1110.353\text{kN}$$

则墙肢截面尺寸符合要求。

④该墙肢为大偏压构件,按公式(6.41b)进行抗剪承载力计算。

因为剪跨比 λ 小于 1.5,取剪跨比 $\lambda=1.5$。

墙肢轴力 $N=2000000\text{N}>0.2f_c b_w h_w=0.2\times14.3\times200\times2400=1372800\text{N}$,取 $N=1372800\text{N}$。

$$\frac{A_{sv}}{s}=\frac{\gamma_{RE}V_{w}-\frac{1}{\lambda-0.5}(0.4f_{t}b_{w}h_{w0}+0.1N\frac{A_{w}}{A})}{0.8f_{yh}h_{w0}}$$

$$=\frac{0.85\times700000-\frac{1}{1.5-0.5}(0.4\times1.43\times200\times2200+0.1\times1372800\times1)}{0.8\times360\times2200}$$

$$=0.325$$

选配双排φ8@200，$A_{sv}/s=(50.3\times2)/200=0.503>0.325$，满足计算抗剪需求。且配筋率$=(50.3\times2)/(200\times200)=0.252\%>0.25\%$，满足表6.13所列构造要求。

6.6.5 剪力墙连梁截面设计

剪力墙开洞后墙肢之间的连梁是剪力墙的重要组成部分，对剪力墙结构的抗震性能影响较大。连梁一般跨高比较小，在侧向力作用下，比较容易出现剪切斜裂缝，本身的受力状态十分复杂。《高规》规定，跨高比小于5的梁，在竖向荷载作用下的弯矩所占比例较小，水平荷载作用下产生的反弯使其对剪切变形十分敏感，容易出现剪切裂缝。为此，对跨高比小于5的梁按连梁计算；否则，按框架梁进行设计。

延性剪力墙的设计目标是期望连梁先于墙肢屈服，即连梁首先形成塑性铰耗散地震能量；为避免连梁过早出现剪切破坏，连梁应设计为强剪弱弯，这样当连梁屈服后，仍可以吸收地震能量，同时又能继续起到约束墙肢的作用，使联肢墙的刚度和承载力维持在一定水平。

(1)连梁抗弯承载力验算

连梁的正截面抗弯承载力可按一般受弯构件的要求计算。由于连梁通常都采用对称配筋($A_s=A'_s$)，故无地震作用效应组合时，其正截面受弯承载力可按下式计算。

$$M\leqslant f_{y}A_{s}(h_{b0}-a'_{s})\tag{6.47}$$

式中 A_s——纵向受力钢筋截面面积；

h_{b0}——连梁截面有效高度；

a'_s——受拉区纵向钢筋合力点至受拉边缘的距离。

有地震作用效应组合时，按下式计算。

$$M\leqslant\frac{1}{\gamma_{RE}}[f_{y}A_{s}(h_{b0}-a'_{s})]\tag{6.48}$$

(2)连梁剪力设计值

为了实现连梁的强剪弱弯，推迟剪切破坏，提高其延性，应将连梁的剪力设计值进行调整，即将连梁的剪力设计值乘以增大系数。

无地震作用效应组合，以及有地震作用效应组合的四级抗震等级时，应取考虑水平风荷载或水平地震作用效应组合的剪力设计值。

有地震作用效应组合的一、二、三级抗震等级时，连梁的剪力设计值应按下式进行调整：

$$V_{b}=\eta_{vb}\frac{M_{b}^{l}+M_{b}^{r}}{l_{n}}+V_{Gb}\tag{6.49}$$

9 度设防时要求用连梁实际抗弯配筋反算该增大系数，按下式进行计算：

$$V_b = 1.1 \times \frac{M_{bua}^l + M_{bua}^r}{l_n} + V_{Gb} \tag{6.50}$$

式中 l_n——连梁的净跨；

V_{Gb}——在重力荷载代表值(9 度时还应包括竖向地震作用)作用下，按简支梁计算的梁端截面剪力设计值；

M_b^l, M_b^r ——梁左、右端顺时针或逆时针方向考虑地震作用组合的弯矩设计值；对一级抗震等级且两端均为负弯矩时，绝对值较小一端的弯矩应取为零；

M_{bua}^l, M_{bua}^r ——梁左、右端顺时针或逆时针方向的实配的受弯承载力所对应的弯矩值，应按实配钢筋面积(计入受压钢筋)和材料强度标准值考虑承载力抗震调整系数计算；

η_{vb}——连梁剪力的增大系数，一级为 1.3，二级为 1.2，三级为 1.1。

(3)连梁斜截面承载力计算

连梁的斜截面受剪承载力应按下列公式计算：

①无地震作用效应组合时：

$$V_b \leqslant 0.7 f_t b_b h_{b0} + f_{yv} \frac{A_{sv}}{s} h_{b0} \tag{6.51a}$$

②有地震作用效应组合时：

跨高比>2.5 时，

$$V_b \leqslant \frac{1}{\gamma_{RE}} \left(0.42 f_t b_b h_{b0} + f_{yv} \frac{A_{sv}}{s} h_{b0} \right) \tag{6.51b}$$

跨高比≤2.5 时，

$$V_b \leqslant \frac{1}{\gamma_{RE}} \left(0.38 f_t b_b h_{b0} + 0.9 f_{yv} \frac{A_{sv}}{s} h_{b0} \right) \tag{6.51c}$$

(4)连梁截面的最小尺寸

连梁对剪力墙结构的抗震性能有较大的影响。研究表明，若连梁截面的平均剪应力过大，箍筋就不能充分发挥作用，连梁就会发生剪切破坏，尤其是在连梁跨高比较小的情况下。为此，应限制连梁截面的平均剪应力。为了避免连梁中斜裂缝过早出现，体现强剪弱弯，连梁截面尺寸应符合下列要求。

①无地震作用组合时：

$$V_b \leqslant 0.25 \beta_c f_c b_b h_{b0} \tag{6.52a}$$

②有地震作用组合时：

剪跨比>2.5 时，

$$V_b \leqslant \frac{1}{\gamma_{RE}} (0.20 \beta_c f_c b_b h_{b0}) \tag{6.52b}$$

剪跨比≤2.5 时，

$$V_b \leqslant \frac{1}{\gamma_{RE}} (0.15 \beta_c f_c b_b h_{b0}) \tag{6.52c}$$

式中　b_b, h_{b0}——连梁的截面宽度和有效高度。

(5)连梁配筋构造

为了防止连梁在斜裂缝出现后发生脆性破坏，除了减小其名义剪应力，并加大其箍筋配置外，还可通过一些特殊的构造要求来保证，如加强钢筋锚固、加大箍筋加密区范围、配置腰筋等。为此规定连梁的配筋应满足下列要求(图 6.24)：

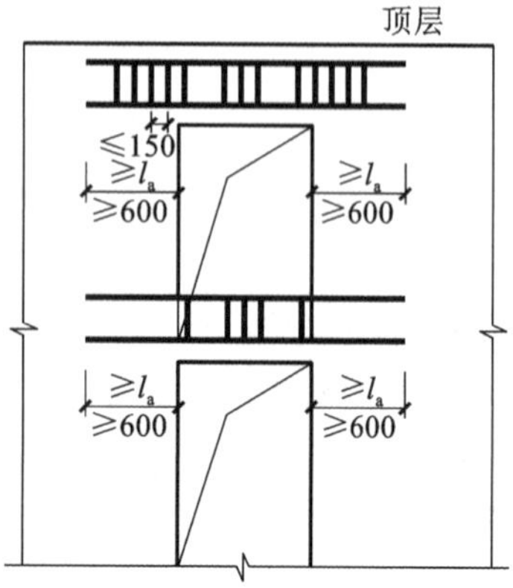

图 6.24　连梁配筋构造

连梁顶面、底面纵向受力钢筋伸入墙内的锚固长度，抗震设计时不应小于 l_{aE}，非抗震设计时不应小于 l_a，且伸入墙内长度均不应小于 600mm。

抗震剪力墙中，沿连梁全长箍筋的构造要求应按框架梁梁端加密区箍筋构造要求采用；非抗震设计时，沿连梁全长箍筋直径不应小于 6mm，间距不应大于 150mm。

在顶层连梁纵向钢筋伸入墙体的长度范围内，应配置间距不大于 150mm 的构造箍筋，构造箍筋直径与该连梁的箍筋直径相同。

墙体水平分布钢筋应作为连梁的腰筋在连梁范围内拉通连续配置；当连梁截面高度大于 700mm 时，其两侧面沿梁高范围设置的纵向构造钢筋(腰筋)的直径不应小于 8mm，间距不应大于 200mm；对跨高比不大于 2.5 的连梁，梁两侧的纵向构造钢筋(腰筋)的面积配筋率不应低于 0.30%。

当剪力墙开洞较小，在整体计算中不考虑其影响时，除了将切断的分布钢筋集中在洞口边缘补足外，还要有所加强，以抵抗洞口处的应力集中。连梁是剪力墙的薄弱部位，应对连梁中开洞后的截面受剪承载力进行计算和采取构造加强措施。

当剪力墙墙面开有非连续小洞口(其各边长度小于 800mm)，且在整体计算中不考虑其影响时，应将洞口处被截断的分布钢筋分别集中配置在洞口上、下和左、右各边[图 6.25(a)]，且钢筋直径不应小于 12mm。

穿过连梁的管道宜预埋套管，洞口上、下边的有效截面高度不宜小于梁高的 1/3，且不宜小于 200mm，洞口处宜配置补强钢筋，被洞口削弱的截面应进行承载力计算[图 6.25(b)]。

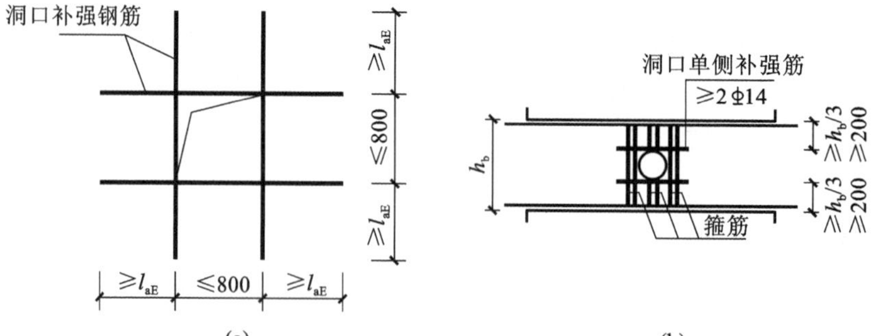

图 6.25　洞口补强配筋示意图

【例 6.4】　设某剪力墙连梁的截面尺寸为 $b_b \times h_b = 250\text{mm} \times 1200\text{mm}$，净跨 $l_n = 1800\text{mm}$。抗震等级为二级，混凝土强度等级为 C40。连梁两端有地震作用效应组合的弯

矩设计值为：$M_{b左}=600\mathrm{kN\cdot m}$，$M_{b右}=700\mathrm{kN\cdot m}$。连梁有地震作用效应组合的剪力设计值 $V_b=850\mathrm{kN}$，在重力荷载代表值作用下，按简支梁计算的梁端剪力设计值 $V_{Gb}=50\mathrm{kN}$。求该连梁的纵向钢筋截面面积及箍筋配筋面积？纵筋和箍筋均采用 HRB400 级钢筋，$f_y=360\mathrm{N/mm^2}$。

【解】 (1)连梁抗弯承载力验算(纵筋配筋计算)

连梁采用对称配筋，有地震作用组合的截面抗弯承载力公式为

$$M\leqslant\frac{1}{\gamma_{RE}}[f_yA_s(h_{b0}-a'_s)]$$

$$A_s=\frac{\gamma_{RE}M}{f_y(h_{b0}-a'_s)}=\frac{0.75\times700\times10^6}{360\times(1150-50)}=1326\mathrm{mm^2}$$

选配 4 ϕ 22，$A_s=1520\mathrm{mm^2}$。

配筋率 $=1520/(250\times1150)=0.53\%$，满足截面最小配筋率要求(0.20%)。

(2)连梁抗剪承载力验算(箍筋计算)

①先对连梁剪力按照强剪弱弯的要求进行调整：

$$V_b=\eta_{vb}\frac{M_b^l+M_b^r}{l_n}+V_{Gb}$$

$$=1.2\times\frac{600+700}{1.8}+50=916.667\mathrm{kN}$$

②连梁跨度 $l=1800+0.5\times1200=2400\mathrm{mm}$

跨高比 $=2400/1200=2$

③验算连梁截面是否满足最小截面尺寸要求

因为跨高比 <2.5，

$$\frac{1}{\gamma_{RE}}(0.15\beta_cf_cb_bh_{b0})=\frac{1}{0.85}(0.15\times1.0\times19.1\times250\times1150)=969044\mathrm{N}=969.044\mathrm{kN}$$

$V_b=916.667\mathrm{kN}<969.044\mathrm{kN}$，连梁截面满足最小截面尺寸要求。

④箍筋计算

按照 $V_b\leqslant\frac{1}{\gamma_{RE}}(0.38f_tb_bh_{b0}+0.9f_{yv}\frac{A_{sv}}{s}h_{b0})$

$$\frac{A_{sv}}{s}=\frac{\gamma_{RE}V_b-0.38f_tb_bh_{b0}}{0.9f_{yv}h_{b0}}=\frac{0.85\times916667-0.38\times1.71\times250\times1150}{0.9\times360\times1150}=1.590$$

选配双肢箍，ϕ 10@90，$A_{sv}/s=78.5\times2/90=1.74>1.59$，满足要求。

6.6 补充习题

本章小结

剪力墙结构是由一系列竖向纵、横墙和水平楼板所组成的空间结构。剪力墙是指结构中承受竖向荷载，同时又作为抗侧力构件的钢筋混凝土墙体。由于剪力墙具有很大的侧向刚度和水平承载力，因此又称为结构墙或抗震墙。应按一定原则布置剪力墙。

剪力墙结构是空间受力体系，在计算水平荷载作用下剪力墙结构的内力与位移时，常简化为平面分析模型。在剪力墙的平面简化分析模型中，一般假定水平荷载作用点与结构刚度中心重合，结构不发生扭转，水平荷载按各片剪力墙的侧向刚度进行分配。

一般根据洞口的有无、大小、形状和位置等，以及在水平荷载作用下剪力墙的受力特点，剪力墙分为整截面剪力墙、整体小开口剪力墙、联肢剪力墙、壁式框架等。剪力墙可采用肢强系数和整体性系数进行类型划分。

整截面剪力墙和整体小开口剪力墙可视为上端自由、下端固定的竖向悬臂杆，其任意截面的弯矩和剪力可按照材料力学中悬臂梁的内力和变形计算的有关公式进行计算。双肢墙可采用连续化的分析方法求解，即将每一层楼层的连梁假想为分布在整个楼层高度上的一系列连续连杆，利用连杆的位移协调条件建立剪力墙的内力微分方程，求解微分方程便可求得内力，此法可以求得满足工程需要的解析解，将求解结果绘成曲线后可方便使用。壁式框架采用考虑刚域影响的框架结构设计方法进行计算。

剪力墙通常是由墙肢和连梁组成。钢筋混凝土剪力墙墙肢应进行平面内的偏心受压或偏心受拉、平面外轴心受压承载力以及斜截面受剪承载力计算；在集中荷载作用下，墙内无暗柱时还应进行局部受压承载力计算；当平面外有较大弯矩时，还应验算平面外的受弯承载力。连梁按受弯构件计算，包括正截面受弯承载力及斜截面受剪承载力计算。

思考题

6-1 剪力墙结构的布置有哪些具体要求？

6-2 剪力墙结构在水平荷载作用下的计算有哪些基本假定？

6-3 剪力墙根据洞口的大小、位置等共分为哪几类？其判别条件是什么？各有哪些受力特点？

6-4 以双肢墙为例，说明剪力墙的整体性系数 α 是如何影响墙肢、连梁内力分布，以及如何影响墙的侧移？

6-5 什么是剪力墙的等效刚度？各类剪力墙的等效刚度如何计算？

6-6 试述剪力墙结构在水平荷载作用下的平面协同工作的假定和计算方法。

6-7 采用连续连杆法进行双肢墙内力和位移分析时的基本假定是什么？连梁未知力 $\tau(z)$ 和 $\sigma(z)$ 各表示什么？

6-8 说明用连续连杆法进行双肢墙内力和位移计算的步骤。

6-9 剪力墙发生剪切破坏时有几种破坏形态？如何避免？

练习题

6-1 某 8 层钢筋混凝土剪力墙如图 6.26 所示，其各层层高均为 3.6m，墙长为 12m，墙厚为 0.2m，门洞居中布置，尺寸为 2400mm×2700mm。混凝土强度等级为 C30，$E=3.0\times10^4\text{N/mm}^2$。该剪力墙承受倒三角形水平荷载 $q=50\text{kN/m}$。要求：(1)计算整体性系数及肢强系数并判别剪力墙类型；(2)计算顶点位移。

6-2 设某剪力墙结构，抗震设防烈度为 8 度，抗震等级为二级。混凝土强度等级为 C40，某矩形截面墙肢的截面尺寸为 $b_w=200\text{mm}$，$h_w=3000\text{mm}$。地震作用效应参与组合下，该墙肢底部（属于底部加强部位）弯矩设计值 $M_w=1411.8\text{kN·m}$，轴向压力设计值 $N_w=4235.3\text{kN}$，剪力设计值 $V_w=900\text{kN}$；重力荷载代表值作

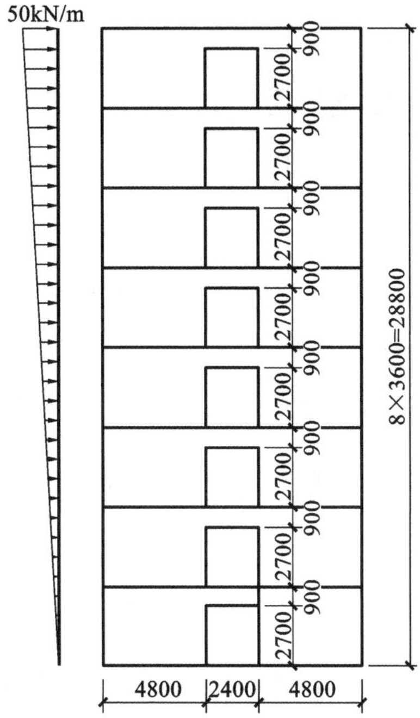

图 6.26 某 8 层钢筋混凝土剪力墙示意图

用下墙肢底部轴向压力设计值 N=2500kN,试对此墙肢该底层截面的正截面和斜截面承载力进行设计。墙肢配筋采用 HRB400 级钢筋,f_y=360MPa。

6-3 设某剪力墙连梁的截面尺寸为 $b_b \times h_b$=200mm×1800mm,净跨 l_n=2400mm。抗震等级为二级,混凝土强度等级为 C40。连梁两端有地震作用效应组合的弯矩设计值为:$M_{b左}$=900kN·m,$M_{b右}$=1000kN·m。连梁有地震作用效应组合的剪力设计值 V_b=2400kN。在重力荷载代表值作用下,按简支梁计算的梁端剪力设计值 V_{Gb}=100kN。求该连梁的纵向钢筋截面面积及箍筋配筋面积。纵筋和箍筋均采用 HRB400 级热轧钢筋,f_y=360N/mm^2。

思考题练习题答案

第 6 章课件

7　框架-剪力墙结构设计

【内容简介】

本章主要介绍了框架-剪力墙结构在水平荷载作用下内力与侧移的近似计算方法，重点介绍了框架与剪力墙的协同工作原理，以及铰接体系和刚接体系结构分析计算；简述了框架-剪力墙结构构件的截面设计及构造要求。

【教学要求】

理解框架与剪力墙协同工作的意义；能进行剪力墙的布置；能提出框架-剪力墙结构的计算简图；掌握总框架、总剪力墙、总连梁刚度计算方法；掌握框架-剪力墙结构内力分布及侧移特点。

7.1　框架-剪力墙结构的组成与结构布置

框架-剪力墙结构简称框剪结构，是由框架和剪力墙组成的结构体系。框剪结构可采用下列结构形式：框架与剪力墙分开布置、在框架结构的若干跨中嵌入剪力墙（带边框的剪力墙）、在单片抗侧结构中连续分别布置框架和剪力墙，以及多种形式混合。

框架-剪力墙结构房屋的结构布置、计算分析、截面设计及构造要求除应符合下述的规定外，还应分别符合第 2 章相关内容的有关规定。

7.1.1　结构组成与受力特点

如前所述，框架结构由杆件组成，杆件稀疏且截面尺寸小，因而侧向刚度不大，在侧向水平荷载作用下一般呈剪切型变形，高度中段的层间位移较大，因此适用高度受限。剪力墙结构的抗侧刚度大，在水平荷载作用下，一般呈弯曲型变形，顶部附近楼层的层间位移较大，其他部位的位移较小，可用于较高建筑，但当墙间距较大时，水平承重结构尺寸较大，因而难以形成较大的使用空间。

在结构布置合理的情况下，框架-剪力墙结构可以同时发挥框架和剪力墙的优点、克服其缺点，即既具有较大的抗侧刚度、可提供较强的抗风抗震能力、减少结构侧移，又可形成较大的使用空间，而且两种结构形成两道抗震防线，对结构抗震有利。因此，当抗风要求和抗震设防要求高时，应尽量采用框架-剪力墙结构代替纯框架结构。

在水平荷载作用下，单独剪力墙的变形曲线如图 7.1(a)中虚线所示，以弯曲变形为主；单独框架的变形曲线如图 7.1(b)中虚线所示，以整体剪切变形为主。当用平面内刚度很大的楼盖将二者连接在一起组成框架-剪力墙结构时，在水平荷载作用下，框架与剪力墙在楼盖处的变形必须协调一致，即框架与剪力墙之间存在协同工作问题。框架-剪力墙结构的变形曲线介于弯曲型与整体剪切型之间，如图 7.1(c)所示。

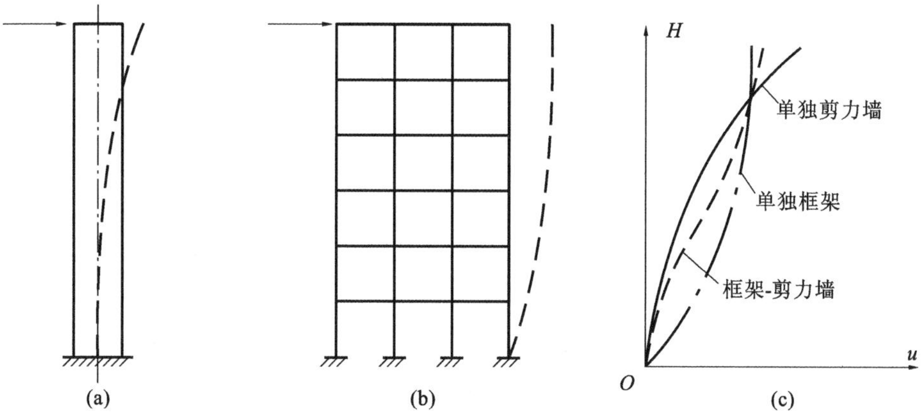

图 7.1 水平荷载作用下剪力墙结构、框架结构、框架-剪力墙结构的变形

(a)剪力墙弯曲变形为主;(b)框架整体剪切变形为主;(c)三种侧移曲线

由图可见,在结构下部,剪力墙的位移比框架小,墙将框架向左拉,框架将墙向右拉,故而框架-剪力墙结构的位移比框架的单独位移小,比剪力墙的单独位移大;在结构上部,剪力墙的位移比框架大,框架将墙向左推,墙将框架向右推,因而框架-剪力墙的位移比框架的单独位移大,比剪力墙的单独位移小。框架与剪力墙之间的这种协同工作是非常有利的,它使框架-剪力墙结构的侧移大大减小,且使框架与剪力墙中的内力分布更趋合理。

7.1.2 框架-剪力墙结构的布置

由于剪力墙的侧向刚度比框架大很多,剪力墙的数量和布置对结构的整体刚度和刚度中心位置影响很大,所以确定剪力墙的数量并进行合理的布置是这种结构设计的关键问题。

(1)结构布置原则

框架-剪力墙结构中,剪力墙布置应遵循"均匀、分散、对称、周边"的原则,并应注意以下两方面:

①框架-剪力墙结构应设计成双向抗侧力体系　框架与剪力墙协同工作共同抵抗水平荷载,其中剪力墙抵抗大部分水平荷载,是这种结构的主要抗侧力构件。为了使框架-剪力墙结构在两个主轴方向均具有必需的水平承载力和侧向刚度,应在两个主轴方向均匀布置剪力墙,形成双向抗侧力体系,且使两个主轴方向结构的水平承载力和侧向刚度相差不多,避免结构整体扭转。

②节点刚性连接与构件对中布置　为了保证结构的整体刚度和几何不变性,同时为提高结构在大震作用下的稳定性而增加其赘余约束,主体结构构件间的连接(节点)除个别节点外不应采用铰接;梁与柱或柱与剪力墙的中心线宜重合,使内力传递和分布合理,且保证节点核心区的完整性。当框架梁、柱中心线之间有偏离时,应在计算中考虑其不利影响,采取必要的构造措施。

(2)剪力墙的布置

为了增强整体结构的抗扭能力,弥补结构平面形状凹凸引起的薄弱部位,减小剪力墙设置在房屋外围而受室内外温度变化的不利影响，剪力墙宜均匀布置在建筑物的周边、楼梯间、电梯间、平面形状变化及恒荷载较大的部位，剪力墙的间距不宜过大；平面形状凹凸较大时，宜在凸出部分的端部附近布置剪力墙。

纵、横向剪力墙宜组成 L 形、T 形和匚形等形式，以使纵墙(横墙)可以作为横墙(纵墙)的翼缘，从而提高其刚度、承载力和抗扭能力。

剪力墙布置不宜过分集中，单片剪力墙底部承担的水平剪力不应超过结构底部总剪力的 30%，避免结构刚度中心与房屋的质量中心偏离过大、墙截面配筋过多以及不合理的基础设计。当墙肢截面高度过大时，可用门窗洞口或施工洞形成联肢墙。

剪力墙宜贯通建筑物全高，避免刚度突变；剪力墙开洞时，洞口宜上下对齐。抗震设计时，剪力墙的布置宜使结构各主轴方向的侧向刚度接近；楼、电梯间等竖井宜尽量与靠近的抗侧力结构结合布置，以增强其空间刚度和整体性。

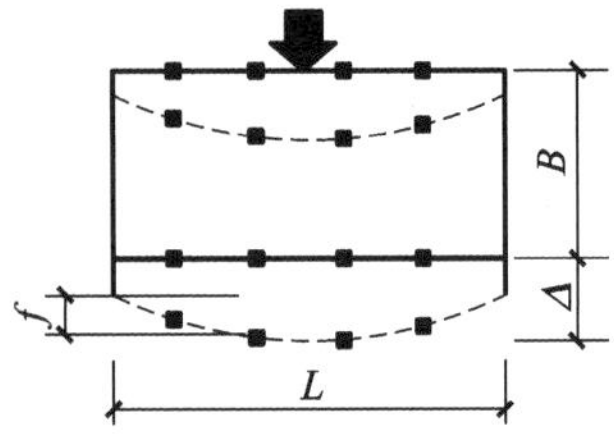

图 7.2 剪力墙间楼板变形

长矩形平面或平面有一部分较长(如 L 形平面中有一肢较长)，如横向剪力墙的间距过大，楼盖在自身平面内的变形过大，不能保证框架与剪力墙协同工作，框架承受的剪力将增大(图 7.2)；当剪力墙之间的楼板有较大洞时，楼板的平面刚度受到削弱，此时剪力墙间距不能太大；纵向剪力墙布置在平面的尽端时，会造成对楼盖两端的约束作用，楼盖中部的梁板会因混凝土收缩或温度变化而出现裂缝。因此，剪力墙的布置间距宜符合下列要求：

横向剪力墙沿长方向的间距宜满足表 7.1 的要求，当这些剪力墙之间的楼盖有较大开洞时，剪力墙的间距应适当减小；

纵向剪力墙不宜集中布置在房屋的两尽端。

表 7.1 剪力墙的间距限值(m)

楼盖形式	非抗震设计(取较小值)	抗震设防烈度(取较小值)		
		6 度、7 度(取较小值)	8 度(取较小值)	9 度(取较小值)
现浇	5.0B,60	4.0B,50	3.0B,40	2.0B,30
装配整体	3.5B,50	3.0B,40	2.5B,30	—

注：1. 表中 B 为剪力墙之间的楼盖宽度(m)；

2. 装配整体式楼盖现浇层应符合《高层建筑混凝土结构技术规程》(JGJ 3—2010)(简称《高规》)第 3.6.2 条有关规定；

3. 现浇层厚度大于 60mm 的叠合板可作为现浇板考虑；

4. 当房屋端部未布置剪力墙时，第一片剪力墙与房屋端部的距离，不宜大于表中剪力墙间距的 1/2。

(3)剪力墙的数量

在框架-剪力墙结构中，结构的侧向刚度主要由同方向各片剪力墙截面弯曲刚度 E_cI_w 的总和控制，结构的水平位移随 E_cI_w 增大而减小。为满足结构水平位移的限值要求，建筑物愈高，所需要的 E_cI_w 值愈大。但剪力墙数量也不宜过多，剪力墙数量过多，不仅增加材料用量，会使地震作用相应增加，还会使绝大部分水平地震力被剪力墙吸收，框架的作用不能充分发挥，既不合理也不经济。一般以满足结构的水平位移限值作为设置剪力墙数量的依据较为合适。

框架梁、柱截面尺寸确定之后，应在充分发挥框架抗侧移能力的前提下，按层间弹性位移角限值的要求确定剪力墙数量。在初步设计阶段，可根据房屋底层全部剪力墙截面面积 A_w 和全部柱截面面积 A_c 之和与楼面面积 A_f 的比值，或者采用全部剪力墙截面面积 A_w 与楼面面积 A_f 的比值，来估计剪力墙的数量。初步设计时剪力墙的数量可参考表 7.2 确定。

表 7.2 每一方向剪力墙的刚度之和与应满足的数值(kN・m²)

设防烈度	场地类别		
	Ⅰ类	Ⅱ类	Ⅲ类
7 度	$55WH$	$83WH$	$193WH$
8 度	$110WH$	$165WH$	$385WH$
9 度	$220WH$	$330WH$	$770WH$

注：H—结构地面以上的高度(m)；W—结构地面以上的重量(kN)。

根据我国已经建成的框架-剪力墙结构工程经验，$(A_w+A_c)/A_f$ 或 A_w/A_f 比值大致位于表 7.3 的范围内，层数多、高度大的框架-剪力墙结构体系，宜取表中的上限值。

表 7.3 国内已建框剪结构墙、柱截面面积与底层楼面面积的比值

设计条件	$(A_w+A_c)/A_f$	A_w/A_f
7 度，Ⅱ类场地	3%～5%	1.5%～2.5%
8 度，Ⅱ类场地	4%～6%	2.5%～3%

抗震设计的框架-剪力墙结构，在基本振型地震作用下，框架部分承受的地震倾覆力矩大于总地震倾覆力矩的 50%时，说明剪力墙数量偏少，这种框架-剪力墙结构的受力性能与框架结构相当，宜适当增加剪力墙数量。

(4)框架-剪力墙结构中的梁

框架-剪力墙结构中的梁有三种(图 7.3)，第一种是普通框架梁(A)，即两端与框架柱相连的梁；第二种是剪力墙与框架之间的梁(B)，即一端与框架柱相连、一端与墙肢相连的梁；第三种是剪力墙之间的梁(C)，即两端均与墙肢相连的梁。A 梁按框架梁设计，C 梁按双肢或多肢剪力墙中的连梁设计。对于 B 梁，一端相连的是刚度很大的墙肢，另一端则是刚度很小的柱子，在水平力作用下会因为弯曲变形很大而出现很大的弯矩和剪力，因此梁的设计应保证强剪弱弯。在进行内力和位移计算时，由于 B 梁可能弯曲屈服进入弹塑性状态，B 梁的刚度应乘以折减系数(一般不小于 0.5)予以降低。如配筋困难，还可以在刚度足够满足水平位移限值的条件下，降低连梁的高度而减少刚度，降低内力。

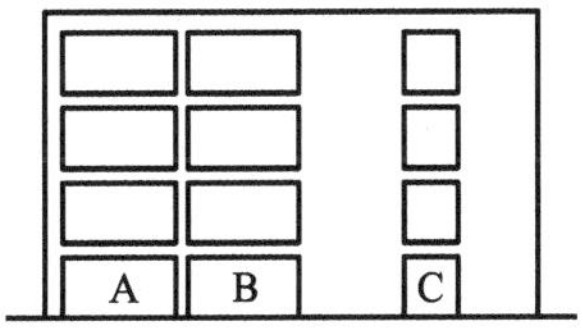

图 7.3 框架-剪力墙结构中的梁

7.1.3 板柱-剪力墙结构的布置

板柱结构可以减少楼层高度，使用和管道安装方便，工程中时有采用。但板柱结构抵抗水平力的能力差，特别是板与柱的连接点是非常薄弱的部位，对抗震不利。因此抗震设计时高层建筑不能单独设置板柱结构，必须设置剪力墙(或剪力墙组成筒体)来承担水平力。板柱-剪力墙结构布置应满足以下要求：

①板柱-剪力墙结构中的板柱框架比梁柱框架更弱,因此,板柱-剪力墙结构应同时布置筒体或两主轴方向的剪力墙,形成双向抗侧力体系,并应避免结构刚度偏心。其中剪力墙或筒体应符合《高规》的有关规定,且宜在对应剪力墙或筒体的各楼层处设置暗梁。

②抗震设计时,房屋的周边应设置边梁形成周边框架,房屋的顶层及地下室顶板宜采用梁板结构。当有楼、电梯间等较大开洞时,洞口周围宜设置框架梁或边梁。

③无梁板可根据承载力和变形要求采用无柱帽(柱托)板或有柱帽(柱托)板形式,相关构造参考现行《高规》。

④板柱-剪力墙结构中剪力墙的布置要求与框架-剪力墙结构中的剪力墙相同。

7.2 框架-剪力墙结构的简化计算

框架-剪力墙结构的分析方法,大致分为三维空间分析方法、平面结构空间协同工作分析方法、结构体系沿主轴方向平移分析方法。前两种方法计算工作量大,一般借用计算机进行辅助计算;第三种分析方法计算工作量小,手工计算即可解决问题,内力计算可分以下两步进行:

第一,将与水平荷载方向一致的各片剪力墙合并成一片总剪力墙,与水平荷载方向一致的各榀框架合并成一榀总框架,与水平荷载方向一致的同一层的各根连梁合并成一根总连梁;对总剪力墙、总框架、总连梁进行协同工作分析,解决水平荷载在总剪力墙和总框架之间的分配,求得总剪力墙、总框架的内力,计算结构的侧向位移;

第二,按等效抗弯刚度比将总剪力墙的内力分配给各片剪力墙;按柱的抗侧刚度将总框架的剪力分配给各柱,并计算各框架的内力。

7.2.1 基本假定

框架-剪力墙结构分析基本假定如下:

(1)楼板在自身平面内的刚度无限大。这保证了楼板将整个结构单元内的所有框架和剪力墙连为整体,在水平荷载作用下框架和剪力墙之间不产生相对位移。

(2)当结构体型规则、剪力墙布置均匀时,房屋的刚度中心与作用在结构上的水平荷载的合力作用点重合,在水平荷载作用下结构不产生绕竖轴的扭转;否则应考虑扭转的影响。

(3)不考虑剪力墙和框架柱的轴向变形及基础转动的影响。

在基本假定的前提下,同一楼层标高处,各榀框架和各片剪力墙的水平位移相同。此时,可将结构单元内所有剪力墙综合在一起形成一假想的总剪力墙,总剪力墙的弯曲刚度等于各片剪力墙弯曲刚度之和;把结构单元内所有框架综合在一起形成一假想的总框架,总框架的剪切刚度等于各榀框架剪切刚度之和。

7.2.2 计算简图

按照剪力墙之间和剪力墙与框架之间有无连梁,或者是否考虑这些连梁对剪力墙转动的约束作用,框架-剪力墙结构计算简图可分为下列两类:

(1)框架-剪力墙铰接体系。图 7.4(a)所示结构单元平面,框架和剪力墙是通过楼板的作用连接在一起的。

根据假定,在同一楼层内各点的水平位移相同,楼板在平面外的转动约束作用很小可予以忽略。因此楼板对各个平面抗侧结构不产生约束弯矩,总框架与总剪力墙之间可按铰接考虑,其横向计算简图如图 7.4(b)所示。其中总剪力墙代表图 7.4(a)中的 3 片剪力墙的综合,总框架则代表 4 榀框架的综合。在总框架与总剪力墙之间的每个楼层标高处,有一根两端铰接的连杆。这一列铰接连杆代表各层楼板,把各榀框架和各片剪力墙连成整体,共同抗御水平荷载的作用。连杆是刚性的(即轴向刚度趋近于无穷大),反映了刚性楼板的假定,保证总框架与总剪力墙在同一楼层标高处的水平位移相等。

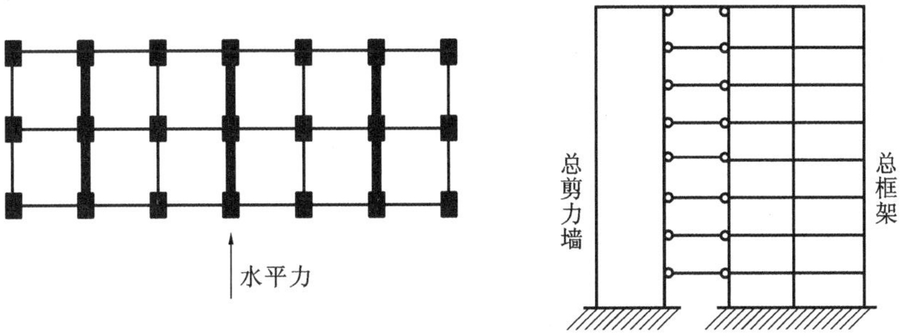

(a) (b)

图 7.4 框架-剪力墙铰接体系计算简图

(2)框架-剪力墙刚接体系。图 7.5(a)所示结构单元平面,横向水平荷载作用下沿荷载方向(横向)有 3 片剪力墙,剪力墙与框架之间有连梁连接,该连梁对剪力墙有转动约束作用,视为刚接;该梁对柱也有约束作用,此约束作用反映在柱的侧移刚度 D 中,可按铰接考虑。其横向计算简图如图 7.5(b)所示。此处,总剪力墙代表图 7.5(a)中②⑤⑧轴线上的 3 片剪力墙的综合;总框架代表 9 榀框架的综合,其中①③④⑥⑦⑨轴线均为 3 跨框架,②⑤⑧轴线为单跨框架。在总剪力墙与总框架之间有一列总连梁,把两者连为整体。总连梁代表②⑤⑧轴线上的 3 列连梁的综合。总连梁与总剪力墙刚接的一列梁端,代表了 3 列连梁与 3 片墙刚接的综合;总连梁与总框架铰接的一列梁端,代表了②⑤⑧轴线处 3 个梁端与单跨框架的刚接以及楼板与其他各榀框架的铰接。

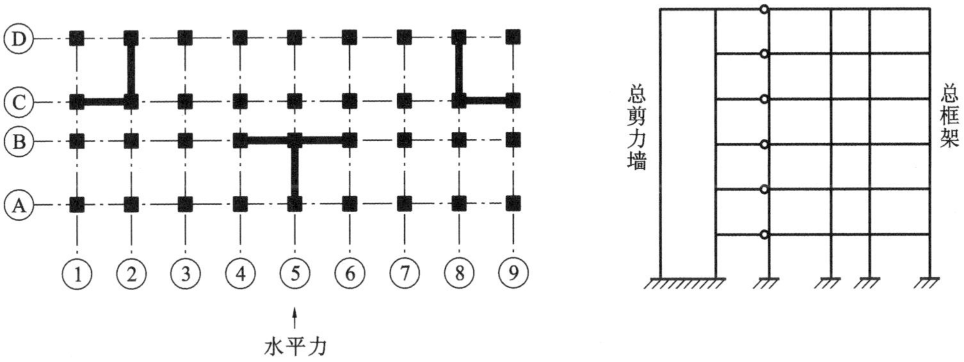

(a) (b)

图 7.5 框架-剪力墙刚接体系计算简图

另外，根据图 7.5(a)所示的结构布置情况，当计算纵向水平荷载作用时，若考虑连梁的转动约束作用，其纵向计算简图可按刚接体系考虑，如图 7.5(b)所示。但此处，总剪力墙代表图 7.5(a)中Ⓑ©轴线的 3 片剪力墙的综合；总框架代表 5 榀框架的综合，其中，ⒶⒹ轴线均为 8 跨框架，Ⓑ轴线为 2 榀 2 跨框架，©轴线为 4 跨框架。在总剪力墙与总框架之间有一列总连梁，把两者连为整体。总连梁代表Ⓑ©轴线的 4 列连梁的综合。

框架-剪力墙结构的下端为固定端，一般取至基础顶面；当设置地下室，且地下室的楼层满足有关要求时，可将地下室的顶板作为上部结构嵌固部位。

以上得出的计算简图是一个多次超静定的平面结构。可以用力法或位移法借助电子计算机计算，也可采用适合手算的连续栅片法。连续栅片法是沿结构的竖向采用连续化假定，即把连杆作为连续栅片。这个假定使总剪力墙与总框架不仅在每一楼层标高处具有相同的侧移，而且沿整个高度都有相同的侧移，从而使计算简化到能用四阶微分方程来求解。当房屋各层层高相等且层数较多时，连续栅片法具有较高的计算精度。

7.3 框架-剪力墙铰接体系的结构分析

7.3.1 总剪力墙的抗弯刚度和总框架剪切刚度

框架-剪力墙结构分析时，需首先确定总剪力墙的抗弯刚度、总框架的剪切刚度。

(1)总剪力墙的抗弯刚度

先按第 6 章所述方法，判别剪力墙类别并计算其等效抗弯刚度。

总剪力墙的等效抗弯刚度为结构单元内同一方向(横向或纵向)所有剪力墙等效抗弯刚度之和，即：

$$E_c I_w = \sum_{i=1}^{k} E_c I_{eqi} \tag{7.1}$$

式中 k——总剪力墙中剪力墙的片数；

$E_c I_{eqi}$——每片剪力墙等效抗弯刚度。

(2)总框架的剪切刚度

在第 5 章用 D 值法求框架内力时，曾引入修正后的框架柱侧向刚度 D 值，其物理意义是使框架柱两端产生单位相对侧移所需施加的水平剪力[图 7.6(a)]，其表达式为：$D = 12\alpha \dfrac{i_c}{h^2}$。对总框架来说，$D$ 值应为同一层内所有框架柱的抗侧移刚度的总和，即 $D = \sum D_i$。

总框架的剪切刚度 C_{fi} 定义为：使总框架在楼层间产生单位剪切变形($\Phi = 1$)时所需施加的水平剪力[图 7.6(b)]，则 C_{fi} 与 D 有如下关系：

$$C_{fi} = Dh = h \sum_{j=1}^{l} D_{ij} \tag{7.2}$$

式中 D_{ij}——第 i 层第 j 根柱的侧向刚度；

D——同一层(i)内所有框架柱的侧向刚度之和；

h——层高。

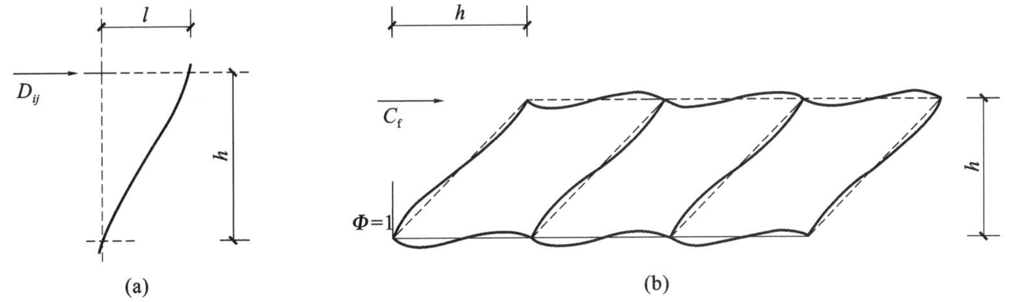

图 7.6 框架的剪切刚度

在这个协同分析中，假定总框架各层的抗侧移刚度 C_{fi} 相同，各剪力墙各层抗弯刚度 E_cI_{wi} 也相同。实际工程中，总框架各层抗侧移刚度 C_{fi} 及总剪力墙各层等效抗弯刚度 E_cI_{wi} 沿结构高度不一定相同，如变化不大，可近似地以各层按高度加权取平均值，即

$$C_f = \frac{\sum_{i=1}^{m} h_i C_{fi}}{H} \tag{7.3}$$

$$E_cI_w = \frac{\sum_{i=1}^{m} h_i E_c I_{wi}}{H} \tag{7.4}$$

式中 C_{fi} ——总框架各层抗侧移刚度；

E_cI_{wi} ——总剪力墙各层等效抗弯刚度；

h_i——各层层高；

H——建筑物总高度，$H = \sum_{i=1}^{m} h_i$ 。

式(7.2)所表示的总框架剪切刚度，仅考虑了梁、柱弯曲变形的影响。当框架结构的高度大于 50m 或高宽比大于 4 时，宜将柱的轴向变形考虑在内。可采用修正剪切刚度

$$C_{f0} = \frac{\delta_M}{\delta_M + \delta_N} C_f \tag{7.5}$$

式中 δ_M——仅考虑梁、柱弯曲变形时框架的顶点侧移；

δ_N——柱轴向变形引起的框架顶点侧移。

δ_M 和 δ_N 计算时可以用任意给定荷载，但必须使用相同的荷载计算 δ_M 和 δ_N。

7.3.2 基本方程及其一般解

框架-剪力墙结构在水平荷载作用下，外荷载由框架和剪力墙共同承担，外荷载在框架和剪力墙之间的分配由协同工作计算确定，协同工作计算采用连续连杆法。铰接体系的计算简图如图 7.7(a)所示。将连杆切断后，在各楼层标高处框架与剪力墙之间存在相互作用的集中力 P_{fi} ，如图 7.7(b)所示。为简化计算，集中力简化为连续分布力 $p_{f(x)}$(连杆简化为连续栅片)，即在任意水平荷载 $p(x)$作用下，总框架与总剪力墙之间存在连续的相互作用力 $p_{f(x)}$。总剪力墙相当于置于弹性地基上的梁，同时承受外荷载 $p(x)$和"弹性地基"总框架对它的弹性反力 $p_{f(x)}$；总框架相当于弹性地基，承受总剪力墙传递的力 $p_{f(x)}$，如图 7.7(c)和图 7.7(d)所示。

如取总剪力墙为隔离体，剪力墙任一截面上的转角、弯矩、剪力的正负号仍采用梁中通用的规定，如图 7.7(e)所示。把总剪力墙当作悬臂梁，根据材料力学可得到其内力与弯曲变形的关系：

由

$$E_c I_w \frac{d^2 y}{dx^2} = M_w \tag{7.6}$$

得

$$E_c I_w \frac{d^3 y}{dx^3} = -(V_p - V_x) \tag{7.7}$$

$$E_c I_w \frac{d^4 y}{dx^4} = p(x) - p_{f(x)} \tag{7.8}$$

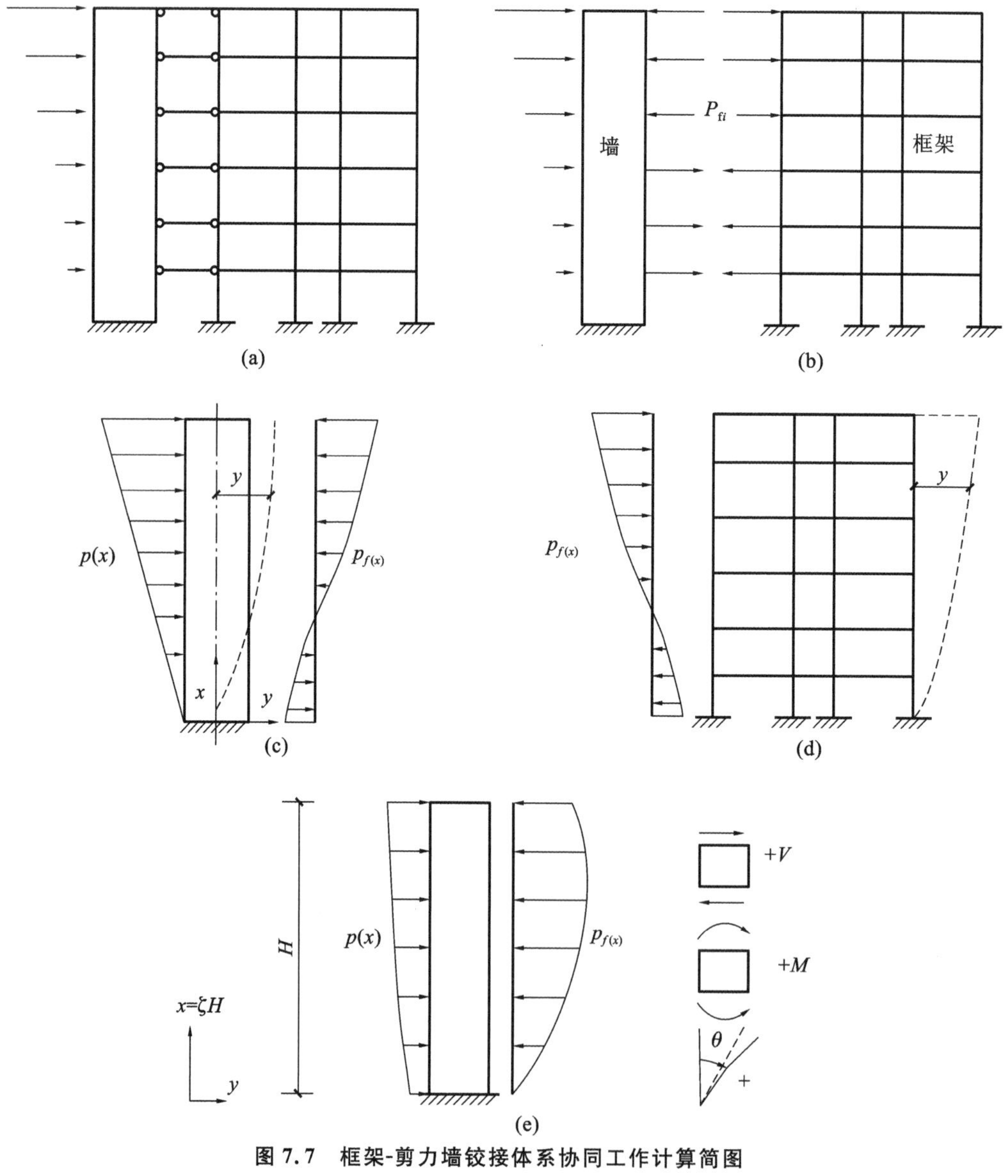

图 7.7 框架-剪力墙铰接体系协同工作计算简图

对于框架而言，层间剪力

$$V_f = C_f\theta = C_f\frac{dy}{dx} \tag{7.9}$$

上式微分一次

$$\frac{dV_f}{dx} = p_{f(x)} = -C_f\frac{d^2y}{dx^2} \tag{7.10}$$

式中　$p_{f(x)}$——框架与剪力墙的相互作用力。

将式(7.10)代入微分方程(7.8)，并引入 $\xi = x/H$，则得

$$\frac{d^4y}{d\xi^4} - \lambda^2\frac{d^2y}{d\xi^2} = \frac{H^4}{E_cI_w}p(\xi) \tag{7.11}$$

式中　ξ——相对坐标，坐标原点区在固定端处；

λ——框架-剪力墙铰接体系的刚度特征值，是反映总框架和总剪力墙刚度之比的一个参数，对框架-剪力墙结构的受力状态、变形特征及外力分配都有很大的影响。按下式确定

$$\lambda = H\sqrt{\frac{C_f}{E_cI_w}} \tag{7.12}$$

式(7.11)是四阶常系数非齐次线性微分方程，它的解包括两部分，一部分是相应齐次方程的通解，另一部分是该方程的一个特解：

$$y = C_1 + C_2\xi + A\,\mathrm{sh}(\lambda\xi) + B\,\mathrm{ch}(\lambda\xi) + y_1 \tag{7.13}$$

式中　C_1, C_2, A, B——四个任意常数，由框架-剪力墙结构的边界条件确定；

y_1——特解，与荷载形式 $p(\xi)$ 有关，可用待定系数法求解。

(1)基本方程的特解 y_1

①当均布荷载 p 作用时，式(7.11)中 $p(\xi)=p$，特解方程中 $r_1=r_2=0$，故可设 $y_1=a\xi^2$

则有

$$\frac{d^2y_1}{d\xi^2} = 2a,\ \frac{d^4y_1}{d\xi^4} = 0$$

将上式代入式(7.11)得 $a = -\dfrac{qH^2}{2C_f}$

因此，

$$y_1 = -\frac{qH^2}{2C_f}\xi^2 \tag{7.14}$$

②当倒三角形荷载作用时，设倒三角形荷载的最大分布密度为 q，则任意高度 ξ 处的分布密度为 $p(\xi)=q\xi$，由 $r_1=r_2=0$，故可设 $y_1=a\xi^3$

代入式(7.11)得 $a = -\dfrac{qH^2}{6C_f}$

因此，

$$y_1 = -\frac{qH^2}{6C_f}\xi^3 \tag{7.15}$$

③当顶点集中荷载作用时，设顶点集中荷载为 P，$p(\xi)=0$
因此，

$$y_1=0 \tag{7.16}$$

(2)基本方程通解中的积分常数确定

根据结构边界条件求通解中的 4 个积分常数，4 个边界条件分别为：

①当 $\xi=0$（即 $x=0$）时，剪力墙下端固定，在结构底部侧移为零，即 $y=0$；

②当 $\xi=0$（即 $x=0$）时，剪力墙下端固定，弯曲转角为零，即 $\theta=\mathrm{d}y/\mathrm{d}\xi=0$；

③当 $\xi=1$（即 $x=H$）时，剪力墙顶端弯矩为零，即 $\frac{\mathrm{d}^2y}{\mathrm{d}\xi^2}=0$；

④当 $\xi=1$（即 $x=H$）时，结构顶部总剪力为：

$$V=V_w+V_f=\begin{cases}0（均布荷载）\\0（倒三角形荷载）\\P（顶点集中荷载）\end{cases} \tag{7.17}$$

在确定的荷载形式下，依次解出上述 4 个边界条件，可求出 4 个积分常数 C_1、C_2、A、B，分别代入式(7.13)中即可求出微分方程的解 y：

$$\left.\begin{aligned}&y=\frac{qH^2}{C_f\lambda^2}\cdot\left[\left(\frac{1+\lambda\mathrm{sh}\lambda}{\mathrm{ch}\lambda}\right)(\mathrm{ch}\lambda\xi-1)-\lambda\mathrm{sh}\lambda\xi+\lambda^2\left(\xi-\frac{\xi^2}{2}\right)\right] && （均布荷载）\\&y=\frac{qH^2}{C_f}\cdot\left[\left(1+\frac{\lambda\mathrm{sh}\lambda}{2}-\frac{\mathrm{sh}\lambda}{\lambda}\right)\left(\frac{\mathrm{ch}\lambda\xi-1}{\lambda^2\mathrm{ch}\lambda}\right)+\left(\frac{1}{2}-\frac{1}{\lambda^2}\right)\left(\xi-\frac{\mathrm{sh}\lambda\xi}{\lambda}\right)-\frac{\xi^3}{6}\right] && （倒三角形荷载）\\&y=\frac{PH^3}{E_cI_w}\cdot\frac{1}{\lambda^3}\left[\frac{\mathrm{sh}\lambda}{\mathrm{ch}\lambda}(\mathrm{ch}\lambda\xi-1)-\mathrm{sh}\lambda\xi+\lambda\xi\right] && （顶点集中荷载）\end{aligned}\right\} \tag{7.18}$$

式(7.18)就是框架-剪力墙结构在均布荷载、倒三角形荷载、顶点集中荷载作用下侧移计算公式。

7.3.3 典型侧向荷载作用下的内力及侧移计算

侧移 y 求出后，框架-剪力墙结构任意截面的转角 θ，总剪力墙的弯矩 M_w、剪力 V_w，以及总框架的剪力 V_f，可由下列微分关系求得。

$$\left.\begin{aligned}&\theta=\frac{\mathrm{d}y}{\mathrm{d}x}=\frac{1}{H}\frac{\mathrm{d}y}{\mathrm{d}\xi}\\&M_w=E_cI_w\frac{\mathrm{d}^2y}{\mathrm{d}x^2}=\frac{E_cI_w}{H^2}\frac{\mathrm{d}^2y}{\mathrm{d}\xi^2}\\&V_w=-E_cI_w\frac{\mathrm{d}^3y}{\mathrm{d}x^3}=-\frac{E_cI_w}{H^3}\frac{\mathrm{d}^3y}{\mathrm{d}\xi^3}\\&V_f=V_p-V_w \text{ 或 } V_f=C_f\frac{\mathrm{d}y}{\mathrm{d}x}=\frac{C_f}{H}\frac{\mathrm{d}y}{\mathrm{d}\xi}\end{aligned}\right\} \tag{7.19}$$

下面分别给出三种典型荷载作用下总剪力墙和总框架的内力和侧移主要计算公式 y、M_w 和 V_w：

均布荷载作用下

$$\left.\begin{aligned} y &= \frac{qH^4}{E_c I_w \lambda^4}\left[\left(\frac{1+\lambda\,\mathrm{sh}\lambda}{\mathrm{ch}\lambda}\right)(\mathrm{ch}\lambda\xi - 1) - \lambda\,\mathrm{sh}\lambda\xi + \lambda^2\xi\left(1-\frac{\xi}{2}\right)\right] \\ M_w &= \frac{qH^2}{\lambda^2}\left[\left(\frac{1+\lambda\,\mathrm{sh}\lambda}{\mathrm{ch}\lambda}\right)\mathrm{ch}\lambda\xi - \lambda\,\mathrm{sh}\lambda\xi - 1\right] \\ V_w &= \frac{qH}{\lambda}\left[\lambda\,\mathrm{ch}\lambda\xi - \left(\frac{1+\lambda\,\mathrm{sh}\lambda}{\mathrm{ch}\lambda}\right)\mathrm{sh}\lambda\xi\right] \end{aligned}\right\} \tag{7.20}$$

倒三角形荷载作用下

$$\left.\begin{aligned} y &= \frac{qH^4}{E_c I_w \lambda^2}\left[\left(1+\frac{\lambda\,\mathrm{sh}\lambda}{2}-\frac{\mathrm{sh}\lambda}{\lambda}\right)\frac{\mathrm{ch}\lambda\xi - 1}{\lambda^2\mathrm{ch}\lambda} + \left(\frac{1}{2}-\frac{1}{\lambda^2}\right)\left(\xi - \frac{\mathrm{sh}\lambda\xi}{\lambda}\right) - \frac{\xi^3}{6}\right] \\ M_w &= \frac{qH^2}{\lambda^2}\left[\left(1+\frac{\lambda\,\mathrm{sh}\lambda}{2}-\frac{\mathrm{sh}\lambda}{\lambda}\right)\frac{\mathrm{ch}\lambda\xi}{\mathrm{ch}\lambda} - \left(\frac{\lambda}{2}-\frac{1}{\lambda}\right)\mathrm{sh}\lambda\xi - \xi\right] \\ V_w &= \frac{qH}{\lambda^2}\left[\left(1+\frac{\lambda\,\mathrm{sh}\lambda}{2}-\frac{\mathrm{sh}\lambda}{\lambda}\right)\frac{\lambda\,\mathrm{sh}\lambda\xi}{\mathrm{ch}\lambda} - \left(\frac{\lambda}{2}-\frac{1}{\lambda}\right)\lambda\,\mathrm{ch}\lambda\xi - 1\right] \end{aligned}\right\} \tag{7.21}$$

顶点集中荷载作用下

$$\left.\begin{aligned} y &= \frac{PH^3}{E_c I_w}\left[\frac{\mathrm{sh}\lambda}{\lambda^3\mathrm{ch}\lambda}(\mathrm{ch}\lambda\xi - 1) - \frac{1}{\lambda^3}\mathrm{sh}\lambda\xi + \frac{1}{\lambda^2}\xi\right] \\ M_w &= PH\left(\frac{\mathrm{sh}\lambda}{\lambda\,\mathrm{ch}\lambda}\mathrm{ch}\lambda\xi - \frac{1}{\lambda}\mathrm{sh}\lambda\xi\right) \\ V_w &= P\left(\mathrm{ch}\lambda\xi - \frac{\mathrm{sh}\lambda}{\mathrm{ch}\lambda}\mathrm{sh}\lambda\xi\right) \end{aligned}\right\} \tag{7.22}$$

由式(7.20)～式(7.22)可知，剪力墙位移 y、内力 M_w 和 V_w 均是 λ、ξ 的函数。图 7.8～图 7.16 为三种典型荷载作用下剪力墙位移 y、内力 M_w 和 V_w 的计算图表，设计时可直接查用。

图 7.8～图 7.16 给出的是位移系数 $y(\xi)/f_H$、弯矩系数 $M_w(\xi)/M_0$ 和剪力系数 $V_w(\xi)/V_0$。f_H 是悬臂墙在水平荷载作用下的顶点侧移，M_0、V_0 为悬臂墙在水平荷载作用下结构底截面总弯矩和总剪力，f_H、M_0、V_0 均标示在相应的图中。计算时先根据结构刚度特征值 λ 及所求截面相对坐标 ξ 从图 7.8～图 7.16 中查出各系数，再按下列公式求结构该截面处的位移和内力：

$$\left.\begin{aligned} y &= \left[\frac{y(\xi)}{f_H}\right]f_H \\ M_w &= \left[\frac{M_w(\xi)}{M_0}\right]M_0 \\ V_w &= \left[\frac{V_w(\xi)}{V_0}\right]V_0 \end{aligned}\right\} \tag{7.23}$$

总框架剪力可由总剪力减去总剪力墙剪力，总剪力由外荷载直接计算：

$$V_f = V_p(\xi) - V_w(\xi) = \begin{cases} (1-\xi)qH - V_w(\xi) & \text{（均布荷载）} \\ \dfrac{1}{2}(1-\xi^2)qH - V_w(\xi) & \text{（倒三角形荷载）} \\ P - V_w(\xi) & \text{（顶点集中荷载）} \end{cases} \tag{7.24}$$

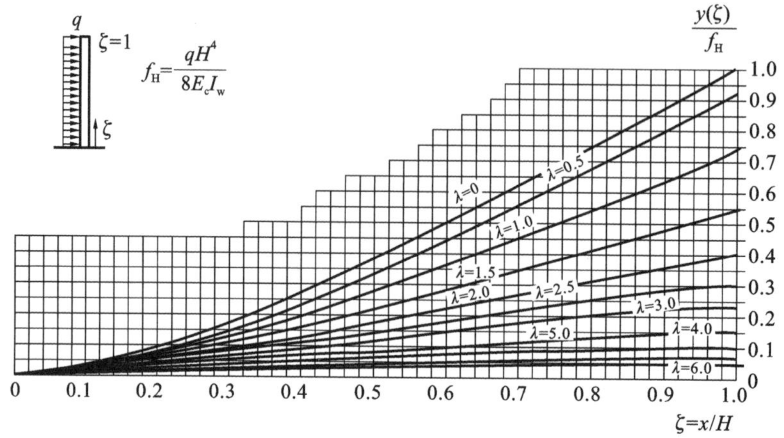

图 7.8 均布荷载作用下剪力墙的位移系数

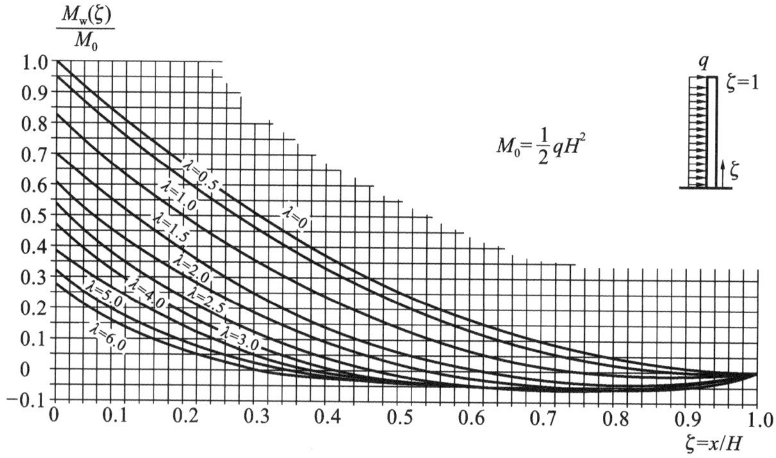

图 7.9 均布荷载作用下剪力墙的弯矩系数

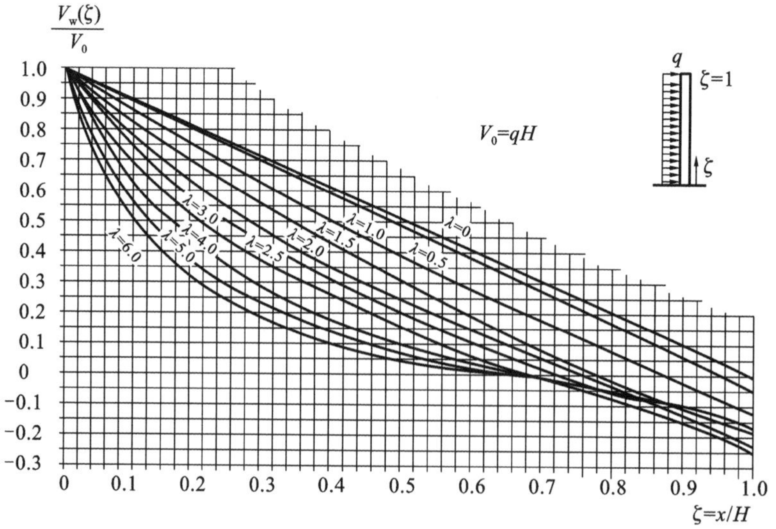

图 7.10 均布荷载作用下剪力墙的剪力系数

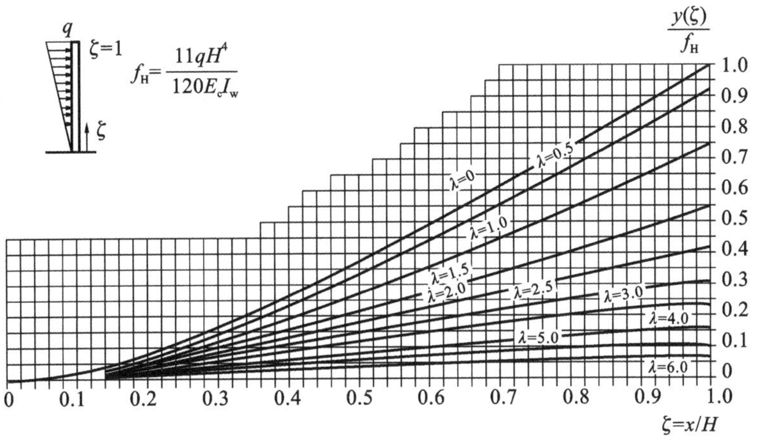

图 7.11 倒三角形荷载作用下剪力墙的位移系数

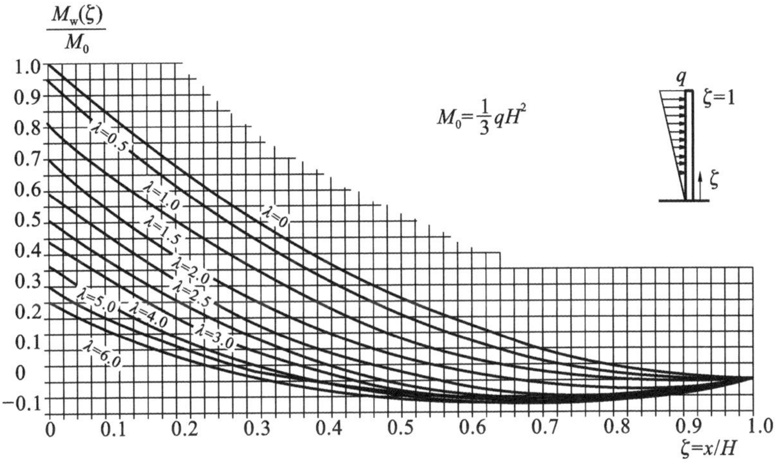

图 7.12 倒三角形荷载作用下剪力墙的弯矩系数

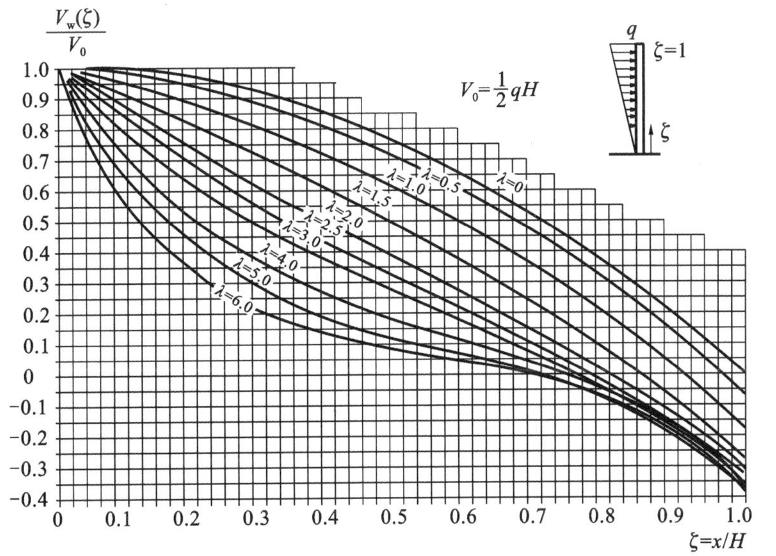

图 7.13 倒三角形荷载作用下剪力墙的剪力系数

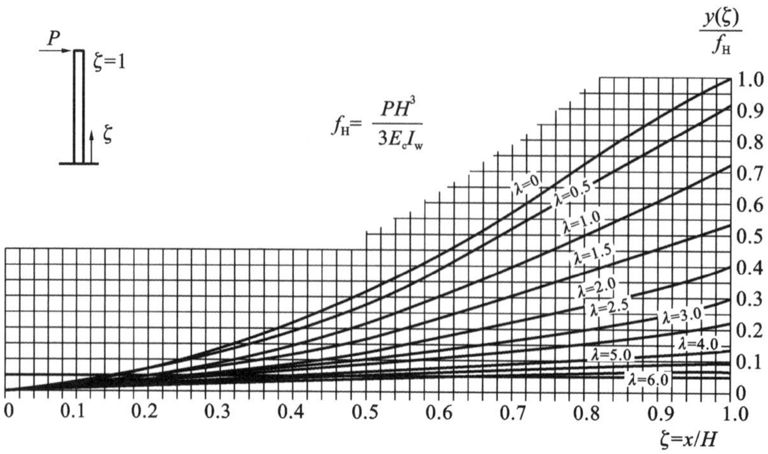

图 7.14 顶点集中荷载作用下剪力墙的位移系数

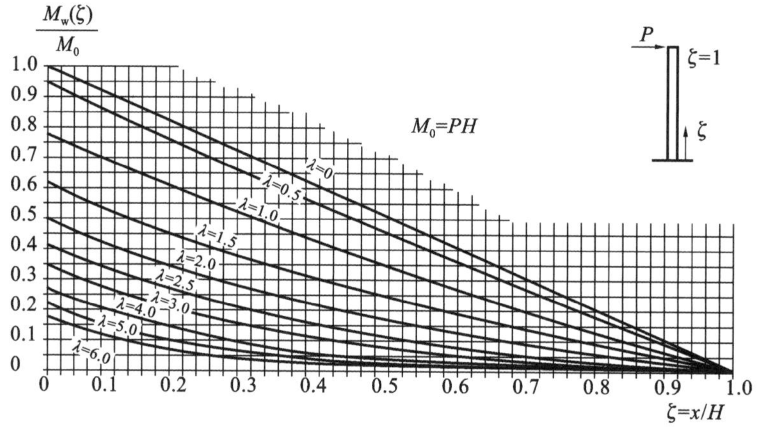

图 7.15 顶点集中荷载作用下剪力墙的弯矩系数

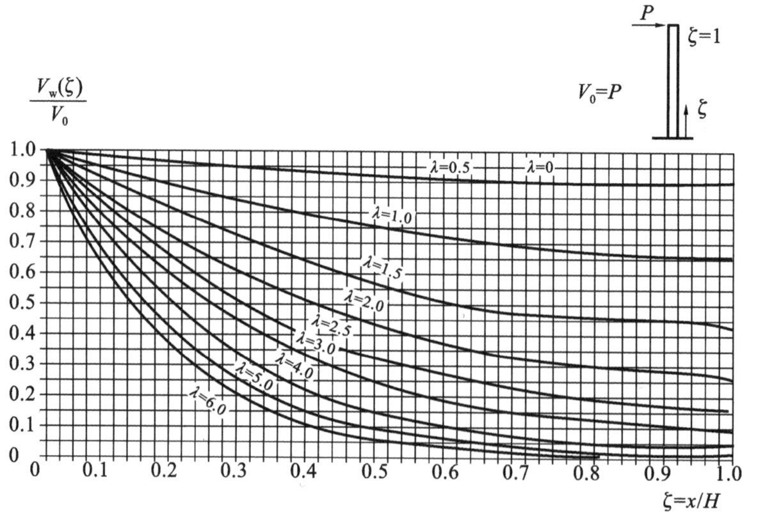

图 7.16 顶点集中荷载作用下剪力墙的剪力系数

7.4 框架-剪力墙刚接体系的结构分析

在框架-剪力墙铰接体系中连杆对墙肢没有约束作用，当考虑连杆对剪力墙的约束弯矩作用时，框架-剪力墙结构就应按刚接体系计算，如图 7.17(a)所示。

将框架-剪力墙结构沿连梁的反弯点切开，连梁中除了轴向力 p_{fi} 外，还有剪力 V_i [图 7.17(b)]，该剪力将在剪力墙内产生弯矩 M_i [图 7.17(c)]。连梁的轴力体现了总框架与总剪力墙之间相互作用的水平力，剪力则体现了两者之间相互作用的竖向力。水平力前面已经讨论了，下面分析一下连梁的约束弯矩 M_i。

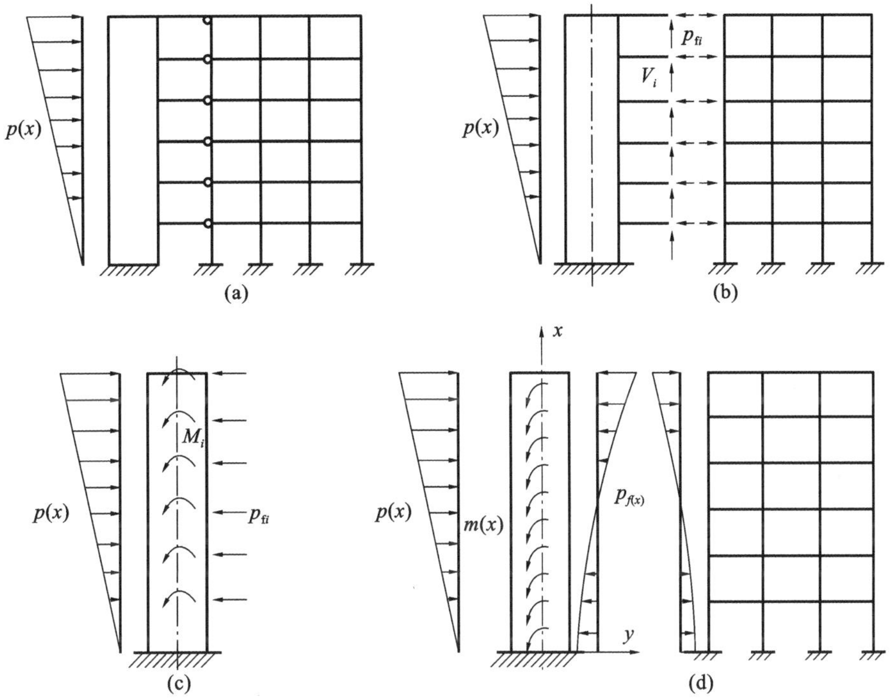

图 7.17 刚接体系计算简图

7.4.1 刚接连梁的约束弯矩

在框架-剪力墙结构体系中，形成刚接连杆的连梁有两种，一种是连接墙肢与框架的连梁，另一种是连接墙肢与墙肢的连梁，这两种连梁进入墙的部分刚度很大，因此应按带刚域的梁进行分析。剪力墙间的连梁是两端带刚域的梁[图 7.18(a)]，剪力墙与框架间的连梁是一端带刚域的梁[图 7.18(b)]。

在水平荷载作用下，根据刚性楼板的假定，同层框架与剪力墙的水平位移相同，同时假定同层所有节点转角 θ 也相同，我们把刚接连梁端产生单位转角时所施加的力矩称为梁端约束弯矩系数，用 m 表示。

两端带刚域连梁的梁端约束弯矩系数表达式如下：

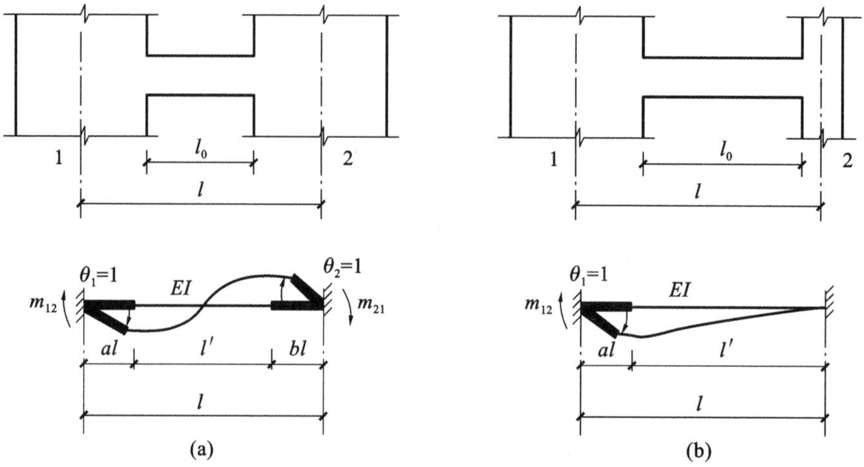

图 7.18 连梁计算简图

$$\left.\begin{aligned}m_{12}&=\frac{1+a-b}{(1+\beta)(1-a-b)^3}\frac{6EI}{l}\\m_{21}&=\frac{1-a+b}{(1+\beta)(1-a-b)^3}\frac{6EI}{l}\\\beta&=\frac{12\mu EI}{GAl'^2}\end{aligned}\right\}\tag{7.25}$$

在式(7.25)中令 $b=0$,可得到一端带刚域连梁的梁端约束弯矩系数：

$$\left.\begin{aligned}m_{12}&=\frac{1+a}{(1+\beta)(1-a)^3}\frac{6EI}{l}\\m_{21}&=\frac{1}{(1+\beta)(1-a)^2}\frac{6EI}{l}\end{aligned}\right\}\tag{7.26}$$

式中符号意义同第 6 章。如果不考虑剪切变形的影响,可令 $\beta=0$。

由两端约束弯矩系数定义可知,当两端有转角 θ 时,两端约束弯矩为：

$$\left.\begin{aligned}M_{12}&=m_{12}\theta\\M_{21}&=m_{21}\theta\end{aligned}\right\}\tag{7.27}$$

当采用连续化方法计算框架-剪力墙结构内力时,应将集中约束弯矩 M_{12} 和 M_{21} 简化为沿层高 h 均布的分布弯矩(线约束弯矩),有：

$$m_{i(x)}=\frac{M_{abi}}{h}=\frac{m_{abi}}{h}\theta_{(x)}\tag{7.28}$$

当同一层内有 n 个刚接点与剪力墙相连时,总的线约束弯矩为：

$$m=\sum_{i=1}^{n}m_{i(x)}=\sum_{i=1}^{n}\frac{m_{abi}}{h}\theta_{(x)}\tag{7.29}$$

式中 n——同一层内连梁与剪力墙相连的刚接点数；

$\sum_{i=1}^{n}\frac{m_{abi}}{h}$——连梁总的线约束弯矩,$m_{abi}$ 中 a、b 分别代表图 7.18 中的“1”或“2”。

如果框架部分的层高及杆件截面沿结构高度不变化,则连梁的线约束弯矩为常数,但实际结构各层的 m_{ab} 是不相同的,这时,可近似取各层高度的加权平均值。

7.4.2　基本微分方程及其解

在图 7.17(d)所示的刚接体系计算简图中，连梁的线约束弯矩使总剪力墙 x 高度截面产生弯矩为：

$$M_{\mathrm{m}}=-\int_x^H m(x)\mathrm{d}x \tag{7.30}$$

产生此弯矩所对应的剪力和荷载分别为：

$$\left.\begin{aligned}V_{\mathrm{m}}&=\frac{\mathrm{d}M_{\mathrm{m}}}{\mathrm{d}x}=m(x)=\sum_{i=1}^{n}\frac{m_{\mathrm{ab}i}}{h}\theta_{(x)}=\sum_{i=1}^{n}\frac{m_{\mathrm{ab}i}}{h}\frac{\mathrm{d}y}{\mathrm{d}x}\\ p_{m(x)}&=\frac{\mathrm{d}V_{\mathrm{m}}}{\mathrm{d}x}=\frac{\mathrm{d}m(x)}{\mathrm{d}x}=-\sum_{i=1}^{n}\frac{m_{\mathrm{ab}i}}{h}\frac{\mathrm{d}^2y}{\mathrm{d}x^2}\end{aligned}\right\} \tag{7.31}$$

式中　$V_{\mathrm{m}}, p_{m(x)}$——“等代剪力”、“等代荷载”，分别代表刚性连梁的约束弯矩作用所承受的剪力和荷载。

在连梁约束弯矩影响下，框架-剪力墙结构总剪力墙的内力、弯曲变形和荷载间的关系可表示为：

$$\left.\begin{aligned}&E_{\mathrm{c}}I_{\mathrm{w}}\frac{\mathrm{d}^2y}{\mathrm{d}x^2}=M_{\mathrm{w}}\\ &E_{\mathrm{c}}I_{\mathrm{w}}\frac{\mathrm{d}^3y}{\mathrm{d}x^3}=\frac{\mathrm{d}M_{\mathrm{w}}}{\mathrm{d}x}=-(V_{\mathrm{w}}-V_{\mathrm{m}})=-V_{\mathrm{w}}+m(x)\\ &E_{\mathrm{c}}I_{\mathrm{w}}\frac{\mathrm{d}^4y}{\mathrm{d}x^4}=p(x)-p_{f(x)}-p_{m(x)}\end{aligned}\right\} \tag{7.32}$$

式中　$p(x), p_{f(x)}$——外部荷载、总框架与总剪力墙之间的相互作用力。

总框架与总剪力墙之间的相互作用力由式(7.10)确定，则有：

$$E_{\mathrm{c}}I_{\mathrm{w}}\frac{\mathrm{d}^4y}{\mathrm{d}x^4}=p(x)+C_{\mathrm{f}}\frac{\mathrm{d}^2y}{\mathrm{d}x^2}+\sum_{i=1}^{n}\frac{m_{\mathrm{ab}i}}{h}\frac{\mathrm{d}^2y}{\mathrm{d}x^2}$$

整理后

$$\frac{\mathrm{d}^4y}{\mathrm{d}x^4}-\frac{C_{\mathrm{f}}+\sum_{i=1}^{n}\frac{m_{\mathrm{ab}i}}{h}}{E_{\mathrm{c}}I_{\mathrm{w}}}\cdot\frac{\mathrm{d}^2y}{\mathrm{d}x^2}=\frac{p(x)}{E_{\mathrm{c}}I_{\mathrm{w}}}$$

引入无量纲坐标 $\xi=x/H$、$\lambda=H\sqrt{\dfrac{C_{\mathrm{f}}+\sum_{i=1}^{n}\frac{m_{\mathrm{ab}i}}{h}}{E_{\mathrm{c}}I_{\mathrm{w}}}}$，上式经整理后得

$$\frac{\mathrm{d}^4y}{\mathrm{d}\xi^4}-\lambda^2\frac{\mathrm{d}^2y}{\mathrm{d}\xi^2}=\frac{H^4}{E_{\mathrm{c}}I_{\mathrm{w}}}p(\xi) \tag{7.33}$$

式中　λ——框架-剪力墙刚接体系的刚度特征值。

式(7.33)即为刚接体系的微分方程，与铰接体系所对应的微分方程完全相同，因此铰接体系微分方程的解及图 7.8～图 7.16 对刚接体系也适用。但应注意有两点不同：

①λ 值计算不同。与铰接体系的刚度特征值相比，公式在根号内分子项多了一项连梁刚度 $\sum_{i=1}^{n}\frac{m_{\mathrm{ab}i}}{h}$，$\sum_{i=1}^{n}\frac{m_{\mathrm{ab}i}}{h}$ 反映了连梁对剪力墙的约束作用。在结构抗震计算中，连梁刚度可予以折减，折减系数不宜小于 0.5。

②内力计算不同。按照图 7.8～图 7.16 不能直接算出总剪力墙分配到的剪力 V_w。要直接求出 V_w，需进行以下变换：

若令 $V'_w=V_w-m(x)$，式(7.32)可写成 $E_cI_w\frac{d^3y}{dx^3}=\frac{dM_w}{dx}=-V'_w$，$V'_w$ 可通过查图 7.8～图 7.16 得到，若知道 $m(x)$ 就可求出总剪力墙的剪力 $V_w[V_w=V'_w+m(x)]$。

在刚接体系中，结构任意高度处水平方向力平衡条件为：

$$V_p=V_w+V_f=V'_w+m(x)+V_f \tag{7.34}$$

若令 $V'_f=V_f+m(x)$，上式可变为 $V_p=V'_w+V'_f$，因此有 $V'_f=V_p-V'_w$，V'_f 称为总框架的名义剪力。

V'_f 求出后，可由下式按总框架的抗侧刚度与总连梁的约束刚度的比例分配 V'_f，求出总框架的剪力 V_f 和连梁梁端总约束弯矩 $m(x)$：

$$V_f=\frac{C_f}{C_f+\sum_{i=1}^{n}\frac{m_{abi}}{h}}V'_f \tag{7.35}$$

$$m(x)=\frac{C_f}{C_f+\sum_{i=1}^{n}\frac{m_{abi}}{h}}V'_f \tag{7.36}$$

7.5 框架-剪力墙结构内力计算

7.5.1 剪力墙、框架和连梁的内力计算

求出总剪力墙内力 M_w、V_w、总框架剪力 V_f 和总连梁约束弯矩 $m(x)$后，还要计算各墙肢、各框架、各连梁的内力，以供设计中控制截面所用。

(1)剪力墙的内力计算

剪力墙的弯矩和剪力都是底部截面最大，一般取楼板标高处的剪力作为设计内力，求出各楼板坐标 ξ_j 处的总弯矩 M_{wj}、剪力 V_{wj} 后，按各片墙的等效刚度 EI_{wj} 进行分配。第 j 层第 i 片墙肢的内力：

$$M_{wji}=\frac{EI_{eqi}}{\sum_{l=1}^{k}EI_{eql}}M_{wj} \tag{7.37}$$

$$V_{wji}=\frac{EI_{eqi}}{\sum_{l=1}^{k}EI_{eql}}V_{wj} \tag{7.38}$$

式中 M_{wji}，V_{wji}——第 j 层第 i 片墙分配到的弯矩和剪力；

k——第 j 层剪力墙的片数。

(2)框架梁、柱内力计算

总框架所承担的总剪力按各柱的抗侧刚度 D 值的比例分配到各柱。这里的总剪力应当是柱反弯点标高处的剪力，但实际计算中为简化，常近似地取各层柱的中点为反弯点

的位置，用各楼层上下两层楼板标高处的 V_f，取二者平均值作为该层柱中点处剪力。因此第 j 层第 i 柱中点处的剪力：

$$V_{cji}=\frac{D_{ji}}{\sum_{l=1}^{m}D_{jl}}\cdot\frac{V_{fj}+V_{fj-1}}{2} \tag{7.39}$$

式中 V_{fj}，V_{fj-1}——第 j 层柱顶和柱底楼板标高处框架的总剪力；

m——第 j 层柱子数。

求得各柱的剪力之后即可确定柱端弯矩，再根据节点平衡条件，由上、下柱端弯矩求梁端弯矩，再由梁端弯矩求梁端剪力；由各层框架梁的梁端剪力可求各柱轴向力。具体参见前面框架结构部分。

(3)刚接连梁内力计算

前面已求得总连梁线约束弯矩 $m(x)$ 是沿高度连续分布的，因此，首先应把各层高度范围内的线约束弯矩集中成弯矩 M 作用在连梁上，再按照刚接连梁的梁端刚度系数将 M 按比例分配给各连梁，若第 j 层有 n 个刚接点，即有 n 个梁端与墙肢相连，则第 i 个梁端在墙肢轴线处的弯矩为：

$$M_{ijab}=\frac{m_{iab}}{\sum_{l=1}^{n}m_{lab}}m_j\left(\frac{h_j+h_{j+1}}{2}\right) \tag{7.40}$$

式中 h_j，h_{j+1}——第 j 层和第 $j+1$ 层的层高；

m_{ab}——m_{12} 或 m_{21}。

连梁的设计内力应取剪力墙边界处的值，如图 7.19 所示，有：

$$\left.\begin{aligned}M_{b12}&=\frac{x-cl}{x}M_{12}\\M_{b21}&=\frac{l-x-dl}{l-x}M_{21}\end{aligned}\right\} \tag{7.41}$$

式中 x——连梁反弯点到左侧墙肢轴线的距离，$x=\frac{m_{12}}{m_{12}+m_{21}}l$。

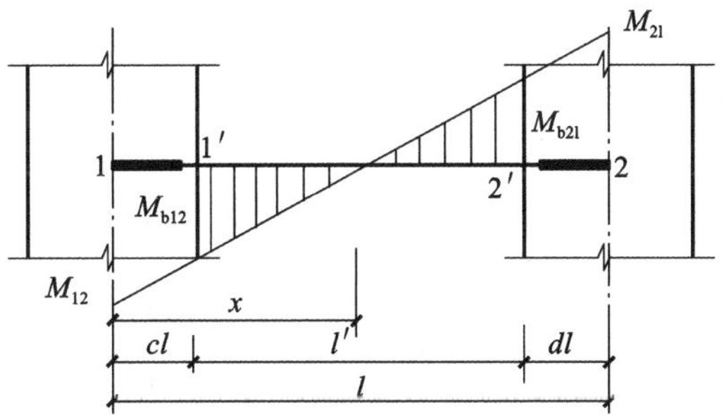

图 7.19 连梁与剪力墙边界处内力计算图

连梁的设计剪力值可以用连梁在墙边界处的弯矩表示为：

$$V'_{bj}=(M_{b12}+M_{b21})/l' \tag{7.42}$$

或用连梁在剪力墙轴线处的弯矩表示为：

$$V'_{bj}=(M_{12}+M_{21})/l \tag{7.43}$$

7.5.2 综合框架总剪力修正

在水平地震作用下，框架-剪力墙结构中框架部分计算所得的剪力一般较小。为保证罕遇地震下作为第二道防线的框架具有一定的抗侧能力，需对框架承担的剪力予以适当的调整。

(1)抗震设计时，框架-剪力墙结构由地震作用产生的各层框架总剪力标准值应符合下列规定：

满足下式(7.44)要求的楼层，其框架总剪力标准值不必调整；不满足式(7.44)要求的楼层，其框架总剪力标准值应按 $0.2V_0$ 和 $1.5V_{f,max}$ 二者的较小值采用。

$$V_f \geqslant 0.2V_0 \tag{7.44}$$

式中 V_0——对框架数量从下至上基本不变的规则结构，取对应地震作用标准值的结构底部总剪力；对框架柱数量从下至上分段有规律变化的结构，应取每段底层结构对应于地震作用标准值的总剪力；

V_f——对应于地震作用标准值且未经调整的各层(或某一段内各层)框架承担的地震总剪力。

$V_{f,max}$ 是指对框架柱从下至上基本不变的规则结构，应取对应于地震作用标准值且未经调整的各层框架承担的地震总剪力中的最大值；对框架柱数量从下至上分段有规律变化的结构，应取每段中对应于地震作用标准值且未经调整的各层框架承担的地震总剪力中的最大值。

(2)各层框架所承担的地震总剪力按第(1)条调整后，应按调整前、后总剪力标准值的比值调整各根框架柱和与之相连框架梁的剪力及端部弯矩标准值，框架柱的轴力标准值可不予调整。

(3)按振型分解反应谱法计算地震作用时，第(1)条所规定的调整可在振型组合之后进行，并在满足规范关于楼层最小地震剪力系数(剪重比)的前提下进行。

7.5.3 地震作用下的结构设计方法

抗震设计的框架-剪力墙，应根据在规定的水平力作用下结构底层框架部分承受的地震倾覆力矩与结构总地震倾覆力矩的比值确定相应的设计方法，并应符合下列规定：

(1)当框架部分承受的抗倾覆力矩不大于结构总倾覆力矩的10%时，意味着结构中框架所承担的地震作用很小，绝大部分均由剪力墙承担，工作性能接近于纯剪力墙结构，剪力墙的抗震等级按剪力墙结构规定，其适用高度按框架-剪力墙结构的要求，其框架部分应按框架-剪力墙结构的框架进行设计。

(2)当框架部分承受的抗倾覆力矩大于总倾覆力矩的10%但不大于50%时，属于典型的框架-剪力墙结构，按框架-剪力墙结构进行设计。

(3)当框架部分承受的抗倾覆力矩大于总倾覆力矩的50%但不大于80%时，意味着结构中剪力墙的数量偏少，框架承担较大的地震作用，此时，剪力墙部分的抗震等级和轴压比按框架-剪力墙结构，其最大适用高度可比框架结构适当增加，框架部分的抗震等级和轴压比限值宜按纯框架结构的规定采用。

(4)当框架部分承受的抗倾覆力矩大于总倾覆力矩的80%时，意味着结构中剪力墙的数量极少，此时，剪力墙部分的抗震等级和轴压比按框架-剪力墙结构进行设计。但最大适用高度宜按框架结构采用，框架部分的抗震等级和轴压比限值应按纯框架结构的规定采用。这种少墙框架-剪力墙结构，抗震性能较差，不主张采用。以避免剪力墙受力过大、过早破坏。

对于竖向布置比较规则的框架-剪力墙结构，框架部分承担的地震倾覆力矩可按下式计算：

$$M_c = \sum_{i=1}^{n}\sum_{j=1}^{m} V_{ij}h_i \tag{7.45}$$

式中　M_c——在基本振型地震作用下框架部分承担的地震倾覆力矩；

n——房屋层数；

m——框架第 i 层的柱子根数；

V_{ij}——第 i 层第 j 根框架柱在地震作用下的剪力设计值；

h_i——第 i 层层高。

7.6　框架-剪力墙结构受力特征

7.6.1　侧向位移特征

框架-剪力墙结构侧移曲线，随结构刚度特征值 λ 的变化而变化，如图7.20所示。当 λ 很小(如 $\lambda \leqslant 1$)时，综合框架的抗侧刚度与综合剪力墙的等效抗弯刚度相比很小，结构所表现出来的特性类似于纯剪力墙结构，侧移曲线像独立的悬臂柱一样，凸向原始位置，即弯曲型。当 λ 很大(如 $\lambda \geqslant 6$)时，综合框架的抗侧刚度比综合剪力墙的等效抗弯刚度大很多，结构特性类似于纯框架结构，侧移曲线凹向原始位置，即剪切型。当 λ 在1～6之间时，总结构侧向变形表现为下部以弯曲为主、上部以剪切为主的反S形变形，称为弯剪复合形。

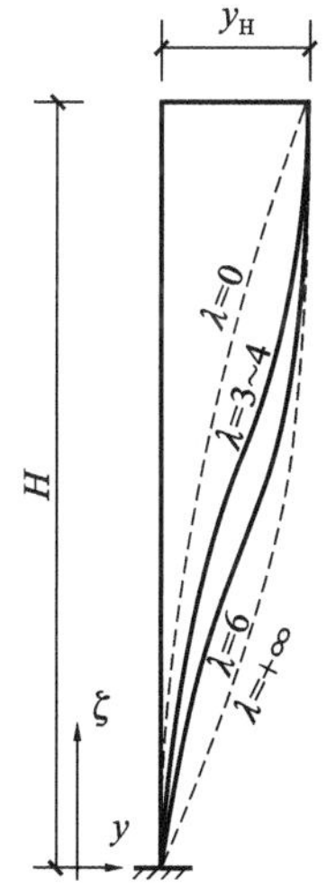

图7.20　框剪结构变形曲线与 λ 关系

7.6.2　荷载及剪力分布特征

作用在整个框架-剪力墙结构上的荷载是由综合剪力墙和综合框架共同承担的，即 $p=p_w+p_f$，因为剪力墙与框架在侧向荷载作用下的变形特征不同，从而导致了沿高度方向 p_w 与 p_f 的分布形式与外部荷载形式不同。框架-剪力墙共同工作是由于刚性楼板的连接作用，要求两者变形必须协调。因此两者都有企图阻止对方发生自由变形的趋势，这就必然会在两者中发生力的重分布。在结构的顶部，框架在单独受力时侧移曲线的转角很小，而剪力墙在单独受力时侧移曲线的转角很大，因此顶部是框架向内拉剪力墙；在底部因为剪力墙的侧移曲线的转角为0，剪力墙提供了极大的刚度，使框架所受的剪力不断减小直至为零，这时剪力墙

所承担的荷载 p_w 大于总水平荷载 p，框架所承担的荷载 p_f 与外部荷载 p 的作用方向相反。

图 7.21 为均布荷载作用下，沿结构高度总框架与总剪力墙之间的荷载分配变化情况，p_f、p_w 和 p 的作用方向与外荷载方向一致时为正。可见，总框架承受的荷载在上部为正，下部为负；在 $\xi=1$ 处，在总框架和总剪力墙顶部，存在大小相等、方向相反的自平衡集中力。

图 7.22 为均布荷载作用下外荷载剪力 V、总框架剪力 V_f 与总剪力墙剪力 V_w 随刚度特征值的变化情况示意图。当 $\lambda=0$ 时，总框架的剪力为零，总剪力墙承担全部剪力；当 λ 很大时，总框架几乎承担全部剪力；λ 为任意值时，总框架和总剪力墙按其刚度比各承受一定的剪力。

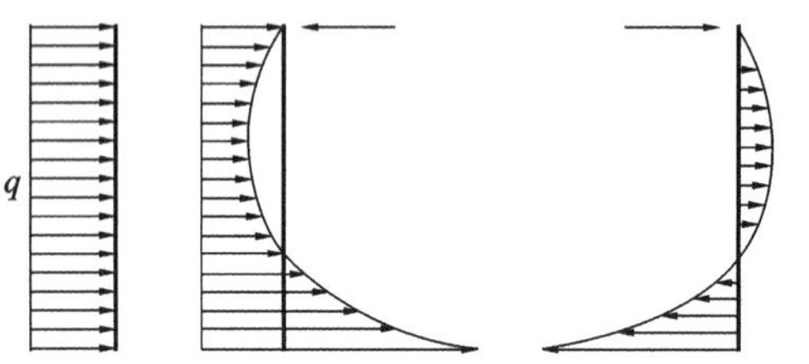

图 7.21　均布荷载作用下框剪结构荷载分配图

(a)荷载图；(b)剪力墙承受的外荷载 p_w 图；(c)框架承受的外荷载 p_f 图

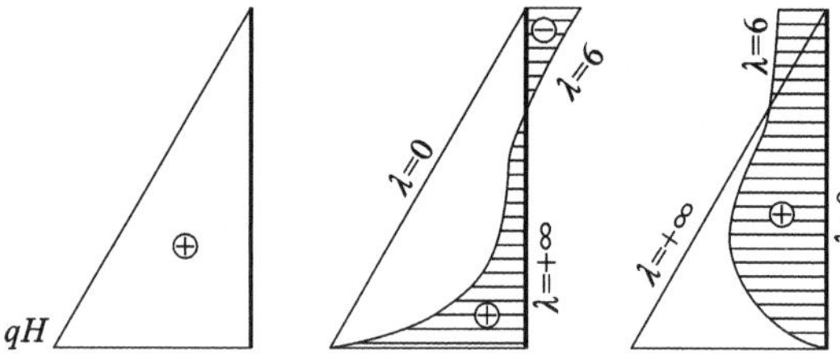

图 7.22　均布荷载作用下框剪结构剪力分配图

(a)V 图；(b)剪力墙承担的剪力 V_w 图；(c)框架承担的剪力 V_f 图

在结构底部即 $\xi=0$ 处，由于没有考虑剪力墙的剪切变形影响，因此求得总框架基底处剪力为零，即底部剪力全部由剪力墙承受。这一结论与实际受力情况不相符合。为了弥补这一不足，现行规范规定各层总框架的总剪力 V_f 不小于 20%的基底总剪力。

在结构顶部，尽管外部荷载产生的总剪力为零，但总框架和总剪力墙的剪力都不等于零，它们数值相等大小相反，二者恰好平衡；框架最大剪力的截面不在结构底部，截面距底部的位置随 λ 增大而降低，λ 通常在 1.0～3.0 范围内变化，框架最大剪力的位置大致处于结构中部附近（即 $0.4H$～$0.7H$）；与纯框架结构相比，在框架-剪力墙结构中框架剪力沿高度分布相对比较均匀，对框架底部受力比较有利。

7.6.3　连梁刚接对侧移和内力的影响

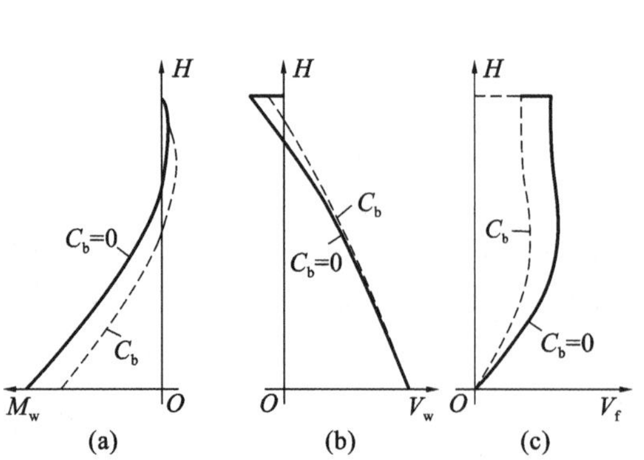

图 7.23　连梁刚接对结构内力的影响

在外荷载不变的情况下，框架-剪力墙结构考虑连梁的约束作用时，结构的刚度特征值 λ 增大，侧向位移减小。

由于连梁对剪力墙的线约束弯矩为逆时针方向，故考虑连梁的约束弯矩时，剪力墙上部截面的负弯矩将增大，剪力墙下部截面的正弯矩将减小，反弯点下移。

考虑连梁的约束弯矩时，剪力墙的剪力将增大，而框架的剪力将减小，如图 7.23 所示。

7.7 框架-剪力墙结构的截面设计和构造

框架-剪力墙结构中的框架和剪力墙除分别按照框架结构(第 5 章)和剪力墙结构(第 6 章)进行截面设计并满足构造要求外,尚应符合下述有关规范规定。

7.7.1 剪力墙的配筋构造要求

在框架-剪力墙结构和板柱-剪力墙结构中,剪力墙都是主要的抗侧力构件,承受较大的水平剪力。为使剪力墙具有足够的承载力和良好的延性,剪力墙竖向和水平分布钢筋的配筋率,抗震设计时均不应小于 0.25%;非抗震设计时均不应小于 0.20%,并应至少双排布置。各排分布钢筋之间应设置拉筋,拉筋直径不应小于 6mm,间距不应大于 600mm。

7.7.2 带边框剪力墙的构造要求

剪力墙周边一般与梁、柱连接在一起,形成带边框的剪力墙。为了使墙板与边框能整体工作,墙板自身应有一定的厚度以保证其稳定性。一般情况下,剪力墙的截面厚度不应小于 160mm;抗震设计时,一、二级抗震等级剪力墙的底部加强部位均不应小于 200mm。

剪力墙的水平分布钢筋应全部锚入边框内,锚固长度不应小于 l_a(非抗震设计)或 l_{aE}(抗震设计)。

与剪力墙重合的框架梁可保留,亦可做成宽度与墙厚相同的暗梁,暗梁截面高度可取墙厚的 2 倍或与该榀框架梁截面等高。暗梁的配筋可按构造配置且应符合一般框架梁相应抗震等级的最小配筋要求。

剪力墙宜按工字形截面计算其正截面承载力,端部的纵向受力钢筋应配置在边框柱截面内。

边框柱宜与该榀框架其他柱的截面相同,且应符合一般框架柱的构造配筋规定。剪力墙底部加强部位边框柱的箍筋宜沿全高加密;当带边框剪力墙上的洞口紧邻边框柱时,边框柱的箍筋宜沿全高加密。

7.7.3 板柱-剪力墙结构中板的构造要求

板柱-剪力墙结构中的剪力墙一般为带边框的剪力墙,其构造要求同上文。板的构造应符合下列要求。

(1)防止无梁板脱落的措施

在地震作用下,无梁板与柱的连接是最薄弱的部位,板柱交接处容易出现裂缝,严重时发展为通缝,使板失去支承而脱落。为防止板完全脱落而下坠,沿两个主轴方向均应布置通过柱截面的板底连续钢筋,且钢筋的总面积应符合下式要求:

$$A_s \geqslant N_G / f_y \tag{7.46}$$

式中 A_s——通过柱截面的板底连续钢筋的总截面面积;

N_G——在该层楼面重力荷载代表值作用下的柱轴向压力设计值,8 度时宜计入竖向地震的影响;

f_y——钢筋的抗拉强度设计值。

(2)加强板与柱的连接构造

板柱-剪力墙结构中，地震作用虽由剪力墙全部承担，但结构在整体工作时，板柱部分仍会承担一定的水平力。由柱上板带和柱组成的板柱框架中的板，受力主要集中在柱的连线附近。抗震设计时，应沿纵横向柱轴线在柱上板带内设置构造暗梁，暗梁宽度取柱宽度及两侧 1.5 倍板厚之和。暗梁在支座上部钢筋截面面积不宜小于柱上板带钢筋截面面积的 50%，并应全跨拉通；暗梁下部钢筋数量不宜小于上部钢筋的 1/2。暗梁箍筋的布置，当计算不需要时，直径不应小于 8mm，间距不应大于 $3h_0/4$，肢距不宜大于 $2h_0$；当计算需要时应按计算确定，且直径不应小于 10mm，间距不应大于 $h_0/2$，肢距不宜大于 $1.5h_0$。

(3)设置托板时，应加强托板与平板的连接使之成为整体。非抗震设计时托板底部宜布置构造钢筋；抗震设计时，柱边处的弯矩可能发生变化，故托板底部的钢筋应按计算确定，并应满足抗震锚固要求。由于托板与平板形成整体，故计算柱上板带的支座钢筋时，可把托板的厚度考虑在内。

(4)无梁楼板允许开局部洞口，当洞口较大时，应对被洞口削弱的板带进行承载力和刚度验算。当未做专门分析时，在板的不同部位开单个洞的大小应符合图 7.24 的要求。若在同一部位开多个洞时，则在同一截面上各个洞宽之和不应大于该部位单个洞的允许宽度。所有洞边均应设置补强钢筋。

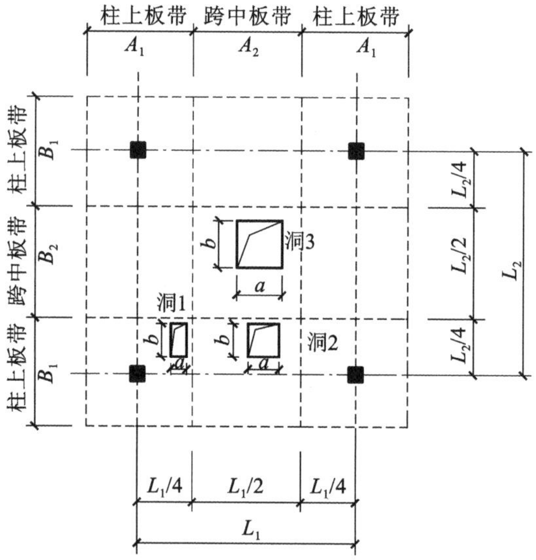

图 7.24 无梁楼板开洞要求

注：洞 1：$a \leqslant a_c/4$ 且 $a \leqslant t/2$，$b \leqslant b_c/4$ 且 $b \leqslant t/2$；洞 2：$a \leqslant A_2/4$ 且 $b \leqslant B_1/4$；洞 3：$a \leqslant A_2/4$ 且 $b \leqslant B_2/4$。其中，a 为洞口短边尺寸，b 为洞口长边尺寸，a_c 为相应于洞口短边方向的柱宽，b_c 为相应于洞口长边方向的柱宽，t 为板厚，A_1、A_2 为柱上板带、跨中板带(相应于洞口短边方向)，B_1、B_2 为柱上板带、跨中板带(相应于洞口长边方向)。

【例 7.1】 某 10 层房屋的结构平面及剖面示意图如图 7.25、图 7.26 所示。纵向剪力墙上的门洞尺寸为 2.0m×2.4m，门洞居中。抗震设防烈度 8 度(0.2g)。场地类别Ⅱ类，设计地震分组为第一组，阻尼比为 0.05。横梁截面尺寸 250mm×600mm，纵梁截面尺寸

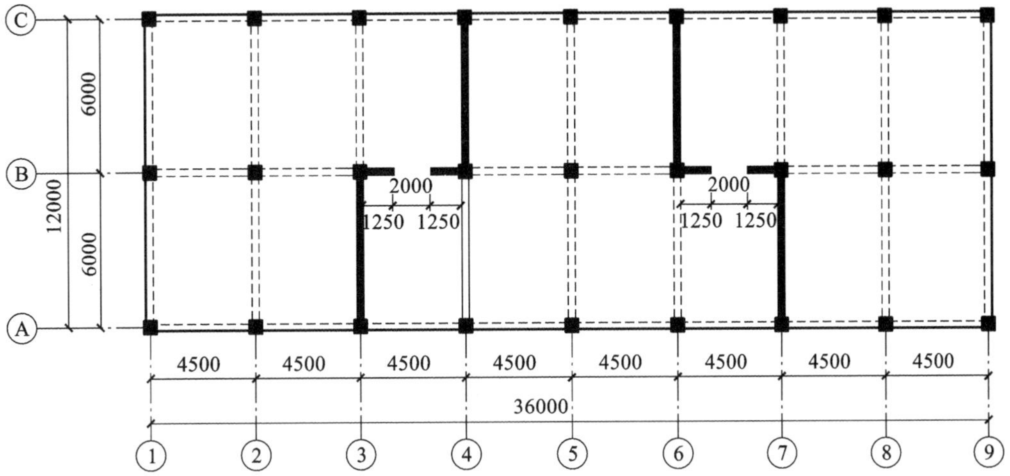

图 7.25　结构平面示意图

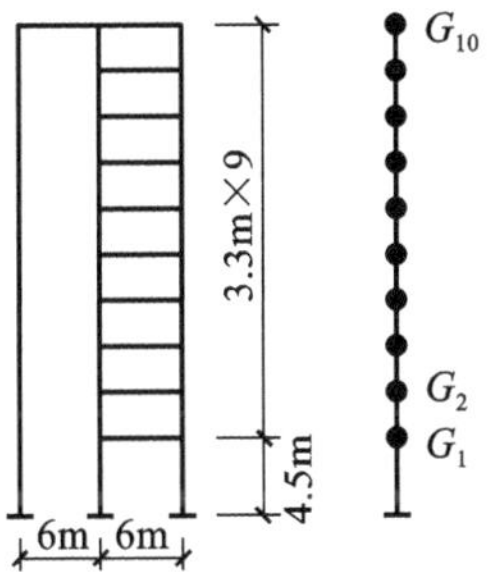

图 7.26　结构剖面示意图

200mm×450mm，板厚为 100mm。柱截面尺寸：1、2 层为 550mm×550mm，其余各层为 500mm×500mm。剪力墙厚度为 200mm。采用现浇钢筋混凝土，混凝土强度等级：1～6 层为 C40，7～10 层为 C30。经计算，集中于各层楼面处的重力荷载代表值为 $G_1=6351\text{kN}$，$G_2=G_3=G_4=\cdots=G_9=5925\text{kN}$，$G_{10}=3773\text{kN}$。试按协同工作分析方法计算横向水平地震作用下结构的内力及位移。

【解】　(1)基本参数计算

①框架梁的线刚度 i_b

$I_{b0}=\frac{1}{12}bh^3=\frac{1}{12}\times 250\times 600^3=4.5\times 10^9(\text{mm}^3)$，边框架梁 $I_b=1.5I_{b0}$，中框架梁 $I_b=2I_{b0}$，框架横梁线刚度 $i_b=E_cI_b/l$，计算结果见表 7.4。

表 7.4　梁线刚度 i_b

梁层次	E_c(×10^4 N/mm^2)	$b\times h$ (mm^2)	l(mm)	I_{b0}(×10^9 mm^4)	边框架		中框架	
					$I_b=1.5I_{b0}$ (mm^4)	i_b(×10^10 N·mm)	$I_b=2I_{b0}$ (mm^4)	i_b(×10^10 N·mm)
7～10	3	250×600	6000	4.500	6.750×10^9	3.375	9.0×10^9	4.500
1～6	3.25					3.656		4.875

②柱的线刚度 i_c

柱线刚度 $i_c=E_cI_c/h$，计算结果见表 7.5。

表 7.5　柱线刚度 i_c

层次	层高(mm)	$b\times h$(mm^2)	E_c(×10^4 N/mm^2)	I_c(×10^9 mm^4)	i_c(×10^10 N·mm)
7～10	3300	500×500	3	5.208	4.735
3～6	3300	500×500	3.25	5.208	5.129
2	3300	550×550	3.25	7.625	7.510
1	4500	550×550	3.25	7.625	5.507

③横向框架的剪切刚度 C_f

框架柱侧向刚度 $D=\alpha\dfrac{12i_c}{h^2}$。其中，底层：$K=\dfrac{\sum i_b}{i_c}$，$\alpha=\dfrac{0.5+K}{2+K}$；标准层：$K=\dfrac{\sum i_b}{2i_c}$，$\alpha=\dfrac{K}{2+K}$。计算结果见表 7.6、表 7.7。

表 7.6 中框架柱侧向刚度(N/mm)

层次	层高(mm)	i_c($\times10^{10}$ N·mm)	边柱(10 根)			中柱(3 根)			$\sum D=10\times D_{i1}+3\times D_{i2}$
			K	α	D_{i1}	K	α	D_{i2}	
8～10	3300	4.735	0.950	0.322	16807	1.901	0.487	25424	244343
7	3300	4.735	0.990	0.331	17275	1.980	0.497	25957	250624
3～6	3300	5.129	0.950	0.322	18207	1.901	0.487	27541	264693
2	3300	7.510	0.649	0.245	20272	1.298	0.393	32559	300396
1	4500	5.507	0.885	0.480	15668	1.770	0.602	19651	215634

表 7.7 边框架柱侧向刚度(N/mm)

层次	层高(mm)	i_c($\times10^{10}$ N·mm)	边柱(4 根)			中柱(2 根)			$\sum D=4\times D_{i1}+2\times D_{i2}$
			K	α	D_{i1}	K	α	D_{i2}	
8～10	3300	4.735	0.713	0.263	13709	1.426	0.416	21713	98264
7	3300	4.735	0.742	0.271	14125	1.485	0.426	22232	100966
3～6	3300	5.129	0.713	0.263	14850	1.426	0.416	23521	106443
2	3300	7.510	0.487	0.196	16196	0.975	0.328	27085	118955
1	4500	5.507	0.664	0.437	14258	1.328	0.549	17924	92881

将表 7.6、表 7.7 各对应层的 D 值相加，并乘以层高，即得 C_{fi}，见表 7.8。

表 7.8 各层框架剪切刚度 C_{fi}

层次	1	2	3～6	7	8～10
层高(mm)	4500	3300	3300	3300	3300
$\sum D$ (N/mm)	308515	419351	371136	351590	342607
C_{fi}($\times10^8$N)	13.883	13.839	12.248	11.602	11.306

横向框架的剪切刚度由各层的 C_{fi} 值按高度加权取平均值：

$$C_f=\frac{(13.883\times4.5+13.839\times3.3+12.248\times4\times3.3+11.602\times3.3+11.306\times3\times3.3)\times10^6}{4.5+3.3\times9}$$

$$=12.282\times10^8(\text{N})$$

④横向剪力墙截面等效刚度

本例的 4 片剪力墙截面形式相同，但各层混凝土强度等级不同，1～6 层为 C40，7～10 层为 C30。这里以第一层剪力墙为例进行计算，其他各层剪力墙刚度的计算结果见表 7.9。

第一层墙厚 200mm，端柱截面为 550mm×550mm，墙截面及尺寸如图 7.27 所示。有效翼缘宽度应取翼缘厚度的 6 倍与 b 之和、墙间距的一半和总高度的 1/20 中的最小值，且不大于至洞口边缘的距离。经计算，$b_f=1250$mm。

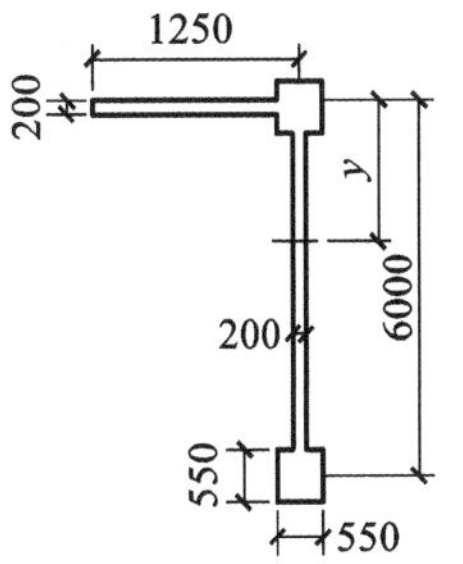

图 7.27　剪力墙截面尺寸

$$A_w=550^2\times2+(6000-550)\times200+(1250-550/2)\times200$$
$$=1890000\text{mm}^2$$

$$y=\frac{550^2\times6000+(6000-550)\times200\times3000}{1890000}=2690\text{mm}$$

$$I_w=\frac{1}{12}\times550^4\times2+550^2\times(2690^2+3310^2)+\frac{1}{12}\times200\times5450^3+200\times5450\times$$
$$(3000-3690)^2+\frac{1}{12}\times975\times200^3+200\times975\times2690^2$$
$$=9.7328066964\times10^{12}\text{mm}^4$$

由 $b_f/t=(1250+200/2)/200=6.75$ 和 $h_w/t=6550/200=32.75$，查表 7.9 得 $\mu=1.368$。

表 7.9　各层剪力墙刚度参数(一片墙)

层次	t (mm)	E_c (×10^4 N/mm)	$b\times h$(端柱) (mm^2)	b_f (mm)	y (mm)	μ	A_w (mm^2)	I_w (×10^{12} mm^4)	E_cI_w (×10^{17} N·mm^2)
7～10	200	3	500×500	1250	2667	1.366	1800000	8.88431183	2.6652936
3～6	200	3.25	500×500	1250	2667	1.366	1800000	8.88431183	2.8874014
1～2	200	3.25	550×550	1250	2690	1.368	1890000	9.73280670	3.8473047

将表 7.9 中各层的 A_w、I_w、E_c、μ 沿高度加权取平均值得：

$$A_w=\frac{1890000\times4.5+1890000\times3.3+1800000\times3.3\times8}{4.5+3.3\times9}=1820526\text{mm}^2$$

$$I_w=\frac{(9.73281\times4.5+9.73281\times3.3+8.88431\times8\times3.3)\times10^{12}}{4.5+3.3\times9}=9.07783\times10^{12}\text{mm}^4$$

$$E_c=\frac{3.25\times4.5+3.25\times3.3\times5+3\times4\times3.3}{4.5+3.3\times9}\times10^4=3.1535\times10^4\text{N/mm}^2$$

$$\mu=\frac{1.368\times(4.5+3.3)+1.366\times8\times3.3}{4.5+3.3\times9}=1.3665$$

将上述数据代入下式得

$$E_cI_{ep}=\frac{E_cI_w}{1+\dfrac{9\mu I_w}{A_wH^2}}=\frac{3.1535\times10^4\times9.07783\times10^{12}}{1+\dfrac{9\times1.3665\times9.07783\times10^{12}}{1820526\times34200^2}}=2.71822\times10^{17}\text{N}\cdot\text{mm}^2$$

总剪力墙的等效刚度

$$E_cI_w=2.71822\times10^{17}\times4=10.872895\times10^{17}\text{N}\cdot\text{mm}^2$$

⑤连梁的等效刚度

为简化，计算连梁刚度时不考虑剪力墙翼缘的影响，取墙形心轴为 1/2 墙截面高度处，如图 7.28 所示。由于梁净跨长与截面高度之比大于 4，故可不考虑剪切变形的影响。下面以第一层连梁为例计算连梁刚度，其他层连梁刚度计算结果见表 7.10。

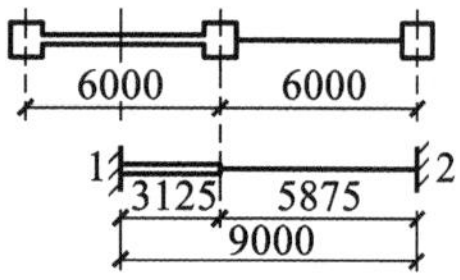

图 7.28 连梁计算简图

连梁刚域长度为：

$$al=\frac{1}{2}(6000+550)-\frac{1}{4}\times 600=3125\text{mm}$$

$$l=3000+6000=9000\text{mm}$$

$$a=3125/9000=0.3472$$

另由表 7.4 得：

$$E_cI_b=3.25\times 10^4\times 9\times 10^9=2.925\times 10^{14}\text{N}\cdot\text{mm}^2$$

约束弯矩系数

$$m_{12}=\frac{6E_cI_b(1+a)}{l(1-a)^3}=\frac{6\times 2.925\times 10^{14}}{9000}\times\frac{1+0.3472}{(1-0.3472)^3}=0.9443353522\times 10^{12}\text{N}\cdot\text{mm}$$

每层有 4 个刚节点与剪力墙相连，则总的线约束弯矩 $m=\sum m_{12}/h_i=4\times m_{12}/h_i$，连梁剪切刚度计算见表 7.10。

表 7.10 连梁剪切刚度(N)

层次	层高(mm)	$b\times h$(端柱)(mm^2)	l(mm)	a	E_cI_b($\times 10^{14}$ N·mm)	m_{12}($\times 10^{12}$ N·mm)	$\sum m_{12}/h_i$($\times 10^8$ N)
7～10	3300	500×500	9000	0.344	2.7	0.85695942	10.38739
3～6	3300	500×500		0.344	2.925	0.92837270	11.25300
2	3300	550×550		0.3472	2.925	0.94433535	11.446489
1	4500	550×550		0.3472	2.925	0.94433535	8.394092

将表 7.10 中各层连梁的剪切刚度按高度加权取平均值得：

$$\frac{(\sum m_{12}/h_i)h_i}{\sum h_i}=$$

$$\frac{(8.394092\times 4.5+11.446489\times 3.3+11.25300\times 4\times 3.3+10.38739\times 4\times 3.3)\times 10^8}{34.2}$$

$$=10.5614028\times 10^8\text{N}$$

⑥结构刚度特征值 λ

为了考察连梁的约束作用对结构内力和侧移的影响，下面分别按连梁刚接和铰接两种情况计算。

$$\lambda=H\sqrt{\frac{C_f+\sum\frac{m_{ij}}{h}}{E_cI_w}}=34200\times\sqrt{\frac{(1.2282+1.05614028)\times 10^9}{10.872895\times 10^{17}}}=1.57$$

不考虑连梁约束作用时，结构刚度特征值 λ 为

$$\lambda=H\sqrt{\frac{C_f}{E_cI_w}}=34200\times\sqrt{\frac{1.2282\times 10^9}{10.872895\times 10^{17}}}=1.15$$

(2)水平地震作用计算

①结构自振周期计算

因结构的质量和刚度沿高度分布比较均匀，基本自振周期可按下式计算

$$T_j = \varphi_j H^2 \sqrt{\frac{w}{gE_c I_w}}$$

式中　w——建筑高度单位长度的平均重量(kN/m)；

g——重力加速度($9.8m/s^2$)；

φ_j——与刚度特征值相关的系数。

本例中

$$w = \frac{\sum G_i}{H} = \frac{57529.8}{34.2} = 1682.16\text{kN/m}$$

由 $\lambda=1.15$(铰接体系)，查得 $\varphi_i=1.57$，$T_1=1.57\times 34.2^2\times\sqrt{\frac{1682.16}{9.8\times 108.72895\times 10^7}}$ $=0.73$s

修正周期 $T_1=0.8\times 0.73=0.58$s

由 $\lambda=1.57$(刚接体系)，查得 $\varphi_i=1.28$，$T_1=1.28\times 34.2^2\times\sqrt{\frac{1682.16}{9.8\times 108.72895\times 10^7}}$ $=0.595$s

修正周期 $T_1=0.8\times 0.595=0.48$s

注：结构基本自振周期可按顶点位移法公式(3.36) $T_1=1.7\psi_T\sqrt{u_T}$ 计算，式中 ψ_T 为结构自振周期考虑非承重墙影响的折减系数，本例题 $\psi_T=0.8$；u_T 为结构顶点假想位移(m)。结构重力荷载近似按均布荷载考虑，均布荷载为

$$q = \frac{\sum G_i}{H} = \frac{(3773.2+8\times 5925.7+6351)}{34.2} = 1682.16(\text{kN/m})$$

将 $\xi=1$ 代入公式(7.20)，在均布荷载作用下顶点位移计算公式为：$u=\frac{qH^4}{EI_w\lambda^4}\left[\left(\frac{1+\lambda\text{sh}\lambda}{\text{ch}\lambda}\right)(\text{ch}\lambda-1)-\lambda\text{sh}\lambda+\lambda^2\left(1-\frac{1}{2}\right)\right]$，结构自振周期 T_1 计算结果如表 7.11 所示。

表 7.11　顶点位移法计算结构自振周期 T_1

体系类别	EI_w($N\cdot mm^2$)	λ	u(m)	T_1(s)
铰接体系	1.08729×10^{18}	1.15	0.176	0.57
刚接体系		1.57	0.137	0.50

②水平地震作用计算

用底部剪力法计算水平地震作用，结构等效总重力荷载代表值 G_{eq}

$$G_{eq}=0.85G_E=0.85\times 57529.8=48900\text{kN}$$

结构阻尼比为 0.05，特征周期 $T_g=0.35$s(查表 3.10 得)，$\alpha_{max}=0.16$s，$\alpha_1=(T_g/T)^{0.9}\alpha_{max}$

结构总水平地震作用标准值 F_{Ek}

$$F_{Ek}=\alpha_1 G_{eq}=\left(\frac{T_g}{T_1}\right)^{0.9}\alpha_{max}G_{eq}=\left(\frac{0.35}{0.58}\right)^{0.9}\times 0.16\times 48900=4965.98\text{kN}(\text{连梁铰接})$$

$$F_{Ek}=\alpha_1 G_{eq}=\left(\frac{T_g}{T_1}\right)^{0.9}\alpha_{max}G_{eq}=\left(\frac{0.35}{0.48}\right)^{0.9}\times 0.16\times 48900=5888.07\text{kN}(\text{连梁刚接})$$

顶部附加水平地震作用标准值 ΔF_n

$$\Delta F_n = \delta_n F_{Ek} = (0.08T_1 + 0.01)F_{Ek} = 280.08\text{kN}(\text{连梁铰接时})$$

$$\Delta F_n = 0(\text{因为 } T < 1.4T_g\text{,连梁刚接时})$$

质点 i 的水平地震作用标准值 F_i

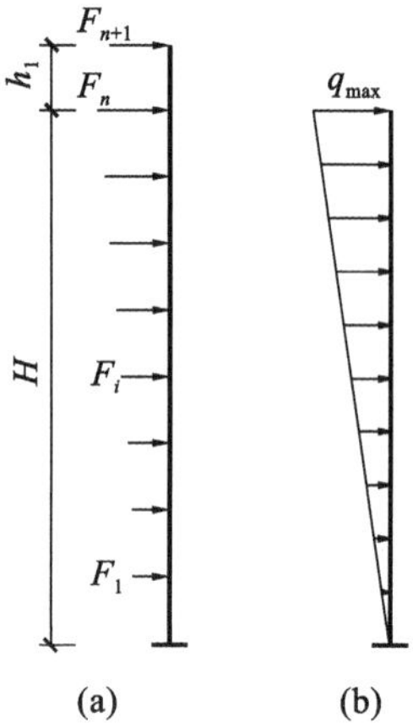

图 7.29 水平地震作用的转换

$$F_i = \frac{G_i H_i}{\sum_{j=1}^{n} G_j H_j}(1-\delta_n)F_{Ek} = \begin{cases} \dfrac{4685.9 G_i H_i}{\sum_{j=1}^{n} G_j H_j}(\text{连梁铰接时}) \\ \dfrac{5888.07 G_i H_i}{\sum_{j=1}^{n} G_j H_j}(\text{连梁刚接时}) \end{cases}$$

F_i、V_i 和 $F_i H_i$ 的具体计算过程见表 7.12,其中铰接体系顶层的剪力值为 $F_i + \Delta F_n$ 。

按基底倾覆力矩相等的条件,将实际地震作用分布[图 7.29(a)]转换为倒三角形连续地震作用[图 7.29(b)],即 $\frac{q_{max} H^2}{3} = M_0$,基底倾覆力矩 $M_0 = \sum_{i=1}^{n} F_i H_i$。可得 $q_{max} = \frac{3M_0}{H^2}$,$V_0 = \frac{q_{max} H}{2}$ 。

表 7.12 水平地震作用计算

层次	H_i (m)	G_i (kN)	$G_i H_i$ (kN·m)	$\frac{G_i H_i}{\sum G_j H_j}$	连梁铰接			连梁刚接		
					F_i (kN)	V_i (kN)	$F_i H_i$ (kN·m)	F_i (kN)	V_i (kN)	$F_i H_i$ (kN·m)
10	34.2	3773.2	129043.4	0.1200491	(280.08) 562.5	842.6	28817.55	706.9	706.86	24174.55
9	30.9	5925.7	183104.1	0.1703418	798.2	1640.8	24664.54	1003.0	1709.84	30992.24
8	27.6	5925.7	163549.3	0.1521500	713.0	2353.8	19677.69	895.9	2605.71	24726.01
7	24.3	5925.7	143994.5	0.1339581	627.7	2981.5	15253.47	788.8	3394.47	19166.75
6	21.0	5925.7	124439.7	0.1157663	542.5	3524.0	11391.86	681.6	4076.11	14314.45
5	17.7	5925.7	104884.9	0.0975744	457.2	3981.2	8092.87	574.5	4650.63	10169.1
4	14.4	5925.7	85330.1	0.0793826	372.0	4353.2	5356.50	467.4	5118.04	6730.711
3	11.1	5925.7	65775.3	0.0611907	286.7	4639.9	3182.75	360.3	5478.34	3999.281
2	7.8	5925.7	46220.5	0.0429989	201.5	4841.4	1571.61	253.2	5731.52	1974.809
1	4.5	6351.0	28579.5	0.0265875	124.6	4966.0	560.64	156.5	5888.07	704.4715
$\sum$		57529.8	1074921.3		4685.90		118569.47	5888.07		136952.4

由表 7.12 中的有关数据及上式,

连梁铰接时:

$$q_{max} = \frac{3 \times 118569.47}{34.2^2} = 304.12\text{kN/m}$$

$$V_0=\frac{304.12\times 34.2}{2}=5200.5\text{kN}$$

连梁刚接时：

$$q_{\max}=\frac{3\times 136952.4}{34.2^2}=351.27\text{kN/m}$$

$$V_0=\frac{351.27\times 34.2}{2}=6006.72\text{kN}$$

(3)水平地震作用下总剪力墙、总框架和总连梁的内力计算

①连梁铰接时总框架、总剪力墙内力

总剪力墙弯矩：$M_w=\frac{qH^2}{\lambda^2}\left[\left(1+\frac{\lambda\,\text{sh}\lambda}{2}-\frac{\text{sh}\lambda}{\lambda}\right)\frac{\text{ch}\lambda\xi}{\text{ch}\lambda}-\left(\frac{\lambda}{2}-\frac{1}{\lambda}\right)\text{sh}\lambda\xi-\xi\right]$

总剪力墙剪力：$V_w=\frac{qH}{\lambda^2}\left[\left(1+\frac{\lambda\,\text{sh}\lambda}{2}-\frac{\text{sh}\lambda}{\lambda}\right)\frac{\lambda\,\text{sh}\lambda\xi}{\text{ch}\lambda}-\left(\frac{\lambda}{2}-\frac{1}{\lambda}\right)\lambda\,\text{ch}\lambda\xi-1\right]$

总框架剪力：$V_f=V_p-V_w=\frac{qH}{2}(1-\xi^2)-V_w$

结果见表7.13。

表7.13　总框架及总剪力墙内力(连梁铰接)

层次	H_i(m)	ξ	V_p(kN)	M_w(kN·m)	V_w(kN)	V_f(kN)
10	34.2	1.0	0.02	0.0	−1064.8	1064.8
9	30.9	0.907	955.2	−1916.7	−114.2	1069.3
8	27.6	0.814	1813.52	−861.6	738.1	1075.4
7	24.3	0.722	2575.0	2858.3	1502.6	1072.5
6	21.0	0.629	3239.7	8969.0	2188.6	1051.1
5	17.7	0.536	3807.5	17226.0	2804.6	1002.9
4	14.4	0.443	4278.5	27411.1	3358.3	920.2
3	11.1	0.351	4652.6	39330.0	3856.5	796.2
2	7.8	0.258	4929.9	52809.6	4305.2	624.7
1	4.5	0.142	5110.4	67696.3	4710.1	400.3
0	0	0	5200.5	90020.0	5200.5	0

②连梁刚接时总框架、总剪力墙及总连梁内力

刚接体系考虑连梁约束作用时，连梁刚度折减系数取0.55，

$\sum\frac{m_{ij}}{h}=0.55\times 1.05614028\times 10^9=5.80877154\times 10^8\text{N}$，结构刚度特征值$\lambda$为：

$$\lambda=H\sqrt{\frac{C_f+\sum\frac{m_{ij}}{h}}{E_cI_w}}=34200\times\sqrt{\frac{(1.2282+5.80877154)\times 10^9}{10.872895\times 10^{17}}}=1.40$$

总剪力墙弯矩M_w、总剪力墙名义剪力V'_w的计算公式同铰接体系，总框架的名义剪力

$V'_f = V_p - V'_w$，总框架的剪力为 $V_f = \dfrac{C_f}{C_f + \sum_{i=1}^{10} \dfrac{m_{ij}}{h}} V'_f$，总连梁内力为 $m(x) = \dfrac{C_f}{C_f + \sum_{i=1}^{10} \dfrac{m_{ij}}{h}} V'_f$，总剪力墙剪力 $V_w = V_p - V'_f$，计算结果见表 7.14。

表 7.14 框架、总剪力墙及总连梁内力(连梁刚接)

层次	H_i(m)	M_w(kN·m)	V_p(kN·m)	V'_w(kN·m)	m(kN)	V_w(kN)	V_f(kN)
10	34.2	0.0	0.00	−1524.9	489.64	−1035.28	1035.28
9	30.9	−3193.5	1103.3	−432.1	493.00	60.86	1042.40
8	27.6	−2984.0	2094.7	540.7	498.96	1039.68	1055.00
7	24.3	262.9	2974.2	1411.4	501.80	1913.23	1061.01
6	21.0	6236.7	3741.9	2195.9	496.42	2692.33	1049.62
5	17.7	14676.9	4397.8	2908.5	478.20	3386.71	1011.09
4	14.4	25368.2	4941.8	3562.3	442.96	4005.22	936.60
3	11.1	38136.2	5374.0	4169.1	386.88	4555.95	818.02
2	7.8	52844.7	5694.3	4740.1	306.39	5046.45	647.82
1	4.5	69392.7	5902.7	5285.7	198.13	5483.80	418.93
	0	94806.7	6006.7	6006.7	0.00	6006.72	0.00

(4)水平位移验算

$$y = \frac{qH^4}{E_c I_w \lambda^2}\left[\left(1 + \frac{\lambda \mathrm{sh}\lambda}{2} - \frac{\mathrm{sh}\lambda}{\lambda}\right)\frac{\mathrm{ch}\lambda\xi - 1}{\lambda^2 \mathrm{ch}\lambda} + \left(\frac{1}{2} - \frac{1}{\lambda^2}\right)\left(\xi - \frac{\mathrm{sh}\lambda\xi}{\lambda}\right) - \frac{\xi^3}{6}\right]$$，结果见表 7.15。

表 7.15 水平位移计算表

层次	H_i(m)	h_i(m)	连梁铰接		连梁刚接	
			f_i(m)	Δ_u/h	f_i(m)	Δ_u/h
10	34.2	3.3	0.023223222	1/1152	0.023131945	1/1191
9	30.9	3.3	0.020360527	1/1146	0.020363189	1/1179
8	27.6	3.3	0.017481115	1/1143	0.017565286	1/1168
7	24.3	3.3	0.014595295	1/1155	0.014740028	1/1170
6	21.0	3.3	0.011740098	1/1194	0.011919678	1/1197
5	17.7	3.3	0.008976522	1/1274	0.009163849	1/1265
4	14.4	3.3	0.006387085	1/1426	0.006556898	1/1403
3	11.1	3.3	0.004073637	1/1720	0.004205759	1/1677
2	7.8	3.3	0.002155409	1/2377	0.002238200	1/2296
1	4.5	4.5	0.000767282	1/5864	0.000801453	1/5614

可见，无论连梁刚接还是铰接，各层层间位移角均小于 1/800，满足弹性层间位移角限

值的要求。当考虑连梁的约束作用时，结构特征系数增大，结构自振周期减小，地震作用增大，结构的顶点侧移减小，层间位移增大。本例连梁刚度较小，考虑和不考虑连梁作用，其结构的内力和位移相差不大。因此当连梁刚度较小时，可以按铰接体系对结构进行近似计算。

本章小结

框架-剪力墙结构发挥了框架和剪力墙各自的优点，改善了结构的受力性能，增加抵抗地震作用的能力，结构的侧移曲线一般呈弯剪型。

框架-剪力墙铰接体系中的连杆代表刚性楼板，它使各榀抗侧力结构在同一楼层处具有相同的侧移。框架-剪力墙刚接体系中的连杆既代表楼板又代表框架与剪力墙之间的连梁，在水平荷载作用下，连梁的两端产生约束弯矩，对框架和剪力墙均形成约束。

在框架-剪力墙结构中，剪力墙下部承担的剪力很大，向上迅速减小，甚至出现负剪力；而框架-剪力墙结构中框架下部剪力小，中部达到最大，往上逐渐减小，剪力分布比框架结构中的剪力分布均匀。

框架与剪力墙之间的连梁刚度一般很大，计算时常将连梁的刚度折减，使连梁内力减小，其实质是塑性调幅。连梁的刚度折减系数不宜小于0.5，否则连梁将过早屈服，影响正常使用。

为保证罕遇地震时作为第二道防线的框架具有一定抗侧能力，需对框架承担的剪力予以适当的调整。

框架-剪力墙结构中，框架梁、柱和剪力墙的截面设计除应满足框架结构（第5章）和剪力墙结构（第6章）的有关要求外，尚应符合一定的构造规定。

思考题

7-1 从变形和内力两方面分析框架和剪力墙是如何协同工作的？协同工作计算基本假定是什么？

7-2 根据图7.30所示结构布置，分别画出当计算横向水平荷载作用时和纵向水平荷载作用时的计算简图，并指出计算简图中的总剪力墙、总框架和总连梁各代表实际结构中的哪些具体构件。

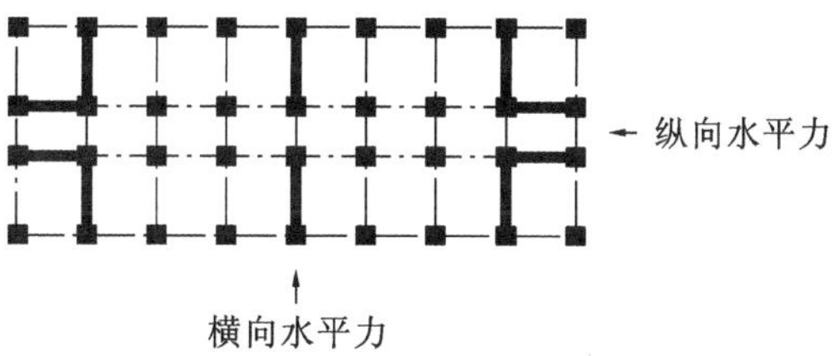

图7.30 思考题7-2图

7-3 如何确定框架-剪力墙结构中剪力墙的数量？试分析剪力墙数量变化对结构侧移及内力的影响。

7-4 框架-剪力墙结构的平衡微分方程是如何建立的？边界条件如何确定？

7-5 什么是结构刚度特征值？它对结构的侧移及内力分配有何影响？

7-6 总剪力墙、总框架和总连梁的内力各应如何计算？各片墙、各榀框架及各根连梁的内力如何计算？

7-7 在求出总剪力墙在各楼层处的内力后，如何求各片剪力墙在各楼层处的内力？

7-8 为什么要调整框架承担的剪力 V_f？怎样调整？

练习题

7-1 某12层房屋结构平面如图7.31所示，层高3m。在横向水平地震作用下的水平地震作用见表7.16。

表7.16 各楼层处的水平地震作用

层数	1	2	3	4	5	6	7	8	9	10	11	12
F_i(kN)	70	84	112	140	168	197	225	254	281	310	353	572

已知沿横向，边柱的抗侧刚度为1.2×10^4kN/m，中柱的抗侧刚度为1.8×10^4kN/m，每片剪力墙抗弯刚度$E_cI_w=6.02\times10^7$kN·m^2。试按协同工作分析方法计算横向水平地震作用下结构的内力及位移(不计扭转效应)(注：过道处连梁刚度较小，可忽略其对剪力墙的约束作用，按铰接体系进行设计)。

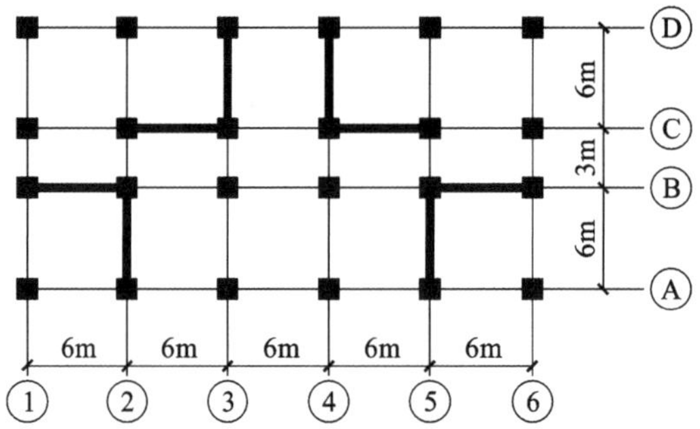

图7.31 某12层房屋结构平面图

思考题练习题答案 第7章课件 补充习题

8　筒体结构设计

【内容简介】

本章主要讲述筒体结构的计算方法和构造要求。主要内容包括：筒体结构的类型及结构布置、筒体结构在侧向力作用下的受力特点、等效槽形截面法、平面展开矩阵位移法、空间杆系-薄壁柱矩阵位移法以及各类筒体结构的截面设计及构造要求。

【教学要求】

筒体结构包括框筒、筒中筒、框架-核心筒、成束筒结构等，这些结构的组成和传力体系不尽相同，需要了解它们的异同，掌握不同的受力特点和设计要求。

8.1　筒体结构类型及结构布置

筒体结构是以竖向筒体为主组成的承受竖向和水平作用的建筑结构。筒体结构具有造型美观，使用灵活，受力合理，以及整体性强等优点，适用于较高的高层建筑。目前全世界最高的100幢高层建筑约2/3采用筒体结构，国内百米以上的高层建筑约有一半采用钢筋混凝土筒体结构。筒体可以是由剪力墙组成的空间薄壁筒体，也可以是由密柱深梁形成的框筒构成。

筒体结构的类型很多，按构件形式分，可以分为：实腹筒、框筒及桁架筒。用剪力墙围成的筒体称为实腹筒[图8.1(a)]。在实腹筒的墙体上开出许多规则的窗洞所形成的开孔筒体称为框筒[图8.1(b)]，它实际上是由密排柱和刚度很大的窗裙梁围成的筒体。如果筒体的四壁是由竖杆和斜杆形成的桁架组成，则称为桁架筒[图8.1(c)]。

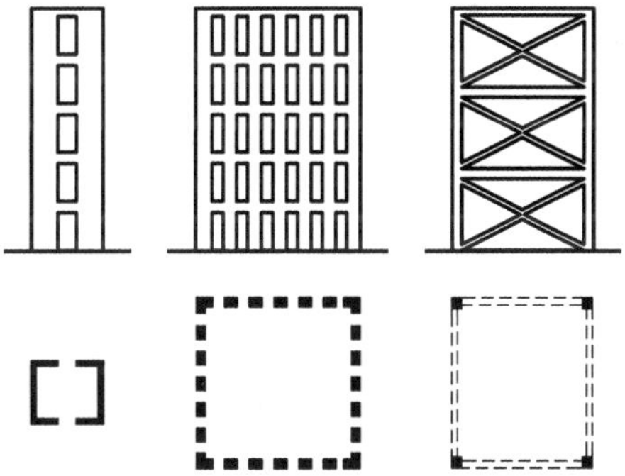

图8.1　筒体构件形式

(a)实腹筒；(b)框筒；(c)桁架筒

按筒的组合形式、布置方式和数目的多少，可以分为框筒、筒中筒、框架-核心筒、成束筒等。

(1)框筒结构

典型的框筒结构平面如图8.2(a)所示，是由布置在建筑周边的柱距小、梁截面高的密柱深梁框架组成。形式上框筒由四榀框架围成，但其受力特点与框架不同。框架是平面结构，只有与水平力方向平行的框架才抵抗楼层剪力及倾覆力矩。框筒是空间结构，一个方向作用水平力时，沿建筑周边布置的四榀框架都参与抵抗水平力，即楼层剪力由平行于水平力作用方向的腹板框架抵抗，倾覆力矩由腹板框架及垂直于水平力作用方向的翼缘框架共同抵抗。框筒结构的四榀框架位于建筑物周边，形成具有较大抗侧、抗扭刚度和承载力的外筒，使建筑材料的性能得到更充分的利用。因此，框筒结构的适用高度比框架结构高得多。

(2)筒中筒结构

用框筒作为外筒，将楼(电)梯间、管道竖井等服务设施集中在建筑平面的中心形成内筒，就称为筒中筒结构，如图8.2(b)所示。采用钢筋混凝土结构时，一般外筒采用框筒，内筒为剪力墙围成的井筒；采用钢结构时，外筒用框筒，内筒一般采用钢支撑框架形成井筒。

筒中筒结构是双重抗侧力体系，在水平力作用下，内外筒协同工作，其侧移曲线类似于框架-剪力墙结构，呈弯剪型。外框筒的平面尺寸大，有利于抵抗水平力产生的倾覆力矩和扭矩；内筒采用钢筋混凝土墙或支撑框架，具有比较大的抵抗水平剪力的能力。筒中筒结构的适用高度比框筒更高，在水平力作用下，外框筒有剪力滞后现象。

(3)框架-核心筒

为满足建筑立面及外形的要求，把筒中筒结构中外框筒柱距加大(一般在6～12m)，并减小梁高，此时建筑物周边柱无法形成筒体，而只相当于空间框架，与内筒一起，组成了框架-核心筒结构，见图8.2(c)。框架-核心筒结构的周边框架与核心筒之间一般为10～12m，使用空间大且灵活，广泛用于写字楼、多功能建筑。

框架-核心筒结构的周边框架为平面框架，没有框筒的空间作用，类似于框架-剪力墙结构。核心筒除了四周的剪力墙外，内部还有楼(电)梯间的分隔墙，核心筒的刚度和承载力都较大，成为抗侧力的主体，框架承受的水平剪力较小。

(4)成束筒

两个以上框筒(或其他筒体)排列在一起成束状，称为成束筒，如图8.2(d)所示。最典型的成束筒体系的建筑应为美国芝加哥的西尔斯大厦，如图8.3所示。底层平面尺寸为

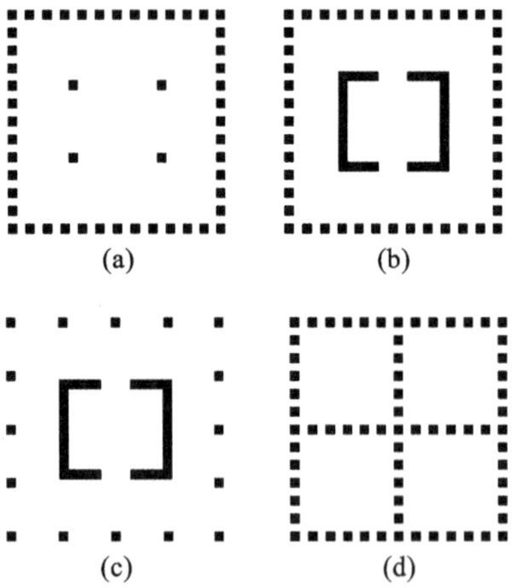

图8.2 筒体结构的平面布置形式

(a)框筒结构；(b)筒中筒结构；

(c)框架-核心筒；(d)成束筒

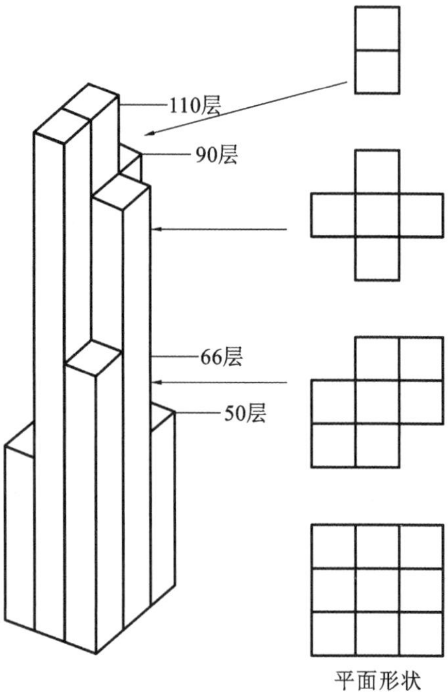

图8.3 西尔斯大厦结构立面与平面图

68.6m×68.6m;50层以下为9个框筒组成的成束筒,51～66层是7个框筒,67～91层是5个框筒,91层以上是2个框筒。框筒的每条边都是由间距为4.57m的钢柱和桁架梁组成,在两个主轴方向上各有4个腹板框架和4个翼板框架。这样布置的好处是腹板框架间隔减小,可减少翼缘框架的剪力滞后现象,使翼缘框架中各柱所受轴向力比较均匀。成束筒结构的刚度和承载能力比筒中筒结构又有提高,沿高度方向还可以逐渐减少筒的个数,结构刚度逐渐变化,而又不打乱每个框筒中梁、柱和楼板的布置。

8.2　在侧向力作用下的受力特点

筒体最主要的特点是它的空间受力性能,无论哪一种筒体,在水平力的作用下都可以看成是固定于基础上的悬臂结构,它比单片平面结构具有更大的抗侧移刚度和承载能力,因而适宜建造超高层建筑。同时,由于筒体的对称性,筒体结构具有很好的抗扭刚度。

在侧向力作用下,框筒结构的受力既相似于薄壁箱形结构,又有其自身的特点。从材料力学可知,当侧向力作用于箱形结构时,箱形结构截面内的正应力均呈线性分布,其应力图形在翼缘方向为矩形,在腹板方向为一拉一压两个三角形;但当侧向力作用于框筒结构时,框筒底部柱内正应力沿框筒水平截面的分布不是呈线性关系,而是呈曲线分布,如图8.4所示。正应力在角柱增大,在中部逐渐减少,这种现象称为剪力滞后效应。这是由翼缘框架中梁的剪切变形和梁、柱的弯曲变形所造成的。同时,在框筒结构的顶部,角柱内的正应力反而小于翼缘框架中柱内的正应力,这一现象称为负剪力滞后效应。事实上,对于实腹的箱形截面,当考虑板内纵向剪切变形影响时,其横截面内的正应力分布也有剪力滞后或负剪力滞后的现象出现。

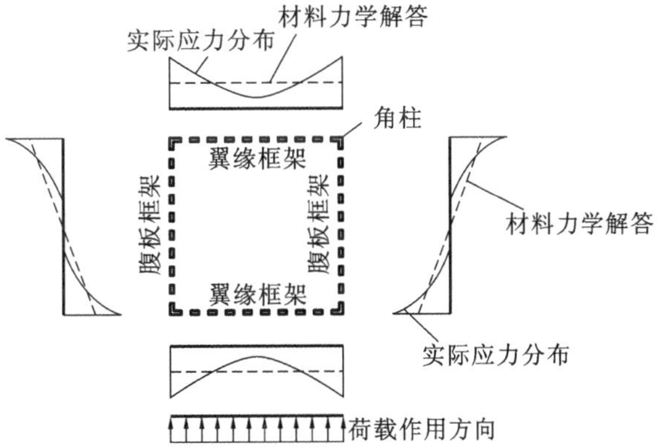

图8.4　框筒结构底部柱内正应力分布

由于剪力滞后效应的影响,在框筒的翼缘框架中,远离腹板框架的各柱轴力越来越小;在框筒的腹板框架中,远离翼缘框架各柱轴力的递减速度比按直线规律递减的要快。但当柱距增大到与普通框架相似时,除角柱外,其他柱的轴力将很小,通常就可忽略沿翼缘框架传递轴力的作用,按平面结构进行分析。框筒中剪力滞后现象越严重,参与受力的翼缘框架柱越少,空间受力性能越弱。为了减小剪力滞后效应的影响,在结构布置时要采取一系列措施,如减小柱间距,加大窗裙梁的刚度,控制结构的高宽比,结构的平面外形宜选用圆形、正多边形等。研究表明,对正多边形来说,边数越多,剪力滞后现象越不明显,结构的空间作用越好;反之,边数越少,结构的空间作用越差。

在筒体结构中,侧向力所产生的剪力主要由其腹板部分承担。对于筒中筒结构,则主要由外筒的腹板框架和内筒的腹板部分承担。外力所产生的总剪力在内外筒之间的分配与内外筒之间的抗侧刚度比有关,且在不同的高度,侧向力在内外筒之间的分配比例是不同的。一般来说,在结构底部,内筒承担了大部分剪力,外筒承担的剪力很小。例如深圳国贸中心大厦的受力分析结果表明,底层外筒承担的剪力占外荷载总剪力的27%,内筒承担的剪力占总剪力的73%。这一受力特点与框架-剪力墙结构是相似的。

侧向力所产生的弯矩则由内外筒共同承担。由于外筒柱离建筑平面形心较远,故外筒柱内的轴力所形成的抗倾覆弯矩极大。在外筒中,翼缘框架又占了其中的主要部分,角柱也发挥了十分重要的作用,而外筒腹板框架及内筒腹板墙肢的局部弯曲所产生的弯矩极小。例如,在深圳国贸中心大厦的底层,为平衡侧向力所产生的弯矩,外框筒柱内轴力所形成的弯矩占50.4%,内筒墙肢轴力所形成的弯矩占40.3%,而外框筒柱和内筒墙肢的局部弯曲所产生的弯矩仅占2.7%和6.6%。

由以上的分析可以看出,在框筒结构或筒中筒结构中,尽管受到剪力滞后效应的影响,翼缘框架柱内的应力比材料力学的计算结果要小,但翼缘框架对结构抵抗侧向力仍有十分重要的作用,这说明结构具有十分强的空间整体性能,能够达到节省材料,降低造价的目的。这就是框筒结构或筒中筒结构被广泛地应用于高层建筑的主要原因。

框筒结构或筒中筒结构在侧向力作用下的侧向位移曲线呈弯剪型。这是因为在侧向力作用下,腹板框架将发生剪切型的侧向位移变形曲线,而翼缘框架一侧受拉、一侧受压的受力状态将形成弯曲型的变形曲线,内筒也将形成弯曲型的变形曲线,共同作用的结果将使结构的侧向位移曲线呈弯剪型。

在高层建筑中,通常每隔数层就有一个设备层,布置水箱、空调机房、电梯机房或安置一些其他设备。这些设备层在立面上一般没有或很少有布置窗口的要求,因此,可以利用该设备层的高度,布置一些强度和刚度都很大的水平构件(桁架或现浇钢筋混凝土大梁),即形成水平加强层(或称为刚性层),这些水平构件既连接建筑物四周的柱子,又将核心筒和外柱连接起来,可约束周边框架和核心筒的变形,减少结构在水平荷载作用下的侧移量,并使各竖向构件的变形趋于均匀,减少楼盖结构的翘曲。这些大梁或大型桁架如与布置在建筑物四周的大型柱子或钢筋混凝土井筒整体连接,便形成具有强大抗侧刚度的巨型框架结构。这种巨型框架结构可以作为独立的承重结构,也可作为筒体结构中的加强构件。

8.3 计算方法

8.3.1 等效槽形截面法

矩形框筒的翼缘框架由于存在剪力滞后效应,在水平荷载作用下,中间翼缘柱子的轴力较小。为简化计算,将矩形框架视为两个槽形结构,如图8.5所示。等效槽形截面的翼缘宽度取下列三者的最小值：框筒腹板框架宽度的1/2，框筒翼缘框架宽度的1/3，框筒总高度的1/10。与准确结果相比，采用上述的等效翼缘宽度，所得到的框筒柱内力，一般是偏安全的。由两个槽形产生的抵抗倾覆力矩，在槽形内的密排柱中产生轴向力，同时在连接柱子的窗裙梁中产生剪力。选定等效翼缘宽度后，框筒的梁、柱内力就可按材料力学的公式进行估算。

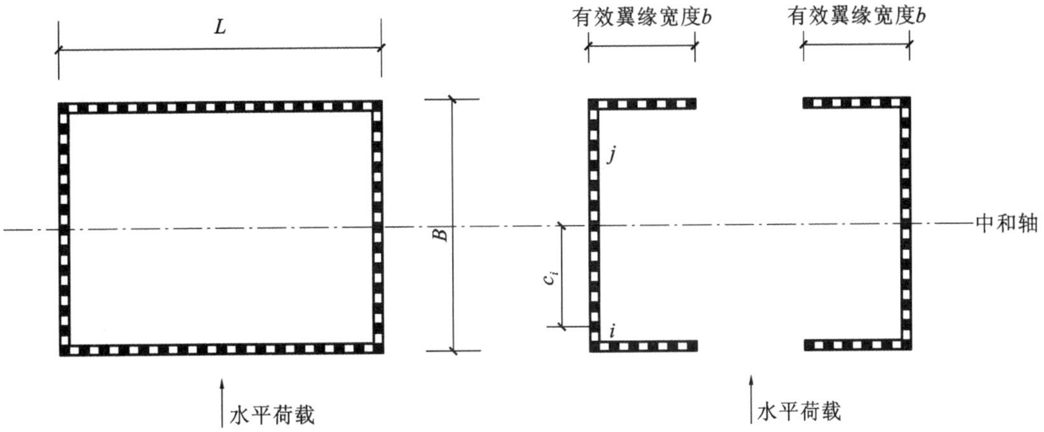

图8.5 框筒结构的等效槽形截面

框筒的第 i 根柱内轴力，可由式(8.1)做初步估算：

$$N_{ci}=\frac{Mc_i}{I_c}A_{ci} \tag{8.1}$$

式中 M——水平外荷载产生的悬臂弯矩；

c_i——所求轴力的柱距中和轴的距离；

I_c——两个等效槽形框筒截面对中和轴的惯性矩；

A_{ci}——第 i 根柱的横截面面积。

框筒的第 j 根梁内剪力 V_{bj} 可由式(8.2)做初步估算：

$$V_{bj}=\frac{VS_j}{I_c}h \tag{8.2}$$

式中 V——水平外荷载产生的悬臂剪力；

S_j——第 j 根梁中心以外的平面面积对中和轴的面积距；

h——楼层高度。

窗间墙梁的端弯矩可由梁的剪力导出，柱的剪力可根据楼层剪力，假设仅有两个腹板框架柱(包括角柱)按 D 值分配而求得，由此可进一步求得柱的弯矩。

等效槽形截面法仅用于初步设计的粗略估算。

8.3.2 平面展开矩阵位移法

通过对矩阵平面的框筒结构或筒中筒结构受力性能的分析可知，在侧向力作用下，筒体结构的腹板部分主要抗剪，翼缘部分的轴力形成弯矩作用主要抗弯；筒体结构的各榀平面单元主要在其自身平面内受力，而在平面外的受力则很小。因此，可采用如下两点基本假定：

(1)对筒体结构的各榀平面单元,可只考虑单元平面内的刚度,略去其出平面外的刚度,因此,可忽略外筒的梁柱构件各自的扭转作用。

(2)楼盖结构在其自身平面内的刚度可视为无穷大,因此,当筒体结构受力变形时,各层楼板在水平面内做平面运动(产生水平移动或绕竖轴转动)。

对于如图 8.6(a)所示的筒中筒结构,在对称侧向力作用下,整个结构不发生整体扭转,并且内外筒各个平面结构在自身平面外的作用以及外筒的梁柱构件各自的扭转作用与筒中筒结构的主要受力作用相比均小得多,可忽略不计。另外,又因楼盖结构出平面的刚度小,可略去它对内、外筒壁的变形约束作用。因此,可进一步把内外筒分别展开到同一平面内,分别展开成带刚域的平面壁式刚架和带门洞的墙体,并相互由简化成楼盖连杆的楼面体系相连。由于大部分筒中筒结构在双向都为轴对称,因此,可取 1/4 平面的结构来分析。而对称轴上的有关边界条件则需按筒中筒结构的变形及其受力特点来确定。

在对称侧向力作用下,在翼缘框架的对称轴,即 A—A 轴处,框架在自身平面内没有水平位移,也不产生转角,只会出现竖向位移。因此,在各层的梁柱节点上,力学模式中应有两个约束。在内筒的翼缘墙的对称轴,即 F—F 轴处,同样亦设置图 8.6(b)所示的约束。在对称侧向力作用下的腹板框架的对称轴,即 C—C 处,由于腹板框架这时的变形及其受力情况都是反对称的,因此,在对称轴 C—C 处,柱的轴向力应为零,但在此处会产生腹板框架平面内的侧向位移与相应的转角。因此,在各层的相应节点上,应设置一个竖向

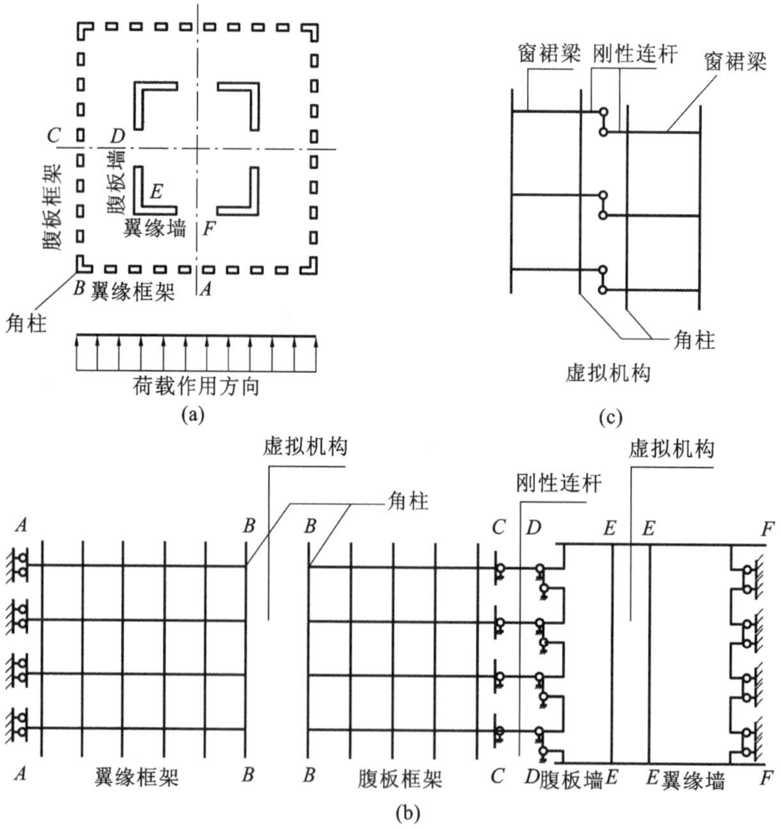

图 8.6 筒中筒结构的平面展开矩阵位移法

约束。同理，在内筒的腹板墙的对称轴 $D—D$ 处，亦应设立相应的竖向约束。由于楼盖结构在其自身平面内的刚度为无限大，且忽略了筒壁的出平面的作用，所以，作用在结构某层上的侧向力，其荷载作用点可简化到该层外筒的腹板框架或内筒的腹板墙上的任一节点。基于同样的理由，把楼盖结构简化成轴向刚度为无穷大的、与内外筒以铰相连的连杆，以保证内外筒结构的侧向位移在各楼层处均相同。

把筒中筒结构或框筒结构简化成平面结构后，可利用分析平面结构的矩阵位移法来进行计算。框筒由深梁和宽柱组成，梁和柱应按两端带刚域的杆件建立单元刚度矩阵 $\boldsymbol{K}_{e}$，再建立总刚度矩阵 $\boldsymbol{K}$，然后用聚缩自由度的方法，求出只对应于腹板框架节点水平位移的侧向刚度矩阵 $\boldsymbol{K}_{x}$，得

$$\boldsymbol{K}_{x}\boldsymbol{\Delta}_{x}=\boldsymbol{P}_{x} \tag{8.3}$$

式中 $\boldsymbol{\Delta}_{x}$ ——水平位移列向量；

$\boldsymbol{P}_{x}$ ——作用在腹板框架上的水平力列向量。

按上式可求得 $\boldsymbol{\Delta}_{x}$，进而可求得框架全部节点位移以及梁、柱的内力。

8.3.3 空间杆系-薄壁柱矩阵位移法

筒体结构的计算分析应当采用较精确的三维空间分析方法。空间杆系-薄壁柱矩阵位移法是把一般的梁柱单元作为空间杆件考虑，而把内筒、角柱等部位的单元作为空间薄壁杆件，用矩阵位移法求解。对于一般的空间杆件单元，每个杆端有 6 个自由度，即沿 3 个轴的位移 u、v、w 和绕 3 个轴的转角 θ_{x}、θ_{y}、θ_{z}，如图 8.7 所示。对于空间薄壁杆件单元，考虑其截面翘曲变形，每个杆端有 7 个自由度，比普通空间杆件单元增加了双力矩所产生的扭转角，即 u、v、w、θ_{x}、θ_{y}、θ_{z}、θ_{w}，如图 8.8 所示。此方法的优点是可以分析梁柱为任意布置时一般的空间框架结构或筒体结构，可以分析平面为非对称的结构或荷载，并可获得薄壁柱受约束扭转所引起的翘曲应力。

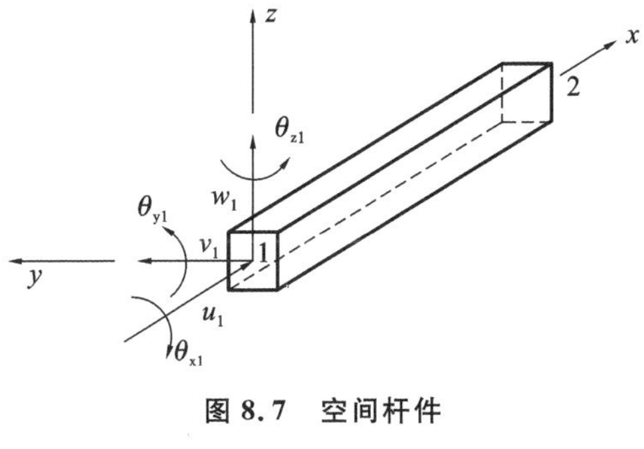

图 8.7 空间杆件

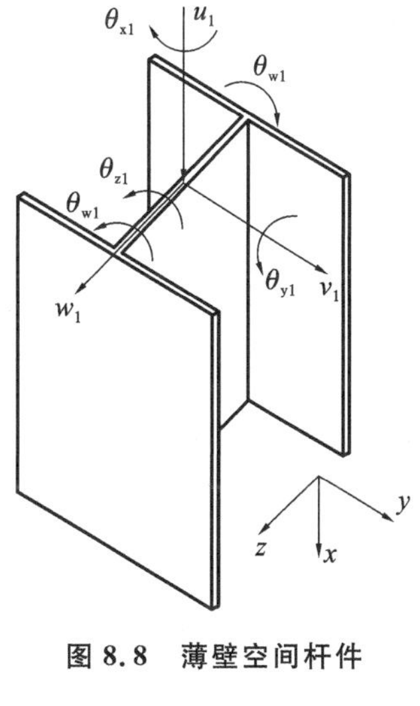

图 8.8 薄壁空间杆件

8.4 截面设计及构造要求

8.4.1 筒体结构设计基本要求

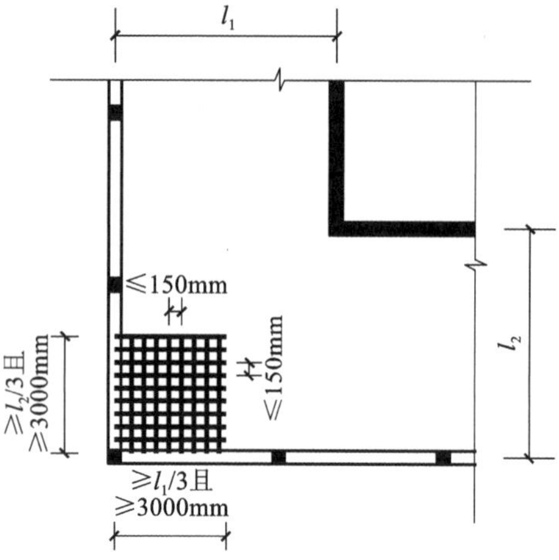

图 8.9 板角配筋示意图

筒体结构应采用现浇混凝土结构，混凝土强度等级不宜低于C30；框架节点核心区的混凝土强度等级不宜低于柱的混凝土强度等级，且应进行核心区斜截面承载力计算；特殊情况下不应低于柱混凝土强度等级的70%，但应进行核心区斜截面承载力验算。当相邻层的柱不贯通时，应设置转换梁等构件。

由于剪力滞后，筒体结构中各柱的竖向压缩量不同，角柱压缩变形最大，因而楼板四角下沉较多，出现翘曲现象。为防止板角开裂，结构的楼盖外角板宜设置双层附加构造钢筋，如图8.9所示，其单层单向配筋率不宜小于0.3%，钢筋的直径不应小于8mm，间距不应大于150mm，配筋范围不宜小于外框架(或外筒)至内筒外墙中距的1/3和3m。

8.4.2 框筒梁和连梁的设计

为避免框筒梁和内筒连梁在地震作用下产生脆性破坏，外框筒梁和内筒连梁的截面尺寸应符合下列规定：

(1)持久、短暂设计状况

$$V_b \leqslant 0.25\beta_c f_c b_b h_{b0} \tag{8.4}$$

(2)地震设计状况

①跨高比大于2.5时：

$$V_b \leqslant \frac{1}{\lambda_{RE}}(0.20\beta_c f_c b_b h_{b0}) \tag{8.5}$$

②跨高比不大于2.5时：

$$V_b \leqslant \frac{1}{\lambda_{RE}}(0.15\beta_c f_c b_b h_{b0}) \tag{8.6}$$

式中 V_b——外框筒梁或内筒连梁剪力设计值；

b_b——外框筒梁或内筒连梁截面宽度；

h_{b0}——外框筒梁或内筒连梁截面的有效高度；

β_c——混凝土强度影响系数。

外框筒梁和内筒连梁的构造配筋应符合下列要求：

非抗震设计时，箍筋直径不应小于8mm，箍筋间距不应大于150mm；抗震设计时，框筒梁和内筒连梁的端部反复承受正、负剪力，箍筋必须加强，箍筋直径不应小于10mm，箍筋间距不应大于 100mm，由于梁跨高比较小，箍筋间距沿梁长不变。当梁内设置交叉暗撑时，箍筋间距不应大于 200mm。

框筒梁上、下纵向钢筋的直径均不应小于 16mm。为了避免混凝土收缩，以及温差等间接作用导致梁腹部过早出现裂缝，当梁高大于 450mm 时，应增设腰筋，腰筋的直径不应小于 10mm，腰筋间距不应大于 200mm。

为了防止框筒或内筒连梁在地震作用下产生脆性破坏，对跨高比不大于 2 的梁宜增配对角斜向钢筋，对跨高比不大于 1 的梁宜采用交叉暗撑(图 8.10)，且应符合下列规定。

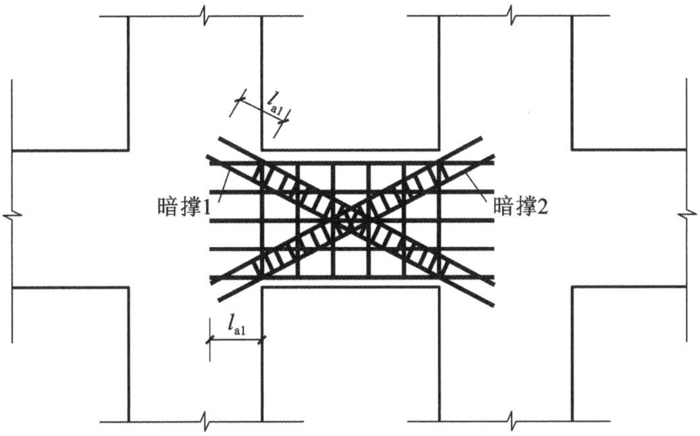

图 8.10 梁内交叉暗撑的配筋

(1)梁的截面宽度不宜小于 400mm。

(2)全部剪力应由暗撑承担，每根暗撑应由不少于 4 根纵向钢筋组成，纵筋直径不应小于 14mm，其总面积 A_s 应按下列公式计算：

①持久、短暂设计状况

$$A_s \geqslant \frac{V_b}{2f_y \sin\alpha} \tag{8.7}$$

②地震设计状况

$$A_s \geqslant \frac{\gamma_{RE} V_b}{2f_y \sin\alpha} \tag{8.8}$$

式中 α——暗撑与水平线的夹角。

(3)两个方向暗撑的纵向钢筋应采用矩形箍筋或螺旋箍筋绑成一体，箍筋直径不应小于 8mm，箍筋间距不应大于 150mm。

(4)纵筋伸入竖向构件的长度 l_{a1}，非抗震设计时 l_{a1} 可取 l_a，抗震设计时 l_{a1} 宜取 $1.15l_a$。

8.4.3 框架梁、柱

合理设计的框架-核心筒结构可以形成外周框架与核心筒协同工作的双重抗侧力结构体系。实际工程中，由于外周框架柱的柱距过大、梁高过小，造成其刚度过低、核心筒刚度过高，结构底部剪力主要由核心筒承担，在强烈地震作用下，核心筒墙体可能损伤严重，经内力重新分布后，外周框架会承担较大的地震作用。因此，在抗震设计时，筒体结构的框架部分按侧向刚度分配的楼层地震剪力标准值应符合下列规定：

(1)框架部分分配的楼层地震剪力标准值的最大值不宜小于结构底部总地震剪力标准值的10%。

(2)当框架部分分配的地震剪力标准值的最大值小于结构底部总地震剪力标准值的10%时,各层框架部分承担的地震剪力标准值应增大到结构底部总地震剪力标准值的15%;此时,各层核心筒墙体的地震剪力标准值宜乘以增大系数1.1,但不可大于结构底部总地震剪力标准值,墙体的抗震构造措施应按抗震等级提高一级后采用,已为特一级的可不再提高。

(3)当框架部分分配的地震剪力标准值小于结构底部总地震剪力标准值的20%,但其最大值不小于结构底部总地震剪力标准值的10%时,应按结构底部总地震剪力标准值的20%和框架部分楼层地震剪力标准值中最大值的1.5倍二者的较小值进行调整。

框架柱的剪力按上述方法调整后,框架柱端弯矩及与之相连的框架梁端弯矩、剪力应进行相应调整。有加强层时,框架部分分配的楼层地震剪力标准值的最大值不应包括加强层及其上、下层的框架剪力。

楼盖主梁不宜搁置在核心筒或内筒的连梁上,以免使连梁产生较大剪力和扭矩,导致脆性破坏。支撑楼盖梁的内筒或核心筒部位宜设置配筋暗柱,暗柱宽度宜大于或等于3倍的梁宽度。梁端纵向钢筋锚入墙体不能满足水平锚固长度要求时(非抗震$\geqslant 0.4l_a$,抗震$\geqslant 0.4l_{aE}$),宜在内筒或核心筒墙体的梁支撑部位设置配筋壁柱。

抗震设计时,框筒柱和框架柱的轴压比限值可按框架-剪力墙结构的规定采用。

8.4.4 筒中筒结构的构造要求

筒中筒结构的平面外形宜选用圆形、正多边形、椭圆形或矩形等。矩形平面的长宽比不宜大于2,否则在较长的一边,剪力滞后会比较严重,长边中部的柱子将不能充分发挥作用。内筒宜居中,内筒的宽度可为高度的1/15~1/12,如有另外的角筒或剪力墙时,内筒的平面尺寸可适当减小。内筒宜贯通建筑物全高,竖向刚度宜均匀变化。

三角形平面宜切角,外筒的切角长度不宜小于相应边长的1/8,其角部可设置刚度较大的角柱或角筒;内筒的切角长度不宜小于相应边长的1/10,切角处的筒壁宜适当加厚。

外框筒柱距不宜大于4m,框筒柱的截面长度应沿筒壁方向布置,必要时可采用T形截面;洞口面积不宜大于墙面面积的60%,洞口高宽比宜与层高和柱距之比值相近;外框筒梁的截面高度可取柱净距的1/4;角柱截面面积可取中柱的1~2倍。

8.4.5 框架-核心筒结构的构造要求

核心筒或内筒中剪力墙截面形状宜简单,截面形状复杂的墙体应按应力分布配置受力钢筋。核心筒和内筒由若干墙肢和连梁组成,墙肢宜均匀、对称布置,角部附近不宜开洞,当不可避免时,角筒内壁至洞口的距离不应小于500mm或开洞墙截面厚度的较大值;为防止核心筒或内筒中出现小墙肢等薄弱环节,核心筒或内筒的外墙不宜在水平方向连续开洞,洞间墙肢的截面高度不宜小于1.2m,对个别无法避免的小墙肢,当洞间墙肢的截面高度与厚度之比小于4时,宜按框架柱进行设计,以加强其抗震能力。筒体墙应验算墙体稳定性,且外墙厚度不应小于200mm,内墙厚度不应小于160mm,必要时可设置扶壁柱或扶壁墙。

抗震设计时，核心筒墙体底部加强部位主要墙体的水平和竖向分布钢筋的配筋率均不宜小于0.30%；底部加强部位约束边缘构件沿墙肢的长度宜取墙肢截面高度的1/4，约束边缘构件范围内应主要采用箍筋；底部加强部位以上角部墙体宜设置约束边缘构件。

对内筒偏置的框架-筒体结构，其质心与刚心的偏心距较大，会导致结构在地震作用下的扭转反应增大。对这类结构，应控制结构在考虑偶然偏心影响的规定地震力作用下，最大楼层水平位移和层间位移不应大于该楼层平均值的1.4倍，结构扭转为主的第一自振周期T_1与平动为主的第一自振周期T_1之比不应大于0.85，且T_1的扭转成分不宜大于30%。

对框架-核心筒结构，内筒采用双筒可增强结构的扭转刚度，减小结构在水平地震作用下的扭转效应。因此，当内筒偏置、长宽比大于2时，宜采用框架-双筒结构。当框架-双筒结构的双筒间楼板开洞时，其有效楼板宽度不宜小于楼板典型宽度的50%，洞口附近楼板应加厚，并应采用双层双向配筋，每层单向配筋率不应小于0.25%；双筒间楼板宜按弹性板进行细化分析。

本章小结

筒体结构的类型很多，按构件形式分，可以分为：实腹筒、框筒及桁架筒。按筒的组合形式、布置方式和数目的多少，可以分为框筒、筒中筒、框架-核心筒、成束筒等。

框架-核心筒结构可以做成钢筋混凝土结构、钢结构或混合结构，可以在一般的高层建筑中应用，也可以在超高层建筑中应用；框架-核心筒结构与筒中筒结构在平面形式上可能相似，但受力性能却有很大的不同，其结构布置对核心筒提出了更高的要求。

当侧向力作用于框筒结构时，框筒底部柱内正应力沿框筒水平截面的分布不是呈线性关系，而是呈曲线分布，正应力在角柱较大，在中部逐渐减少，这种现象称为剪力滞后效应。

筒体结构是空间受力体系，由于薄壁筒和框筒的剪力滞后，这类结构受力情况非常复杂，宜采用能反映空间受力的结构计算模型；常见的筒体结构的计算方法有：等效槽形截面法、平面展开矩阵位移法和空间杆系-薄壁柱矩阵位移法。

思考题

8-1 筒体结构的类型有哪些？

8-2 简述筒体结构的受力特点。

8-3 平面展开矩阵位移法有哪些基本假定？

8-4 什么是剪力滞后效应？采取哪些措施能减少剪力滞后效应？

8-5 如何将框筒换算成等效实腹的薄壁筒？

8-6 如何设计框筒的连梁？

8-7 配置交叉钢筋的目的是什么？交叉钢筋怎样计算？

思考题答案　　第8章课件　　补充习题

9　复杂高层建筑结构设计

【内容简介】

复杂高层建筑结构指高层建筑在结构平面布置和结构竖向布置中，存在对抗震不利的不规则性或采用了有明显的抗震薄弱部位的复杂类型结构，包括带转换层的结构、带加强层的结构、错层结构、连体结构、多塔楼结构等。本章将阐述复杂高层建筑结构的受力特点、结构分析方法及构造要求。

【教学要求】

了解复杂高层建筑结构的概念及主要类型；了解各种复杂高层建筑结构的适用范围；理解复杂高层建筑结构计算分析方法及设计要求，对复杂高层建筑结构的计算分析方法有初步的认识。

9.1　带转换层高层建筑结构

近年来国内、外高层建筑发展迅速，现代高层建筑越建越高、越建越大，其建筑向着体型复杂、功能多样的综合性方向发展，在同一竖直线上，顶部楼层布置住宅、旅馆，中部楼层作为办公用房，下部楼层作商店、餐饮、文化娱乐设施。不同用途的楼层，需要大小不同的室内空间，采取不同的结构形式。为满足建筑功能的要求，结构必须进行"反常规设计"，即将上部布置小空间，下部布置大空间；上部布置刚度大的剪力墙，下部布置刚度小的框架柱。为了实现这种结构布置，就必须在结构转换的楼层设置结构转换层，在结构转换层布置转换结构构件(图 9.1)。

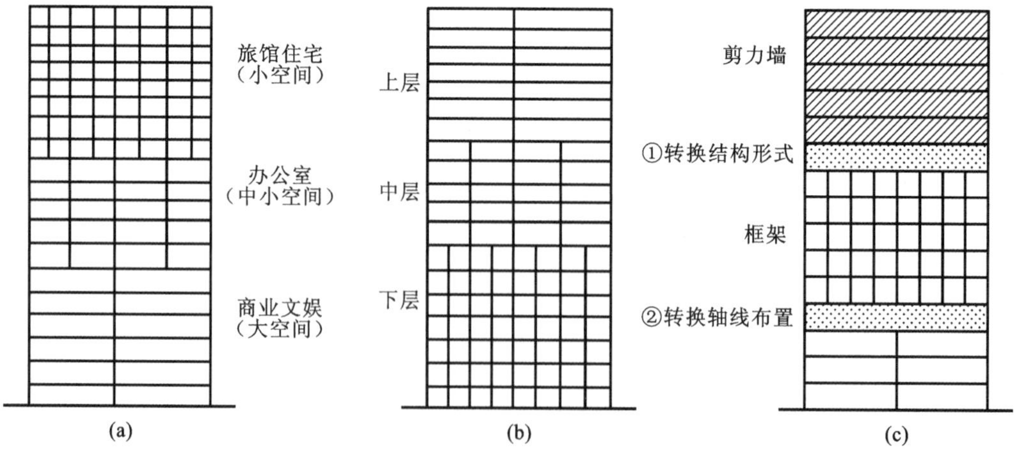

图 9.1　建筑功能与结构布置

(a)建筑功能对空间的要求；(b)正常的结构布置；(c)转换层的结构功能

9.1.1　转换层的功能及主要结构形式

1)转换层结构的功能

当结构上部为小开间小柱距，而下部要求柱网大、墙体少的建筑，为了实现其结构布置，就必须设置转换层。多数情况下转换层设置在底部，但也有高位转换的情况，转换层可以实现三种结构转换。

(1)上、下部结构类型的转换

转换层将上部剪力墙转换为下部框架，以创造一个较大的内部自由空间。这种转换广泛用于剪力墙结构和框架-剪力墙结构中，称这种类型的转换层为第Ⅰ类转换层(图9.1中的转换层①)。

(2)上、下部柱网和轴线的改变

转换层上、下层的结构形式没有改变，通过转换层使下部柱的柱距扩大，形成大柱网。这种转换层常用于框架-核心筒结构和外围密柱框架的筒中筒结构的底部形成大入口的情况，称这种类型的转换层为第Ⅱ类转换层(图9.1中的转换层②)。

(3)上、下部结构类型和柱网均改变

上部楼层剪力墙结构通过转换层改变为框架的同时，柱网轴线与上部楼层的轴线错开，形成上、下结构错位的布置，称这种类型的转换层为第Ⅲ类转换层。实际工程中的带转换层高层建筑结构多为这种情况。

2)转换层的主要结构形式

目前，工程中应用的转换层结构形式主要有：梁式、板式、斜杆桁架式、空腹桁架式、箱形等，如图9.2所示。

梁式转换层[图9.2(a)]具有传力直接、明确、受力性能好、构造简单和施工方便等优点，一般应用于底部大空间剪力墙结构体系中，是目前应用最多的一种转换层结构形式。转换梁可沿纵向或横向平行布置，当需要纵、横向同时转换时，可采用双向梁的布置方案[图9.2(f)]。当上、下部柱网轴线错开较多，难以用梁直接承托时，则可做成厚板，形成板式转换层[图9.2(g)]。板式转换层的下层柱网可以灵活布置，施工简单，但自重大，材料耗费较多，受力复杂，地震反应强烈。采用桁架结构代替转换梁作为转换层结构是一种较为合理可行的方案，桁架式转换层具有受力性能好，结构自重较轻、经济指标好以及充分利用建筑空间等优点，但其构造和施工复杂。这种转换层有斜杆桁架式[图9.2(b)]、空腹桁架式[图9.2(c)]等。单向托梁或双向托梁与其上、下层较厚的楼板共同工作，可以形成整体刚度很大的箱形转换层[图9.2(d)]。箱形转换层结构受力合理，建筑空间利用充分，实际工程中也有一定应用。

3)带转换层高层建筑结构布置

(1)底部带转换层的设置高度

研究分析表明，底部转换层位置越高，转换层上、下刚度突变越大，转换层上、下内力传递途径的突变越加剧；另外，转换层位置较高时，转换层下部的落地剪力墙及框支剪力墙结构易于开裂和屈服，转换层上部几层墙体易于破坏。因此，《高层建筑混凝土结构技

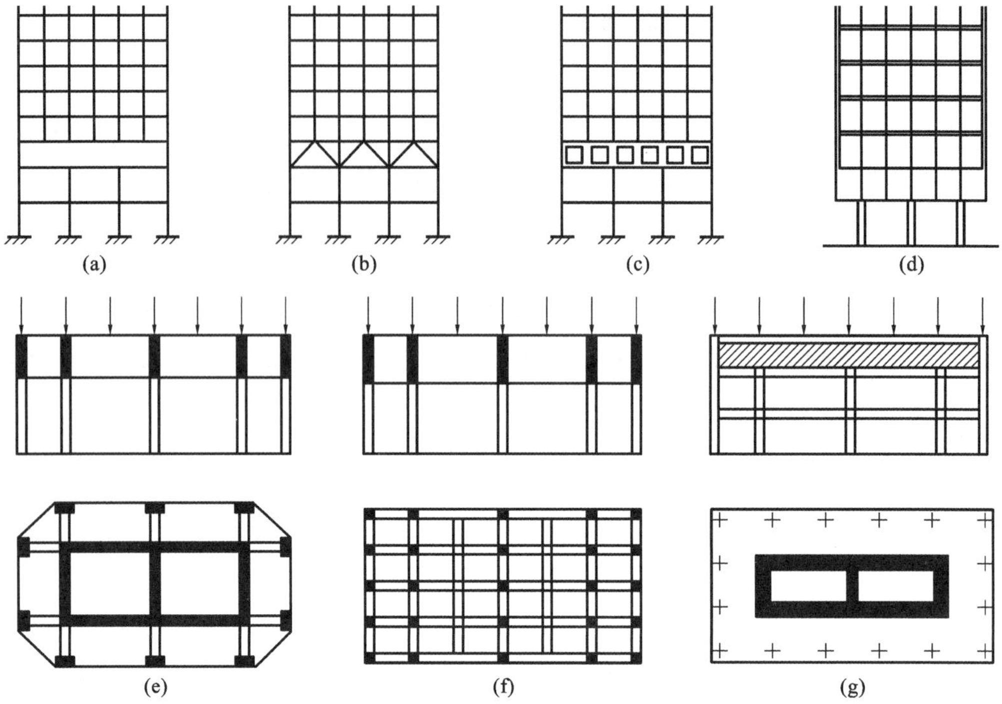

图 9.2 转换层结构形式

(a)梁式;(b)斜杆桁架式;(c)空腹桁架式;(d)箱形;(e)托梁;(f)双向梁;(g)板式

术规程》(JGJ 3—2010)规定:对部分框支剪力墙结构在地面以上设置转换层的位置,8 度时不宜超过 3 层,7 度时不宜超过 5 层,6 度时其层数可适当提高。

对底部带转换层的框架-核心筒结构和外筒为密柱框架的筒中筒结构,由于其转换层上、下部结构的刚度突变不明显,转换层上、下内力传递途径的突变也小于框支剪力墙结构,转换层设置高度对这种结构虽有影响,但不如框支剪力墙结构严重,因此这种结构的转换层位置可比框支剪力墙结构适当提高。

当底部带转换层的筒中筒结构的外筒为由剪力墙组成的壁式框架时,其转换层上、下的刚度突变及内力传递途径突变的程度与框支剪力墙结构比较接近,其转换层设置高度的限制宜与框支剪力墙结构相同。

对大底盘多塔楼的商住建筑,塔楼的转换层宜设置在裙房的屋面层,并加大屋面梁、板尺寸和厚度,以避免中间出现刚度特别小的楼层,减小震害。

(2)转换层上部结构与下部结构的侧向刚度控制

带转换层的结构应使转换层下部结构的抗侧移刚度接近转换层上部邻近结构的抗侧移刚度,不发生明显的刚度突变,转换层下部结构不应成为柔软层,底部柔软层房屋在大地震中倒塌十分普遍。因此,转换层上部与下部结构的侧向刚度比应符合下列规定:

底部大空间为 1 层的部分框支剪力墙结构,转换层上、下结构的变形以剪切变形为主,可近似采用转换层上、下结构等效剪切刚度比 γ 表示转换层上、下结构刚度的变化:

非抗震设计时

$$1 \leqslant \gamma < 3 \tag{9.1}$$

抗震设计时

$$1 \leqslant \gamma < 2 \tag{9.2}$$

其中

$$\gamma = \frac{G_2 A_2}{G_1 A_1} \times \frac{h_1}{h_2} \tag{9.3}$$

式中 G_1, G_2—— 底层和转换层上层的混凝土剪切模量；

A_1, A_2—— 底层和转换层上层的折算抗剪截面面积，可按 $A_i = A_{wi} + C_i A_{ci}$，$i=1,2$ 计算；

A_{wi}—— 第 i 层全部剪力墙在计算方向的有效截面面积(不包括翼缘面积)；

A_{ci}—— 第 i 层全部柱的截面面积；

C_i—— 系数，$C_i = 2.5\left(\frac{h_{ci}}{h_i}\right)^2$，$i=1,2$；

h_i—— 第 i 层的层高；

h_{ci}—— 第 i 层柱沿计算方向的截面高度，当第 i 层各柱沿计算方向的截面高度不相等时，可分别计算各柱的折算抗剪截面面积。

底部为 2～5 层大空间部分剪力墙结构，其转换层下部框架-剪力墙结构的等效刚度与相同或相近高度的上部剪力墙结构的等效侧向刚度比 γ_e 宜接近 1，非抗震设计时不应大于 2，抗震设计时不应大于 1.3。即：

非抗震设计时

$$1 \leqslant \gamma_e < 2 \tag{9.4}$$

抗震设计时

$$1 \leqslant \gamma_e < 1.3 \tag{9.5}$$

等效侧向刚度比 γ_e 可采用图 9.3 所示的计算模型按式(9.6)计算：

$$\gamma_e = \frac{\Delta_1 / H_1}{\Delta_2 / H_2} \tag{9.6}$$

式中 γ_e ——转换层上、下结构的等效侧向刚度比；

H_1——转换层及其下部结构(计算模型 1)的高度；

Δ_1——转换层及其下部结构(计算模型 1)在顶部单位水平力作用下的位移；

H_2——转换层上部剪力墙结构(计算模型 2)高度，应与转换层及其下部结构的高度相等或接近；

Δ_2——转换层上部剪力墙结构(计算模型 2)在顶部单位水平力作用下的位移。

当采用式(9.6)计算 γ_e 时，要注意使转换层上部部分结构(计算模型 2) 的高度 H_2 接近或等于转换层下部结构(计算模型 1) 的高度 H_1，且 H_2 不能大于 H_1，否则等效侧向刚度比 γ_e 的计算结果是偏于不安全的。

带转换层高层建筑结构除应满足上述的等效侧向刚度比要求外，还应满足下列楼层侧向刚度比要求：当转换层设置在 3 层及 3 层以上时，其楼层侧向刚度尚不应小于相邻上部楼层侧向刚度的 60%。这是为了防止出现一种情况，即转换层的下部楼层侧向刚度较大，而转换层本层的侧向刚度较小，这时等效侧向刚度比 γ_e 虽能满足限值要求，但转换层本身侧向刚度过于柔软，形成竖向严重不规则结构。

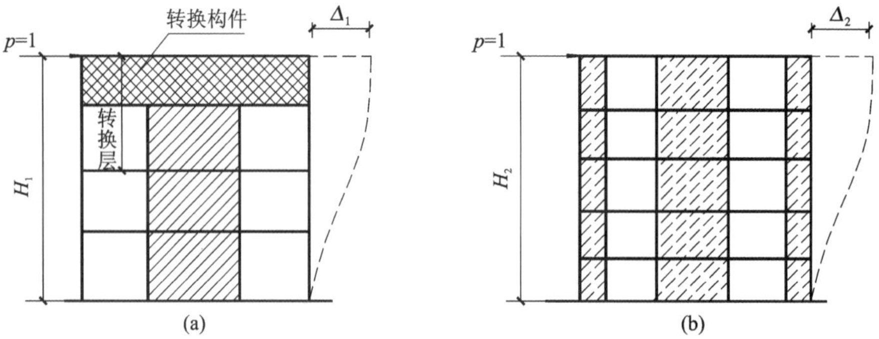

图 9.3　转换层上、下等效侧向刚度计算模型

(a)计算模型 1—转换层及下部结构；(b)计算模型 2—转换层上部结构

(3)转换构件的布置

在高层建筑结构的底部，当上部楼层部分竖向构件(剪力墙、框架柱)不能直接连续贯通落地时，应设置结构转换层，并在结构转换层布置转换结构构件，转换构件的布置必须与相邻层柱网统一考虑(图 9.4)。转换结构构件可采用梁、桁架、空腹桁架、箱形结构、斜撑等。由于厚板转换层的板厚很大，质量相对集中，引起结构沿竖向质量和刚度严重不均匀，对结构抗震不利，因此，非抗震设计和 6 度抗震设计时，转换构件可采用厚板；对于大空间地下室，因周围有约束作用，地震反应不明显，故 7 度、8 度抗震设计的地下室的转换构件可采用厚板。

转换层上部的竖向抗侧力构件(墙、柱)宜直接落在转换层的主要结构上，且转换层上部结构应尽可能地落到转换梁的中面上，以避免转换梁受到很大的扭矩。转换构件布置时，应尽量避免出现框支主梁承托剪力墙并承托转换次梁及次梁上的剪力墙的方案。考虑到框支主梁除承受其上部剪力墙的作用外，还需承受次梁传给的剪力、扭矩和弯矩，框支柱易受剪破坏。因此，B 级高度框支剪力墙结构不宜采用框支主、次梁方案；A 级高度框支剪力墙结构可以采用框支主、次梁方案，但设计中应对框支剪力墙进行应力分析，按应力校核配筋，并加强配筋构造措施。

(4)剪力墙、筒体和框支柱的布置

落地剪力墙、筒体和框支柱的布置对于防止转换层下部结构在地震中发生严重破坏或倒塌将起着十分重要的作用。必须特别注意落地剪力墙、筒体和框支柱的布置。为此，应采取措施防止转换层下部结构发生破坏。

①带转换层的筒体结构的内筒应全部上、下贯通落地并按刚度要求增加墙厚度；框支剪力墙结构要有足够的剪力墙上、下贯通落地并按刚度要求增加墙厚度。与建筑协调，争取尽可能多的剪力墙、筒体落地，且落地纵向、横向剪力墙最好成组布置，组合为落地筒体(图 9.5)。增大落地剪力墙、筒体底部墙体的厚度，尽量增大落地剪力墙、筒体的截面面积。落地剪力墙、筒体数量本来就不多，所以尽量不开洞、开小洞，以免刚度削弱太大。若需开洞，洞口宜布置在落地剪力墙、筒体墙体的中部。

②长矩形平面建筑中落地剪力墙的间距 l 宜符合以下规定：非抗震设计，$l \leqslant 3B$ 且 $l \leqslant 36$m。抗震设计，底部为 1～2 层框支层时：$l \leqslant 2B$ 且 $l \leqslant 24$m；底部为 3 层及 3 层以上框支层时：$l \leqslant 1.5B$ 且 $l \leqslant 20$m。其中 B 为楼盖宽度。

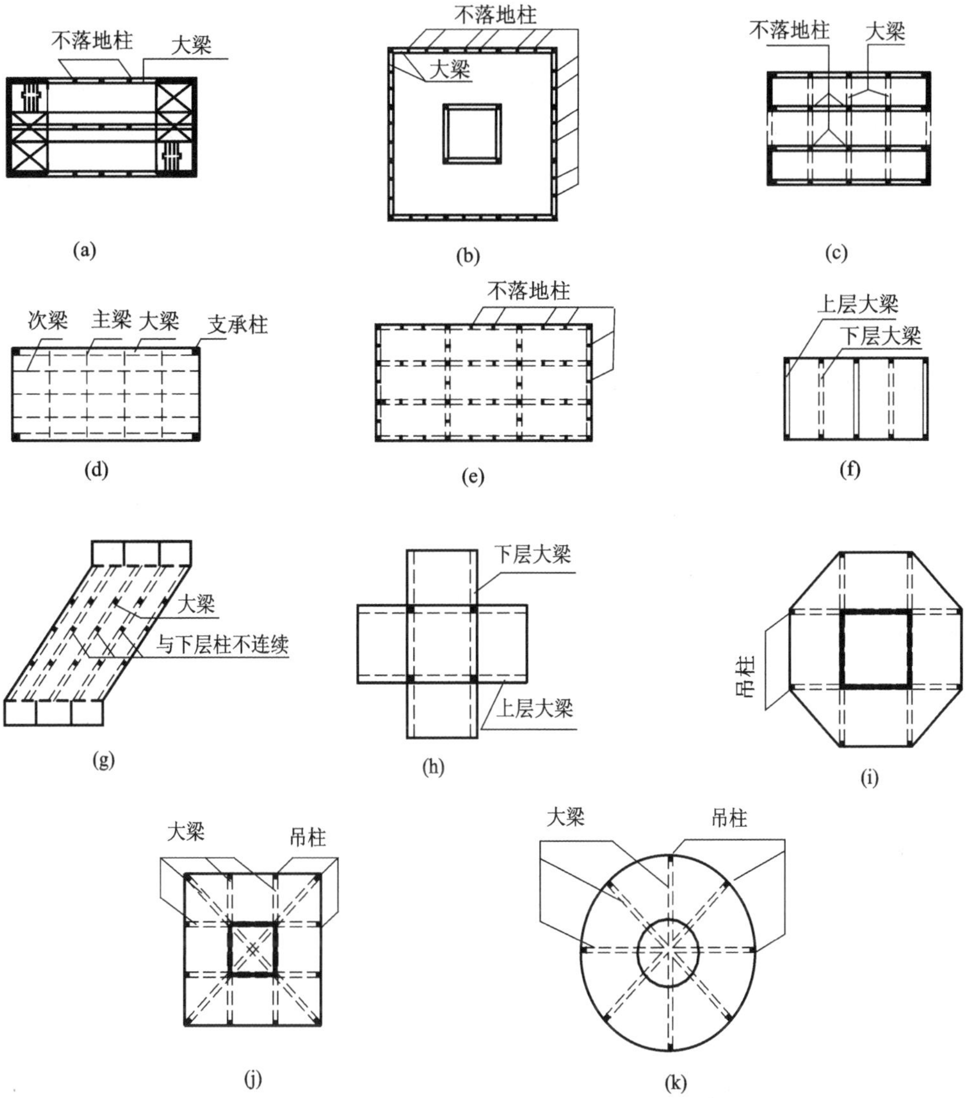

图 9.4 转换结构构件的平面布置

(a)(b)周边柱列或角筒布置;(c)横向平行布置;(d)纵向平行布置;(e)双向布置;(f)间隔错层布置;(g)柱网布置;(h)相邻层互相垂直布置;(i)两端悬挑;(j)对角线布置;(k)放射性布置

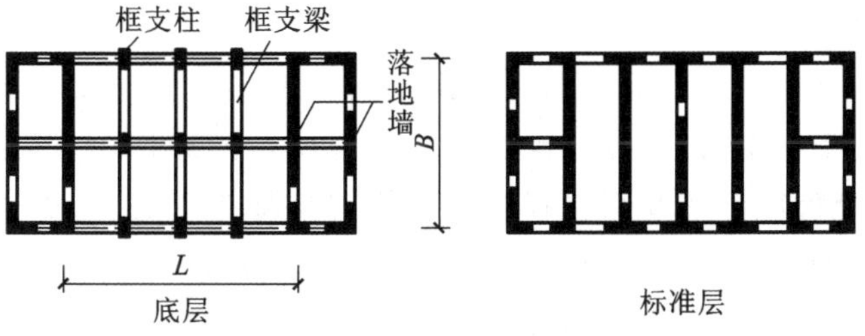

图 9.5 底部大空间剪力墙结构

③落地剪力墙与相邻框支柱的距离，底部为1～2层框支层时不宜大于12m，3层及3层以上框支层时不宜大于10m。

④框支层楼板不应错层布置，以防止框支柱产生剪切破坏。

⑤框支剪力墙转换梁上一层墙体内不宜设边门洞，不宜在中柱上方设门洞。试验研究和计算分析结果表明，这些门洞使框支梁的剪力大幅度增加，边门洞小墙肢应力集中，很容易破坏。

⑥落地剪力墙和筒体的洞口宜布置在墙体的中部，以便使落地剪力墙各墙肢受力（剪力、弯矩、轴力）比较均匀。

9.1.2 梁式转换层结构设计

1）转换梁的受力机理

梁式转换层结构是通过转换梁将上部墙（柱）承受的力传至下部框支柱［图9.6(a)］。图9.6(b)、图9.6(c)、图9.6(d)分别为竖向荷载作用下转换层（包括转换梁和其上部分墙体）的竖向压应力σ_y、水平应力σ_x和剪应力τ的分布图。可见，在转换梁与上部墙体的界面上，竖向压应力在支座处最大，在跨中截面处最小；转换梁中的水平应力σ_x为拉应力。形成这种受力状态的主要原因有两点：①拱的传力作用，即上部墙体上的大部分竖向荷载沿拱轴线直接传至支座，转换梁为拱的拉杆；②上部墙体与转换梁作为一个整体共同受力，转换梁处于整体弯曲的受拉区，由于上部剪力墙参与受力而使转换梁承受的弯矩大大减小。因此，转换梁一般为偏心受力构件。

2）结构分析

梁式转换层结构有两种形式，即托墙形和托柱形。这里仅简要介绍托墙形梁式转换层结构的内力计算方法。托墙形式的梁式转换层结构的内力计算方法主要有梁杆系模型分析法和梁有限元模型分析法两种。

(1)梁杆系模型

对带梁式转换层的高层建筑结构进行分析时，直接用三维空间分析程序（空间杆系、空间杆-薄壁杆系、空间杆-墙元及其他组合有限元等计算模型）进行整体结构内力分析，求得转换梁的内力作为设计依据。按梁杆系模型分析时，剪力墙肢作为柱单元考虑，转换梁按一般梁杆模型处理，计算时在上部剪力墙和下部柱之间设置转换梁，墙肢与转换梁连接，而不考虑转换梁与上部墙体的共同工作（图9.7）。

分析表明，采用杆系模型分析得到的转换梁的内力与按高精度平面有限元程序计算结果相差很大，往往是异常的。为此，构建如图9.8所示的结构计算简图，以正确地反映结构中转换梁上部墙肢实际的受力途径。图中横梁刚度为无穷大，虚柱截面宽度为转换梁上部墙体厚度，截面高度为转换梁下部支承柱的截面高度。这样，转换梁上部结构各楼层竖向荷载通过“刚性梁”按墙肢及虚柱刚度分配给各墙肢及虚柱，再向下部框支柱上传递。采用这种计算简图计算高层建筑中转换梁内力的算例表明，该方法能够满足工程设计的要求，但要想取得最近似结果，还必须采用高精度有限元分析程序计算。

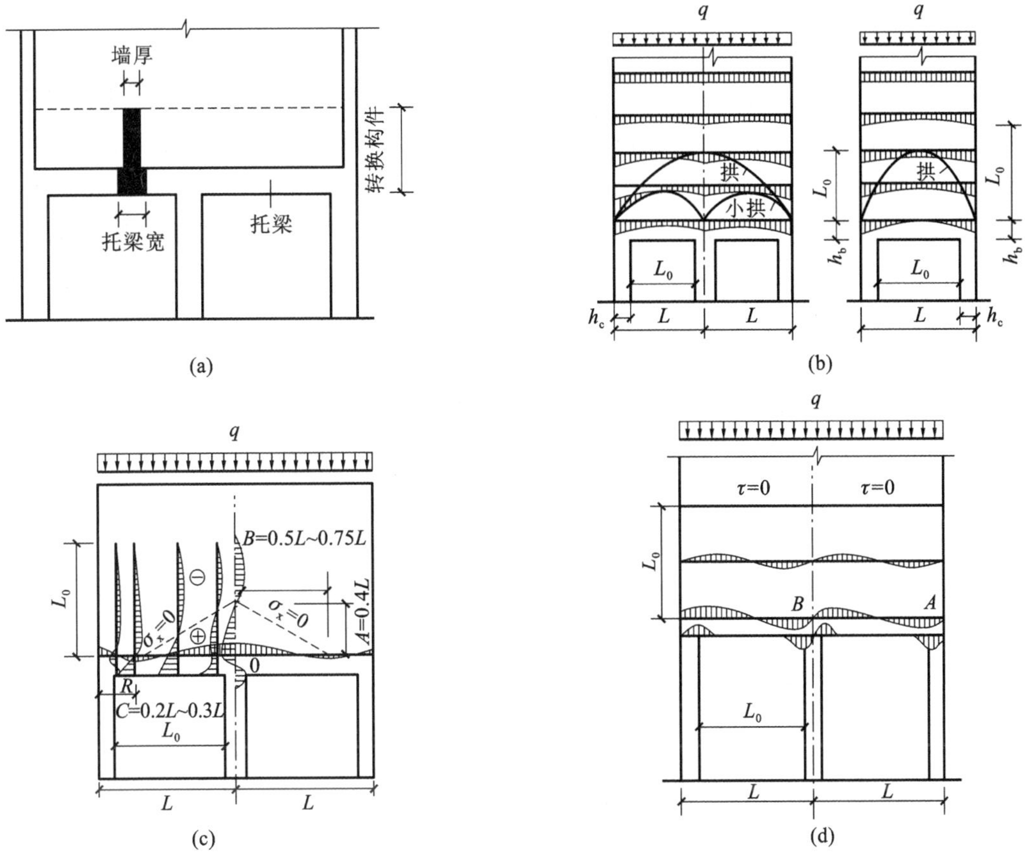

图 9.6 框支剪力墙转换层应力分布

(a)转换构件;(b)竖向应力分布;(c)水平应力分布;(d)剪应力分布

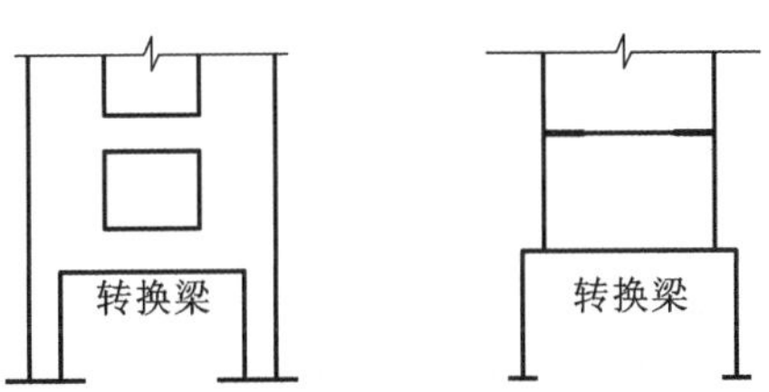

图 9.7 转换梁的杆系模型

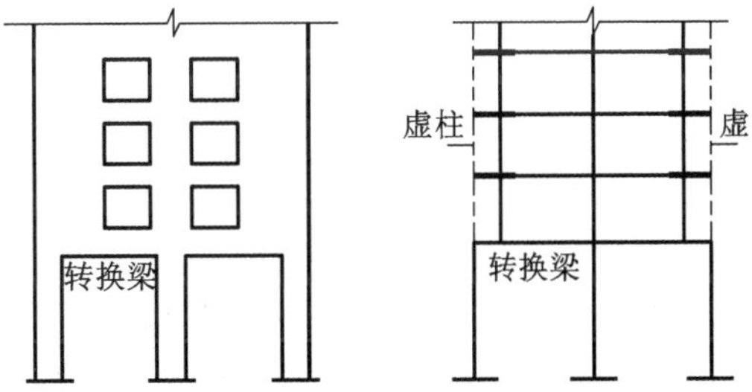

图 9.8 转换梁的修正杆系模型

(2)梁有限元模型

梁式转换层结构有限元分析时,考虑转换梁与上部墙体的共同工作,将转换梁以及上部 3～4 层墙体和下部 1～2 层框支柱取出,合理确定其荷载和边界条件,进行有限元分析。这时可采用下列平面有限元法:①全部采用高精度平面有限元法;②上部墙体和转换梁采用高精度平面有限元法,下部结构采用杆系有限元法;③采用分区混合有限元法。

3)底部加强部位结构内力的调整

剪力墙底部加强部位的高度可取框支层加上框支层以上两层的高度及墙肢总高度

的 1/8 二者的较大值。剪力墙底部加强部位包括落地剪力墙和转换构件上部 2 层的剪力墙。

高位转换对结构抗震不利。当转换层的位置设置在 3 层及 3 层以上时，其框支柱、剪力墙底部加强部位的抗震等级尚宜按表 4.9 和表 4.10 的规定提高一级采用，已经为特一级时可不再提高。而对底部带转换层的框架-核心筒结构和外围为密柱框架的筒中筒结构，因其受力情况和抗震性能比部分框支剪力墙结构有利，故其抗震等级不必提高。

带转换层的高层建筑结构属竖向不规则结构，其薄弱层的地震剪力应乘以增大系数 1.15。对抗震等级为特一级、一级、二级的转换构件，其水平地震内力应分别乘以增大系数 1.8、1.5 和 1.25；同时 8 度抗震设计时除考虑竖向荷载、风荷载或水平地震作用外，还应考虑竖向地震作用的影响。转换构件的竖向地震作用，可采用反应谱方法或动力时程分析方法计算，也可近似地将转换构件在重力荷载标准值作用下的内力乘以增大系数 1.1。

对于部分框支剪力墙结构，在转换层以下，一般落地剪力墙的侧向刚度远远大于框支柱的侧向刚度，落地剪力墙几乎承受全部地震剪力，框支柱分配到的剪力非常小，考虑到实际工程中转换层楼面会有显著的平面内变形，框支柱实际承受的剪力可能会比计算结果大很多。此外，地震时落地剪力墙出现裂缝甚至屈服后刚度下降，也会使框支柱的剪力增加。因此，对带转换层的高层建筑结构，其框支柱承受的水平地震剪力标准值应按下列规定采用：

(1)每层框支柱的数目不多于 10 根时，当底部框支层为 1～2 层时，每根柱所承受的剪力应至少取基底剪力的 2%；当底部框支层为 3 层及 3 层以上时，每根柱所承受的剪力应至少取基底剪力的 3%。

(2)每层框支柱的数目多于 10 根时，当底部框支层为 1～2 层时，每层框支柱所承受的剪力之和应取基底剪力的 20%；当框支层为 3 层及 3 层以上时，每层框支柱承受的剪力之和应取基底剪力的 30%。

框支柱剪力调整后，应相应地调整框支柱的弯矩及与框支柱相交的梁端(不包括转换梁)的剪力和弯矩，但框支梁的剪力、弯矩、框支柱的轴力可不调整。

4)转换梁截面设计和构造要求

(1)截面设计方法

当转换梁承托上部剪力墙且满跨不开洞或仅在各跨墙体中部开洞时，转换梁与上部墙体共同工作，其受力特征和破坏形态表现为深梁，可采用深梁截面设计方法进行配筋计算，并采取相应的构造措施。

当转换梁承托上部普通框架柱或承托的上部墙体为小墙肢时，在转换梁的常用尺寸范围内，其受力性能与普通梁相同，可按普通梁截面设计方法进行配筋计算。当转换梁承托上部斜杆框架时，转换梁产生轴向拉力，此时应按偏心受拉构件进行截面设计。

(2)框支梁截面尺寸

框支梁截面宽度不宜大于框支柱相应方向的截面宽度，且不宜小于其上墙体截面厚度的 2 倍和 400mm 的较大值；当梁上托柱时，尚不应小于梁宽方向的柱截面宽度。梁截面高度，抗震设计时不应小于计算跨度的 1/6，非抗震设计时不应小于计算跨度的 1/8；框支梁可采用加腋梁；框支梁与框支柱截面中线宜重合。

(3)框支梁构造要求

梁上、下部纵向钢筋的最小配筋率，非抗震设计时分别不应小于 0.30%；抗震设计时，对特一级、一级、二级抗震等级，分别不应小于 0.60%、0.50%和 0.40%。偏心受拉的框支梁，其支座上部纵向钢筋至少应有 50%沿梁全长贯通，下部纵向钢筋应全部直通到柱内；沿梁腹板高度应配置间距不大于 200mm、直径不小于 16mm 的腰筋。

框支梁支座处(离柱边 1.5 倍梁截面高度范围内)箍筋应加密，加密区箍筋直径不应小于 10mm，间距不应大于 100mm。加密区箍筋最小面积含箍率，非抗震设计时不应小于 $0.9f_t/f_{yv}$；抗震设计时，对特一级、一级、二级抗震等级，分别不应小于 $1.3f_t/f_{yv}$、$1.2f_t/f_{yv}$ 和 $1.1f_t/f_{yv}$。

5)框支柱截面设计和构造要求

(1)框支柱截面尺寸

框支柱的截面尺寸主要由轴压比控制并应满足剪压比要求。柱截面宽度，非抗震设计时不宜小于 400mm，抗震设计时不应小于 450mm；柱截面高度，非抗震设计时不宜小于框支梁跨度的 1/15，抗震设计时不宜小于框支梁跨度的 1/12。

框支柱要求比一般框架柱有更大的延性和抗倒塌能力，所以对轴压比有更严格的要求。其限值见表 9.1。

表 9.1　框支柱轴压比限值

轴压比	一级			二级		
	≤C60	C65～C70	C75～C80	≤C60	C65～C70	C75～C80
$\frac{N_{max}}{f_c A_c}$	0.6	0.55	0.50	0.70	0.65	0.60

注：表内数值适用于剪跨比 $\lambda>2.0$ 的柱。$1.5\leqslant\lambda\leqslant2.0$ 的柱，其轴压比限值应比表中数值减小 0.05；$\lambda<1.5$ 的柱，其轴压比限值应专门研究并采取特殊构造措施。

(2)框支柱截面设计

框支柱应按偏心受力构件计算其纵向受力钢筋和箍筋数量。由于框支柱为重要受力构件，为提高其抗震可靠性，其截面组合的内力设计值除应按框架柱的要求进行调整外，对一、二级抗震等级的框支柱，由地震作用引起的轴力值应分别乘以增大系数 1.5、1.2，但计算柱轴压比时不宜考虑该增大系数；同时为推迟框支柱的屈服，提高结构整体变形能力，一、二级抗震等级的框支柱与转换构件相连的柱上端截面和底层柱下端截面的弯矩组合值应分别乘以增大系数 1.5、1.25，剪力设计值也应按相应的规定调整，框支角柱的弯矩设计值和剪力设计值应在上述调整的基础上乘以增大系数 1.1。

(3)框支柱构造要求

框支柱内全部纵向钢筋配筋率，非抗震设计时不应小于 0.8%；抗震设计时，一、二级抗震等级，分别不应小于 1.2%和 1.0%。纵向钢筋间距，抗震设计不宜大于 200mm；非抗震设计时，不宜大于 250mm，且均不应小于 80mm。抗震设计时柱内全部纵向钢筋配筋率不宜大于 4.0%。

抗震设计时，框支柱箍筋应采用复合螺旋箍或井字复合箍，箍筋直径不应小于10mm，间距不应大于100mm和6倍纵向钢筋直径的较小值，并应沿柱全高加密。

6)转换层上、下部剪力墙的构造要求

布置上部剪力墙、筒体时，应注意其整体空间的完整性和延性，注意外墙尽量设置转角翼缘，注意门窗洞尽量居于框支梁跨中，应尽量避免无连梁相连的延性较差的秃墙。满足上述条件的上部剪力墙、筒体轴压比限值见表9.2。

表9.2 上部剪力墙、筒体轴压比限值

轴压比	抗震设计			非抗震设计
	一级	二级	三级	
$\frac{N_{max}}{f_c A_c}$	0.55	0.60	0.65	0.70

注：N_{max}—上部剪力墙最大轴力组合设计值；A_c—上部剪力墙截面面积；f_c—混凝土轴心抗压强度设计值。

(1)框支梁上部墙体的构造要求

试验研究及有限元分析结果表明，在竖向及水平荷载作用下，框支边柱上墙体的端部，中间柱上0.2倍框支梁净跨宽度及高度范围内有大的应力集中，因此这些部位的墙体和配筋应予以加强。

(2)剪力墙底部加强部位的构造要求

落地剪力墙几乎承受全部地震剪力，为了保证其抗震承载能力和延性，截面设计时，特一级、一级、二级落地剪力墙底部加强部位的弯矩设计值应分别按墙底截面有地震作用效应组合的弯矩值乘以增大系数1.8、1.5和1.25后采用。落地剪力墙的墙肢不宜出现偏心受拉。对部分框支剪力墙结构，剪力墙底部加强部位墙体的水平和竖向分布钢筋最小配筋率，抗震设计时分别不应小于0.3%，非抗震设计时分别不应小于0.25%；抗震设计时钢筋间距不宜大于200mm，钢筋直径不应小于8mm。

9.1.3 桁架转换层结构设计

1)桁架转换层的主要结构形式

抗震设计时应避免高位转换，当建筑功能需要不得已高位转换时，转换结构还宜优先选择不致引起框支柱(边柱)柱顶弯矩过大、柱剪力过大的结构形式，采用桁架转换层结构是一种有效的方法。

转换桁架可采用单层空腹桁架[图9.9(a)]、单层混合空腹桁架[图9.9(b)]、叠层空腹桁架[图9.9(c)]和叠层混合空腹桁架[图9.9(d)]。空腹桁架设置一定数量斜杆后，相当一部分竖向荷载改变传力路径，起到类似拱的传力效果。因此，采用单层或叠层混合空腹桁架作为转换层结构，是一种较为合理的结构方案。

转换桁架的选型应由下部建筑所需要的空间大小和其承托的上部结构层数综合确定。当下部建筑所需要的空间不是很大，且承托的上部结构层数不多时，可采用单层桁架转换层；反之，可采用叠层桁架转换层。

2)结构内力分析

目前，工程设计中应用的高层建筑结构分析程序大多采用楼盖在自身平面内刚度为

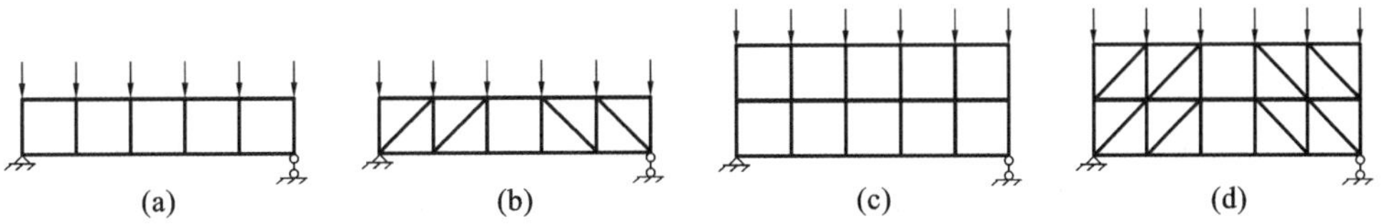

图 9.9 转换桁架形式

(a)单层空腹桁架;(b)单层混合空腹桁架;(c)叠层空腹桁架;(d)叠层混合空腹桁架

无穷大的假定,因而采用这种程序无法直接计算位于楼盖平面内杆件(梁单元)的轴力和轴向变形。在带斜腹杆的桁架转换结构中,不仅斜腹杆内有较大的轴力和轴向变形,而且与之相连的上、下弦杆(位于楼盖平面内的梁单元)也存在较大的轴力和轴向变形。因此,对于上、下弦杆计算其截面配筋时,不仅应考虑弯矩、剪力和扭矩的作用,而且应计入轴力的影响。实际工程设计中,可采用下述简化方法计算。

(1)将转换桁架置于整体空间结构中进行整体分析。此时,腹杆作为柱单元,上、下弦杆作为梁单元,按空间协同工作或三维空间结构分析程序计算其内力和位移。计算时,转换桁架按杆件的实际布置参与整体分析,其中上、下弦杆的轴向刚度和弯曲刚度中应计入楼板的作用(上、下弦杆每侧有效翼缘宽度可取 6 倍楼板厚度,且不大于相邻弦杆间距的 1/2)。由此可得上、下弦杆的弯矩、剪力和扭矩以及腹杆内力。

(2)将整体分析得到的转换桁架上部柱下端截面内力(M_c^b,V_c^b,N_c^b)和下部柱上端截面内力(M_c^t,V_c^t,N_c^t)作为转换桁架的外荷载(图 9.10),采用考虑杆件轴向变形的杆系有限元程序计算各种工况下转换桁架上、下弦杆的轴力。对各种工况进行组合,得上、下弦杆的轴向力设计值。

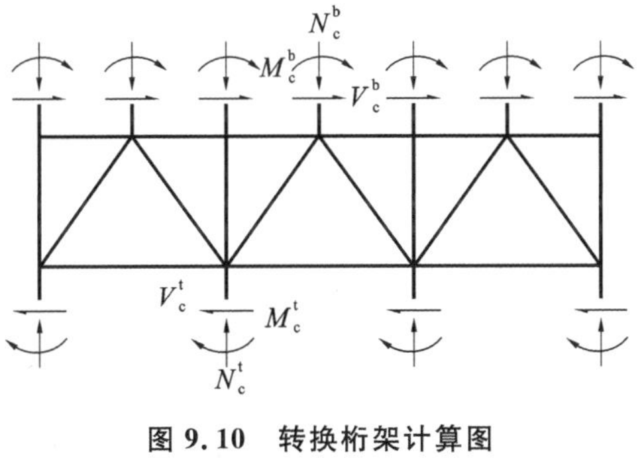

图 9.10 转换桁架计算图

(3)利用整体空间分析计算梁单元的弯矩、剪力和扭矩,再按偏心受力构件计算上、下弦杆的配筋,其中轴力可按上、下弦及相连楼板有效翼缘的轴向刚度比例分配,以考虑翼缘范围内楼板的影响。

精确的计算方法应是取消楼板平面内刚度为无限大的假定,考虑楼板、梁的实际刚度,计算梁、板的变形和内力,得到组合设计值,进而配筋。

3)截面设计与构造要求

(1)带桁架转换层高层建筑结构设计原则

①托柱形式带桁架转换层高层建筑结构按“强化转换层及其下部、弱化转换层上部”的原则进行设计。设计时应保证转换桁架上层柱的柱底尽可能避免边柱出现塑性铰,同

时加强上层柱与转换桁架的连接构造，以保证桁架转换层框架结构有更好的延性。

对抗震等级为一、二级且与转换桁架相连的下部柱上端截面及上部柱下端截面的弯矩组合值分别乘以增大系数1.5、1.25，并且根据放大后的弯矩设计值进行配筋。

对于薄弱层柱的混凝土也应进行特别约束，箍筋间距不得大于100mm，箍筋直径不得小于10mm，并且箍筋接头应焊接或作135°的弯钩，必要时可采用内埋型钢的方法来提高柱截面的抗弯承载力。

转换桁架下层柱的轴压比必须严格控制，见表9.3。当很难满足轴压比的要求时，转换桁架以下柱可采用高强混凝土柱、钢骨混凝土柱等有效方法来调整截面尺寸、刚度及其延性。

表9.3 转换桁架下层柱的轴压比

轴压比	抗震设计			非抗震设计
	一级	二级	三级	
$\frac{N_{max}}{f_c b h_0}$	0.70	0.75	0.80	0.85

注：N_{max}—转换桁架下层柱的最大组合轴力设计值(包括地震作用下轴力调整)；f_c—转换桁架下层柱混凝土抗压强度设计值；b,h_0—转换桁架下层柱截面的宽度、截面的有效高度。

②桁架转换按“强受压斜腹杆、强节点”的原则进行设计。试验表明，按“强受压斜腹杆、强节点”设计的预应力混凝土叠层桁架转换构件能够满足承载力和变形的要求，且在使用阶段处于弹性工作状态。

③桁架转换上部框架结构按“强柱弱梁、强边柱弱中柱”的原则进行设计，确保塑性铰在梁端出现，使柱比梁有更大的安全储备。

试验结果表明：满足上述原则设计的带桁架转换层高层建筑结构具有较好的延性，能够满足工程抗震的要求。

(2)斜杆桁架设计

①斜杆桁架截面设计

对桁架转换层而言，应保证强受压斜腹杆和强节点。受压斜腹杆的截面尺寸一般应由其轴压比控制计算确定，以确保其延性，其限值见表9.4。如果不满足要求，可配置螺旋箍筋或采用内埋型钢或内埋空腹钢桁架的钢骨混凝土。

表9.4 桁架受压斜腹杆的轴压比限值

抗震等级	一级	二级	三级
轴压比限值	0.7	0.8	0.9

斜腹杆桁架上、下弦节点截面应满足抗剪的要求，以保证整体桁架结构具有一定延性，不发生脆性破坏。

②斜杆桁架构造要求

受压弦杆非预应力纵向钢筋宜对称沿周边均匀布置，且宜全部贯通桁架，受压弦杆箍筋全杆段加密，其体积配箍率见表9.5；受拉弦杆非预应力纵向钢筋宜对称沿周边均匀布置，且应按正常使用状态下裂缝宽度0.2mm控制，非预应力纵向钢筋至少有50%全部贯通桁架，其余跨中非预应力纵向钢筋均应伸过节点区在不需要该钢筋处受拉锚固长度后方可切断，受拉弦杆箍筋最小面积配箍率的要求见表9.5。

表9.5　弦杆非预应力纵向钢筋和箍筋构造要求

抗震等级		一级	二级	三级	非抗震设计
受压弦杆	纵筋含钢率	1.2%	1.0%	0.8%	0.8%
	体积配箍率	1.0%	0.8%	0.6%	0.6%
受拉弦杆	面积配箍率	0.5%	0.4%	0.3%	0.3%

受压腹杆非预应力纵向钢筋配置构造要求同受压弦杆，受拉腹杆非预应力纵向钢筋、箍筋配置构造要求同受拉弦杆，桁架上、下弦节点配筋构造原则上参考屋架图配置节点钢筋。桁架节点采用封闭式箍筋，箍筋要加密，且垂直于弦杆的轴线位置，并增加拉筋，以确保节点约束混凝土的性能。

桁架节点区截面尺寸及其箍筋数量应满足截面抗剪承载力的要求，且构造上要求满足节点斜面长度不小于腹杆截面高度加50mm。节点区内侧附加元宝钢筋直径不宜小于16mm，间距不宜大于150mm。节点区内箍筋的体积配箍率要求同受压弦杆。

当桁架节点尺寸很大时，桁架节点可按剪力墙配筋方式配置水平箍筋和垂直箍筋，箍筋直径不小于10mm，间距不大于100mm，同时在箍筋交点处隔点设置拉筋。桁架节点要配边筋，边筋要垂直于腹杆轴线且边筋直径不应小于同一截面处弦杆内的最大纵筋直径，根数可取同一截面内其纵筋总根数的一半。

(3)空腹桁架设计

①空腹桁架截面设计

空腹桁架腹杆的截面尺寸一般应由其剪压比控制计算来确定，以避免脆性破坏。腹杆剪压比限值见表9.6。

表9.6　腹杆剪压比限值

混凝土强度等级	抗震等级			非抗震设计
	一级	二级	三级	
C30	0.10	0.13	0.15	0.15
C40	0.09	0.11	0.13	0.13
C50	0.08	0.10	0.11	0.12

空腹桁架竖腹杆应按强剪弱弯进行配筋设计，加强箍筋配置，并加强与上、下弦杆的连接构造；空腹桁架的上、下弦杆宜考虑相连楼板有效翼缘作用按偏心受压或偏心受拉构件设计，其中轴力可按上、下弦杆及相连楼板有限翼缘的轴向刚度比例分配。

②空腹桁架构造要求

受压、受拉弦杆的纵向非预应力钢筋、箍筋的构造要求均同斜腹杆桁架受压、受拉弦杆的构造要求；竖腹杆的纵向钢筋、箍筋的构造要求均同斜腹杆桁架受拉腹杆的构造要求；空腹桁架应加强上、下弦杆与框架柱的锚固连接构造。

9.2 带加强层高层建筑结构

当结构抗侧刚度或整体性需要加强时,在结构的某些层内必须设置加强构件,使本楼层的刚度比其他楼层的刚度大很多,故称之为加强层。加强层构件有三种:伸臂、腰桁架和帽桁架、环向构件。三者功能不同,不一定同时设置,但如果同时设置,一般设置在同一层。

(1)伸臂

伸臂是指刚度很大的、连接内筒和外柱的实腹梁或桁架,通常是沿高度选择一至几层布置伸臂构件。高层建筑结构内设置伸臂的主要目的是增大外框架柱的轴力,从而增大外框架的抗倾覆力矩,增大结构抗侧刚度,减小侧移。由于伸臂本身刚度较大,又加强了结构抗侧力的刚度,有时就把设置伸臂的楼层称为加强层或刚性加强层。

当框架-核心筒结构的侧向刚度不能满足设计要求时,可沿竖向利用建筑避难层、设备层空间,设置适当刚度的水平伸臂构件,构成带加强层的高层建筑结构。

(2)腰桁架和帽桁架

腰桁架和帽桁架是设置在内筒和外柱间的桁架或大梁,自身具备很大的刚度,可减少内筒和外柱间的竖向变形差。

一般在高层建筑高度较大时,就需要设置限制内、外竖向变形差的桁架或大梁,如图 9.11 所示。在 30~40 层的高层建筑结构中,一般在顶层设置一道桁架即可显著减少竖向变形差,称其为帽桁架;当结构高度很大时,除设置帽桁架外,可同时在中间某层设置一道或几道桁架,称其为腰桁架。

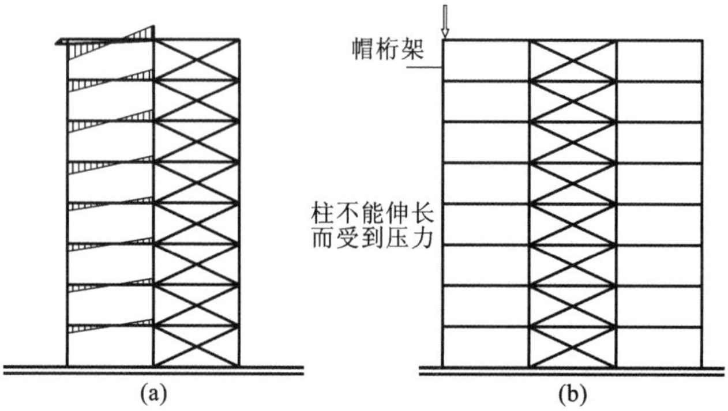

图 9.11 竖向变形差异引起楼盖大梁内力

(a)内外柱变形差引起弯矩;(b)屋顶设帽桁架

伸臂与腰桁架、帽桁架可采用相同的结构形式,但二者的作用不同。在较高的高层建筑结构中,如果将减小侧移的伸臂结构与减小竖向变形差的帽桁架或腰桁架结合使用,则可在顶部及(0.5~0.6)H(H 为结构总高度)处设置两道伸臂,综合效果较好。

(3)环向构件

环向构件是指沿结构周围布置一层楼(或两层楼)高的桁架,其作用如同加在结构身上的一道“箍”,将结构外圈的各竖向构件紧密联系在一起,增强了结构的整体性。随着结构高度的增高,也可设置两道或三道“箍”。

环向构件多采用斜杆桁架或空腹桁架形式，它的刚度很大，可以协调周围竖向构件的变形，减小竖向变形差，加强角柱与翼缘柱的联系，使竖向构件受力均匀。在框筒结构中，环向构件可加强深梁的作用，减小剪力滞后。在框架-核心筒结构中，环向桁架也能加强外圈柱子的联系，减小稀柱之间的剪力滞后，增大翼缘框架柱的轴向力。在框架-核心筒-伸臂结构中，通常伸臂只和一根柱子相连接，设置环向构件后将伸臂产生的轴力分散到其他柱子，使较多的柱子共同承受轴力，使相邻框架柱轴力均匀化，因此环向桁架常常和伸臂结合使用。同时设置环向桁架还可以减小伸臂的刚度，环向桁架与伸臂结合有利于减小框架柱和内筒的内力突变。

9.2.1 加强层的作用及布置

1)加强层的作用

加强层的设置，使核心筒与外柱连成整体共同工作，并使核心筒和外柱因外力作用而产生的竖向变形得到协调。核心筒弯曲时由于受到外柱轴向变形的限制，各个截面不能自由转动，从而减小了结构的层间位移和顶点位移。总之，设置加强层可以使外柱参与整体抗弯，增强结构整体抗侧移能力，减小核心筒的弯矩，减小结构的侧移。

2)加强层的布置

(1)加强层的层数

从理论上讲，这是一个优化设计问题。设置加强层的确对改善结构刚度有利，但大量研究表明，加强层的层数并非越多越好，1 层时减小侧移的效率最高，随着数量的增多，减小侧移的绝对值增大，但减小侧移的效率降低。当加强层多于 3 层时，其侧移减小效果已很微弱，故建议一般水平加强层的设置不超过 3 层。

(2)加强层的平面布置

在平面上布置加强层的刚臂应横贯建筑全宽，在内侧与核心筒连接，在外侧与外围框架柱连接。

(3)加强层的竖向布置

在竖直方向，加强层设在什么位置效果最好，目前设计理论还不成熟，主要是因为理论分析的简化假定与工程实际有较大差异，一般都倾向于以减小侧移为目标函数来研究其最优位置。实际应用中应针对具体建筑，建立多个接近工程实际的计算模型，做多方案的分析比较，以求得加强层实际的最优层位。

①当只设置一道伸臂时，最佳位置在底部固定端以上 $0.60H$ 附近，H 为结构总高度，即大约在结构的 2/3 高度处设置伸臂能较好发挥其抗侧作用。

②设置两道伸臂的效果会优于一道伸臂，侧移会减小得更多；当设置两道伸臂时，如果其中一道设置在 $0.7H$ 以上(也可在顶层)，则另一道设置在 $0.5H$ 处，可以得到较好的效果。

③设置多道伸臂时，会进一步减小位移，但位移减小并不与伸臂数量成正比，设置伸臂多于四道时，减小侧移的效果基本稳定。当设置多道伸臂时，一般可沿高度均匀布置，且宜在两个主轴方向都设置刚度较大的水平外伸构件。

(4)加强层的刚度

现有的工程分析及研究资料表明:加强层的刚度太小,达不到减小侧移的目的;但若加强层刚度过大,则会导致在加强层处抗侧刚度和质量的过大突变,对结构受力及抗震均不利,故加强层的刚度不宜太大。建议在满足规范对侧移限值要求的前提下,加强层宜尽量选用相对较小的刚度。

9.2.2 结构分析

1)精细分析方法

带加强层高层建筑结构应按三维空间分析方法进行整体内力和位移计算,其水平伸臂构件作为整体结构中的构件参与整体结构计算。计算时,对设置水平伸臂桁架的楼层,宜考虑楼板平面内变形,以便得到伸臂桁架上、下弦杆的轴力和腹杆的轴力。在结构整体分析后,应取整体分析中的内力和变形作为边界条件,对伸臂加强层再做一次单独分析。

采用振型分解反应谱法计算带加强层高层建筑结构的地震作用时,应取 9 个以上的振型;地震区场地地震动参数应由当地地震部门进行专门研究测定,并在此基础上进行弹性和弹塑性时程分析补充计算和校核。

带加强层高层建筑结构在重力荷载作用下必须进行较准确的施工模拟计算,并应计入非荷载效应影响。加强层构件一端连接内筒,一端连接外框柱,在外框柱由于楼层竖向荷载将产生较大的轴向变形,而在内筒墙的轴向变形则很小,在分析时如果按一次加载的图式计算,则会得到内外竖向构件产生很大的轴向变形差,刚性伸臂构件在内筒墙端部产生很大的负弯矩,使截面设计和配筋构造变得困难。因此,应考虑竖向荷载实际在施工过程中的分层施加情况,分析时采用按分层加载、考虑施工过程的方法计算。

2)近似分析方法

在初步设计阶段,为了确定加强层的数量和位置,可采用近似分析方法。该法采用下列假定:①结构为线弹性;②外框柱仅承受轴力;③伸臂与筒体、筒体与基础均为刚性连接;④筒体、柱以及伸臂的截面特性沿高度为常数。

根据上述假定,对于带两个伸臂加强层的高层建筑结构,在均布水平荷载作用下的计算简图如图 9.12(a)所示,其中坐标原点取在结构顶点。如取静定的内筒为基本体系,则该结构为两次超静定。在每一个伸臂加强层位置,其变形协调方程表示筒体的转角等于相应伸臂的转角。筒体的转角以其弯曲变形描述,而伸臂的转角则以柱的轴向变形和伸臂的弯曲变形描述。

按上述方法可得结构的内力和位移如下:

(1)内力

伸臂加强层对内筒的约束弯矩:

$$M_1=\frac{q}{6EI}\cdot\frac{s_1(H^3-x_1^3)+s(H-x_2)(x_2^3-x_1^3)}{s_1^2+s_1s(2H-x_1-x_2)+s^2(H-x_2)(x_2-x_1)} \tag{9.7}$$

$$M_2=\frac{q}{6EI}\cdot\frac{s_1(H^3-x_2^3)+s[(H-x_1)(H^3-x_2^3)-(H-x_2)(H^3-x_1^3)]}{s_1^2+s_1s(2H-x_1-x_2)+s^2(H-x_2)(x_2-x_1)} \tag{9.8}$$

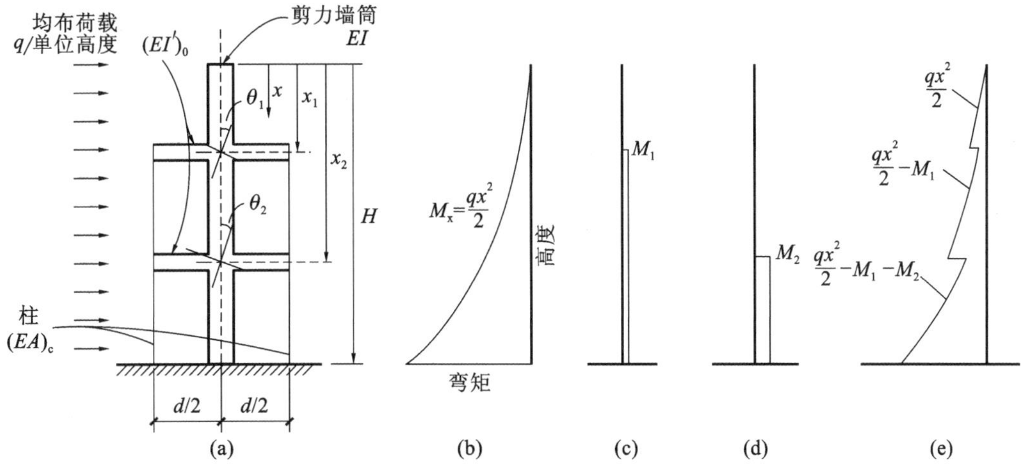

图 9.12　带两个伸臂加强层高层建筑结构的简化计算简图及核心筒弯矩图

$$s=\frac{1}{EI}+\frac{2}{d^2(EA)_c},s_1=\frac{d}{12(EI)_0} \tag{9.9}$$

在求得伸臂的约束弯矩 M_1 和 M_2 后，内筒任意截面 x 处的弯矩 $M(x)$［图 9.12(e)］可写为：

$$M(x)=qx^2/2-M_1-M_2 \tag{9.10}$$

式中，M_1 仅对 $x \geqslant x_1$ 区段有效，M_2 仅对 $x \geqslant x_2$ 区段有效。

由于伸臂作用产生的柱轴力：

在 $x_1<x<x_2$ 区段：　$N=\pm M_1/d$　(9.11)

在 $x \geqslant x_2$ 区段：　$N=\pm(M_1+M_2)/d$　(9.12)

伸臂中的最大弯矩：

在加强层 1 处：　$M_{max}=M_1 b/d$　(9.13)

在加强层 2 处：　$M_{max}=M_2 b/d$　(9.14)

式中　EI,H——筒体的抗弯刚度及高度；

q——水平均布荷载集度；

x_1,x_2——自筒体顶部向下至伸臂加强层 1、2 处的距离；

M_1,M_2——两个伸臂作用于筒体的约束弯矩；

$(EA)_c$——外框柱的轴向刚度(其中 A_c 取一侧外柱的横截面面积之和)；

$(EI)_0$——伸臂的有效抗弯刚度，设伸臂加强层的实际抗弯刚度为 $(EI')_0$(图 9.12)，考虑筒体的宽柱效应，则有效抗弯刚度为：

$$(EI)_0=(1+a/b)^3(EI')_0 \tag{9.15}$$

其中 a,b 的意义如图 9.13 所示。

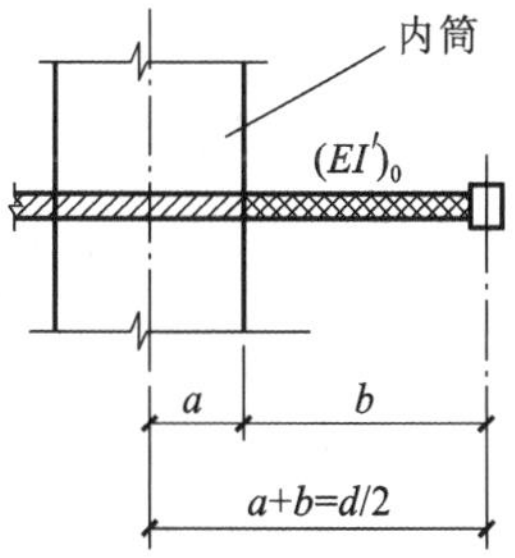

图 9.13　加强层简图

(2)结构顶点位移

$$u_t=\frac{qH^4}{8EI}-\frac{1}{2EI}[M_1(H^2-x_1^2)+M_2(H^2-x_2^2)] \tag{9.16}$$

式中等号右侧第一项为筒体单独承受全部水平荷载作用时的顶点位移，第二项表示伸臂约束弯矩 M_1 和 M_2 所减少的顶点位移。

另外由式(9.10)，还可得到使结构顶点位移最小时伸臂加强层的最佳位置。这可将式(9.10)右侧第二项分别对 x_1 及 x_2 求导得其最大值。

9.2.3 构造要求

(1)抗震要求与轴压比限值

带加强层的高层建筑结构，为避免在加强层附近形成薄弱层，使结构在罕遇地震作用下能呈现强柱弱梁、强剪弱弯的延性机制，加强层及其相邻的框架柱和核心筒剪力墙的抗震等级应提高一级，一级提高至特一级，若原抗震等级为特一级则不再提高；加强层及其上、下相邻一层的框架柱，箍筋应全柱段加密，轴压比从严控制，见表 9.7。

表 9.7 加强层及其相邻上下层框架柱轴压比限值

抗震等级	一级	二级	三级
轴压比限值	0.70	0.80	0.90

(2)提高加强层及其相邻上下层楼盖的整体性，混凝土强度等级不宜低于 C30，楼板应采用双层双向配筋，每层各方向钢筋均应拉通，且配筋率不宜小于 0.35%。

(3)加强层水平外伸构件宜设施工后浇带，待主体结构完成后再行浇灌成整体，以消除施工阶段重力荷载作用下加强层水平外伸构件、水平环带构件的应力集中影响。

(4)加强层构件(外伸刚臂)与外框柱的连接可以是刚接，也可做成铰接。为刚接时，对加强层的作用不明显，计算中一般假定与外框柱为铰接。

(5)柱纵向钢筋总配筋率在抗震等级为一级时不应小于 1.6%，二级时不应小于 1.4%，三、四级及非抗震设计时不应小于 1.2%。总配筋率不宜大于 5%。柱箍筋应全高加密，间距不大于 100mm，箍筋体积配箍率抗震等级为一级时不应小于 1.6%，二级时不应小于 1.4%，三、四级及非抗震设计时不应小于 1.2%，箍筋应采用复合箍或螺旋箍。

(6)加强层及其相邻楼层核心筒的配筋应加强，其竖向分布钢筋和水平分布钢筋的最小配筋率，抗震等级为一级时不应小于 0.5%，二级时不应小于 0.45%，三、四级和非抗震设计时不应小于 0.4%，且钢筋直径不宜小于 12mm，间距不宜大于 100mm。

9.3 错层结构

9.3.1 错层结构的应用及适用范围

近年来，错层结构时有出现，多数为高层商品住宅楼。开发商为了获得多样变化的住宅室内空间，常将同一套单元内的几个房间设在不同高度的几个层面上，形成错层结构。

从结构受力和抗震性能来看，错层结构属竖向不规则结构，对结构抗震不利。第一，错层结构属竖向布置不规则结构，错层附近的竖向抗侧力结构受力复杂，容易形成众多应力集中部位；第二，在地震作用下，错层结构加上扭转效应的影响，可能给建筑物造成比较严重的破坏；第三，错层结构的楼板有时会受到较大的削弱；第四，剪力墙结构错层后会使部分剪力墙的洞口布置不规则，形成错洞剪力墙或叠合错洞剪力墙；第五，框架结构错层则更为不利，往往形成许多短柱与长柱混合的不规则体系。

抗震设计时，B级高度的建筑不宜采用，9度区不应采用错层结构，8度区高度不大于60m，7度区高度不大于80m。当房屋两部分因功能不同而使楼层错开时，宜首先采用防震缝或伸缩缝分为两个独立的结构单元。而错层未设置伸缩缝、防震缝将结构分为两个独立单元，结构各部分楼层柱（墙）高度不同，形成错层结构，应视为对抗震不利的特殊建筑，在计算和构造上必须采取相应的加强措施。

9.3.2 结构分析

楼层错层后，沿竖向结构刚度不规则，难以用简化方法进行结构分析。因此，对错层高层建筑结构宜采用三维空间分析程序，按结构的实际错层情况建立计算模型，相邻错开的楼层不应归并为一个楼层计算。目前，国内开发的三维空间分析程序TBSA、TBWE、TAT、SATWE、TBSAP等可用于分析错层结构。错层结构的突出特点是在同一楼层平面内，部分区域有楼板，部分区域没楼板。在没有楼板的区域内，有些竖向构件可能与梁连接，也可能是越层构件。软件会自动将错层构件在楼层平面内的节点设为独立的弹性节点，不受楼板计算假定限制，并能准确确定越层柱计算长度系数。而框架柱和平面外受力的剪力墙，其抗震等级的提高，则需要设计人员交互定义，程序不能自动处理。

对于错层剪力墙结构，当因楼层错层使剪力墙洞口不规则时，在结构整体分析之后，对洞口不规则的剪力墙宜进行有限元补充计算，其边界条件可根据整体分析结果确定。

9.3.3 构造要求

在错层结构的错层处（图9.14），其墙、柱等构件易产生应力集中，受力较为不利，应采用下列加强措施：

（1）错层处框架柱的截面宽度和高度均不得小于600mm，混凝土强度等级不应低于C30，抗震等级提高一级，竖向钢筋配筋率不宜小于1.5%，错层处框架柱也可采用型钢混凝土柱，箍筋体积配箍率不宜小于1.5%，箍筋全柱段加密。

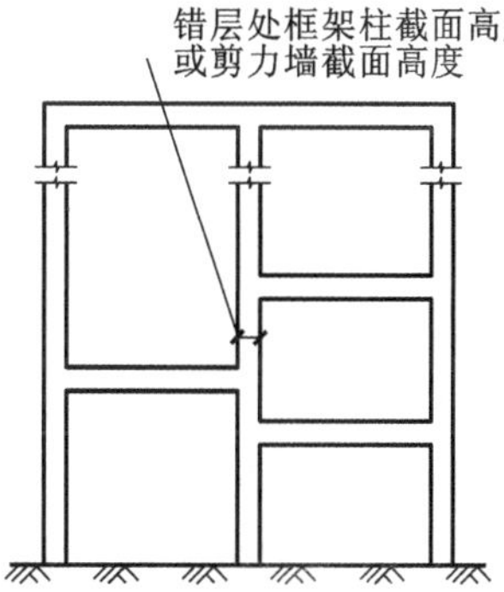

图9.14 错层结构加强部位示意图

（2）错层处平面外受力的剪力墙，其截面厚度，非抗震设计时不应小于200mm，抗震设计时不应小于250mm，并均应设置与之垂直的墙肢或扶壁柱；抗震等级应提高一级。错层处剪力墙的混凝土强度等级不应低于C30，水平和竖向分布钢筋的配筋率，非抗震设计时不应小于0.3%，抗震设计时不应小于0.5%。

如果错层处混凝土构件不能满足设计要求时，则需采取有效措施改善其抗震性能。如框架柱可采用型钢混凝土柱或钢管混凝土柱，剪力墙内可设置型钢等。

9.4 连体结构

9.4.1 连体结构的形式及适用范围

在高层建筑设计中，为了建筑美观和方便两塔楼之间的联系，常在两塔楼上部用连廊或天桥相连，形成连体高层建筑。目前连体高层建筑结构主要有两种形式：第一种形式称为凯旋门式，即在两个主体结构（塔楼）的顶部若干层连成整体楼层，连接体的宽度与主体结构的宽度相等或接近，两个主体结构一般采用对称的平面形式，如上海凯旋门大厦（图 9.15）即采用这种形式。第二种形式称为连廊式，即在两个主体结构之间的某些部位设一个或多个连廊，连廊的跨度可达几米到几十米，连廊的宽度一般在 10m 以内。

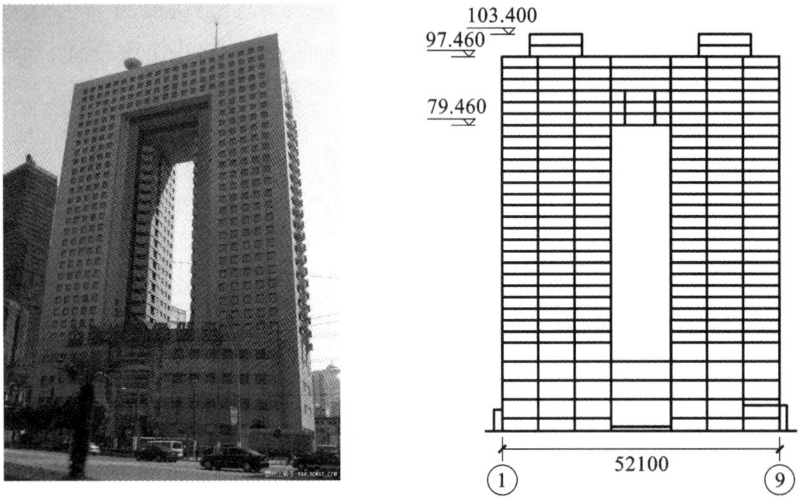

图 9.15 上海凯旋门大厦

震害经验表明，地震区的连体高层建筑破坏严重，主要表现为连廊塌落，主体结构与连接体的连接部位破坏严重。两个主体结构之间设多个连廊的，高处的连廊首先破坏并塌落，底部的连廊也有部分塌落；两个主体结构高度不相等或体型、面积和刚度不同时，连体破坏尤为严重。因此，连体高层建筑是一种抗震性能较差的复杂结构形式。抗震设计时，B 级高度高层建筑不宜采用连体结构，7 度、8 度抗震设计时，层数和刚度相差很大的建筑不宜采用连体结构。另外，为提高整体结构的抗震性能，连体结构各独立部分宜有相同或相近的体型、平面布置和刚度分布，特别是对于第一种形式的连体结构，其两个主体结构宜采用双轴对称的平面形式。

9.4.2 结构分析

试验研究和理论分析表明，连体高层建筑的自振振型较为复杂，其前几个振型与单体建筑明显不同，除顺向振型（两个塔楼振动方向相同）外，还出现反向振型（两个塔楼振动方向相反）。因此，连体高层建筑应采用三维空间分析方法进行整体计算，主体结构与连接体均应参与整体分析。不应切断连接部分分别进行各主体部分的计算。

架空的连接体对竖向地震的反应比较敏感，尤其是跨度较大、自重较大的连接体的竖向地震反应更为明显。因此，8 度抗震设计时，连体结构的连接体应考虑竖向地震作用的影响。连接体的竖向地震作用可按振型分解反应谱法或时程分析法计算。近似考虑时，连接体的竖向地震作用标准值可取连接体重力荷载代表值的 10%，并按各构件所分担的重力荷载值的比例进行分配。

9.4.3　构造要求

(1)连接体与主体结构的连接

连体结构中连接体与主体结构的连接如采用刚性连接(类似于现浇框架结构中梁与柱的连接)，则结构设计和构造比较容易实现，结构的整体性亦较好；如采用非刚性连接(类似于单层厂房中屋面梁与柱顶的连接)，则结构设计及构造相当困难，要使若干层高、体量颇大的连接体具有安全可靠的支座，并能满足两个方向(即沿跨度方向和垂直于跨度方向)在罕遇地震作用下的位移要求，是很难实现的。因此，连接体结构与主体结构宜采用刚性连接，必要时连接体结构可延伸至主体部分的内筒，并与内筒可靠连接。当连接体结构与主体结构非刚性连接时，其支座滑移量应能满足两个方向在罕遇地震作用下的位移要求。

(2)连接体结构及相邻结构构件的抗震等级

为防止地震时连接体结构以及主体结构与连接体结构的连接部位严重破坏，保证整体结构安全可靠，抗震设计时，连接体及与连接体相邻的结构构件的抗震等级均应提高一级采用，一级提高至特一级，若原抗震等级为特一级则不再提高。

(3)连接体结构的加强措施

连接体结构应加强构造措施。连接体结构的边梁截面宜加大，楼板厚度不宜小于 150mm，宜采用双层双向钢筋网，每层各方向钢筋的配筋率不宜小于 0.25%。

连接体结构可采用钢梁、钢桁架或型钢混凝土梁，型钢应伸入主体结构并加强锚固。当连接体结构含有多个楼层时，应特别加强其最下面 1～2 个楼层的设计及构造措施。

9.5　多塔结构

近年来，随着高层建筑的迅速发展，出现了越来越多的大底盘多塔楼结构，即底部几层布置为大底盘，上部采用两个或两个以上的塔楼作为主体结构，图 9.16 所示为一大底盘多塔楼结构示意图。这种多塔楼结构的主要特点是在多个塔楼的底部有一个连成整体的大裙房，形成大底盘。

9.5.1　结构布置

大底盘多塔楼高层建筑结构在大底盘上一层突然收进，使其侧向刚度和质量突然变化，故这种结构属竖向不规则结构。另外，由于大底盘上有两个或多个塔楼，结构振型复杂，并会产生复杂的扭转振动，引起结构局部应力集中，对结构抗震不利。如果结构布置不当，则竖向刚度突变、扭转振动反应及高振型反应的影响将会加剧。因此，多塔楼结构的结构布置应满足下列要求。

（1）多塔楼建筑结构各塔楼的层数、平面和刚度宜接近。多塔楼结构模型振动台试验研究和数值计算分析结果表明，当各塔楼的质量和侧向刚度不同、分布不均匀时，结构的扭转振动反应大，高振型对内力的影响更为突出。所以，为了减轻扭转振动反应和高振型反应对结构的不利影响，位于同一裙房上各塔楼的层数、平面形状和侧向刚度宜接近；如果各塔楼的层数、刚度相差较大时，宜用防震缝将裙房分开。

（2）塔楼对底盘宜对称布置，塔楼结构的综合质心与底盘结构质心距离不宜大于底盘相应边长的 20%。试验研究和计算分析结果表明，当塔楼结构与底盘结构的质心偏心较大时，会加剧结构的扭转振动反应。所以，结构布置时应注意尽量减小塔楼与底盘的偏心。此处，塔楼结构的综合质心是指将各塔楼平面看作一组合平面而求得的质量中心。

（3）抗震设计时，转换层不宜设置在底盘屋面的上层塔楼内；否则，应采取有效的抗震措施。多塔楼结构中采用带转换层结构，则结构的侧向刚度沿竖向突变与结构内力传递途径改变同时出现，易使结构受力更加复杂，不利于结构抗震。如再把转换层设置在大底盘屋面的上层塔楼内，则转换层与大底盘屋面之间的楼层更容易形成薄弱部位，加剧了结构破坏。因此，设计中应尽量避免将转换层设置在大底盘屋面的上层塔楼内；否则，应采取有效的抗震措施，包括提高该楼层的抗震等级、增大构件内力等。震害及计算分析表明，转换层宜设置在底盘楼层范围内，不宜设置在底盘以上的塔楼内（图 9.16）。

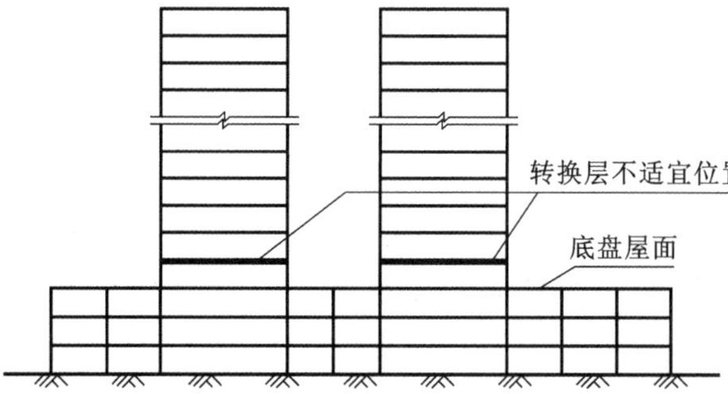

图 9.16 大底盘多塔楼结构

9.5.2 结构分析

1）精细分析方法

对大底盘多塔楼高层建筑结构，应采用三维空间分析方法进行整体计算。大底盘裙房和上部各塔楼均应参与整体计算，不应切断裙房分别进行各塔楼部分的计算。

2）简化分析方法

用三维空间结构分析程序对这种结构进行计算时，计算工作量较大。为减小计算工作量，可采用下述简化方法。此法将结构沿高度方向分段连续化，建立一个分段连续化的串联组模型，如图 9.17 所示，图中下部子结构 1 与上部各子结构串联在一起。其基本假定为：(1)将大底盘及上部结构划分为子结构，楼板平面内刚度在每个子结构内视为无限刚性，楼板平面外刚度忽略不计；(2)各子结构内结构的物理、几何参数沿高度为常数，如结构构件的截面尺寸、层高等沿高度方向均不改变；(3)各子结构的质量，在每个子结构范围内沿高度方向均匀分布。

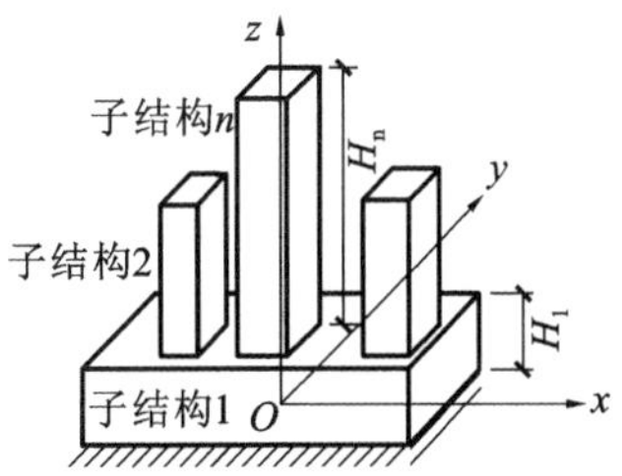

图 9.17 多塔楼结构简化计算模型

根据上述假定，可建立每个单体子结构的平衡微分方程，得到一组弯扭耦联的微分方程组。其边界条件和连接条件为：(1)大底盘子结构 1 底部固定，其侧移和转角等于零；(2)上部塔楼各子结构顶部的弯矩为零；(3)当各子结构仅承受分布侧向力时，其顶部总剪力和扭矩分别等于零；当承受顶部集中力或集中力矩时，其顶部总剪力或总扭矩等于相应的集中力或集中力矩；(4)大底盘顶部与上部塔楼底部的连接条件为侧移和转角分别相等。

平衡微分方程与边界条件和连接条件形成一常微分方程组边值问题，对其求解可得结构的位移和内力。由于取每一子结构的侧向位移(u,v,θ)为未知函数，所以每个子结构只有三个未知函数，整个结构的未知函数数量仅为 $3m$(m 为子结构数)个，且不会因层数的增多而增加计算工作量。又因为该法是解析解法，故便于改变结构参数分析其受力特性。

9.5.3 加强措施

大底盘多塔楼结构是通过下部裙房将上部各塔楼连接在一起的，与无裙房的单塔楼结构相比，其受力最不利部位是各塔楼之间的裙房连接体。这些部位除应满足一般结构的有关规定外，尚应采用下列加强措施。

(1)为保证多塔楼高层建筑结构底盘与塔楼的整体作用，底盘屋面楼板应予以加强，其厚度不宜小于 150mm，并应加强配筋构造，板面负弯矩钢筋宜贯通；底盘屋面上、下层结构的楼板也应加强构造措施。当底盘屋面为结构转换层时，其底盘屋面楼板的加强措施应符合转换层楼板的规定。

(2)为保证多塔楼高层建筑中塔楼与底盘的整体工作，抗震设计时，对其底部薄弱部位应予以特别加强，图 9.18 所示为加强部位示意图。多塔楼之间裙房连接体的屋面梁应加强；塔楼中与裙房连接体相连的外围柱、剪力墙，从固定端至裙房屋面上一层的高度范围内，柱纵向钢筋的最小配筋率宜适当提高，柱箍筋宜在裙房屋面上、下层的范围内全高

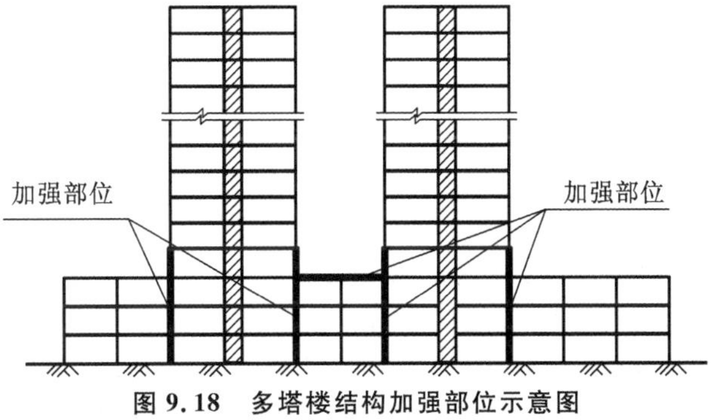

图 9.18 多塔楼结构加强部位示意图

加密，剪力墙宜按《抗震规范》规定设置约束边缘构件。

(3)底盘高度与结构总高度之比太小或太大，都会使塔楼顶层的楼层位移和最大层间位移角增大，合理的底盘高度与结构总高度的比值一般为0.3～0.4。

本章小结

复杂高层建筑结构一般为竖向不规则或平面不规则结构，或二者兼而有之，其受力复杂，抗震性能较差，工程设计中应尽量避免采用复杂结构。当由于建筑功能需要而必须采用复杂结构时，应对其进行精细的结构分析，采用必要的加强措施，以减小因结构复杂而产生的不利影响。

设置转换层的结构称为带转换层结构，其主要问题是：①竖向力的传递途径改变，应使传力直接、受力明确；②结构沿高度方向的刚度和质量分布不均匀，属竖向不规则结构，应通过合理的结构布置减小薄弱部位的不利影响；③转换构件的选型、设计计算和构造，一般桁架形式的转换构件比实腹梁形式好，箱形板形式比厚板形式好。

在高层建筑结构中设置伸臂加强层的主要目的，在于增加结构的整体侧向刚度从而减小侧移，以及减小内筒弯矩；但它不会增加结构的抗剪能力，剪力必须主要由筒体部分承担。这种结构的突出问题是：①伸臂的设置位置及数量，一般以控制侧移为目标而确定；②伸臂结构的选型、设计计算和构造，伸臂结构宜采用桁架或空腹桁架，其中钢桁架是较为理想的结构形式；③与加强层相邻的上、下层刚度和内力突变，应尽量采用桁架、空腹桁架等整体刚度大而杆件刚度不大的伸臂构件来减小这种不利影响。

错层结构属竖向不规则结构，错层附近的竖向抗侧力结构受力复杂，会形成众多的应力集中部位；错层结构的楼板有时会受到较大的削弱。剪力墙结构错层后，会使部分剪力墙洞口布置不规则，形成错洞剪力墙或叠合错洞剪力墙；框架结构错层后，会形成许多短柱与长柱混合的不规则体系。这种结构设计中的关键问题是：①结构布置，错层两侧的结构侧向刚度和结构布置应尽量接近，避免产生较大的扭转反应；②错层结构的计算模型，一般应采用三维空间分析模型；③错层处的构件应采取加强措施。

连体结构和大底盘多塔楼结构均为竖向不规则结构，其共同特点是：①连接体(连体结构中的连廊或天桥、多塔楼结构中的裙房连接体)是这种结构的关键构件，其受力复杂，地震时破坏较严重；②沿高度方向结构的刚度和质量分布不均匀，连接体附近容易产生应力集中，形成薄弱部位；③对扭转地震反应比较敏感。因此，设计时应尽量将这种结构布置为平面规则结构，加强连接体的构造措施。另外，8度抗震设计时，连体结构的连接体应考虑竖向地震作用的影响。

思考题

9-1 分析本章所述的五种复杂高层建筑结构各自的受力特点。

9-2 加强层有几种主要结构形式？试述其作用和设置原则。

9-3 伸臂加强层的设置部位和数量如何确定？伸臂在结构平面上如何布置？

9-4 结构错层后会带来哪些不利影响？应采取哪些构造措施来消除相应的不利影响？

9-5　在高层建筑的初步设计阶段，采用近似分析方法时需要满足哪些假定条件？

9-6　在带加强层的高层建筑结构中，进行地震作用计算时，振型的数量应满足什么要求？

9-7　进行高层建筑中转换梁的有限元分析时，需考虑哪些因素？

思考题答案　**第9章课件**　**补充习题**　**参考资料**　**图片资料**

10　钢与混凝土混合结构设计

【内容简介】

钢与混凝土混合结构是在钢结构和钢筋混凝土结构的基础上发展起来的一种新型结构,它充分利用了钢结构和混凝土结构的优点,近几年在结构工程领域里发展较快。本章主要介绍了混合结构体系与结构布置、混合结构的计算分析、型钢混凝土构件设计和钢管混凝土构件设计。

【教学要求】

熟练掌握混合结构体系与结构布置,了解混合结构的计算分析,能进行一般的型钢混凝土构件和钢管混凝土构件分析,了解相应的构造要求。

10.1　混合结构体系与结构布置

钢和混凝土混合结构体系是近年来在我国迅速发展的一种新型结构体系,由于其在降低结构自重、减少结构断面尺寸、加快施工进度等方面的明显优点,越来越受到工程界和投资商的青睐,在我国的高层建筑超过 150m 的建筑物中,混合及组合结构占据 22.3%,而超过 300m 的建筑物中,混合及组合结构则占大约 70%。

本章所说的混合结构,是指由外围钢框架或型钢混凝土、钢管混凝土框架与钢筋混凝土核心筒所组成的框架-核心筒结构,以及由外围钢框筒或型钢混凝土、钢管混凝土框筒与钢筋混凝土核心筒所组成的筒中筒结构。为减少柱子尺寸或增加延性而在混凝土柱中设置构造型钢,而框架梁仍为钢筋混凝土梁时,该体系不宜视为混合结构;此外对于体系中局部构件(如框支梁柱)采用型钢梁柱(型钢混凝土梁柱)也不应视为混合结构。

10.1.1　混合结构体系

混合结构主要是以钢梁(或型钢混凝土梁)、钢柱(或型钢混凝土柱、钢管混凝土柱)代替混凝土梁、柱的一种结构体系。其中型钢混凝土构件、钢管混凝土构件、钢-混凝土组合梁板是由钢与混凝土材料结合而成的组合结构构件。从抗侧力体系角度可分为混合框架结构、混合框架-核心筒结构和混合筒中筒结构体系。

(1)混合框架结构

混合框架结构是指框架结构中部分或全部采用混合结构构件的结构,包括有钢柱、钢-混凝土组合梁,钢骨或钢管混凝土柱、钢-混凝土组合梁,钢骨或钢管混凝土柱、钢筋混凝土梁,全钢骨混凝土框架。

(2)混合框架-核心筒结构

框架-核心筒结构应用较为广泛,外框架采用钢和混凝土的组合构件,核心筒采用钢筋混凝土核心筒，根据外框架采用构件的不同，可分为钢框架-钢筋混凝土核心筒和型钢（钢管）混凝土框架-钢筋混凝土核心筒。

(3)混合筒中筒结构

混合筒中筒结构是指筒中筒结构中的部分或全部筒体采用钢骨混凝土筒体的结构，可分为钢外筒-钢筋混凝土核心筒和型钢（钢管）混凝土外筒-钢筋混凝土核心筒。

10.1.2 混合结构布置

(1)一般原则

①混合结构的平面布置应符合下列规定：

a.平面宜简单、规则、对称、具有足够的整体抗扭刚度，平面宜采用方形、矩形、多边形、圆形、椭圆形等规则平面，建筑的开间、进深宜统一。

b.筒中筒结构体系中，当外围钢框架柱采用H形截面柱时，宜将柱截面强轴方面布置在外围筒体平面内；角柱宜采用十字形、方形或圆形截面。

c.楼盖主梁不宜搁置在核心筒或内筒的连梁上。

②混合结构的竖向布置应符合下列规定：

a.结构的侧向刚度和承载力沿竖向宜均匀变化、无突变，构件截面宜由下而上逐渐减少。

b.混合结构的外围框架柱沿高度宜采用同类结构构件；当采用不同类型结构构件时，应设置过渡层，且单柱的抗弯刚度变化不宜超过30%。

c.对于刚度变化较大的楼层，应采取可靠的过渡加强措施。

d.钢框架部分采用支撑时，宜采用偏心支撑和耗能支撑，支撑宜双向连续布置；框架支撑宜延伸至基础。

③8度、9度抗震设计时，应在楼面钢梁或型钢混凝土梁与混凝土筒体交接处及混凝土筒体四角墙内设置型钢柱；7度抗震设计时，宜在楼面钢梁或型钢混凝土梁与混凝土筒体交接处及混凝土筒体四角墙内设置型钢柱。

④混合结构中，外围框架平面内梁与柱应采用刚性连接；楼面梁与钢筋混凝土筒体及外围框架柱的连接可采用刚接或铰接。

⑤楼盖体系应具有良好的水平刚度和整体性，其布置应符合下列规定：

a.楼面宜采用压型钢板现浇混凝土组合楼板、现浇混凝土楼板或预应力混凝土叠合楼板，楼板与钢梁应可靠连接。

b.机房设备层、避难层及外伸臂桁架上下弦杆所在楼层的楼板宜采用钢筋混凝土楼板，并应采取加强措施。

c.对于建筑物楼面有较大开洞或为转换楼层时，应采用现浇混凝土楼板；对楼板大开洞部位宜采取设置刚性水平支撑等加强措施。

⑥当侧向刚度不足时，混合结构可设置刚度适宜的加强层。加强层宜采用伸臂桁架，必要时可配合布置周边带状桁架。加强层设计应符合下列规定：

a.伸臂桁架和周边带状桁架宜采用钢桁架。

b.伸臂桁架应与核心筒墙体刚接，上、下弦杆均应延伸至墙体内且贯通，墙体内宜设置斜腹杆或暗撑；外伸臂桁架与外围框架柱宜采用铰接或半刚接，周边带状桁架与外框架柱的连接宜采用刚性连接。

c.核心筒墙体与伸臂桁架连接处宜设置构造型钢柱，型钢柱宜至少延伸至伸臂桁架高度范围以外上、下各一层。

d.当布置有外伸桁架加强层时，应采取有效措施减少由于外框柱与混凝土筒体竖向变形差异引起的桁架杆件内力。

(2)混合结构最大适用高度

混合结构体系最大适用高度应符合表10.1的要求。对于平面和竖向均不规则的结构，最大适用高度应适当降低。

表10.1 混合结构高层建筑适用的最大高度(m)

结构体系		非抗震设计	抗震设防烈度				
			6度	7度	8度		9度
					0.2g	0.3g	
框架-核心筒	钢框架-钢筋混凝土核心筒	210	200	160	120	100	70
	型钢(钢管)混凝土框架-钢筋混凝土核心筒	240	220	190	150	130	70
筒中筒	钢外筒-钢筋混凝土核心筒	280	260	210	160	140	80
	型钢(钢管)混凝土外筒-钢筋混凝土核心筒	300	280	230	170	150	90

(3)混合结构高宽比限值

混合结构高层建筑的高宽比不宜大于表10.2的规定。

表10.2 混合结构高层建筑适用的最大高宽比

结构体系	非抗震设计	抗震设防烈度		
		6度、7度	8度	9度
框架-核心筒	8	7	6	4
筒中筒	8	8	7	5

(4)混合结构侧移限值

①混合结构在风荷载及多遇地震作用下，按弹性方法计算的最大层间位移与层高的比值不宜大于表10.3的规定。

表10.3 楼层层间最大位移与层高之间的限值(Δ_u/h 限值)

结构体系	$H\leqslant 150$m	$H\geqslant 250$m	150m$<H<$250m
框架-核心筒	1/800	1/500	1/800～1/500线性插入
筒中筒	1/1000	1/500	1/1000～1/500线性插入

②混合结构在罕遇地震作用下，结构的弹塑性层间位移应符合下列规定：

$$\Delta_{up}\leqslant[\theta_p]h \tag{10.1}$$

式中 Δ_{up} ——层间弹塑性位移；

$[\theta_p]$ ——层间弹塑性位移角限值，按表 10.4 采用。

表 10.4 层间弹塑性位移角限值

结构体系	$[\theta_p]$
框架-核心筒	1/100
筒中筒	1/120

(5)混合结构抗震等级

抗震设计时，混合结构房屋应根据设防类别、烈度、结构类型和房屋高度采用不同的抗震等级，并应符合相应的计算和构造措施要求。丙类建筑混合结构的抗震等级应按表 10.5 确定。

表 10.5 钢-混凝土混合结构抗震等级

<table>
<tr><th colspan="2" rowspan="2">结构类型</th><th colspan="7">抗震设防烈度</th></tr>
<tr><th colspan="2">6 度</th><th colspan="2">7 度</th><th colspan="2">8 度</th><th>9 度</th></tr>
<tr><td colspan="2">房屋高度(m)</td><td>≤150</td><td>>150</td><td>≤130</td><td>>130</td><td>≤100</td><td>>100</td><td>≤70</td></tr>
<tr><td>钢框架-钢筋混凝土核心筒</td><td>钢筋混凝土核心筒</td><td>二</td><td>一</td><td>一</td><td>特一</td><td>一</td><td>特一</td><td>特一</td></tr>
<tr><td rowspan="2">型钢(钢管)混凝土
框架-钢筋混凝土核心筒</td><td>钢筋混凝土核心筒</td><td>二</td><td>二</td><td>二</td><td>一</td><td>一</td><td>特一</td><td>特一</td></tr>
<tr><td>型钢(钢管)混凝土框架</td><td>三</td><td>二</td><td>二</td><td>一</td><td>一</td><td>一</td><td>一</td></tr>
<tr><td colspan="2">房屋高度(m)</td><td>≤180</td><td>>180</td><td>≤150</td><td>>150</td><td>≤120</td><td>>120</td><td>≤90</td></tr>
<tr><td>钢外筒-钢筋混凝土核心筒</td><td>钢筋混凝土核心筒</td><td>二</td><td>一</td><td>一</td><td>特一</td><td>一</td><td>特一</td><td>特一</td></tr>
<tr><td rowspan="2">型钢(钢管)混凝土
外筒-钢筋混凝土核心筒</td><td>钢筋混凝土核心筒</td><td>二</td><td>二</td><td>二</td><td>一</td><td>一</td><td>特一</td><td>特一</td></tr>
<tr><td>型钢(钢管)混凝土外筒</td><td>三</td><td>二</td><td>二</td><td>一</td><td>一</td><td>一</td><td>一</td></tr>
</table>

注：钢结构构件抗震等级，抗震设防烈度为 6 度、7 度、8 度、9 度时应分别取四级、三级、二级、一级。

(6)构件的承载力抗震调整系数

地震设计状况下，型钢(钢管)混凝土构件和钢构件的承载力抗震调整系数 γ_{RE} 可分别按表 10.6、表 10.7 采用。

表 10.6 型钢(钢管)混凝土构件承载力抗震调整系数

正截面承载力计算				斜截面承载力计算
型钢混凝土梁	型钢混凝土柱及钢管混凝土柱	剪力墙	支撑	各类构件及节点
0.75	0.80	0.85	0.80	0.85

表 10.7 钢构件承载力抗震调整系数

强度破坏(梁，柱，支撑，节点板件，螺栓，焊缝)	屈曲稳定(柱，支撑)
0.75	0.80

(7)材料

当采用压型钢板混凝土组合楼板时，楼板混凝土可采用轻质混凝土，其强度等级不应低于 LC25；高层建筑钢-混凝土混合结构的内部隔墙应采用轻质隔墙。

10.2 混合结构的计算分析

(1)弹性分析时,宜考虑钢梁与现浇混凝土楼板的共同作用,梁的刚度可取钢梁刚度的1.5～2.0倍,但应保证钢梁与楼板有可靠连接。弹塑性分析时,可不考虑楼板与梁的共同作用。

(2)在进行结构弹性阶段的内力和位移计算时,构件刚度取值应符合下列规定:

①型钢混凝土构件、钢管混凝土柱的刚度可按下列公式计算:

$$EI = E_c I_c + E_a I_a \tag{10.2}$$

$$EA = E_c A_c + E_a A_a \tag{10.3}$$

$$GA = G_c A_c + G_a A_a \tag{10.4}$$

式中 $E_c I_c, E_c A_c, G_c A_c$ ——钢筋混凝土部分的截面抗弯刚度、轴向刚度及抗剪刚度;

$E_a I_a, E_a A_a, G_a A_a$ ——型钢、钢管部分的截面抗弯刚度、轴向刚度及抗剪刚度。

②无端柱型钢混凝土剪力墙可近似按相同截面的混凝土剪力墙计算其轴向、抗弯和抗剪刚度,可不计端部型钢对截面刚度的提高作用。

③有端柱型钢混凝土剪力墙可按H形混凝土截面计算其轴向和抗弯刚度,端柱内型钢可折算为等效混凝土面积计入H形截面的翼缘面积,墙的抗剪刚度可不计入型钢作用。

④钢板混凝土剪力墙可将钢板折算为等效混凝土面积计算其轴向、抗弯和抗剪刚度。

(3)竖向荷载作用计算时,宜考虑钢柱、型钢混凝土(钢管混凝土)柱与钢筋混凝土核心筒竖向变形差异引起的结构附加内力,计算竖向变形差异时宜考虑混凝土收缩、徐变、沉降及施工调整等因素的影响。

(4)当混凝土筒体先于外围框架结构施工时,应考虑施工阶段混凝土筒体在风力及其他荷载作用下的不利受力状态;应验算在浇筑混凝土之前外围型钢结构在施工荷载及可能的风荷载作用下的承载力、稳定及变形,并据此确定钢结构安装与浇筑楼层混凝土的间隔层数。

(5)混合结构在多遇地震作用下的阻尼比可取为0.04。房屋高度超过200m时,阻尼比可取为0.03;当楼盖梁采用钢筋混凝土梁时,相应结构阻尼比可增加0.01;风荷载作用下楼层位移验算和构件设计时,阻尼比可取为0.02～0.04;结构舒适度验算时阻尼比可取为0.01～0.02。

(6)结构内力和位移计算时,设置伸臂桁架的楼层以及楼板开大洞的楼层应考虑楼板平面内变形的不利影响。

10.3 型钢混凝土构件设计

型钢混凝土构件是指在型钢周围配置钢筋并浇筑混凝土的结构构件,又称钢骨混凝土构件。型钢混凝土构件是混合结构中应用最广的组合构件,可用于梁、柱和剪力墙中,在钢筋混凝土构件中加入型钢,可以大幅提高钢筋混凝土构件的承载力和延性,而相对于钢构件，型钢混凝土构件则具有刚度高，耐火、防腐性能高的特点。

10.3.1 型钢混凝土构件

(1)型钢混凝土梁

型钢混凝土梁是在钢筋混凝土梁中设置型钢，常见的截面形式如图 10.1 所示。

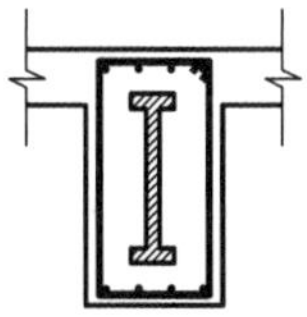

图 10.1 型钢混凝土梁

(2)型钢混凝土柱

型钢混凝土柱是在钢筋混凝土柱中增设了型钢共同受力，常见的截面形式如图 10.2 所示。

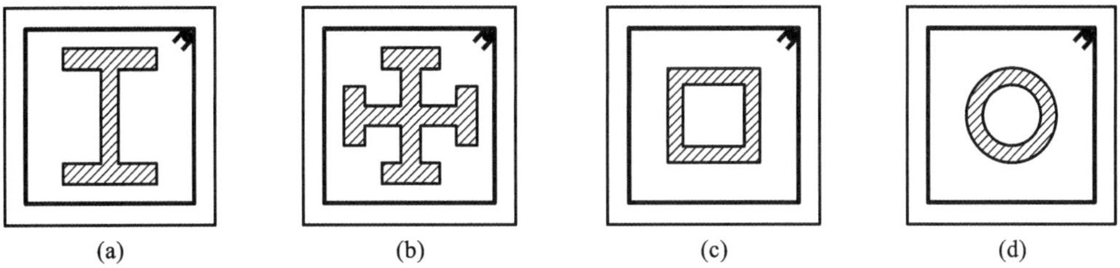

图 10.2 型钢混凝土柱截面形式

(3)型钢混凝土剪力墙

型钢混凝土剪力墙是在钢筋混凝土剪力墙内配置型钢的剪力墙，通常是在墙的两端、纵横墙交接处、洞口两侧设置型钢暗柱或在端柱内设置型钢芯柱，如图 10.3 所示。

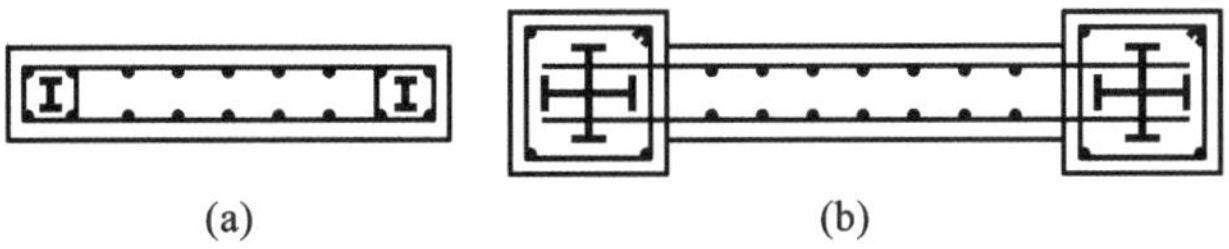

图 10.3 型钢混凝土剪力墙

10.3.2 型钢混凝土梁的设计

(1)抗弯承载力计算

常用的型钢混凝土梁截面形式如图 10.1 所示。试验研究表明，当型钢翼缘位于截面受压区且配置一定数量的纵向钢筋和箍筋时，型钢与外包混凝土能较好地协调变形，共同承受荷载作用，截面应变分布基本符合平截面假定。其正截面受弯承载力根据下列基本假定进行计算(图 10.4)：

①截面应变保持平面。

②不考虑混凝土的抗拉强度。

③受压边缘混凝土极限压应变 ε_{cu} 取 0.003，相应的最大压应力取混凝土轴心抗压强度设计值 f_c 乘以受压区混凝土压应力影响系数 α_1，当混凝土强度等级不超过 C50 时 α_1 取 1.0，当混凝土强度等级为 C80 时 α_1 取 0.94，其间按线性内插法确定。受压区应力图形简化为等效的矩形应力图，其高度按平截面假定所确定的中和轴高度乘以受压区混凝土应力图形影响系数 β_1 计算，当混凝土强度等级不超过 C50 时 β_1 取为 0.8，当混凝土强度等

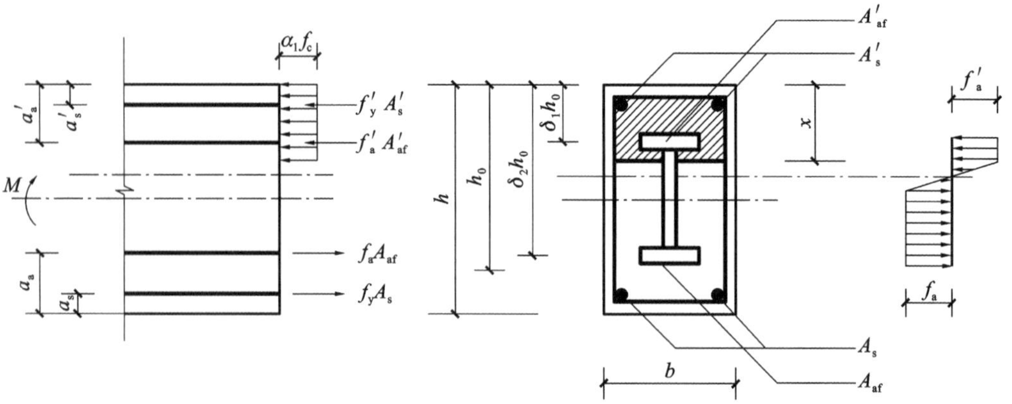

图 10.4 型钢混凝土梁正截面受弯承载力计算

级为 C80 时 β_1 取 0.74，其间按线性内插法确定。

④型钢腹板的应力图形为拉、压梯形应力图形，设计计算时，简化为等效矩形应力图形。

⑤钢筋应力取等于钢筋应变与其弹性模量的乘积，但不大于其强度设计值；受拉钢筋和型钢受拉翼缘的极限拉应变 ε_{cu} 取 0.01。

根据以上假定，型钢截面为充满型实腹型钢混凝土框架梁和转换梁，其正截面受弯承载力计算公式：

持久、短暂设计状况

$$M \leqslant \alpha_1 f_c bx(h_0 - \frac{x}{2}) + f'_y A'_s(h_0 - a'_s) + f'_a A'_{af}(h_0 - a'_s) + M_{aw} \tag{10.5}$$

$$\alpha_1 f_c bx + f'_y A'_s + f'_a A'_{af} - f_y A_s - f_a A_{af} + N_{aw} = 0 \tag{10.6}$$

地震设计状况

$$M \leqslant \frac{1}{\gamma_{RE}}\left[\alpha_1 f_c bx\left(h_0 - \frac{x}{2}\right) + f'_y A'_s(h_0 - a'_s) + f'_a A'_{af}(h_0 - a'_s) + M_{aw}\right] \tag{10.7}$$

$$\alpha_1 f_c bx + f'_y A'_s + f'_a A'_{af} - f_y A_s - f_a A_{af} + N_{aw} = 0 \tag{10.8}$$

$$h_0 = h - a \tag{10.9}$$

当 $\delta_1 h_0 < 1.25x$，$\delta_2 h_0 > 1.25x$ 时，

$$N_{aw} = \left[2.5\frac{x}{h_0} - (\delta_1 + \delta_2)\right] t_w h_0 f_a \tag{10.10}$$

$$M_{aw} = \left[\frac{1}{2}(\delta_1^2 + \delta_2^2) - (\delta_1 + \delta_2) + 2.5\frac{x}{h_0} - \left(1.25\frac{x}{h_0}\right)^2\right] t_w h_0^2 f_a \tag{10.11}$$

式中 M——弯矩设计值；

M_{aw}——型钢腹板承受的轴向合力对型钢受拉翼缘和纵向受拉钢筋合力点的力矩；

N_{aw}——型钢腹板承受的轴向合力；

α_1——受压区混凝土压应力影响系数；

f_c——混凝土轴心抗压强度设计值；

f_a，f'_a——型钢抗拉、抗压强度设计值；

f_y，f'_y——钢筋抗拉、抗压强度设计值；

A_s，A'_s——受拉、受压钢筋界面面积；

A_{af}，A'_{af}——型钢受拉、受压翼缘的截面面积；

b——截面宽度；

h——截面高度；

h_0——截面有效高度；

t_w——型钢腹板厚度；

x——混凝土等效受压区高度；

a_s，a'_s——受拉、受压区钢筋合力点至截面受拉边缘的距离；

δ_1——型钢腹板上端至截面上边距离与 h_0 的比值，$\delta_1 h_0$ 为型钢腹板上端至截面上边的距离；

δ_2——型钢腹板下端至截面上边距离与 h_0 的比值，$\delta_2 h_0$ 为型钢腹板下端至截面上边的距离；

a——型钢受拉翼缘与受拉钢筋合力点至截面受拉边缘的距离。

为了保证型钢混凝土梁在破坏时，受拉钢筋及型钢受拉翼缘能够达到屈服强度，且受压钢筋及型钢受压翼缘也能达到屈服强度，混凝土等效受压区高度尚应符合下列公式要求：

$$x \leqslant \xi_b h_0 \tag{10.12}$$

$$x > a'_a + t'_f \tag{10.13}$$

式中　ξ_b——界限相对受压区高度，$\xi_b = \dfrac{\beta_1}{1+\dfrac{f_y+f_a}{2\times 0.003E_s}}$；

t'_f——型钢翼缘厚度；

a'_a——受压区纵向钢筋的合力点到截面受压边缘的距离；

β_1——受压区混凝土应力图形影响系数。

(2)抗剪承载力

①截面尺寸验算

对型钢混凝土梁，为防止其发生斜压破坏，型钢混凝土框架梁的受剪截面应符合下列要求：

持久、短暂设计状况

$$V_b \leqslant 0.45\beta_c f_c b h_0 \tag{10.14}$$

$$\frac{f_a t_w h_w}{\beta_c f_c b h_0} \geqslant 0.10 \tag{10.15}$$

地震设计状况

$$V_b \leqslant \frac{1}{\gamma_{RE}}(0.36\beta_c f_c b h_0) \tag{10.16}$$

$$\frac{f_a t_w h_w}{\beta_c f_c b h_0} \geqslant 0.10 \tag{10.17}$$

式中　h_w——型钢腹板高度；

β_c——混凝土强度影响系数，当混凝土强度等级不超过 C50 时 β_c 取为 0.1，当混凝土强度等级为 C80 时 β_c 取 0.8，其间按线性内插法确定。

②受剪承载力计算

试验研究表明，型钢混凝土构件的剪切破坏形态，主要是剪压破坏和斜压破坏。防止剪压破坏由受剪承载力计算来保证，防止斜压破坏由截面控制条件来保证。型钢混凝土梁在斜截面受剪破坏过程中，型钢腹板首先屈服，然后混凝土被压碎，同时箍筋屈服。其斜截面受剪承载力可以表示为混凝土、箍筋和型钢三部分承载力之和。

因此型钢混凝土框架梁和转换梁的斜截面受剪承载力计算公式如下：

持久、短暂设计状况

$$V_b \leqslant 0.8 f_t b h_0 + f_{yv} \frac{A_{sv}}{s} h_0 + 0.58 f_a t_w h_w \tag{10.18}$$

地震设计状况

$$V_b \leqslant \frac{1}{\gamma_{RE}} \left(0.5 f_t b h_0 + f_{yv} \frac{A_{sv}}{s} h_0 + 0.58 f_a t_w h_w \right) \tag{10.19}$$

集中荷载作用下的框架梁和转换梁，其斜截面受剪承载力计算公式如下：

持久、短暂设计状况

$$V_b \leqslant \frac{1.75}{\lambda + 1} f_t b h_0 + f_{yv} \frac{A_{sv}}{s} h_0 + \frac{0.58}{\lambda} f_a t_w h_w \tag{10.20}$$

地震设计状况

$$V_b \leqslant \frac{1}{\gamma_{RE}} \left(\frac{1.05}{\lambda + 1} f_t b h_0 + f_{yv} \frac{A_{sv}}{s} h_0 + \frac{0.58}{\lambda} f_a t_w h_w \right) \tag{10.21}$$

式中 f_{yv}——箍筋的抗拉强度设计值；

A_{sv}——配置在同一截面内箍筋各肢的全部截面面积；

s——沿构件长度方向箍筋的间距；

f_t——混凝土抗拉强度设计值；

λ——计算截面剪跨比，$\lambda = a/h_0$，a 为计算截面至支座截面或节点边缘的距离，计算截面取集中荷载作用点处的截面；当 $\lambda < 1.5$ 时，取 $\lambda = 1.5$；当 $\lambda > 3$ 时，取 $\lambda = 3$。

10.3.3 型钢混凝土柱的设计

(1)正截面承载力计算

对于配置充满型、实腹型钢的型钢混凝土框架柱和转换柱，其正截面受压承载力计算与型钢混凝土梁类似，仍采用与梁相同的基本假定，把型钢腹板应力图形简化为拉压矩形应力图，如图 10.5 所示，可按下列公式计算：

持久、短暂设计状况

$$N \leqslant \alpha_1 f_c b x + f'_y A'_s + f'_a A'_{af} - \sigma_s A_s - \sigma_a A_{af} + N_{aw} \tag{10.22}$$

$$N e \leqslant \alpha_1 f_c b x \left(h_0 - \frac{x}{2} \right) + f'_y A'_s (h_0 - a'_s) + f'_a A'_{af} (h_0 - a'_a) + M_{aw} \tag{10.23}$$

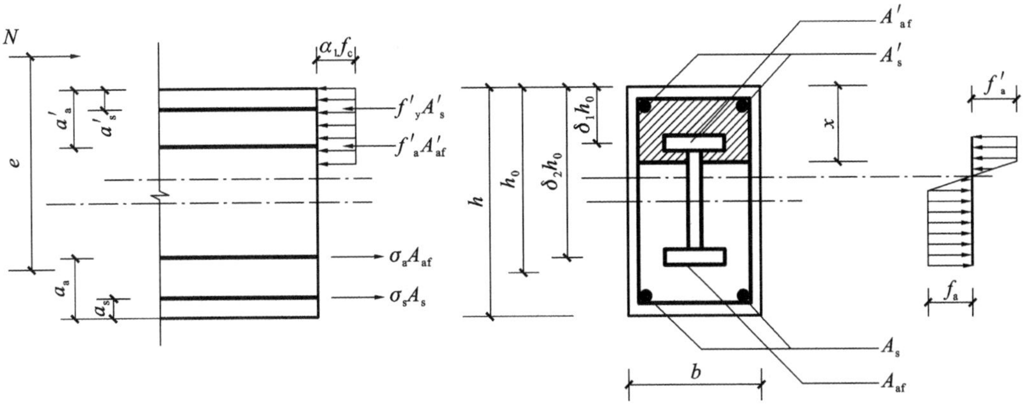

图 10.5　型钢混凝土柱正截面承载力计算

地震设计状况

$$N \leqslant \frac{1}{\gamma_{RE}}(\alpha_1 f_c bx + f'_y A'_s + f'_a A'_{af} - \sigma_s A_s - \sigma_a A_{af} + N_{aw}) \tag{10.24}$$

$$Ne \leqslant \frac{1}{\gamma_{RE}}\left[\alpha_1 f_c bx\left(h_0 - \frac{x}{2}\right) + f'_y A'_s(h_0 - a'_s) + f'_a A'_{af}(h_0 - a'_a) + M_{aw}\right] \tag{10.25}$$

$$h_0 = h - a \tag{10.26}$$

$$e = e_i + \frac{h}{2} - a \tag{10.27}$$

$$e_i = e_0 + e_a \tag{10.28}$$

$$e_0 = \frac{M}{N} \tag{10.29}$$

型钢混凝土柱内型钢腹板的轴向承载力 N_{aw} 和受弯承载力 M_{aw} 分别按下列公式计算：

当 $\delta_1 h_0 < \frac{x}{\beta_1}, \delta_2 h_0 > \frac{x}{\beta_1}$ 时

$$N_{aw} = \left[\frac{2x}{\beta_1 h_0} - (\delta_1 + \delta_2)\right] t_w h_0 f_a \tag{10.30}$$

$$M_{aw} = \left[\frac{1}{2}(\delta_1^2 + \delta_2^2) - (\delta_1 + \delta_2) + \frac{2x}{\beta_1 h_0} - \left(\frac{x}{\beta_1 h_0}\right)^2\right] t_w h_0^2 f_a \tag{10.31}$$

当 $\delta_1 h_0 < \frac{x}{\beta_1}, \delta_2 h_0 < \frac{x}{\beta_1}$ 时

$$N_{aw} = (\delta_2 - \delta_1) t_w h_0 f_a \tag{10.32}$$

$$M_{aw} = \left[\frac{1}{2}(\delta_1^2 - \delta_2^2) + (\delta_2 - \delta_1)\right] t_w h_0^2 f_a \tag{10.33}$$

受拉边或受压较小边的钢筋应力 σ_s 和型钢翼缘应力 σ_a 可按下列条件计算：

当 $x \leqslant \xi_b h_0$ 时，为大偏心受压构件，取 $\sigma_s = f_y, \sigma_a = f_a$；

当 $x > \xi_b h_0$ 时，为小偏心受压构件，σ_s 和 σ_a 可分别按下式计算：

$$\sigma_s = \frac{f_y}{\xi_b - \beta_1}(\frac{x}{h_0} - \beta_1) \tag{10.34}$$

$$\sigma_a = \frac{f_a}{\xi_b - \beta_1}\left(\frac{x}{h_0} - \beta_1\right) \tag{10.35}$$

$$\xi_b = \frac{\beta_1}{1 + \frac{f_y + f_a}{2 \times 0.003 E_s}} \tag{10.36}$$

式中 e——轴向压力作用点至纵向受拉钢筋和型钢受拉翼缘的合力点之间的距离；

e_0——轴向力对截面重心的偏心距；

e_i——初始偏心距；

e_a——附加偏心距；

α_1——受压区混凝土压应力影响系数；

β_1——受压区混凝土应力图形影响系数；

M——柱端较大弯矩设计值，当需要考虑挠曲产生的二阶效应时，柱端弯矩 M 应按现行国家标准《混凝土结构设计规范》(GB 50010)的规定确定；

N——与弯矩设计值 M 相对应的轴向压力设计值；

M_{aw}——型钢腹板承受的轴向合力对受拉或受压较小边型钢翼缘和纵向钢筋合力点的力矩；

N_{aw}——型钢腹板承受的轴向合力；

f_c——混凝土轴心抗压强度设计值；

f_a, f'_a——型钢抗拉、抗压强度设计值；

f_y, f'_y——钢筋抗拉、抗压强度设计值；

A_s, A'_s——受拉、受压钢筋界面面积；

A_{af}, A'_{af}——型钢受拉、受压翼缘的截面面积；

b——截面宽度；

h——截面高度；

h_0——截面有效高度；

t_w——型钢腹板厚度；

ξ_b——相对界限受压区高度；

E_s——钢筋弹性模量；

x——混凝土等效受压区高度；

a_s, a_a——受拉区钢筋、型钢翼缘合力点至截面受拉边缘的距离；

a'_s, a'_a——受压区钢筋、型钢翼缘合力点至截面受压边缘的距离；

a——型钢受拉翼缘与受拉钢筋合力点至截面受拉边缘的距离；

δ_1——型钢腹板上端至截面上边的距离与 h_0 的比值，$\delta_1 h_0$ 为型钢腹板上端至截面上边的距离；

δ_2——型钢腹板下端至截面上边的距离与 h_0 的比值，$\delta_2 h_0$ 为型钢腹板下端至截面上边的距离。

(2)斜截面计算

①截面尺寸验算

与型钢混凝土梁类似，型钢混凝土框架柱的受剪截面应符合下列要求：

持久、短暂设计状况

$$V_c \leqslant 0.45\beta_c f_c b h_0 \tag{10.37}$$

$$\frac{f_a t_w h_w}{\beta_c f_c b h_0} \geqslant 0.10 \tag{10.38}$$

地震设计状况

$$V_c \leqslant \frac{1}{\gamma_{RE}}(0.36\beta_c f_c b h_0) \tag{10.39}$$

$$\frac{f_a t_w h_w}{\beta_c f_c b h_0} \geqslant 0.10 \tag{10.40}$$

式中 h_w——型钢腹板高度；

β_c——混凝土强度影响系数，当混凝土强度等级不超过 C50 时 $\beta_c=1.0$，当混凝土强度等级为 C80 时 $\beta_c=0.8$，其间按线性内插法确定。

②受剪承载力计算

试验研究表明，型钢混凝土柱的斜截面承载力可由钢筋混凝土和型钢两部分的斜截面受剪承载力组成，同时还应考虑轴向压力对受剪承载力的有利影响，因此根据柱的受力状态可以分为偏心受压、偏心受拉、考虑地震作用组合的剪跨比不大于 2.0 的偏心受压三种情况，可按下列公式分别计算：

型钢混凝土偏心受压框架柱和转换柱，其斜截面受剪承载力应符合下列公式规定：

持久、短暂设计状况

$$V_c \leqslant \frac{1.75}{\lambda+1.5} f_t b h_0 + f_{yv}\frac{A_{sv}}{s}h_0 + \frac{0.58}{\lambda} f_a t_w h_w + 0.07N \tag{10.41}$$

地震设计状况

$$V_c \leqslant \frac{1}{\gamma_{RE}}\left(\frac{1.05}{\lambda+1} f_t b h_0 + f_{yv}\frac{A_{sv}}{s}h_0 + \frac{0.58}{\lambda} f_a t_w h_w + 0.056N\right) \tag{10.42}$$

式中 f_{yv}——箍筋的抗拉强度设计值；

A_{sv}——配置在同一截面内箍筋各肢的全部截面面积；

s——沿构件长度方向上箍筋的间距；

λ——柱的计算剪跨比，其值取上、下端较大弯矩设计值 M 与对应的剪力设计值 V 和柱截面有效高度 h_0 的比值，即 $M/(Vh_0)$；当框架结构中框架柱的反弯点在柱层高范围内时，柱剪跨比也可采用 1/2 柱净高与柱截面有效高度 h_0 的比值；当 $\lambda<1$ 时，取 $\lambda=1$；当 $\lambda>3$ 时，取 $\lambda=3$；

N——柱的轴向压力设计值，当 $N>0.3f_cA_c$ 时，取 $N=0.3f_cA_c$。

型钢混凝土偏心受拉框架柱和转换柱，其斜截面受剪承载力应符合下列公式的规定：

持久、短暂设计状况

$$V_c \leqslant \frac{1.75}{\lambda+1.5} f_t b h_0 + f_{yv} \frac{A_{sv}}{s} h_0 + \frac{0.58}{\lambda} f_a t_w h_w - 0.2N \tag{10.43}$$

当 $V_c \leqslant f_{yv} \frac{A_{sv}}{s} h_0 + \frac{0.58}{\lambda} f_a t_w h_w$ 时，应该取 $V_c = f_{yv} \frac{A_{sv}}{s} h_0 + \frac{0.58}{\lambda} f_a t_w h_w$

地震设计状况

$$V_c \leqslant \frac{1}{\gamma_{RE}} \left(\frac{1.05}{\lambda+1} f_t b h_0 + f_{yv} \frac{A_{sv}}{s} h_0 + \frac{0.58}{\lambda} f_a t_w h_w - 0.2N \right) \tag{10.44}$$

当 $V_c \leqslant \frac{1}{\gamma_{RE}} \left(f_{yv} \frac{A_{sv}}{s} h_0 + \frac{0.58}{\lambda} f_a t_w h_w \right)$ 时，应取 $V_c = \frac{1}{\gamma_{RE}} \left(f_{yv} \frac{A_{sv}}{s} h_0 + \frac{0.58}{\lambda} f_a t_w h_w \right)$

式中 λ——柱的计算剪跨比；

N——柱的轴向拉力设计值。

考虑地震作用组合的剪跨比不大于 2.0 的偏心受压柱，其斜截面受剪承载力宜取下列公式计算的较小值：

$$V_c \leqslant \frac{1}{\gamma_{RE}} \left(\frac{1.05}{\lambda+1} f_t b h_0 + f_{yv} \frac{A_{sv}}{s} h_0 + \frac{0.58}{\lambda} f_a t_w h_w + 0.056N \right) \tag{10.45}$$

$$V_c \leqslant \frac{1}{\gamma_{RE}} \left(\frac{4.2}{\lambda+1} f_t b_0 h_0 + f_{yv} \frac{A_{sv}}{s} h_0 + \frac{0.58}{\lambda - 0.2} f_a t_w h_w \right) \tag{10.46}$$

式中 b_0——型钢截面外侧混凝土的宽度，取柱截面宽度与型钢翼缘宽度之差。

10.3.4 构造要求

(1)宽厚比的要求

型钢混凝土构件中型钢板件(图 10.6)的宽厚比不宜超过表 10.8 的规定。

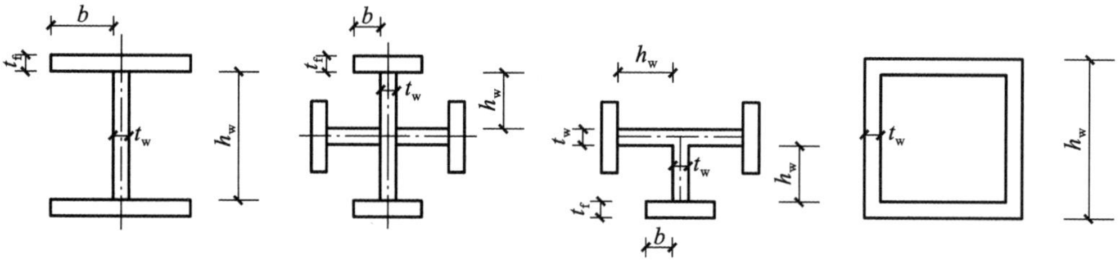

图 10.6 型钢板件示意图

表 10.8 型钢板件宽厚比限值

钢号	梁		柱		
			H 形、十字形、T 形截面		箱形截面
	b/t_f	h_w/t_w	b/t_f	h_w/t_w	h_w/t_w
Q235	23	107	23	96	72
Q345	19	91	19	81	61
Q390	18	83	18	75	56
Q420	17	80	17	71	54

（2）型钢混凝土梁的构造要求

混凝土粗骨料最大直径不宜大于25mm，型钢宜采用Q235及Q345级钢材，也可采用Q390钢或其他符合结构性能要求的钢材。

型钢混凝土梁的最小配筋率不宜小于0.30%，梁的纵向钢筋宜避免穿过柱中型钢的翼缘。梁的纵向的受力钢筋不宜超过两排；配置两排钢筋时，第二排钢筋宜配置在型钢截面外侧。当梁的腹板高度大于450mm时，在梁的两侧面应沿梁高度配置纵向构造钢筋，纵向构造钢筋的间距不宜大于200mm。

型钢混凝土梁中型钢的混凝土保护层厚度不宜小于100mm，梁纵向钢筋净间距及梁纵向钢筋与型钢骨架的最小净距不应小于30mm，且不小于粗骨料最大粒径的1.5倍及梁纵向钢筋直径的1.5倍。

型钢混凝土梁中纵向受力钢筋宜采用机械连接。如纵向钢筋需贯穿型钢柱腹板并以90°弯折固定在柱截面内时，抗震设计的弯折前直段长度不应小于钢筋抗震基本锚固长度l_{abE}的40%，弯折直段长度不应小于15倍纵向钢筋直径；非抗震设计的弯折前直段长度不应小于钢筋基本锚固长度l_{ab}的40%，弯折直段长度不应小于12倍纵向钢筋直径。

梁上开洞不宜大于梁截面总高的40%，且不宜大于内含型钢截面高度的70%，并应位于梁高及型钢高度的中间区域。

型钢混凝土悬臂梁自由端的纵向受力钢筋应设置专门的锚固件，型钢梁的上翼缘宜设置栓钉；型钢混凝土转换梁在型钢上翼缘宜设置栓钉。栓钉的最大间距不宜大于200mm，栓钉的最小间距沿梁轴线方向不应小于6倍的栓钉杆直径，垂直梁方向的间距不应小于4倍的栓钉杆直径，且栓钉中心至型钢板件边缘的距离不应小于50mm。栓钉顶面的混凝土保护层厚度不应小于15mm。

为增强型钢混凝土梁中钢筋混凝土部分的抗剪能力，以及加强对箍筋内部混凝土的约束，防止型钢的局部失稳和主筋压曲，型钢混凝土梁沿梁全长箍筋的配置应满足下列要求：

①箍筋的最小面积配箍率ρ_{sv}，一、二级抗震等级应分别大于$0.30f_t/f_{yv}$和$0.28f_t/f_{yv}$，三、四级抗震等级应大于$0.26f_t/f_{yv}$；非抗震设计当梁的剪力设计值大于$0.7f_tbh_0$时，应大于$0.24f_t/f_{yv}$；抗震与非抗震设计均不应小于0.15%。其中，f_t表示混凝土抗拉强度设计值，f_{yv}表示箍筋抗拉强度设计值。

②抗震设计时，梁端箍筋应加密配置。加密区范围，一级取梁截面高度的2.0倍，二、三、四级取梁截面高度的1.5倍；当梁净跨小于梁截面高度的4倍时，梁箍筋应全跨加密配置。

③型钢混凝土梁应采用具有135°弯钩的封闭式箍筋，弯钩的直段长度不应小于10倍箍筋直径。非抗震设计时，梁箍筋直径不应小于8mm，箍筋间距不应大于250mm；抗震设计时，梁箍筋的直径和间距应符合表10.9的要求。

表 10.9 梁箍筋直径和间距(mm)

抗震等级	箍筋加密区长度	加密区箍筋间距	箍筋直径
一	$2h$	≤100	≥12
二	$1.5h$	≤100	≥10
三	$1.5h$	≤150	≥10
四	$1.5h$	≤150	≥8

(3)型钢混凝土柱的构造要求

①轴压比的要求

抗震设计时,混合结构中型钢混凝土柱的轴压比不宜大于表 10.10 的限值,轴压比可按下式计算:

$$\mu_N = N/(f_c A_c + f_a A_a) \tag{10.47}$$

式中 μ_N——型钢混凝土柱的轴压比;

N——考虑地震组合的柱轴向力设计值;

A_c——扣除型钢后的混凝土截面面积;

f_c——混凝土的轴心抗压强度设计值;

f_a——型钢的抗压强度设计值;

A_a——型钢的截面面积。

表 10.10 型钢混凝土柱的轴压比限值

抗震等级	一级	二级	三级
轴压比限值	0.70	0.80	0.90

注:1. 转换柱的轴压比应比表中数值减少 0.10 采用;

2. 剪跨比不大于 2 的柱,其轴压比应比表中数值减少 0.05 采用;

3. 当混凝土强度等级采用 C65~C70 时,轴压比限值应比表中数值减少 0.05;

4. 当混凝土强度等级采用 C75~C80 时,轴压比限值应比表中数值减少 0.10。

②基本构造要求

型钢混凝土柱的长细比不宜大于 80。

房屋的底层、顶层以及型钢混凝土与钢筋混凝土交接层的型钢混凝土柱宜设置栓钉,型钢截面为箱形的柱子也宜设置栓钉,栓钉水平间距不宜大于 250mm。

混凝土粗骨料的最大直径不宜大于 25mm。型钢柱中型钢的保护层厚度不宜小于 150mm;柱纵向钢筋净间距不宜小于 50mm,且不应小于柱纵向钢筋直径的 1.5 倍;柱纵向钢筋与型钢的最小净距不应小于 30mm,且不应小于粗骨料最大粒径的 1.5 倍。

型钢混凝土柱的纵向钢筋最小配筋率不宜小于 0.8%,且在四角应各配置一根直径不小于 16mm 的纵向钢筋。

柱中纵向受力钢筋的间距不宜大于 300mm;当间距大于 300mm 时,宜附加配置直径不小于 14mm 的纵向构造钢筋。

型钢混凝土柱的型钢含钢率不宜小于 4%。

③柱箍筋的构造要求

非抗震设计时,箍筋直径不应小于 8mm,箍筋间距不应大于 200mm。

抗震设计时，箍筋应做成135°弯钩，箍筋弯钩直段长度不应小于10倍箍筋直径。

抗震设计时，柱端箍筋应加密，加密区范围内应取矩形截面柱长边尺寸(或圆形截面柱直径)、柱净高的1/6和500mm三者的最大值；对剪跨比不大于2的柱，其箍筋均应全高加密，箍筋间距不应大于100mm。

抗震设计时，柱箍筋的直径和间距应符合表10.11的规定，加密区箍筋最小体积配箍率尚应符合式(10.48)的要求，非加密区箍筋最小体积配箍率不应小于加密区箍筋最小体积配箍率的一半；对剪跨比不大于2的柱，其箍筋体积配箍率尚不应小于1.0%，9度抗震设计时尚不应小于1.3%。

$$\rho_v \geqslant 0.85\lambda_v f_c / f_y \tag{10.48}$$

式中　λ_v——柱最小配箍特征值。

表10.11　型钢混凝土柱箍筋直径和间距(mm)

抗震等级	箍筋直径	非加密区箍筋间距	加密区箍筋间距
一级	≥12	≤150	≤100
二级	≥10	≤200	≤100
三、四级	≥8	≤200	≤150

注：箍筋直径除应符合表10.11中要求外，尚不应小于纵向钢筋直径的1/4。

10.4　钢管混凝土构件设计

钢管混凝土结构是在钢管中浇筑混凝土后形成的组合构件，一般用作受压构件。早期的钢管混凝土构件多采用圆钢管，钢管内的混凝土受到钢管的有效约束，可显著提高其抗压强度和极限压应变，而混凝土可增强钢管的稳定性，使钢材的强度得以充分发挥。因此，钢管混凝土柱是一种比较理想的受压构件形式，具有良好的抗震性能。

由于高层建筑的平面、体型和使用功能日趋多样化，单一的圆形钢管混凝土柱已不能满足要求，所以方形、矩形等异形钢管混凝土已在高层建筑中应用，如图10.7所示。

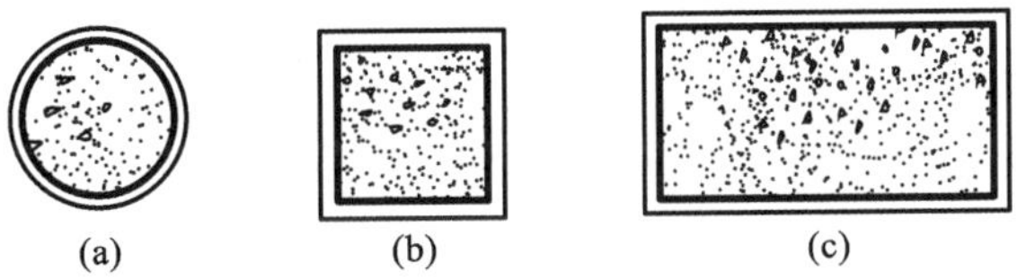

图10.7　钢管混凝土柱的截面形式

(a)圆管；(b)方管；(c)矩形管

钢管混凝土柱主要用于框架柱、桁架杆件或其他轴心(偏心)受压构件。钢管混凝土结构或构件应进行承载力和变形验算。本节对钢管混凝土单肢柱的设计计算做简单介绍。

(1)钢管混凝土单肢柱的轴向受压承载力计算

钢管混凝土单肢柱的轴向受压承载力应满足式(10.49)要求：

$$N \leqslant N_u \tag{10.49}$$

式中 N——钢管混凝土柱轴向压力设计值；

N_u——钢管混凝土柱的轴向受压承载力。

钢管混凝土柱的轴向受压承载力 N_u 要考虑长细比的影响，对于同时受弯矩作用的钢管混凝土柱，还要考虑弯矩的影响，N_u 按下式计算。

$$N_u = \varphi_l \varphi_e N_0 \tag{10.50}$$

式中 N_0——钢管混凝土短柱的轴向受压承载力设计值；

φ_l——考虑长细比影响的承载力折减系数；

φ_e——考虑弯矩作用下偏心影响的承载力折减系数。

在任何情况下，式(10.50)中的 φ_l 和 φ_e 均应满足下列条件。

$$\varphi_l \varphi_e \leqslant \varphi_0 \tag{10.51}$$

式中 φ_0——按轴心受压考虑的 φ_l。

①钢管混凝土短柱的轴向受压承载力

$$N_0 = f_c A_c (1 + \sqrt{\theta} + \theta) \tag{10.52}$$

式中 f_c——混凝土的抗压强度设计值；

A_c——钢管内混凝土的横截面面积；

θ——钢管混凝土的套箍指标，$\theta = \dfrac{f_a A_a}{f_c A_c}$；

f_a——钢管的抗拉、抗压强度设计值；

A_a——钢管的横截面面积。

②考虑偏心影响时承载力折减系数

当 $e_0/r_c \leqslant 1.55$ 时，

$$\varphi_e = \frac{1}{1 + 1.85 e_0/r_c} \tag{10.53}$$

当 $e_0/r_c > 1.55$ 时，

$$\varphi_e = \frac{0.4}{e_0/r_c} \tag{10.54}$$

式中 r_c——钢管的内半径；

e_0——柱较大弯矩端的轴向压力对构件截面重心的偏心距，$e_0 = M_2/N$；

M_2——柱两端弯矩设计值的较大值；

N——轴向压力设计值。

③考虑长细比影响的承载力折减系数

当 $l_0/d > 4$ 时，

$$\varphi_l = 1 - 0.115\sqrt{l_0/d - 4} \tag{10.55}$$

当 $l_0/d \leqslant 4$ 时，

$$\varphi_l = 1$$

式中 d——钢管外径；

l_0——柱的等效计算长度。

④柱的等效计算长度

柱的等效计算长度按下式计算：

$$l_0=\mu k l \tag{10.56}$$

式中　l——柱的实际长度；

μ——考虑柱端约束条件的计算长度系数，根据梁柱刚度的比值，按《钢管混凝土结构技术规程》的附录中的规定确定该系数；

k——考虑柱身弯矩分布梯度影响的等效长度系数。

k 按下列规定计算：

a. 轴心受压柱和杆件 $k=1$

b. 无侧移框架柱，如图 10.8 所示，$k=0.5+0.3\beta+0.2\beta^2$

式中　β——柱两端弯矩设计值之较小值与较大值的比值，$\beta=M_1/M_2$，$|M_1|\leqslant|M_2|$，单曲压弯者取正值，双曲压弯者取负值。

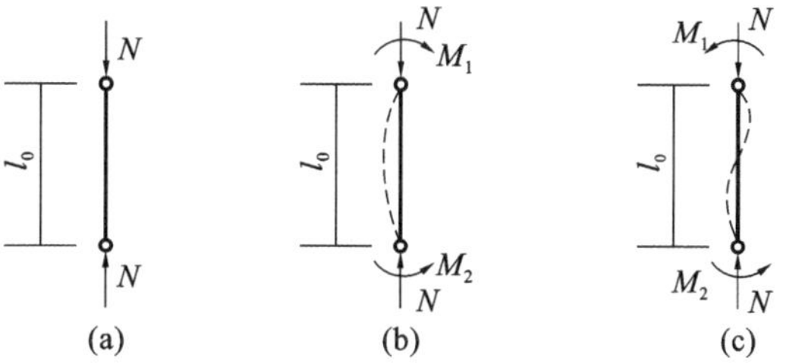

图 10.8　无侧移框架柱

(a)轴心受压；(b)单曲压弯；(c)双曲压弯

c. 有侧移框架柱

当 $e_0/r_c>0.8$ 时，$k=0.5$；

当 $e_0/r_c\leqslant 0.8$ 时，$k=1-0.625e_0/r_c$。

无侧移框架是指框架中设有支撑架、剪力墙、电梯井等支撑结构，且支撑结构的抗侧移刚度等于或大于框架本身抗侧移刚度的 5 倍。有侧移框架是指框架中未设上述支撑结构或支撑结构的抗侧移刚度小于框架本身抗侧移刚度的 5 倍。

(2)局部受压承载力计算

局部受压是钢管混凝土结构常见的受力形式。钢管混凝土柱有两种局部受压：一种是上部结构的竖向荷载作用在柱的中央部位，形成中央部位局部受压，另一种是钢管和混凝土组合界面附近局部受压。对于局部受压，都应进行局部受压承载力验算。

钢管混凝土的局部受压应满足下列条件：

$$N\leqslant N_{ul} \tag{10.57}$$

式中　N——轴向压力设计值；

N_{ul}——钢管混凝土在局部受压下的承载力设计值。

钢管混凝土在局部受压下的承载力设计值应按下式计算：

$$N_{ul}=f_c A_t(1+\sqrt{\theta}+\theta)\beta \tag{10.58}$$

式中　A_t——局部受压面积；

β——钢管混凝土的局部受压强度提高系数，$\beta=\sqrt{A_c/A_t}$，当 $\beta>3$ 时，取 3。

(3)钢管混凝土构造要求

钢管混凝土柱的长细比不宜大于 80。钢管壁厚不宜小于 8mm。圆形钢管混凝土柱中钢管直径不宜小于 400mm。矩形钢管混凝土柱中钢管截面短边尺寸不宜小于 400mm；截面的高宽比不宜大于 2，当矩形钢管混凝土柱截面最大边尺寸不小于 800mm 时，宜采取在柱子内壁上焊接栓钉，设置纵向加劲肋等构造措施。

圆钢管外径与壁厚的比值 D/t 宜在 $(20\sim100)\sqrt{235/f_y}$ 之间，f_y 为钢材的屈服强度；圆钢管混凝土柱的套箍指标，不应小于 0.5，也不宜大于 2.5；轴向压力偏心率 e_0/r_c 不宜大于 1.0，e_0 为偏心距，r_c 为核心混凝土横截面半径。

矩形钢管管壁板件的边长与其厚度的比值不应大于 $60\sqrt{235/f_y}$，矩形钢管混凝土柱的轴压比应按式(10.47)进行计算，并不宜大于表 10.12 的限值。

表 10.12 矩形钢管混凝土柱轴压比限值

抗震等级	一级	二级	三级
轴压比限值	0.70	0.80	0.90

钢管混凝土柱与框架梁刚性连接时，柱内或柱外应设置与梁上、下翼缘位置对应的加劲肋；加劲肋设置于柱内时，应留孔以利混凝土浇筑；加劲肋设置于柱外时，应形成加劲环板。直径大于 2m 的圆形钢管混凝土构件应采取有效措施减少钢管内混凝土收缩对构件受力性能的影响。

本 章 小 结

混合结构是以钢梁(或型钢混凝土梁)、钢柱(或型钢混凝土柱、钢管混凝土柱)代替混凝土梁柱，因而所有的高层建筑混凝土结构体系均可设计成混合结构，但在实际工程中混合结构大多为超高层建筑，一般为核心筒结构、筒中筒结构或其他抗侧能力很强的结构。

高层混合结构一般均设置钢筋混凝土筒体，它是这种结构体系中最重要的抗侧力构件，应采取各种措施保证其承载力和延性，其中在楼面钢梁或型钢混凝土梁与钢筋混凝土筒体交接处及筒体四角设置型钢柱是最重要的措施。

高层混合结构在弹性阶段的分析方法与一般均质弹性材料结构的相同。由于型钢混凝土梁、柱等构件是由型钢与钢筋混凝土组成，因而构件截面刚度参数应考虑两种材料的影响。我国规范采用的是刚度叠加法。

型钢混凝土构件设计方法与钢筋混凝土构件相似。对构件正截面承载力计算，可采用平截面假定，按与混凝土构件相同的原理计算，仅需考虑型钢的作用。对构件斜截面承载力计算，需考虑混凝土、箍筋和型钢三部分的受剪承载力。

钢管混凝土构件设计要进行单肢柱承载力计算和局部受压承载力计算。

思考题

10-1 混合结构的构件有哪些形式？

10-2 型钢混凝土梁、柱的截面形式各有哪些？

10-3 型钢混凝土构件截面承载力计算方法与钢筋混凝土构件的有何异同？

10-4 型钢混凝土梁在构造上应满足哪些要求？

10-5 型钢混凝土柱在构造上应满足哪些要求？

10-6 与钢筋混凝土构件相比，钢管混凝土构件有什么优点？

思考题答案　　**第 10 章课件**　　**补充习题**

11 高层建筑钢结构设计

【内容简介】

主要介绍高层建筑钢结构设计的一般规定、结构计算、构件计算与节点构造等内容。

【教学要求】

掌握高层建筑钢结构的材料要求、结构体系与结构布置原则；熟悉高层建筑钢结构设计的计算方法、构件设计与连接设计，了解钢结构的抗震设计。

钢结构具有自重轻、强度高、施工快、抗震性能好的优点，近年来在高层、大跨度建筑中得到广泛的应用。1931 年建成的高 381m、102 层的美国纽约帝国大厦，1974 年建成的高 443m、110 层的美国芝加哥西尔斯大厦，1996 年建成的高 451.9m 的马来西亚双塔石油大厦等都是钢结构超高层建筑。近年来我国钢结构建筑得到快速发展。20 世纪 80 年代以来，我国开始陆续建造以钢结构为主要抗侧力构件的高层建筑。我国第一座钢结构超高层建筑是 1987 年建成的高 165.3m 的深圳发展中心大厦，第一座全钢结构超高层建筑是 1988 年建成的高 146.5m 的上海国际贸易中心大厦。

11.1 一般规定

11.1.1 钢材的要求

1)钢材

钢材的选用应综合考虑高层建筑钢结构构件的重要性和荷载特征、结构形式和连接方法、应力状态、工作环境以及钢材品种和厚度等因素。

高层建筑钢结构的主要承重构件所用的钢材宜选用 Q355 钢、Q390 钢，一般构件宜选用 Q235 钢。主要承重构件所用较厚的板材宜选用高性能建筑用钢板。外露承重钢结构可选用 Q235NH、Q355NH 或 Q415NH 等牌号的焊接耐候钢。承重构件选用钢材的质量等级不宜低于 B 级；抗震等级为二级及以上的高层民用建筑钢结构，其框架梁、柱和抗侧力支撑等主要抗侧力构件钢材的质量等级不宜低于 C 级。选用 Q235A 或 Q235B 级钢时应选用镇静钢。承重构件所用钢材应具有屈服强度、抗拉强度、伸长率等力学性能和冷弯试验的合格保证，应具有碳、硫、磷等化学成分的合格保证，焊接结构所用钢材还应具有良好的焊接性能。

抗震钢结构的主要构件的钢材屈服强度实测值与抗拉强度实测值的比值不应大于 0.85，应具有明显的屈服台阶，伸长率大于 20%，并具有良好的焊接性和合格的冲击韧性。

高层建筑中按抗震设计的框架梁、柱和抗侧力支撑等主要抗侧力构件，其钢材抗拉性能应有明显的屈服台阶，其断后伸长率不应小于20%；钢材屈服强度波动范围不应大于120N/mm²，钢材实物的实测屈强比不应大于0.85；并具有良好的焊接性和合格的冲击韧性。

偏心支撑框架中的消能梁段所用钢材的屈服强度不应大于345N/mm²，屈强比不应大于0.8，屈服强度波动范围不应大于100N/mm²。

2)焊接材料

焊条、焊丝和焊剂的性能应与构件钢材性能相匹配，其熔敷金属的力学性能不应低于母材的性能。当两种强度级别的钢材焊接时，宜选用与强度较低钢材相匹配的焊接材料。

3)紧固件材料

常用的紧固件包括普通螺栓、高强度螺栓、焊钉(栓钉)和锚栓等。普通螺栓宜采用4.6级或4.8级C级螺栓。高强度螺栓可选用大六角高强度螺栓或扭剪型高强度螺栓。组合结构所用的圆柱头焊钉(栓钉)的屈服强度不应小于320N/mm²，抗拉强度不应小于400N/mm²，伸长率不应小于14%。锚栓可采用Q235钢、Q355钢、Q390钢或强度更高的钢材。

11.1.2 结构体系与结构布置原则

高层建筑钢结构体系分为框架结构、框架-支撑结构(包括框架-中心支撑、框架-偏心支撑、框架-屈曲约束支撑)、框架-延性墙板结构、筒体结构(包括框筒、筒中筒、桁架筒、束筒)和巨型框架结构。高度不超过50m的钢结构房屋可采用框架、框架-中心支撑或其他体系的结构；超过50m的钢结构房屋，8度、9度时宜采用框架-偏心支撑、框架-延性墙板或屈曲约束支撑等结构。高层建筑钢结构不应采用单跨框架结构。乙类和丙类高层建筑钢结构适用的最大高度见表11.1。

表11.1 高层建筑钢结构适用的最大高度(m)

结构体系	非抗震设防	抗震设防烈度				
		6度、7度(0.1g)	7度(0.15g)	8度(0.15g)	8度(0.20g)	9度
框架	110	110	90	90	70	50
框架-中心支撑	240	220	200	180	150	120
框架-偏心支撑 框架-屈曲约束支撑 框架-延性墙板	260	240	220	200	180	160
筒体(框筒、筒中筒、桁架筒、束筒) 巨型框架	360	300	280	260	240	180

注：1.房屋高度指室外地面到主要屋面板板顶的高度(不包括局部突出屋顶部分)。
2.超过表内高度的房屋，应进行专门研究和论证，采取有效的加强措施。
3.表中筒体不包括混凝土筒体。
4.框架柱包括全钢柱和钢管混凝土柱。
5.甲类建筑，6～8度时宜按本地区抗震设防烈度提高1度后确定，9度时专门研究。

高层建筑钢结构布置原则与钢筋混凝土高层建筑结构布置原则相同，但还应注意以下问题：

(1)为了保证结构在侧向作用下的稳定性，高层建筑钢结构适用的最大高宽比宜满足

表 11.2 的要求。

表 11.2 高层建筑钢结构适用的最大高宽比

抗震设防烈度	6 度、7 度	8 度	9 度
最大高宽比	6.5	6.0	5.5

注：高度从室外地面算起；塔形建筑的底部有大底盘时，高宽比可按大底盘以上计算。

(2)当需要设置防震缝时，考虑到高层钢结构的侧向变形较大，缝的宽度不应小于钢筋混凝土框架防震缝缝宽的 1.5 倍，且应使上部结构完全分开。

(3)楼盖的整体性是影响高层钢结构竖向构件的水平作用内力分配的关键。高层钢结构的楼盖优先采用压型钢板现浇钢筋混凝土楼板、现浇钢桁架混凝土楼板或钢筋混凝土楼板，楼板应与钢梁有可靠连接；6 度、7 度时房屋高度不超过 50m 的高层建筑，也可采用装配整体式钢筋混凝土楼板、装配式楼板或其他轻型楼盖，应将楼板预埋件与钢梁焊接，或采取其他措施保证楼板的整体性。对转换楼层楼盖或楼板有大洞口时，宜在楼板内设置钢水平支撑。

(4)高层钢结构应具有足够的侧向刚度，避免产生过大的侧向位移。在风荷载或多遇地震作用标准值作用下，按弹性方法计算的楼层层间最大水平位移与层高之比不宜大于 1/250。在罕遇地震作用下结构薄弱层或薄弱部位的弹塑性层间位移不应大于层高的 1/50。

(5)为提高结构的整体抗侧向刚度，可以在框筒结构或筒中筒结构的适当楼层设置伸臂桁架或腰桁架形成加强层。加强层通常设置在高层建筑的设备层或避难层。伸臂桁架设置在外框架柱与核心筒间，且全楼层对称布置；腰桁架设置在外框架柱之间，沿结构周圈布置。

11.1.3 抗震等级

抗震设计时，结构或构件的抗震等级是确定抗震计算参数和抗震构造措施的依据。应根据抗震设防分类、抗震设防烈度和房屋高度确定钢结构房屋的抗震等级。丙类建筑钢结构的抗震等级按表 11.3 确定。对甲类建筑和房屋高度超过 50m，抗震设防烈度 9 度时的乙类建筑应采取更有效的抗震措施。一般情况下，构件的抗震等级应与结构的相同。当某个部位各构件的承载力均满足 2 倍地震作用组合下的内力要求时，7～9 度的构件抗震等级可以降低 1 度确定。

表 11.3 丙类钢结构房屋的抗震等级

房屋高度	抗震设防烈度			
	6 度	7 度	8 度	9 度
≤50m	—	四	三	二
>50m	四	三	二	一

11.1.4 构件长细比限值

框架柱是高层建筑钢结构的一类重要的抗侧力构件，框架柱的长细比关系到钢结构的整体稳定性。中心支撑框架的支撑杆件长细比越大越容易压屈。因此需要限定框架柱和中心支撑框架的支撑杆件的长细比，具体限值如表 11.4 所示。偏心支撑框架的支撑杆件的长细比不应大于 $120\sqrt{235/f_y}$。

表 11.4 构件长细比限值

构件类型	抗震等级				非抗震设计
	一级	二级	三级	四级	
框架柱	60	70	80	100	100
中心支撑框架支撑杆件	120(压杆)	120(压杆)	120(压杆)	180(拉杆) 120(压杆)	180(拉杆) 120(压杆)

注：表列数值适用于 Q235 钢，其他钢材应乘以 $\sqrt{235/f_y}$。

11.1.5 板件的宽厚比限值

地震作用时，梁端允许出现塑性铰，部分柱端也会出现塑性。为了保证梁柱出现塑性铰后板件的局部稳定，应对梁柱构件的宽厚比加以限定。中心支撑框架的支撑杆件在轴向力作用下，有可能在杆件丧失整体稳定或强度破坏前，组成杆件的板件先出现局部屈曲，因此应限制其宽厚比。梁柱构件和中心支撑框架支撑杆件的宽厚比限值按现行《高层民用建筑钢结构技术规程》(JGJ 99—2015)执行。

偏心支撑框架的支撑杆件，其宽厚比应按现行《钢结构设计标准》(GB 50017—2017)规定的轴心受压构件在弹性设计时的宽厚比限值执行。耗能梁段是偏心支撑钢框架中的主要耗能构件，为了防止耗能梁段及与耗能梁段同一跨内梁的局部屈曲，该梁板件的宽厚比限值应更严格一些。

11.1.6 基础设计的基本要求

(1)根据上部结构情况、地下室情况、工程地质、施工条件等因素综合确定高层钢结构的基础类型，通常选用筏基、箱基、桩基、桩筏基础。当基岩较浅、基础埋深不符合要求时，应验算基础抗拔能力。

(2)房屋高度超过 50m 的钢结构宜设置地下室。当采用天然地基时，基础埋置深度不宜小于房屋总高度的 1/15；当采用桩基时，不宜小于房屋总高度的 1/20。

(3)钢框架柱应至少延伸至计算嵌固端以下一层，并且宜采用钢骨混凝土柱。

(4)在高层建筑钢结构与钢筋混凝土基础或地下室的钢筋混凝土结构层之间，宜设置钢骨混凝土过渡层。

(5)当主楼与裙房之间设置沉降缝时，应采用粗砂等松散材料将沉降缝地面以下部分填实，以确保主楼基础四周的可靠侧向约束；当不设沉降缝时，在施工中宜预留后浇带。

(6)在重力荷载与水平荷载标准值或重力荷载代表值与多遇水平地震作用标准值共同作用下，高宽比不大于 4 时，基础底面与基础间零应力区面积不应超过基础底面积的 15%。质量偏心较大的裙楼和主楼，可分别计算基底应力。

11.2 结构计算

高层建筑钢结构属空间结构体系，一般应采用空间结构计算模型。为了便于计算，常简化为考虑平面抗侧力结构的空间协同计算模型。当结构布置规则、质量及刚度沿高度分布均匀、不考虑扭转效应时，可进一步简化为平面结构计算模型。

对满足刚性楼盖要求的钢结构，可假定楼盖在其自身平面内为无限刚性；当楼盖整体性较差，或开孔面积较大，不能保证楼面的整体刚度时，应采用楼板平面内的实际刚度。

当楼板与钢梁间有可靠的连接时，可以考虑钢梁与钢筋混凝土楼板的共同工作。结构弹性计算时，中梁的惯性矩可放大 1.5 倍，边梁的惯性矩可放大 1.2 倍。弹塑性计算时，不应考虑楼板对钢梁惯性矩的增大作用。

在竖向荷载、风荷载及多遇地震作用下，高层钢结构的内力和位移可采用弹性方法计算；在罕遇地震作用下，高层钢结构的弹塑性变形可采用弹塑性时程分析法或静力弹塑性方法计算。

多遇地震下的阻尼比，对高度不大于 50m 的钢结构采用 0.04；对高度大于 50m 且小于 200m 的钢结构采用 0.03；对高度不小于 200m 的钢结构宜采用 0.02；进行罕遇地震下的结构分析时阻尼比采用 0.05。

框架结构、框架-支撑结构、框架-延性墙板结构和框筒结构的弹性内力和位移均可采用矩阵位移法计算。筒体结构可按位移相等原则转化为连续的竖向悬臂筒体，采用薄壁杆件理论、有限元法或其他有效方法进行计算。

高层建筑钢结构在截面预估时，可以采用近似方法计算荷载效应。不同结构体系采用不同的近似计算方法，下面对高层建筑钢结构不同体系的近似计算方法进行介绍。

11.2.1 框架结构

竖向荷载作用下，框架内力可以采用分层法进行简化计算。在水平荷载作用下，框架内力和位移可采用 D 值法进行简化计算。

11.2.2 框架-支撑结构

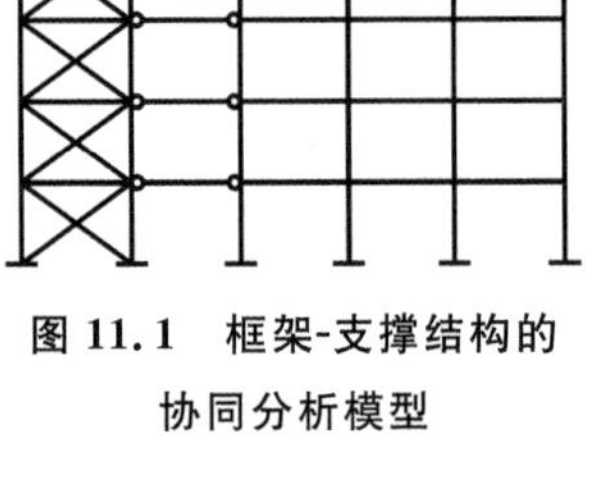

图 11.1 框架-支撑结构的协同分析模型

框架-支撑结构是指由普通框架和支撑框架所组成的结构体系。平面布置规则的框架-支撑结构，在水平荷载作用下常常可以被简化为平面抗侧力体系进行分析，将所有框架合并为总框架，并将所有竖向支撑合并为总支撑，然后进行协同工作分析，其模型如图 11.1 所示。总支撑可视作一根弯曲杆件，其等效惯性矩可按式(11.1)计算。

$$I_{eq}=\mu\sum_{j=1}^{m}\sum_{i=1}^{n}A_{ij}a_{ij}^{2} \tag{11.1}$$

式中 μ——折减系数，对中心支撑可取 0.8～0.9；

A_{ij}——第 j 榀竖向支撑第 i 根柱的截面面积；

a_{ij}——第 i 根柱到第 j 榀竖向支撑的柱截面形心轴的距离；

n——第 1 榀竖向支撑的柱子数；

m——水平荷载作用方向竖向支撑的榀数。

11.2.3　框架-延性墙板结构

平面布置规则的框架-延性墙板结构，在水平荷载作用下可以将所有框架合并为总框架，所有剪力墙合并为总剪力墙，然后进行协同工作分析。

11.2.4　框筒结构

平面为矩形或其他规则形状的框筒结构，可采用等效角柱法、展开平面框架法或等效截面法，转化为平面框架进行近似计算。

11.3　构件设计

高层钢结构计算包括静力计算和地震作用效应验算，计算内容包括弹性条件下的强度和变形验算以及弹塑性条件下的变形验算。本节主要介绍梁、柱、支撑等的强度和整体稳定性的计算，构件的局部稳定性通过限定构件中板件的宽厚比来满足。

11.3.1　梁

高层钢结构梁应满足抗弯强度、抗剪强度和整体稳定性要求。

梁的抗弯强度应满足

$$\frac{M_x}{\gamma_x W_{nx}} \leqslant f \tag{11.2}$$

式中　M_x——梁对 x 轴的弯矩设计值；

W_{nx}——梁对 x 轴的净截面抵抗矩；

γ_x——截面塑性发展系数，按现行《钢结构设计标准》取用，抗震设计时取 1.0；

f——钢材强度设计值，抗震设计时应除以构件承载力抗震调整系数 0.75。

在主平面内受弯的实腹梁的抗剪强度应满足

$$\tau = \frac{VS}{It_w} \leqslant f_v \tag{11.3}$$

框架梁端部截面的抗剪强度应满足

$$\tau = \frac{V}{A_{wn}} \leqslant f_v \tag{11.4}$$

式中　V——计算截面沿腹板平面作用的剪力；

S——计算剪应力处以上毛截面对中和轴的面积矩；

I——毛截面惯性矩；

t_w——腹板厚度；

A_{wn}——扣除焊接孔和螺栓孔后的腹板受剪面积；

f_v——钢材抗剪强度设计值，抗震设计时应除以构件承载力抗震调整系数 0.75。

当梁设置有刚性隔板时，可不验算稳定，否则按式(11.5)验算梁的稳定。

$$\frac{M_x}{\varphi_b W_x} \leqslant f \tag{11.5}$$

式中 W_x——梁的毛截面抵抗矩，单轴对称者以受压翼缘为准；

φ_b——梁的整体稳定性系数，按现行《钢结构设计标准》采用；

f——钢材强度设计值，抗震设计时应除以构件承载力抗震调整系数 0.75。

11.3.2 轴心受压柱

轴心受压柱按式(11.6)进行验算。

$$\frac{N}{\varphi A} \leqslant f \tag{11.6}$$

式中 N——柱压力设计值；

A——柱的毛截面面积；

φ——轴心受压构件稳定性系数，按现行《钢结构设计标准》采用；

f——钢材强度设计值，抗震设计时应除以构件承载力抗震调整系数 0.80。

11.3.3 支撑

高层钢结构中的支撑有中心支撑和偏心支撑两类。中心支撑形式有十字交叉斜杆体系[图 11.2(a)]、单斜杆体系[图 11.2(b)]、人字形斜杆体系[图 11.2(c)]和 K 形斜杆体系[图 11.2(d)]等。但 K 形斜杆体系不能用于抗震设防的结构。偏心支撑框架中的支撑斜杆，应至少在一端与梁相连(不在柱节点处)，另一端可连接在梁与柱相交处或在偏离另一支撑的连接点与梁连接，并在支撑与柱之间或在支撑与支撑间形成耗能梁段。偏心支撑类型如图 11.3 所示。

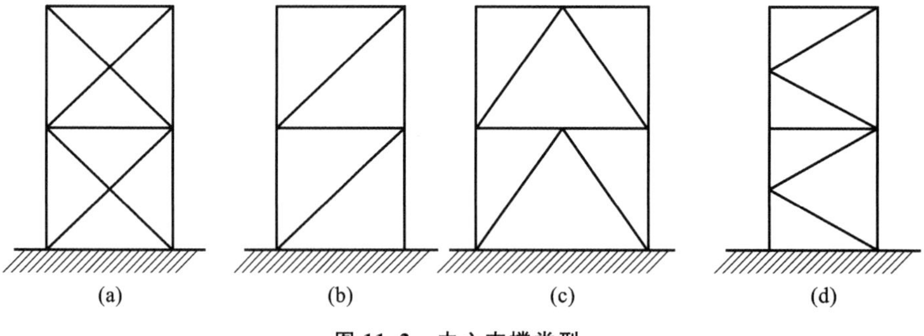

图 11.2 中心支撑类型

(a)十字交叉斜杆体系；(b)单斜杆体系；(c)人字形斜杆体系；(d)K 形斜杆体系

中心支撑斜杆宜采用双轴对称截面。当采用单轴对称截面时，应采取防止绕对称轴屈曲的构造措施。支撑斜杆的受压承载力应满足式(11.7)的要求。

$$\frac{N_{br}}{\varphi A_{br}} \leqslant \psi f \tag{11.7}$$

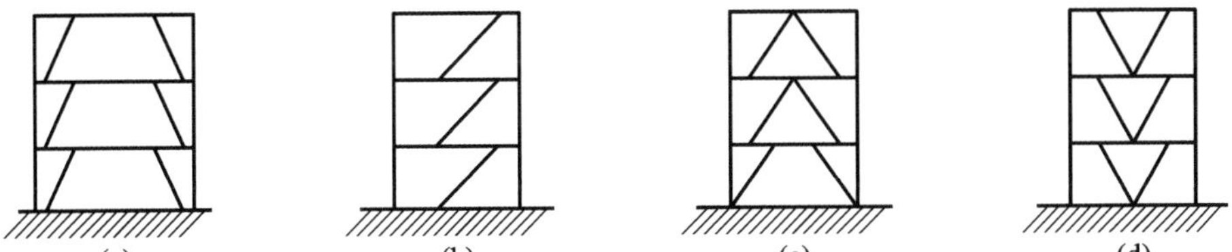

图 11.3 偏心支撑类型

(a)门架式;(b)单斜杆式;(c)人字形;(d)V 字形

式中 N_{br}——支撑的轴力设计值。

A_{br}——支撑截面面积。

φ——按支撑长细比 λ 确定的轴心受压构件的稳定性系数,按现行《钢结构设计标准》采用。

ψ——受循环荷载时的强度降低系数,$\psi=1/[1+0.35(\lambda/\pi)\sqrt{f_y/E}]$,$f_y$ 为钢材的屈服强度;E 为钢材的弹性模量。

f——钢材的抗压强度设计值,抗震设计时应除以构件承载力抗震调整系数 0.80。

偏心支撑斜杆的轴向承载力取 $\psi=1$ 按式(11.7)进行计算。

耗能梁段是偏心支撑钢框架中塑性变形耗能的主要构件,耗能梁段的长度决定结构的耗能能力。由于剪切变形耗能优于弯曲变形耗能,偏心支撑钢框架应尽可能采用短梁段。耗能梁段的净长 a 符合式(11.8)者为剪切屈服型短梁段:

$$a \leqslant 1.6M_p/V_p \tag{11.8}$$

式中 M_p,V_p——分别为耗能梁段的全塑性受弯承载力和耗能梁段的受剪承载力,分别按式(11.9)计算。

$$\left.\begin{aligned} M_p &= W_p f_{ay} \\ V_p &= 0.58 f_{ay} h_0 t_w \end{aligned}\right\} \tag{11.9}$$

式中 W_p——耗能梁段的塑性截面模量;

f_{ay}——耗能梁段钢材的屈服强度;

h_0——梁段腹板计算高度;

t_w——梁段腹板厚度。

耗能梁段的截面与同一跨内框架梁相同。耗能梁段的设计按有关规范进行。与耗能梁段同一跨内的框架梁按式(11.2)~式(11.4)进行验算。

11.4 连接设计

高层建筑钢结构的节点连接主要包括梁与柱的连接、柱与柱的连接、梁与梁的连接、支撑连接、柱脚等。

节点连接方式包括焊接连接和螺栓连接。焊接连接可分为全熔透或部分熔透焊缝。螺栓连接可分为普通螺栓连接和高强度螺栓连接。高层建筑钢结构承重构件的螺栓连接应采用摩擦型高强度螺栓连接。

高层建筑钢结构的节点连接在非抗震设计时，应按结构处于弹性受力阶段设计；当抗震设防时，应按结构进入弹塑性阶段设计，节点连接的承载力应高于构件截面的承载力。

连接的设计可按照现行《钢结构设计标准》和《高层民用建筑钢结构技术规程》有关规定执行，本节主要介绍连接的构造要求。

11.4.1 梁与柱的连接

框架梁与柱的连接一般采用柱贯通型，可分为刚接和铰接。抗震设计时梁柱连接通常采用刚接。当框架梁在互相垂直的两个方向都与柱刚性连接时，柱一般采用箱形截面。

梁与 H 形柱(绕强轴)刚性连接以及梁与箱形柱或圆管柱刚性连接时，弯矩由梁翼缘和腹板受弯区的连接承受，剪力由腹板受剪区的连接承受。梁与柱的连接宜采用翼缘焊接和腹板高强度螺栓连接的形式，也可采用全焊接连接。一、二级时梁与柱宜采用加强型连接或骨式连接。

梁柱刚接时可采用梁翼缘扩翼式、梁翼缘局部加宽式、梁翼缘盖板式和梁翼缘板式等加强连接(图 11.4)或骨式连接(图 11.5)。

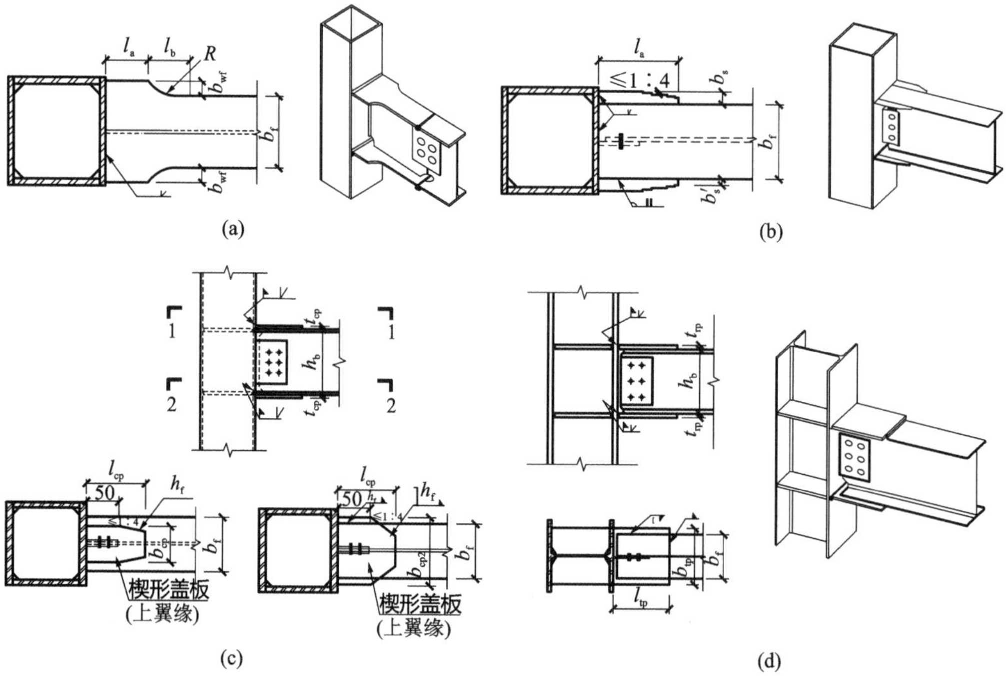

图 11.4 梁柱加强柱刚性连接

(a)梁翼缘扩翼式；(b)梁翼缘局部加宽式；(c)梁翼缘盖板式；(d)梁翼缘板式

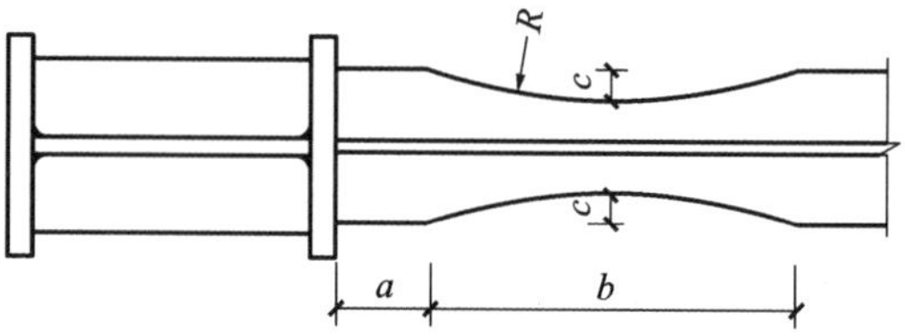

图 11.5 梁柱骨式刚性连接

冷成型箱形柱应在梁对应位置设置隔板，并应采用隔板贯通式连接。柱段与隔板的连接应采用全熔透对接焊缝(图 11.6)，隔板宜伸出柱外且外伸长度宜为 25～30mm，以便将相邻焊缝热影响区隔开。

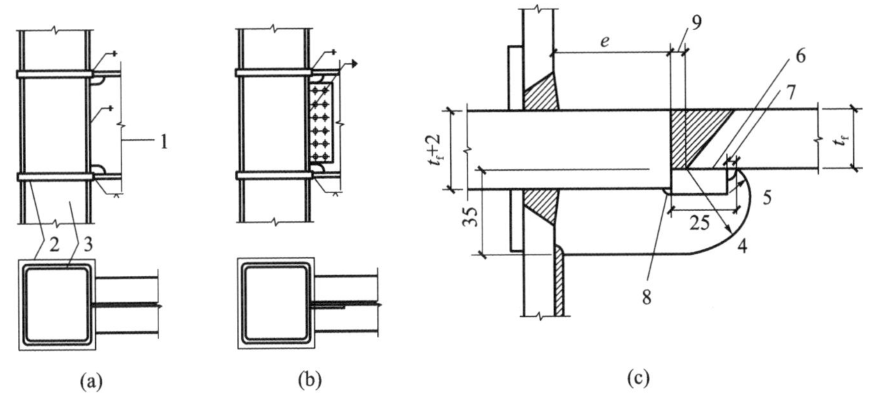

图 11.6　框架梁与冷成型箱形柱隔板的连接

(a)梁与柱工厂焊接；(b)梁翼缘焊接腹板栓接；(c)梁翼缘焊接详图

1—H 形钢梁；2—横隔板；3—箱形柱；4—大圆弧半径≈15mm；5—小圆弧半径≈10mm；6—衬板厚度 8mm 以上；7—圆弧端点至衬板边缘宽度 5mm；8—隔板外侧衬板边缘采用连续焊缝；9—焊根宽度 7mm，坡口角度 35°

梁与 H 形柱(绕强轴)刚性连接时，应在梁翼缘的对应位置设置水平加劲肋(隔板)[图 11.7(a)]，抗震设计时水平加劲肋(隔板)厚度不得小于梁翼缘厚度加 2mm，其钢材强度不得低于梁翼缘的钢材强度。梁与 H 形柱(绕弱轴)刚性连接时，加劲肋应伸至柱翼缘以外 75mm 并以变宽度形式伸至梁翼缘用全熔透对接焊缝连接，加劲肋应两面设置，翼缘加劲肋应大于梁翼缘厚度，梁腹板与柱连接板用高强度螺栓连接。

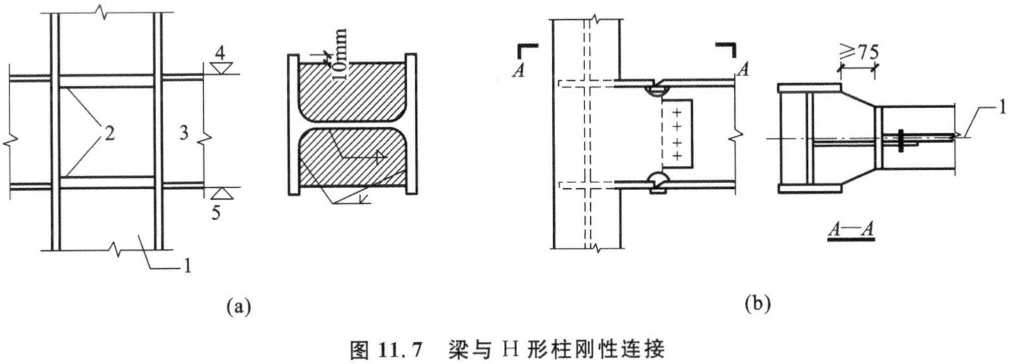

图 11.7　梁与 H 形柱刚性连接

(a)梁与 H 形柱强轴连接：1—柱；2—水平加劲肋；3—梁；4—强轴方向梁上端；5—强轴方向梁下端；

(b)梁与 H 形柱弱轴连接：1—梁柱轴线

当柱两侧的梁不等高时，各梁翼缘对应位置均应设置柱的水平加劲肋。加劲肋间距不应小于 150mm，且不小于水平加劲肋的宽度，如图 11.8(a)所示。当不能满足此要求时，应调整梁的端部高度，此时可将截面高度较小的梁腹板高度局部加大，腋部翼缘的坡度不得大于 1∶3，如图 11.8(b)所示。当与柱相连的梁在柱的两个互相垂直的方向高度不等时，同样也应分别设置柱的水平加劲肋，如图 11.8(c)所示。

当梁与柱按铰接连接时，可采用图 11.9 所示的节点做法。此时与梁腹板相连的高强度螺栓，除应承受梁端剪力外，还应承受偏心弯矩的作用。当采用现浇钢筋混凝土楼板将主梁和次梁连成整体时，可不计算偏心弯矩的影响。

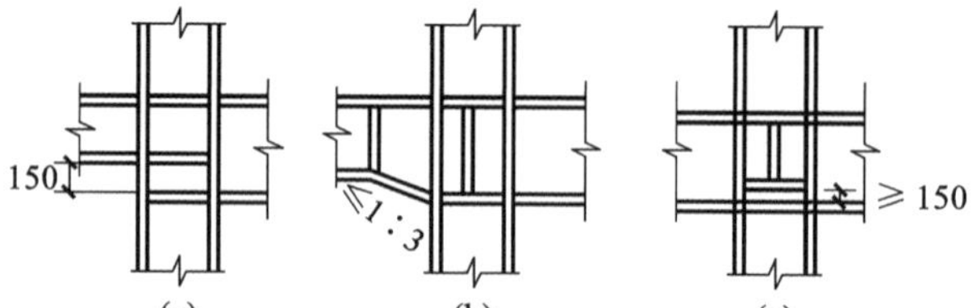

(a) (b) (c)

图 11.8　柱两侧梁高不等时的水平加劲肋

(a)水平加劲肋设置；(b)柱两侧梁高不等时加劲肋设置；(c)与柱垂直方向梁高不等时水平加劲肋设置

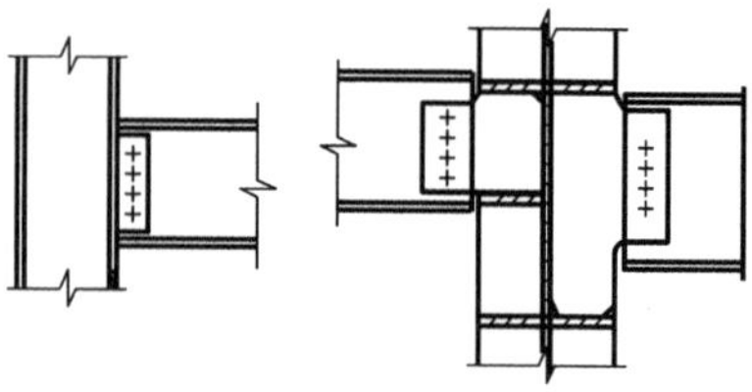
(a) (b)

图 11.9　梁与柱的铰接

(a)与柱强轴连接；(b)与柱弱轴连接

11.4.2　柱与柱的连接

钢框架一般采用 H 形柱、箱形柱或圆管柱，型钢混凝土柱中型钢宜采用 H 形或十字形。框架柱的拼接处至梁面的距离应为 1.2～1.3m 或柱净高的一半，取二者中的较小者。抗震设计时，框架柱的拼接应采用坡口全熔透焊缝。非抗震设计时，柱拼接也可以采用部分熔透焊缝。

箱形柱一般为焊接柱，其角部的组装焊缝一般应采用部分熔透的 V 形焊缝，焊缝厚度不小于板厚的 1/3，且不小于 16mm，抗震设计时不应小于板厚的 1/2，如图 11.10(a)所示。当梁与柱刚接连接时，在梁翼缘的上、下 500mm 范围(柱宽度大于 600mm 时，为 600mm 范围)内采用全熔透焊缝，如图 11.10(b)所示。

十字形柱应由钢板或两个 H 形钢焊接组合而成(图 11.11)，组装焊缝均应采用部分熔透的 K 形坡口焊缝，每边焊接深度不应小于 1/3 板厚。

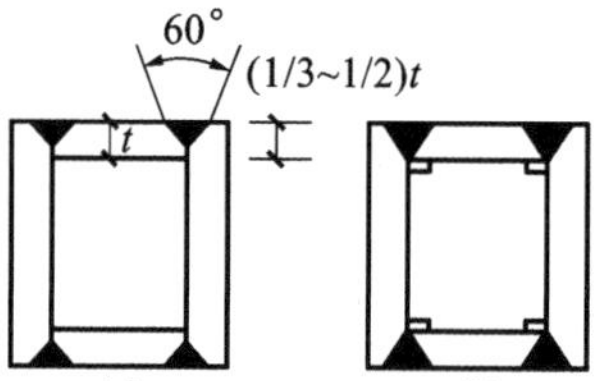

(a) (b)

图 11.10　箱形组合柱的角部组装焊缝

(a)焊接；(b)刚接

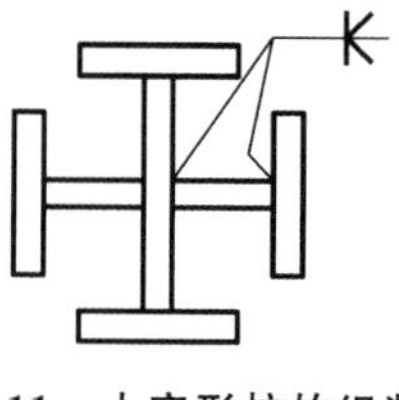

图 11.11　十字形柱的组装焊接

柱在工地接头处应设置耳板，仅设于柱的一个方向的两侧。耳板厚度应根据阵风和其他施工荷载确定，且不得小于 10mm。H 形柱在工地的接头，翼缘宜采用坡口全熔透焊缝。

箱形柱在工地的接头应全部采用焊接，其坡口应采用如图 11.12 所示的形式。下节箱形柱的上端应设置隔板，与柱口平齐，厚度不小于 16mm，其边缘应与柱截面一起刨平。上节箱形柱安装单元的下部附近还应设置上柱隔板，厚度不小于 10mm。柱在工地的接头上下侧各100mm范围内，截面组装焊缝采用坡口全熔透焊缝。非抗震设防时，如果柱的弯矩较小且不产生拉力，可通过上下柱接触面直接传递25%的压力和25%的弯矩，可采用部分熔透的V形焊缝，但柱上下端应刨平顶紧，且端面与柱的轴线垂直。

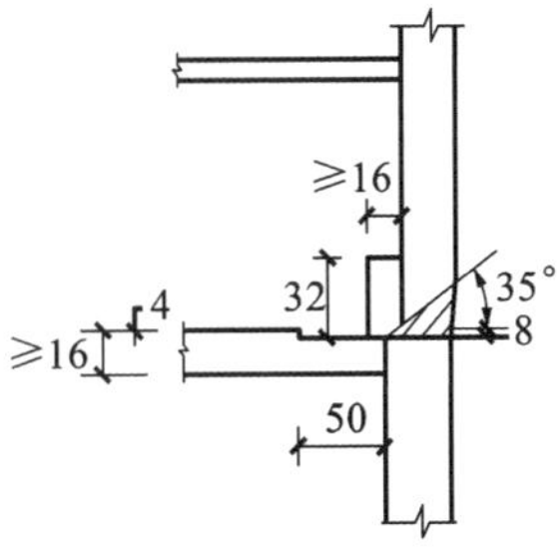

图 11.12 箱形组合柱的工地焊接

变截面柱可通过改变截面尺寸或改变柱翼缘厚度来实现，主要采用改变柱翼缘厚度方法。当需要改变柱截面尺寸时，应采用如图11.13(a)、(b)所示的做法，且变截面上下端均应设置隔板。如果变截面位置位于梁柱接头处时，常采用如图11.13(c)所示的做法，且变截面两侧的梁翼缘不宜小于150mm。

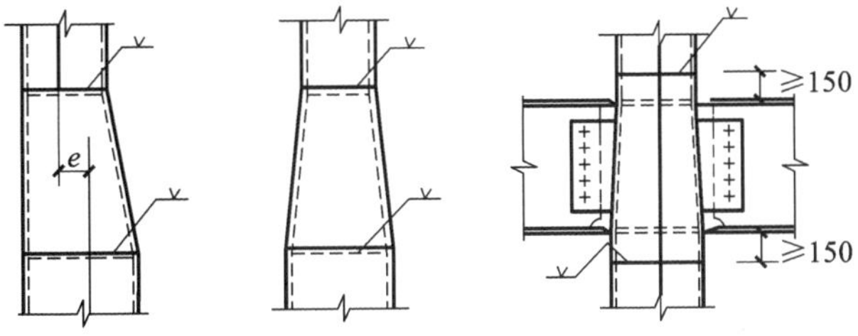

(a) (b) (c)

图 11.13 柱的变截面连接

(a)单侧柱变截面；(b)双侧柱变截面；(c)变截面位置位于梁柱接头处

十字形柱与箱形柱相连处，在两种截面过渡段中，十字形柱的腹板应伸入箱形柱内，其伸入长度应不小于钢柱截面高度加200mm。与上部钢结构相连的钢骨混凝土柱沿其全高应设栓钉，栓钉间距和列距在过渡段内一般采用150mm，不大于200mm；在过渡段外不大于300mm。箱形柱与十字形柱的连接如图11.14所示。

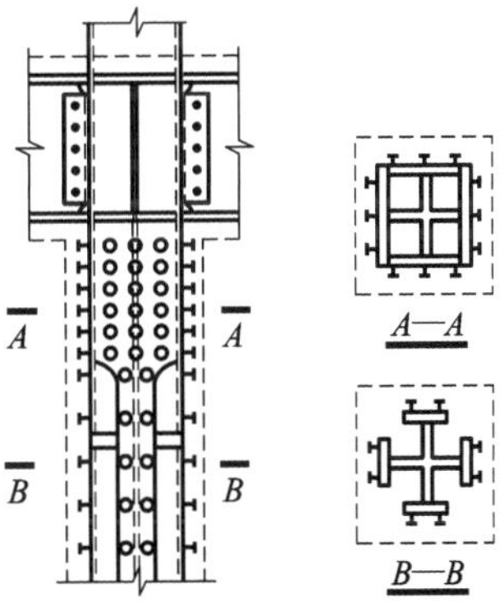

图 11.14 箱形柱与十字形柱的连接

11.4.3 梁与梁的连接

框架梁的工地接头通常有以下三种形式：

(1)翼缘采用全熔透对接焊缝，腹板用摩擦型高强度螺栓连接。

(2)翼缘和腹板均采用摩擦型高强度螺栓连接。

(3)三、四级和非抗震设计时可采用全截面焊缝。

次梁和主梁的连接一般采用简支连接，必要时也可采用刚性连接。主梁与次梁的刚性连接做法如图11.15所示。

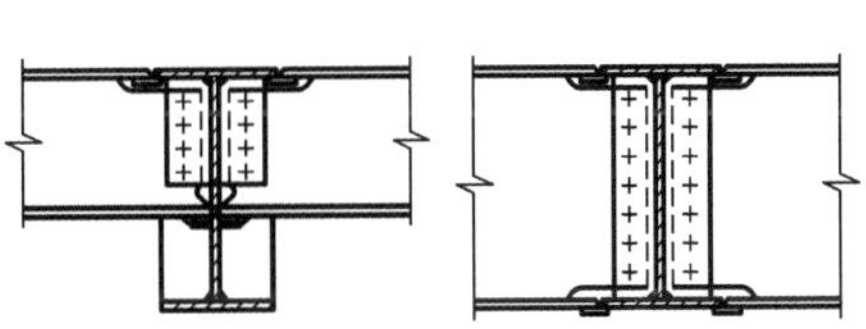
(a) (b)

图 11.15 主梁与次梁的刚性连接

(a)主次梁不等高；(b)主次梁等高

11.4.4 支撑连接

支撑与框架的连接及支撑的拼接一般采用螺栓连接,如图 11.16 所示。柱和梁在支撑翼缘的连接处应设置加劲肋。支撑翼缘与箱形柱连接时在柱腹板的相应位置应设置隔板。

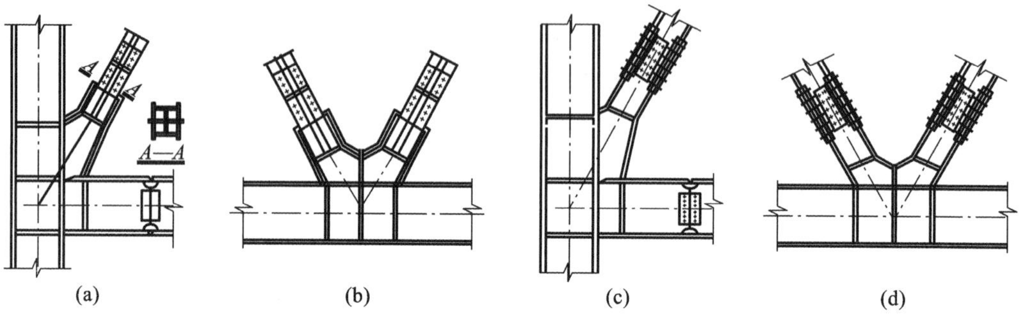

图 11.16 支撑与框架的连接

(a)支撑翼缘朝向框架平面外支撑与梁柱节点连接;(b)支撑翼缘朝向框架平面外支撑与梁连接;
(c)支撑腹板位于框架平面内支撑与梁柱节点连接;(d)支撑腹板位于框架平面内支撑与梁连接

偏心支撑与耗能梁段相交时,支撑轴线与梁轴线的交点不应位于耗能梁段外。偏心支撑的剪切屈服型耗能梁段与柱翼缘的连接如图 11.17 所示。梁翼缘与柱翼缘间应采用坡口全熔透对接焊缝;梁腹板与柱间应采用角焊缝。耗能梁段一般不与工字形柱腹板连接。耗能梁段腹板应设加劲肋,加劲肋应在 3 边与梁采用角焊缝连接。

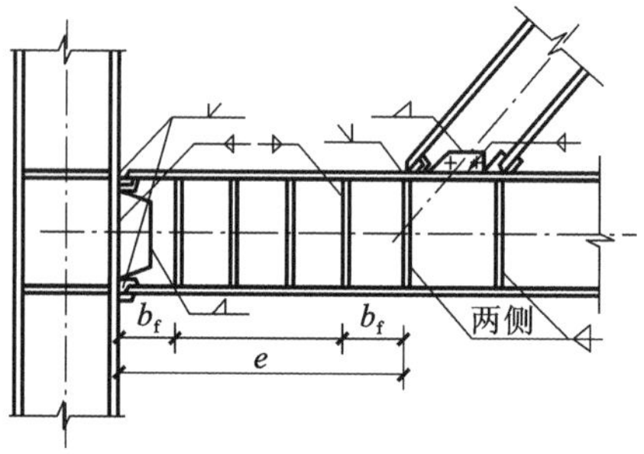

图 11.17 耗能梁段与柱翼缘的连接

11.4.5 柱脚

高层钢结构框架柱的柱脚一般采用埋入式或外包式柱脚。柱脚铰接时可以采用外露式柱脚。

埋入式柱脚是将柱脚焊进混凝土基础内,做法如图 11.18 所示。H 形截面的埋置深度不应小于钢柱截面高度的 2 倍,箱形柱的埋置深度不应小于钢柱截面高度的 2.5 倍,圆管柱的埋置深度不应小于柱外径的 3 倍。钢柱脚底板应设置锚栓与下部混凝土连接。在混凝土基础顶部,钢柱应设置水平加劲肋或隔板。钢柱埋入部分的四角应设置竖向钢筋,四周应配置箍筋;在边柱和角柱柱脚中,埋入部分的顶部和底部还应设置 U 形钢筋,U 形钢筋的开口应向内;进入部分柱表面宜设置栓钉。埋入式柱脚钢柱翼缘的混凝土保护层厚度对中柱不得小于钢柱受弯方向截面高度的 1/2，且不小于 250mm；对边柱或角柱的外侧不得小于钢柱受弯方向截面高度的 2/3，且不小于 400mm。埋入式柱脚不宜采用冷成型箱形柱。

外包式柱脚由钢柱脚和外包混凝土组成，位于混凝土基础顶面以上，做法如图 11.19 所示。钢柱脚与基础的连接应采用抗弯连接。外包混凝土的高度不应小于钢柱截面高度的 2.5 倍，且从柱脚底板到外包层顶部箍筋的距离与外包混凝土宽度之比不应小于 1.0，与埋入式柱脚的埋入深度要求相同。外包处的栓钉数量和布置也与埋入式柱脚相同。

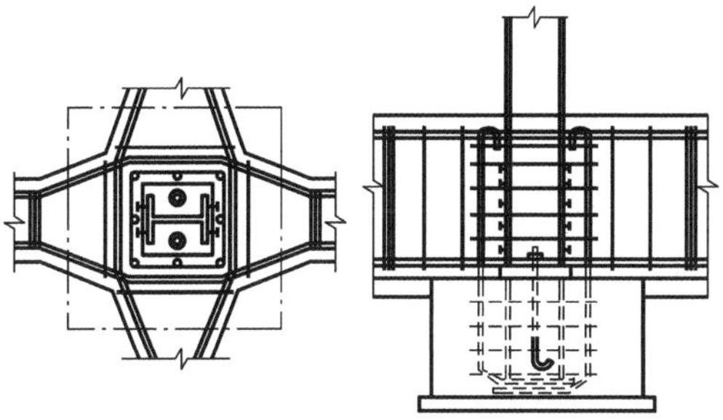

图 11.18 埋入式柱脚

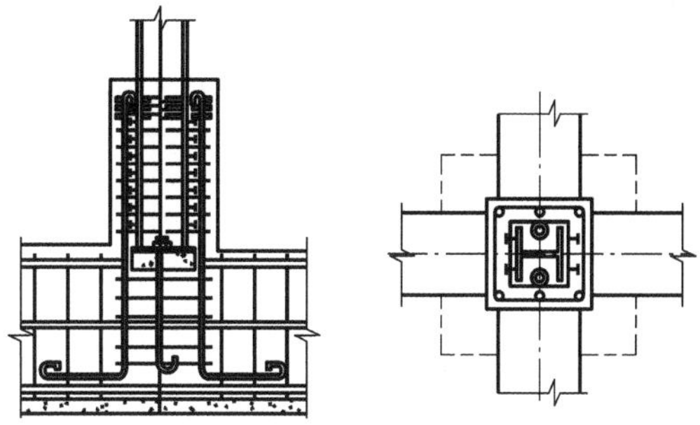

图 11.19 外包式柱脚

外露式柱脚常采用锚栓固定柱脚。柱脚底部的水平反力由底板和基础混凝土间摩擦力传递，当水平力超过摩擦力时，可采用底板下部焊接抗剪键和柱脚外包钢筋混凝土两种方法来加强。

本章小结

本章主要介绍了高层建筑钢结构设计，包括结构体系、设计一般规定、结构计算、构件设计、构件连接等内容。

思考题

11-1 请简述高层建筑钢结构体系和适用性。

11-2 请简述中心支撑钢框架和偏心支撑钢框架的差异。

11-3 为什么要规定钢结构构件的长细比限值和板件的宽厚比限值？

11-4 请简述高层建筑钢结构的节点连接类型和节点连接方式。

练习题

11-1 某抗震设防烈度 7 度地区的轴心受压钢柱，截面为 HW350×350 的 H 型钢，截面面积为 $144cm^2$；材料为 Q235B 钢，抗压强度设计值为 $215N/mm^2$；稳定系数为 0.8。地震作用参与组合的柱轴心压力设计值为 2500kN。请验算该柱是否满足强度要求。

思考题练习题答案 **第 11 章课件**

附　　录

规则框架承受均布及倒三角形分布水平力作用时反弯点的高度比

附表1　规则框架承受均布水平力作用时标准反弯点的高度比 y_0 值

总层数	层号	0.1	0.2	0.3	0.4	0.5	0.6	0.7	0.8	0.9	1.0	2.0	3.0	4.0	5.0
1	1	0.80	0.75	0.70	0.65	0.65	0.60	0.60	0.60	0.60	0.55	0.55	0.55	0.55	0.55
2	2	0.45	0.40	0.35	0.35	0.35	0.35	0.40	0.40	0.40	0.40	0.45	0.45	0.45	0.45
	1	0.95	0.80	0.75	0.70	0.65	0.65	0.65	0.60	0.60	0.60	0.55	0.55	0.55	0.50
3	3	0.15	0.20	0.20	0.25	0.30	0.30	0.30	0.35	0.35	0.35	0.40	0.45	0.45	0.45
	2	0.55	0.50	0.45	0.45	0.45	0.45	0.45	0.45	0.45	0.45	0.45	0.50	0.50	0.50
	1	1.00	0.85	0.80	0.75	0.70	0.70	0.65	0.65	0.65	0.60	0.55	0.55	0.55	0.55
4	4	-0.05	0.05	0.15	0.20	0.25	0.30	0.30	0.35	0.35	0.35	0.40	0.45	0.45	0.45
	3	0.25	0.30	0.30	0.35	0.35	0.40	0.40	0.40	0.40	0.45	0.45	0.50	0.50	0.50
	2	0.65	0.55	0.50	0.50	0.45	0.45	0.45	0.45	0.45	0.45	0.50	0.50	0.50	0.50
	1	1.10	0.90	0.80	0.75	0.70	0.70	0.65	0.65	0.65	0.60	0.55	0.55	0.55	0.55
5	5	-0.20	0.00	0.15	0.20	0.25	0.30	0.30	0.30	0.35	0.35	0.40	0.45	0.45	0.45
	4	0.10	0.20	0.25	0.30	0.35	0.35	0.40	0.40	0.40	0.40	0.45	0.45	0.50	0.50
	3	0.40	0.40	0.40	0.40	0.40	0.45	0.45	0.45	0.45	0.45	0.50	0.50	0.50	0.50
	2	0.65	0.55	0.50	0.50	0.50	0.50	0.50	0.50	0.50	0.50	0.50	0.50	0.50	0.50
	1	1.20	0.95	0.80	0.75	0.75	0.70	0.70	0.65	0.65	0.65	0.55	0.55	0.55	0.55
6	6	-0.30	0.00	0.10	0.20	0.25	0.25	0.30	0.30	0.35	0.35	0.40	0.45	0.45	0.45
	5	0.00	0.20	0.25	0.30	0.35	0.35	0.40	0.40	0.40	0.40	0.45	0.45	0.50	0.50
	4	0.20	0.30	0.35	0.35	0.40	0.40	0.40	0.45	0.45	0.45	0.45	0.50	0.50	0.50
	3	0.40	0.40	0.40	0.45	0.45	0.45	0.45	0.45	0.45	0.45	0.50	0.50	0.50	0.50
	2	0.70	0.60	0.55	0.50	0.50	0.50	0.50	0.50	0.50	0.50	0.50	0.50	0.50	0.50
	1	1.20	0.95	0.85	0.80	0.75	0.70	0.70	0.65	0.65	0.65	0.55	0.55	0.55	0.55
7	7	-0.35	-0.05	0.10	0.20	0.20	0.25	0.30	0.30	0.35	0.35	0.40	0.45	0.45	0.45
	6	-0.10	0.15	0.25	0.30	0.35	0.35	0.35	0.40	0.40	0.40	0.45	0.45	0.50	0.50
	5	0.10	0.25	0.30	0.35	0.40	0.40	0.40	0.45	0.45	0.45	0.45	0.50	0.50	0.50
	4	0.30	0.35	0.40	0.40	0.40	0.45	0.45	0.45	0.45	0.45	0.50	0.50	0.50	0.50
	3	0.50	0.45	0.45	0.45	0.45	0.45	0.45	0.45	0.45	0.45	0.50	0.50	0.50	0.50
	2	0.75	0.60	0.55	0.50	0.50	0.50	0.50	0.50	0.50	0.50	0.50	0.50	0.50	0.50
	1	1.20	0.95	0.85	0.80	0.75	0.70	0.70	0.65	0.65	0.65	0.55	0.55	0.55	0.55
8	8	-0.35	-0.15	0.10	0.15	0.25	0.25	0.30	0.30	0.35	0.35	0.40	0.45	0.45	0.45
	7	-0.10	0.15	0.25	0.30	0.35	0.35	0.40	0.40	0.40	0.40	0.45	0.50	0.50	0.50
	6	0.05	0.25	0.30	0.35	0.40	0.40	0.40	0.45	0.45	0.45	0.45	0.50	0.50	0.50
	5	0.20	0.30	0.35	0.40	0.40	0.45	0.45	0.45	0.45	0.45	0.50	0.50	0.50	0.50
	4	0.35	0.40	0.40	0.45	0.45	0.45	0.45	0.45	0.45	0.45	0.50	0.50	0.50	0.50
	3	0.50	0.45	0.45	0.45	0.45	0.45	0.45	0.45	0.50	0.50	0.50	0.50	0.50	0.50
	2	0.75	0.60	0.55	0.55	0.50	0.50	0.50	0.50	0.50	0.50	0.50	0.50	0.50	0.50
	1	1.20	1.00	0.85	0.80	0.75	0.70	0.70	0.65	0.65	0.65	0.55	0.55	0.55	0.55

续附表 1

总层数	层号	0.1	0.2	0.3	0.4	0.5	0.6	0.7	0.8	0.9	1.0	2.0	3.0	4.0	5.0
	9	−0.40	−0.05	0.10	0.20	0.25	0.25	0.30	0.30	0.35	0.35	0.45	0.45	0.45	0.45
	8	−0.15	0.15	0.25	0.30	0.35	0.35	0.35	0.40	0.40	0.40	0.45	0.45	0.50	0.50
	7	0.05	0.25	0.30	0.35	0.40	0.40	0.40	0.45	0.45	0.45	0.45	0.50	0.50	0.50
	6	0.15	0.30	0.35	0.40	0.40	0.45	0.45	0.45	0.45	0.45	0.50	0.50	0.50	0.50
9	5	0.25	0.35	0.40	0.40	0.45	0.45	0.45	0.45	0.45	0.45	0.50	0.50	0.50	0.50
	4	0.40	0.40	0.40	0.45	0.45	0.45	0.45	0.45	0.45	0.45	0.50	0.50	0.50	0.50
	3	0.55	0.45	0.45	0.45	0.45	0.45	0.45	0.45	0.50	0.50	0.50	0.50	0.50	0.50
	2	0.80	0.65	0.55	0.55	0.50	0.50	0.50	0.50	0.50	0.50	0.50	0.50	0.50	0.50
	1	1.20	1.00	0.85	0.80	0.75	0.70	0.70	0.65	0.65	0.65	0.55	0.55	0.55	0.55
	10	−0.40	−0.05	0.10	0.20	0.25	0.30	0.30	0.30	0.35	0.35	0.40	0.45	0.45	0.45
	9	−0.15	0.15	0.25	0.30	0.35	0.35	0.40	0.40	0.40	0.40	0.45	0.45	0.50	0.50
	8	0.00	0.25	0.30	0.35	0.40	0.40	0.40	0.45	0.45	0.45	0.45	0.50	0.50	0.50
	7	0.10	0.30	0.35	0.40	0.40	0.45	0.45	0.45	0.45	0.45	0.50	0.50	0.50	0.50
10	6	0.20	0.35	0.40	0.40	0.45	0.45	0.45	0.45	0.45	0.45	0.50	0.50	0.50	0.50
	5	0.30	0.40	0.40	0.45	0.45	0.45	0.45	0.45	0.45	0.50	0.50	0.50	0.50	0.50
	4	0.40	0.40	0.45	0.45	0.45	0.45	0.45	0.45	0.45	0.50	0.50	0.50	0.50	0.50
	3	0.55	0.50	0.45	0.45	0.45	0.50	0.50	0.50	0.50	0.50	0.50	0.50	0.50	0.50
	2	0.80	0.65	0.55	0.55	0.55	0.50	0.50	0.50	0.50	0.50	0.50	0.50	0.50	0.50
	1	1.30	1.00	0.85	0.80	0.75	0.70	0.70	0.65	0.65	0.65	0.60	0.55	0.55	0.55
	11	−0.40	−0.05	0.10	0.20	0.25	0.30	0.30	0.30	0.35	0.35	0.40	0.45	0.45	0.45
	10	−0.15	0.15	0.25	0.30	0.35	0.35	0.40	0.40	0.40	0.40	0.45	0.45	0.50	0.50
	9	0.00	0.25	0.30	0.35	0.40	0.40	0.40	0.45	0.45	0.45	0.45	0.50	0.50	0.50
	8	0.10	0.30	0.35	0.40	0.40	0.45	0.45	0.45	0.45	0.45	0.50	0.50	0.50	0.50
	7	0.20	0.35	0.40	0.45	0.45	0.45	0.45	0.45	0.45	0.45	0.50	0.50	0.50	0.50
11	6	0.25	0.35	0.40	0.45	0.45	0.45	0.45	0.45	0.45	0.45	0.50	0.50	0.50	0.50
	5	0.35	0.40	0.40	0.45	0.45	0.45	0.45	0.45	0.45	0.50	0.50	0.50	0.50	0.50
	4	0.40	0.45	0.45	0.45	0.45	0.45	0.45	0.50	0.50	0.50	0.50	0.50	0.50	0.50
	3	0.55	0.50	0.50	0.50	0.50	0.50	0.50	0.50	0.50	0.50	0.50	0.50	0.50	0.50
	2	0.80	0.65	0.60	0.55	0.55	0.50	0.50	0.50	0.50	0.50	0.50	0.50	0.50	0.50
	1	1.30	1.00	0.85	0.80	0.75	0.70	0.70	0.65	0.65	0.65	0.60	0.55	0.55	0.55
	↓1	−0.40	−0.05	0.10	0.20	0.25	0.30	0.30	0.30	0.35	0.35	0.40	0.45	0.45	0.45
	2	−0.15	0.15	0.25	0.30	0.35	0.35	0.40	0.40	0.40	0.40	0.45	0.45	0.50	0.50
	3	0.00	0.25	0.30	0.35	0.40	0.40	0.40	0.45	0.45	0.45	0.50	0.50	0.50	0.50
	4	0.10	0.30	0.35	0.40	0.40	0.45	0.45	0.45	0.45	0.45	0.50	0.50	0.50	0.50
	5	0.20	0.35	0.40	0.40	0.45	0.45	0.45	0.45	0.45	0.45	0.50	0.50	0.50	0.50
	6	0.25	0.35	0.40	0.45	0.45	0.45	0.45	0.45	0.45	0.45	0.50	0.50	0.50	0.50
12以上	7	0.30	0.40	0.40	0.45	0.45	0.45	0.45	0.45	0.50	0.50	0.50	0.50	0.50	0.50
	8	0.35	0.40	0.45	0.45	0.45	0.45	0.45	0.50	0.50	0.50	0.50	0.50	0.50	0.50
	中间	0.40	0.40	0.45	0.45	0.45	0.45	0.50	0.50	0.50	0.50	0.50	0.50	0.50	0.50
	4	0.45	0.45	0.45	0.45	0.50	0.50	0.50	0.50	0.50	0.50	0.50	0.50	0.50	0.50
	3	0.60	0.50	0.50	0.50	0.50	0.50	0.50	0.50	0.50	0.50	0.50	0.50	0.50	0.50
	2	0.80	0.65	0.60	0.55	0.55	0.50	0.50	0.50	0.50	0.50	0.50	0.50	0.50	0.50
	↑1	1.30	1.00	0.85	0.80	0.75	0.70	0.70	0.65	0.65	0.65	0.55	0.55	0.55	0.55

注：

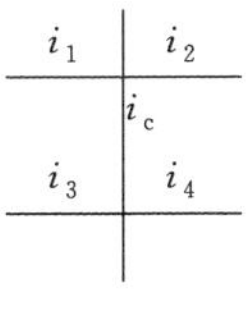

$$K=\frac{i_1+i_2+i_3+i_4}{2i_c}$$

附表 2　规则框架承受倒三角形分布水平力作用时标准反弯点的高度比 y_0 值

总层数	层号	0.1	0.2	0.3	0.4	0.5	0.6	0.7	0.8	0.9	1.0	2.0	3.0	4.0	5.0
1	1	0.80	0.75	0.70	0.65	0.65	0.60	0.60	0.60	0.60	0.55	0.55	0.55	0.55	0.55
2	2	0.50	0.45	0.40	0.40	0.40	0.40	0.40	0.40	0.40	0.45	0.45	0.45	0.45	0.50
	1	1.00	0.85	0.75	0.70	0.70	0.65	0.65	0.65	0.60	0.60	0.55	0.55	0.55	0.55
3	3	0.25	0.25	0.25	0.30	0.30	0.35	0.35	0.35	0.40	0.40	0.45	0.45	0.45	0.50
	2	0.60	0.50	0.50	0.50	0.50	0.45	0.45	0.45	0.45	0.45	0.50	0.50	0.50	0.50
	1	1.15	0.90	0.80	0.75	0.75	0.70	0.70	0.65	0.65	0.65	0.60	0.55	0.55	0.55
4	4	0.10	0.15	0.20	0.25	0.30	0.30	0.35	0.35	0.35	0.40	0.45	0.45	0.45	0.45
	3	0.35	0.35	0.35	0.40	0.40	0.40	0.40	0.45	0.45	0.45	0.45	0.50	0.50	0.50
	2	0.70	0.60	0.55	0.50	0.50	0.50	0.50	0.50	0.50	0.50	0.50	0.50	0.50	0.50
	1	1.20	0.95	0.85	0.80	0.75	0.70	0.70	0.70	0.65	0.65	0.55	0.55	0.55	0.55
5	5	−0.05	0.10	0.20	0.25	0.30	0.30	0.35	0.35	0.35	0.35	0.40	0.45	0.45	0.45
	4	0.20	0.25	0.35	0.35	0.40	0.40	0.40	0.40	0.40	0.45	0.45	0.50	0.50	0.50
	3	0.45	0.40	0.45	0.45	0.45	0.45	0.45	0.45	0.45	0.45	0.50	0.50	0.50	0.50
	2	0.75	0.60	0.55	0.55	0.50	0.50	0.50	0.50	0.50	0.50	0.50	0.50	0.50	0.50
	1	1.30	1.00	0.85	0.80	0.75	0.70	0.70	0.65	0.65	0.65	0.65	0.55	0.55	0.55
6	6	−0.15	0.05	0.15	0.20	0.25	0.30	0.30	0.35	0.35	0.35	0.40	0.45	0.45	0.45
	5	0.10	0.25	0.30	0.35	0.35	0.40	0.40	0.40	0.45	0.45	0.45	0.50	0.50	0.50
	4	0.30	0.35	0.40	0.40	0.45	0.45	0.45	0.45	0.45	0.45	0.50	0.50	0.50	0.50
	3	0.50	0.45	0.45	0.45	0.45	0.45	0.45	0.45	0.45	0.50	0.50	0.50	0.50	0.50
	2	0.80	0.65	0.55	0.55	0.55	0.55	0.50	0.50	0.50	0.50	0.50	0.50	0.50	0.50
	1	1.30	1.00	0.85	0.80	0.75	0.70	0.70	0.65	0.65	0.65	0.60	0.55	0.55	0.55
7	7	−0.20	0.05	0.15	0.20	0.25	0.30	0.30	0.35	0.35	0.35	0.45	0.45	0.45	0.45
	6	0.05	0.20	0.30	0.35	0.35	0.40	0.40	0.40	0.40	0.45	0.45	0.50	0.50	0.50
	5	0.20	0.30	0.35	0.40	0.40	0.45	0.45	0.45	0.45	0.45	0.50	0.50	0.50	0.50
	4	0.35	0.40	0.40	0.45	0.45	0.45	0.45	0.45	0.45	0.45	0.50	0.50	0.50	0.50
	3	0.55	0.50	0.50	0.50	0.50	0.50	0.50	0.50	0.50	0.50	0.50	0.50	0.50	0.50
	2	0.80	0.65	0.60	0.55	0.55	0.55	0.50	0.50	0.50	0.50	0.50	0.50	0.50	0.50
	1	1.30	1.00	0.90	0.80	0.75	0.70	0.70	0.70	0.65	0.65	0.60	0.55	0.55	0.55
8	8	−0.20	0.05	0.15	0.20	0.25	0.30	0.30	0.35	0.35	0.35	0.45	0.45	0.45	0.45
	7	0.00	0.20	0.30	0.35	0.35	0.40	0.40	0.40	0.40	0.45	0.45	0.50	0.50	0.50
	6	0.15	0.30	0.35	0.40	0.40	0.45	0.45	0.45	0.45	0.45	0.50	0.50	0.50	0.50
	5	0.30	0.45	0.40	0.45	0.45	0.45	0.45	0.45	0.45	0.45	0.50	0.50	0.50	0.50
	4	0.40	0.45	0.45	0.45	0.45	0.45	0.45	0.50	0.50	0.50	0.50	0.50	0.50	0.50
	3	0.60	0.50	0.50	0.50	0.50	0.50	0.50	0.50	0.50	0.50	0.50	0.50	0.50	0.50
	2	0.85	0.65	0.60	0.55	0.55	0.55	0.50	0.50	0.50	0.50	0.50	0.50	0.50	0.50
	1	1.30	1.00	0.90	0.80	0.75	0.70	0.70	0.70	0.65	0.65	0.60	0.55	0.55	0.55
9	9	−0.25	0.00	0.15	0.20	0.25	0.30	0.30	0.35	0.35	0.40	0.45	0.45	0.45	0.45
	8	−0.00	0.20	0.30	0.35	0.35	0.40	0.40	0.40	0.40	0.45	0.45	0.50	0.50	0.50
	7	0.15	0.30	0.35	0.40	0.40	0.45	0.45	0.45	0.45	0.45	0.50	0.50	0.50	0.50
	6	0.25	0.35	0.40	0.40	0.45	0.45	0.45	0.45	0.45	0.50	0.50	0.50	0.50	0.50
	5	0.35	0.40	0.45	0.45	0.45	0.45	0.45	0.45	0.50	0.50	0.50	0.50	0.50	0.50
	4	0.45	0.45	0.45	0.45	0.45	0.50	0.50	0.50	0.50	0.50	0.50	0.50	0.50	0.50
	3	0.60	0.50	0.50	0.50	0.50	0.50	0.50	0.50	0.50	0.50	0.50	0.50	0.50	0.50
	2	0.85	0.65	0.60	0.55	0.55	0.55	0.55	0.50	0.50	0.50	0.50	0.50	0.50	0.50
	1	1.35	1.00	0.90	0.80	0.75	0.75	0.70	0.70	0.65	0.65	0.60	0.55	0.55	0.55

续附表 2

总层数	层号	0.1	0.2	0.3	0.4	0.5	0.6	0.7	0.8	0.9	1.0	2.0	3.0	4.0	5.0
10	10	−0.25	0.00	0.15	0.20	0.25	0.30	0.30	0.35	0.35	0.40	0.45	0.45	0.45	0.45
	9	−0.05	0.20	0.30	0.35	0.35	0.40	0.40	0.40	0.40	0.45	0.45	0.50	0.50	0.50
	8	0.10	0.30	0.35	0.40	0.40	0.40	0.45	0.45	0.45	0.45	0.50	0.50	0.50	0.50
	7	0.20	0.35	0.40	0.40	0.45	0.45	0.45	0.45	0.45	0.50	0.50	0.50	0.50	0.50
	6	0.30	0.40	0.40	0.45	0.45	0.45	0.45	0.45	0.45	0.50	0.50	0.50	0.50	0.50
	5	0.40	0.45	0.45	0.45	0.45	0.45	0.45	0.50	0.50	0.50	0.50	0.50	0.50	0.50
	4	0.50	0.45	0.45	0.45	0.50	0.50	0.50	0.50	0.50	0.50	0.50	0.50	0.50	0.50
	3	0.60	0.55	0.50	0.50	0.50	0.50	0.50	0.50	0.50	0.50	0.50	0.50	0.50	0.50
	2	0.85	0.65	0.60	0.55	0.55	0.55	0.55	0.50	0.50	0.50	0.50	0.50	0.50	0.50
	1	1.35	1.00	0.90	0.80	0.75	0.75	0.70	0.70	0.65	0.65	0.60	0.55	0.55	0.55
11	11	−0.25	0.00	0.15	0.20	0.25	0.30	0.30	0.30	0.35	0.35	0.45	0.45	0.45	0.45
	10	−0.05	0.20	0.25	0.30	0.35	0.40	0.40	0.40	0.40	0.45	0.45	0.50	0.50	0.50
	9	0.10	0.30	0.35	0.40	0.40	0.40	0.45	0.45	0.45	0.45	0.50	0.50	0.50	0.50
	8	0.20	0.35	0.40	0.40	0.45	0.45	0.45	0.45	0.45	0.45	0.50	0.50	0.50	0.50
	7	0.25	0.40	0.40	0.45	0.45	0.45	0.45	0.45	0.45	0.50	0.50	0.50	0.50	0.50
	6	0.35	0.40	0.45	0.45	0.45	0.45	0.45	0.50	0.50	0.50	0.50	0.50	0.50	0.50
	5	0.40	0.45	0.45	0.45	0.45	0.50	0.50	0.50	0.50	0.50	0.50	0.50	0.50	0.50
	4	0.50	0.50	0.50	0.50	0.50	0.50	0.50	0.50	0.50	0.50	0.50	0.50	0.50	0.50
	3	0.65	0.55	0.50	0.50	0.50	0.50	0.50	0.50	0.50	0.50	0.50	0.50	0.50	0.50
	2	0.85	0.65	0.60	0.55	0.55	0.55	0.55	0.50	0.50	0.50	0.50	0.50	0.50	0.50
	1	1.35	1.50	0.90	0.80	0.75	0.75	0.70	0.70	0.65	0.65	0.60	0.55	0.55	0.55
12以上	↓1	−0.30	0.00	0.15	0.20	0.25	0.30	0.30	0.30	0.35	0.35	0.40	0.45	0.45	0.45
	2	−0.10	0.20	0.25	0.30	0.35	0.40	0.40	0.40	0.40	0.40	0.45	0.45	0.45	0.50
	3	0.05	0.25	0.35	0.40	0.40	0.40	0.45	0.45	0.45	0.45	0.45	0.50	0.50	0.50
	4	0.15	0.30	0.40	0.40	0.45	0.45	0.45	0.45	0.45	0.45	0.45	0.50	0.50	0.50
	5	0.25	0.35	0.50	0.45	0.45	0.45	0.45	0.45	0.45	0.45	0.50	0.50	0.50	0.50
	6	0.30	0.40	0.50	0.45	0.45	0.45	0.45	0.50	0.50	0.50	0.50	0.50	0.50	0.50
	7	0.35	0.40	0.55	0.45	0.45	0.45	0.50	0.50	0.50	0.50	0.50	0.50	0.50	0.50
	8	0.35	0.45	0.55	0.45	0.50	0.50	0.50	0.50	0.50	0.50	0.50	0.50	0.50	0.50
	中间	0.45	0.45	0.55	0.45	0.50	0.50	0.50	0.50	0.50	0.50	0.50	0.50	0.50	0.50
	4	0.55	0.50	0.50	0.50	0.50	0.50	0.50	0.50	0.50	0.50	0.50	0.50	0.50	0.50
	3	0.65	0.55	0.50	0.50	0.50	0.50	0.50	0.50	0.50	0.50	0.50	0.50	0.50	0.50
	2	0.70	0.70	0.60	0.55	0.55	0.55	0.55	0.50	0.50	0.50	0.50	0.50	0.50	0.50
	↑1	1.35	1.05	0.90	0.80	0.75	0.70	0.70	0.70	0.65	0.65	0.60	0.55	0.55	0.55

注：

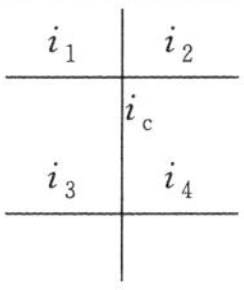

$$K=\frac{i_1+i_2+i_3+i_4}{2i_c}$$

附表 3　上下层梁线刚度比对 y_0 的修正值 y_1

α_1	K													
	0.1	0.2	0.3	0.4	0.5	0.6	0.7	0.8	0.9	1.0	2.0	3.0	4.0	5.0
0.4	0.55	0.40	0.30	0.25	0.20	0.20	0.20	0.15	0.15	0.15	0.05	0.05	0.05	0.05
0.5	0.45	0.30	0.20	0.20	0.15	0.15	0.15	0.10	0.10	0.10	0.05	0.05	0.05	0.05
0.6	0.30	0.20	0.15	0.15	0.10	0.10	0.10	0.10	0.05	0.05	0.05	0.05	0	0
0.7	0.20	0.15	0.10	0.10	0.10	0.10	0.05	0.05	0.05	0.05	0.05	0	0	0
0.8	0.15	0.10	0.05	0.05	0.05	0.05	0.05	0.05	0.05	0	0	0	0	0
0.9	0.05	0.05	0.05	0.05	0	0	0	0	0	0	0	0	0	0

注：

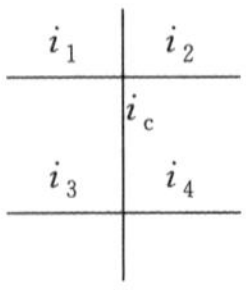

$I=\dfrac{i_1+i_2}{i_3+i_4}$，当 $i_1+i_2>i_3+i_4$ 时，取 $I=\dfrac{i_3+i_4}{i_1+i_2}$，同时在查得的 y_1 值前加"—"，

$K=\dfrac{i_1+i_2+i_3+i_4}{2i_c}$。

附表 4　上下层层高变化对 y_0 的修正值 y_2 和 y_3

α_2	α_1	K													
		0.1	0.2	0.3	0.4	0.5	0.6	0.7	0.8	0.9	1.0	2.0	3.0	4.0	5.0
2.0		0.25	0.15	0.15	0.10	0.10	0.10	0.10	0.10	0.05	0.05	0.05	0.05	0.0	0.0
1.8		0.20	0.15	0.10	0.10	0.10	0.05	0.05	0.05	0.05	0.05	0.05	0.0	0.0	0.0
1.6	0.4	0.15	0.10	0.10	0.05	0.05	0.05	0.05	0.05	0.05	0.05	0.0	0.0	0.0	0.0
1.4	0.6	0.10	0.05	0.05	0.05	0.05	0.05	0.05	0.05	0.05	0.0	0.0	0.0	0.0	0.0
1.2	0.8	0.05	0.05	0.05	0.0	0.0	0.0	0.0	0.0	0.0	0.0	0.0	0.0	0.0	0.0
1.0	1.0	0.0	0.0	0.0	0.0	0.0	0.0	0.0	0.0	0.0	0.0	0.0	0.0	0.0	0.0
0.8	1.2	-0.05	-0.05	-0.05	0.0	0.0	0.0	0.0	0.0	0.0	0.0	0.0	0.0	0.0	0.0
0.6	1.4	-0.10	-0.05	-0.05	-0.05	-0.05	-0.05	-0.05	-0.05	0.05	0.0	0.0	0.0	0.0	0.0
0.4	1.6	-0.15	-0.10	-0.10	-0.05	-0.05	-0.05	-0.05	-0.05	-0.05	-0.05	0.0	0.0	0.0	0.0
	1.8	-0.20	-0.15	-0.10	-0.10	-0.10	-0.05	-0.05	-0.05	-0.05	-0.05	-0.05	0.0	0.0	0.0
	2.0	-0.25	-0.15	-0.15	-0.10	-0.10	-0.10	-0.10	-0.10	-0.05	-0.05	-0.05	-0.05	0.0	0.0

注：

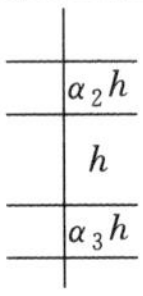

y_2——按照 K 及 α_2 求得，上层较高时为正值；

y_3——按照 K 及 α_3 求得。

参考文献

[1] 包世华. 新编高层建筑结构. 北京:中国水利水电出版社,2005.

[2] 包世华,张铜生. 高层建筑结构设计和计算上册. 北京:清华大学出版社,2005.

[3] 陈建云. 高层建筑结构设计. 大连:大连理工大学出版社,2011.

[4] 程选生,何晴光,刘彦辉. 高层建筑结构设计理论. 北京:机械工业出版社,2010.

[5] 戴葵,齐志刚. 高层建筑结构设计. 北京:中国水利水电出版社,2011.

[6] 程文瀼,李爱群,颜德姮. 混凝土结构(中册). 5 版. 北京:中国建筑工业出版社,2012.

[7] 方鄂华,钱稼如,叶列平. 高层建筑结构设计. 北京:中国建筑工业出版社,2003.

[8] 方鄂华. 高层建筑钢筋混凝土结构概念设计. 北京:机械工业出版社,2007.

[9] 霍达,何益斌,滕海文. 高层建筑结构设计. 2 版. 北京:高等教育出版社. 2011.

[10] 李英民,杨溥. 建筑结构抗震设计. 3 版. 重庆:重庆大学出版社,2021.

[11] 吕西林. 高层建筑结构. 3 版. 武汉:武汉理工大学出版社,2011.

[12] 钱稼茹,赵作周,纪晓东,等. 高层建筑结构设计. 3 版. 北京:中国建筑工业出版社,2021.

[13] 郭仁俊. 高层建筑框架-剪力墙结构设计. 北京:中国建筑工业出版社,2004.

[14] 国振喜. 高层建筑混凝土结构设计手册. 北京:中国建筑工业出版社,2012.

[15] 史庆轩,梁兴文. 高层建筑结构设计. 3 版. 北京:科学出版社,2021.

[16] 施岚青. 注册结构工程师专业考试答题指导. 北京:中国建筑工业出版社. 2013.

[17] 沈蒲生. 高层建筑结构设计. 4 版. 北京:中国建筑工业出版社,2022.

[18] 沈小璞. 高层建筑结构设计. 合肥:合肥工业大学出版社,2006.

[19] 谭文辉,李达. 高层建筑结构设计. 北京:冶金工业出版社,2006.

[20] 唐兴荣. 高层建筑结构设计. 北京:机械工业出版社,2007.

[21] 田砾. 高层建筑结构设计. 北京:机械工业出版社. 2013.

[22] 王社良. 抗震结构设计. 武汉:武汉理工大学出版社,2010.

[23] 徐培福. 复杂高层建筑结构设计. 北京:中国建筑工业出版社,2005.

[24] 熊仲明. 高层建筑结构设计题库及题解. 北京:中国水利水电出版社,2004.

[25] 王祖华,蔡健,徐进. 高层建筑结构设计. 广州:华南理工大学出版社,2008.

[26] 周云. 高层建筑结构. 3 版. 武汉:武汉工业大学出版社,2021.

[27] 刘立平,黎丹,郑妮娜. 高层建筑结构设计. 2 版. 北京:北京大学出版社,2020.

[28] 熊海贝. 高层建筑结构设计. 北京:机械工业出版社,2022

[29] 杨红. 混凝土结构与砌体结构设计. 2 版. 重庆大学出版社. 2023.

[30] 中华人民共和国行业标准. 高层建筑混凝土结构技术规程(JGJ3—2010). 北京:中国建筑工业出版社,2011.

[31] 中华人民共和国国家标准. 建筑抗震设计规范(GB 50011—2010). 北京:中国建筑工业出版社,2010.

[32] 中华人民共和国国家标准. 建筑桩基技术规范(JGJ94—2008). 北京:中国建筑工业出版社,2008.

[33] 中华人民共和国国家标准. 建筑地基基础设计规范(GB 50007—2011). 北京:中国建筑工业出版社,2012.

[34] 中华人民共和国国家标准. 建筑结构荷载规范(GB 50009—2012). 北京:中国建筑工业出版社,2012.

[35] 中华人民共和国国家标准. 混凝土结构设计规范(GB 50010—2010). 北京:中国建筑工业出版

社,2010.
[36] 中华人民共和国行业标准. 高层民用建筑钢结构技术规程(JGJ99—2015). 北京:中国建筑工业出版社,2016.
[37] 中华人民共和国行业标准. 组合结构设计规范(JGJ138—2016). 北京:中国建筑工业出版社,2016.
[38] 中国工程建设协会标准. 钢管混凝土结构技术规程(CECS 28:2012). 北京:中国计划出版社,2012.
[39] 中华人民共和国行业标准. 钢-混凝土组合结构设计规程(DL/T 5085—2021). 北京:中国计划出版社,2021.
[40] 中华人民共和国国家标准.钢管混凝土结构技术规范(GB 50936—2014). 北京:中国建筑工业出版社,2014.
[41] 中华人民共和国国家标准.钢管混凝土混合结构技术标准(GB/T 51446—2021). 北京:中国建筑工业出版社,2021.
[42] 中华人民共和国国家标准.工程结构通用规范(GB 55001—2021). 北京:中国建筑工业出版社,2021.
[43] 中华人民共和国国家标准.建筑与市政工程抗震通用规范(GB 55002—2021). 北京:中国建筑工业出版社,2021.
[44] 中华人民共和国国家标准.建筑与市政地基基础通用规范(GB 55003—2021). 北京:中国建筑工业出版社,2021.
[45] 中华人民共和国国家标准.组合结构通用规范(GB 55004—2021). 北京:中国建筑工业出版社,2021.
[46] 中华人民共和国国家标准.钢结构通用规范(GB 55006—2021). 北京:中国建筑工业出版社,2021.
[47] 中华人民共和国国家标准.混凝土结构通用规范(GB 55008—2021). 北京:中国建筑工业出版社,2021.